KB102286

광수와 함께

NX 9.0

이광수 편저

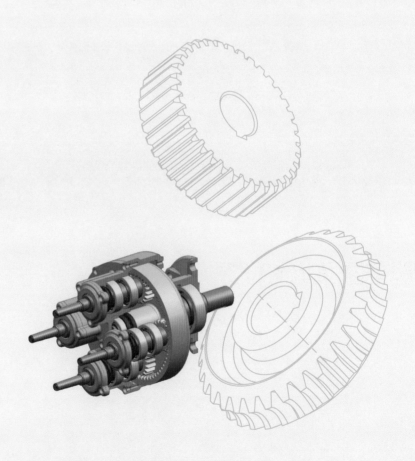

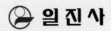 일진사

머리말
foreword

근래 제조업에 있어서 혁명적 도구로 칭하는 개인용 3D 프린터가 급속히 보급되고 있습니다. 그에 따라 3D 프린팅 데이터를 만들어 주는 모델링 소프트웨어에 대한 시장도 민감하게 바뀌고 있습니다. 즉, 개인 사용자는 물론 산업계에서도 사용하기 쉽고 안정적이며 다양한 기능을 탑재한 3D CAD의 요구가 더욱 커지고 있는 것입니다.

최근 SIEMENS에서는 이러한 외부 환경 변화와 고객들의 Needs를 반영하여 대폭 개선된 NX 9.0을 출시하였습니다. 많은 부분이 개선되다 보니 기존 8.5 이하 버전을 사용하는 작업자들에게는 무척 낯설어 사용하기 어려울 수 있습니다.

따라서 본 저자는 NX 9.0의 기능을 가장 적절히 전달할 수 있는 과제를 선정하여 원고를 만들었습니다. 특히 시중에 나와 있는 다른 서적들이 여전히 관련 기능의 기술에 집중하여 내용 전달 방식을 충분히 고려하지 못하고 있는 상태이므로 지난번 출간된 NX 8.0과 같이 학습 원리에 입각하여 세밀한 삽화 및 정확한 명령 순서 기술 그리고 동영상을 제작하였습니다.

이전에 출간된 책자와 본 교재의 차이점을 소개해 드리면 이전 NX 8.0은 한글 버전으로 출간했으나 이번 NX 9.0은 영문 버전으로 제작하여 한글 버전에 익숙하지 않은 기업이나 대학 및 연구소 등의 사용자가 따라하기 쉽도록 제작하였습니다.

특히 설계자가 설계한 기기나 제품들의 동작 테스트를 위해 Motion Simulation(동작 시뮬레이션)을 새롭게 추가하여 현업 기구 설계나 자동화 설계 사용자의 요구를 반영하였고, CAM 기능에 대한 내용을 보강하여 컴퓨터응용가공 산업기사, 기계설계 산업기사, 사출금형 산업기사, 전산응용 기계제도 기능사, 컴퓨터응용밀링 기능사를 중심으로 따라하기 쉽도록 작성하였습니다. 아울러 영진전문대학 컴퓨터응용기계학과 그리고 한국장애인고용공단 대구직업능력개발원 학생들과 함께 모든 과제를 시뮬레이션을 통해 철저히 검증하였습니다.

이렇게 작성된 본 교재의 특징은 다음과 같습니다.

첫째, 학습자 중심으로 설계하였습니다. NX 9.0 입문자가 내용을 이해하는 데 걸리는 시간을 최소화하고 직관적으로 보며 따라 할 수 있도록 내용을 구성하였습니다. 또한 교육 공학 개념을 활용하여 편집 전 수업 시뮬레이션을 실시하고 그 내용을 반영하여 누구나 가장 쉽고 빠르게 따라 할 수 있는 교재를 완성하였습니다.

둘째, 산업 현장에서 도입을 원하는 사용자의 요구 수준에 맞추어 제작하였습니다. 현장 전문가와 교육 전문가 등이 참여한 검증 과정을 통해 현장 입문자에게 맞도록 최적화하였습니다.

셋째, 관련 자격증 시험을 준비하는 사람들에게 최적화하였습니다. 컴퓨터응용가공 산업기사, 기계설계 산업기사, 사출금형 산업기사, 전산응용 기계제도 기능사, 컴퓨터 응용밀링 기능사를 준비하는 수험자가 초기에 신속히 관련 기능을 습득할 수 있도록 내용을 구성하여 본 교재 단 한 권으로도 충분히 자격증 실기 시험을 준비할 수 있도록 하였습니다.

넷째, 세밀하고 적절한 동영상 콘텐츠를 첨부하였습니다. 시중에 나와 있는 많은 책들이 부록의 동영상과 내용이 일치하지 않아 유명무실한 경우가 많은데, 본 교재 동영상은 책자와 그 내용이 일치하고 상호 보완적으로 학습 효과를 배가시켜 줄 것입니다.

여타 NX 책자와 달리 본 교재는 학습자에게 유용하고 효과적인 지름길을 제공하리라 여겨집니다.

끝으로 검토를 해 주신 교수님들과 현장 실무자들분께 감사를 전하고, 수익보다는 많은 독자와 학습자에게 그 역할을 다하기 위해 출판을 결정하고 애써 주신 일진사 직원분들께 재차 감사드립니다.

저자 씀

차례
contents

Chapter 05 분해·조립하기   346

Chapter 06 Motion Simulation(동작 시뮬레이션)   386

Chapter 07 Drafting 작업하기   412

Chapter 08 CAM 가공하기   478

C.h.a.p.t.e.r

01

NX 9.0 환경과 구성

1 NX 9.0의 초기 화면

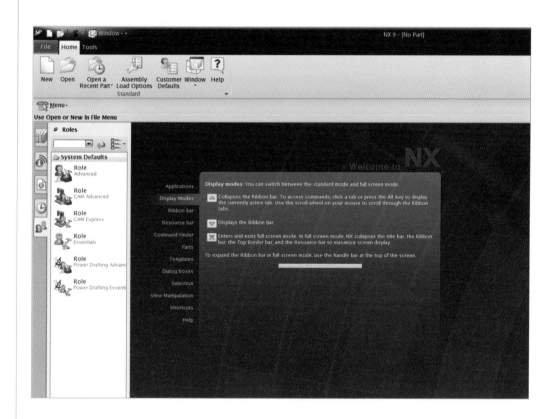

NX 9.0을 실행하면 위와 같은 화면이 나타난다. 주요 아이콘별 기능은 다음과 같다.

① New(새로 만들기) : 새로운 작업을 시작할 때 선택한다.

② Open(열기) : 기존에 저장된 작업 파일을 불러온다.

③ Open a Recent Part(최근 파트 열기) : 가장 최근에 작업한 데이터를 불러온다.

'New(새로 만들기)'를 클릭하면 다음과 같은 화면이 나온다.

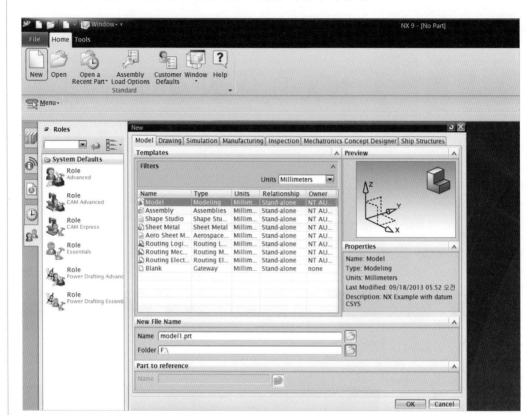

'New(새로 만들기)' 창에는 모델 등 여러 가지 탭이 있으며, 주요 탭의 기능은 아래와 같다.

① Model(모델) : 3차원 공간상에서 형상을 그린다.

② Drawing(도면) : 작업된 3차원 형상의 데이터를 기반으로 2차원 도면을 작성한다.

③ Simulation(시뮬레이션) : 작업된 3차원 형상을 기반으로 유한 요소 해석을 한다.

④ Manufacturing(제조) : CAM 가공을 위한 NC 데이터를 생성한다.

⑤ Inspection(검사) : 제품에 대한 모델링 파일을 기준으로 검사 프로그램 데이터를 생성한다.

⑥ Mechatronics Concept Designer(메카트로닉스 개념 설계자) : 대화형으로 기계 시스템의 복잡한 움직임을 시뮬레이션하는 응용 프로그램이다.

⑦ Ship Structures(선박 구조)

2 NX 9.0의 화면 구성

모델 탭상에서 'OK(확인)'를 누르면 아래와 같은 창이 나온다.

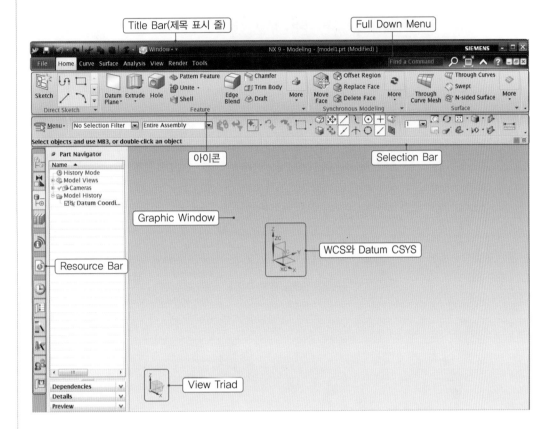

■ Title Bar(제목 표시 줄)

저장, 명령 취소(Ctrl+Z), 다시 실행(Ctrl+Y), 잘라내기(Ctrl+X), 복사(Ctrl+C), 붙여넣기(Ctrl+V), 마지막 명령 반복(F4) 등을 실행할 수 있으며 Window 창에서 새 원도 계단식 배열, 가로, 세로 바둑판 배열 등을 설정한다.

현재 작업하는 NX 9.0 – 응용 프로그램과 파일명을 표시한다.

■ Full Down Menu(풀다운 메뉴)

| File | Home | Curve | Surface | Analysis | View | Render | Tools | Find a Command |

① File(파일) : New, Open, Close, 데이터의 저장, 변환, 입력(가져오기), 출력(인쇄, 플로팅, 내보내기), Utilities 등을 할 수 있다. 환경 설정(Modeling, All Preferences, Assembly

Load Options)을 할 수 있으며 최근 열린 파트가 있고 NX 응용 프로그램(Modeling, 판금, Shape Studio, 드래프팅, 고급 시뮬레이션, 동작 시뮬레이션, Manufacturing, Assembly 등)은 다양한 모듈(작업 환경)을 선택 전환할 수 있다.

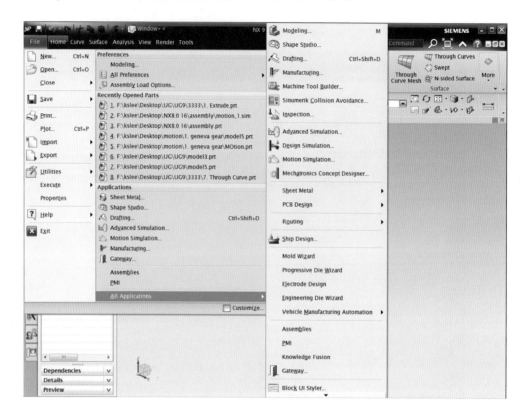

② **Home** : Direct Sketch(직접 스케치), Feature(특징 형상 설계), Synchronous Modeling(동기식 모델링), Surface(곡면) 등을 형상 모델링 및 편집 작업한다.

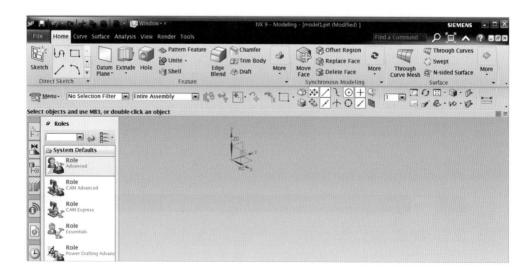

③ Curve : Curve(곡선 스케치), Derived Curve(파생 곡선 스케치), Edit Curve(곡선 편집) 등을 ⬚Sketch Task Environment(스케치 타스크 환경에서)의 스케치 모드에서 스케치 한다.

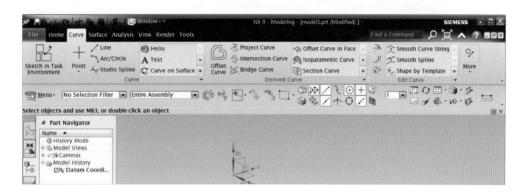

④ Surface : Surface(곡면), Surface Operations(곡면 오퍼레이션), Edit Surface(곡면 편집) 등 곡면 형상을 모델링한다.

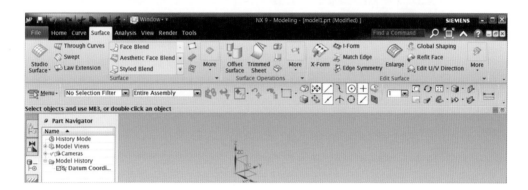

⑤ Analysis : Measure(측정), Display(화면 표시), Curve Shape(곡선 형상), Face Shape(면 형상), Relation(관계) 등 유한 요소 모델을 입력 파일로 만든 후 솔버로 제출하여 결과를 계산한다. 이 명령은 고급 시뮬레이션 응용 프로그램에서 사용할 수 있다.

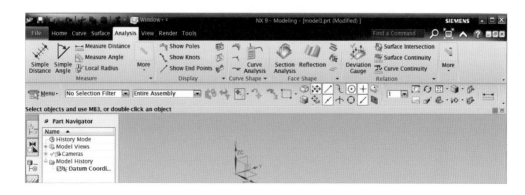

⑥ View(뷰) : Orientation(방향), Visibility(가시성), Style(스타일), Visualization(시각화) 등의 기능을 활용할 수 있다.

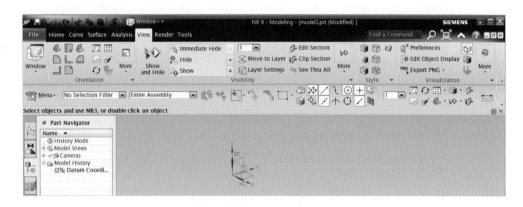

⑦ Render : Render Mode(렌더 모드), Setup(설정) 등을 한다.

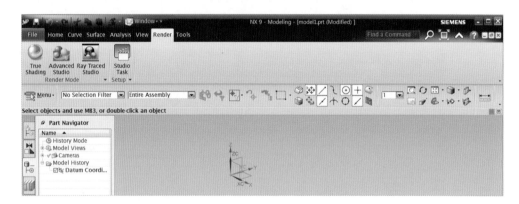

⑧ Tools(도구) : Utilities(유틸리티), Movie(동영상), Check-Mate(체크 메이트), Reuse Library(재사용 라이브러리) 등을 사용할 수 있다.

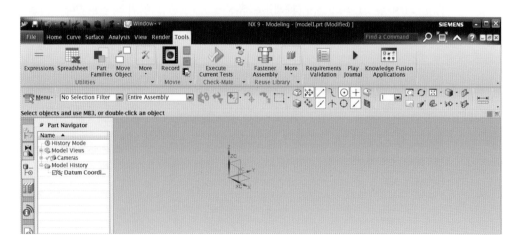

⑨ Full Down Menu(풀다운 메뉴) 추가 : Graphic Window(그래픽 윈도) 상단 공간에서 MB3(오른쪽 마우스 버튼)를 클릭하여 메뉴를 추가할 수 있으며 사용자 정의에서 메뉴를 추가할 수 있다(**4** 아이콘 생성 및 삭제 참조).

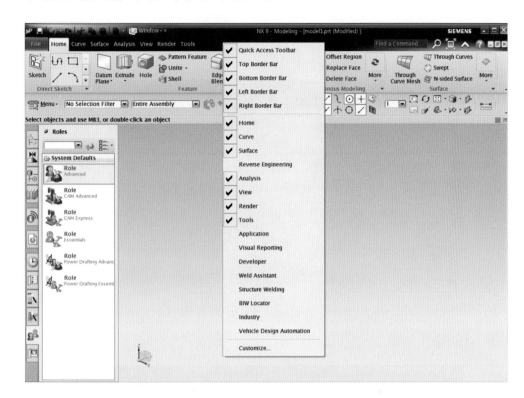

■ 명령어 아이콘

NX의 기본적인 Home Menu 작업 아이콘들이다.

아이콘은 풀다운 메뉴에서 명령을 찾아 사용하는 번거로움을 줄여 준다. 또한 Graphic Window(그래픽 윈도) 상단 공간에서 MB3 버튼을 클릭하여 팝업 메뉴에서 사용자 정의를 통해 필요한 아이콘을 재구성할 수 있다(**4** 아이콘 생성 및 삭제 참조).

■ Selection Bar(셀렉션 바)

Selection Bar(셀렉션 바)에서는 사용자가 선택하려는 개체(Object)를 선택하기 쉽도록 도와주며 사용자가 다음으로 해야 할 작업에 대하여 알려 준다.

① 'Type Filter(유형 필터)'는 사용자가 선택하려는 요소를 쉽게 선택할 수 있도록 도와 준다.

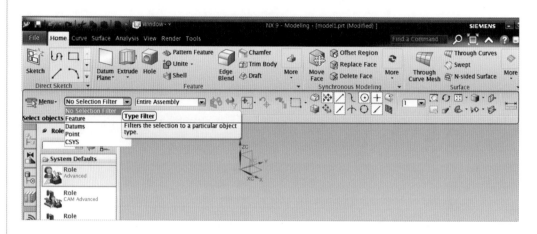

② 'Selection Scope(선택 범위)'는 표시된 모델 부분을 선택하도록 해 준다(스케치/모델 영역 동일).

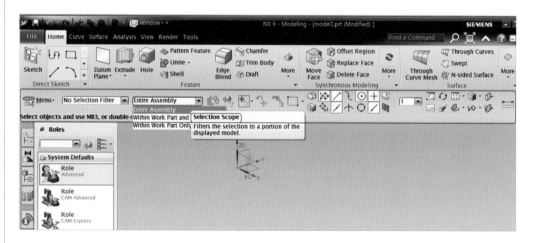

③ 스냅은 커브를 바로 그리거나 특정 포인트를 잡을 때 유용하며 스케치 모드에서도 같다.

•  Enable Snap Point(스냅 점 활성) : 커브 생성 시 주요 포인트를 인식할 수 있도록 전체 스냅 기능을 활성화한다.

- Clear Snap Point(스냅 점 지우기) : 활성화된 스냅 기능을 Off

- End Point(끝점) : 선의 끝점을 인식한다.

- Mid Point(중간점) : 선 길이의 중간점을 인식한다.

- Control Point(제어점) : 끝점, 접점, 중간점, 수직점 등 다양한 특성의 점을 인식한다.

- Intersection(교차점) : 두 선이 교차하는 점을 인식한다.

- Arc Center(원호 중심) : 원의 중심점을 인식한다.

- Quadrant Point(사분점) : 원의 상하좌우점(사분점)을 인식한다.

- Existing Point(기존점) : 기존에 생성되어 있는 점을 인식한다.

- Point on Curve(곡선상의 점) : 곡선상에서 커서에 가장 근접한 부분을 인식한다.

- Point on Face(면 위의 점) : 면 위에 있는 점을 인식한다.

- Point on Bounded Grid(경계 있는 눈금의 점) : 경계 있는 눈금의 스냅 점을 선택하도록 허용한다.

■ Graphic Window(그래픽 윈도)

초기에는 2개가 서로 겹쳐진 상태

모델링 환경으로 NX를 시작하면 작업 창에 WCS와 Datum CSYS를 확인할 수 있다.

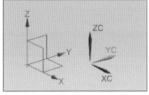

Datum CSYS(좌), WCS(우)

• Datum CSYS는 3개의 축(X축, Y축, Z축)과 3개의 평면(XY 평면, YZ 평면, XZ 평면) 그리고 1개의 점으로 구성되어 있으며, 커브(Curve)를 생성하거나 다양한 특징 형상을 생성할 때 기준으로 사용하거나 참조할 수 있다.

• WCS는 작업 좌표계로 최초 위치는 절대 좌표 원점에 있으며 WCS를 이동하여 참조 좌표계로도 사용할 수 있다.

■ View Triad(뷰 트라이어드)

화면 좌측 하단에도 데이텀 좌표계와 유사하게 생긴 ABS 뷰가 보인다. 작업 창의 절대 좌표계 방향을 나타내며 일종의 나침반 역할을 한다.

■ Resource Bar(리소스 바)

화면 좌측에 있는 리소스 바는 작업 시 필요한 다양한 기능을 제공한다.

① Assembly Navigator(어셈블리 탐색기) : 조립된 제품의 상태를 트리 구조로 보여 준다.

② Constraint Navigator(구속 조건 탐색기) : 조립된 부품들의 상호 구속 조건 상태를 보여 준다.

③ Part Navigator(파트 탐색기) : 부품 작업 요소 간의 상호 관계 구조 등을 보여 준다.

④ Reuse Library(재사용 라이브러리) : 자주 사용하는 개체를 라이브러리화한 후 필요할 때 꺼내어 사용할 수 있다.

⑤ HD 3D Tools(HD 3D 도구) : HD 3D 기술로 설계를 확인하고, 제품 요구 사항을 검증하고, 시각적 도구를 사용하면 그래픽 윈도에서 정보를 개체상에 시각화할 수 있고 체크 메이트는 제품 검사를 할 수 있다.

⑥ Web Browser(웹 브라우저) : Web 주소를 입력하여 실시간으로 온라인 작업을 할 수 있다.

⑦ History(히스토리) : 사용자가 작업한 과거 내용을 보여 준다.

⑧ System Materials(시스템 재료) : 개체의 재질을 드래그하여 재질감을 표현할 수 있다.

⑨ Roles(역할) : 메뉴, 도구 모음, 아이콘 크기 팁 등 사용자가 주로 사용하기 편한 기능들을 메뉴화하여 선택할 수 있도록 한다(**앞으로의 모델링은 Advanced인 상태로 NX 를 사용한다**).

■ Direct Sketch(직접 스케치)

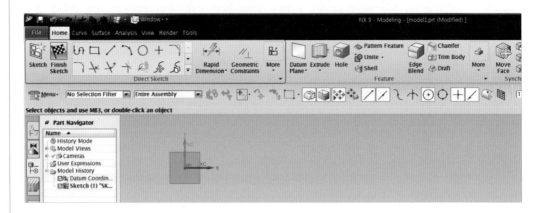

Direct Sketch(직접 스케치) 메뉴는 여러 단계를 거치지 않고 직접 스케치하고 모델링을 할 수 있다.

① 🖼 Sketch(스케치 생성) : 현재 상태에서 스케치를 생성하고자 할 때 사용한다. 유형 평면에서 새 평면이나 좌표계에서 또는 기존 평면이나 면에서 스케치를 생성할 수 있다. 경로에서 Variational Sweep 같은 명령에 대한 입력을 구성하여 경로상의 스케치를 생성할 수 있다. 평면에서 옵션 스케치 평면 방법 추정 타임스탬프 순서의 스케치 앞에 나타나는 평면 또는 평면형 면을 선택할 수 있다.

② 🏁 Finish Sketch(스케치 종료) Ctrl+C

③ 🔧 Open in Sketch Task Environment(스케치 타스크 환경에서 열기) : 직접 스케치 도구 모음에서 스케치 타스크 환경에서 열기를 클릭하면 타스크 환경의 스케치로 변환된다.

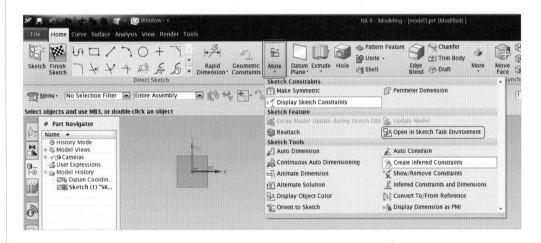

■ Menu(메뉴)

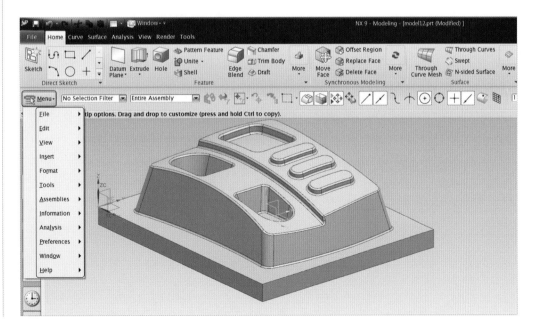

① File(파일) : New, Open, Close, 데이터의 저장, 변환, 입력(가져오기), 출력(인쇄, 플로팅, 내보내기), Utilities 등을 할 수 있다.

② Edit(편집) : 실행 취소(Ctrl+Z), 복사(Ctrl+C), 붙여넣기(Ctrl+V), 특징 형상 복사, 화면 복사, 삭제, 개체 화면 표시(Ctrl+I), 표시 및 숨기기(Ctrl+W), 개체 이동(Ctrl+T), 스케치 편집 등을 할 수 있다.

③ View(뷰) : 오퍼레이션, 단면, 시각화, 카메라, 레이아웃 등의 기능을 활용할 수 있다.

④ Insert(삽입) : 스케치 곡선을 비롯하여 특징 형상 설계, 형상 모델링 및 편집 등 대부분의 Modeling 작업을 Insert(삽입)에서 한다.

⑤ Format(형식) : 레이어 설정, 뷰에서 보이는 레이어, 레이어 카테고리, 레이어 복사, 레이어 이동 WCS, 파트 모듈, 그룹, 패턴 등의 기능을 활용할 수 있다.

⑥ Tools(도구) : 사용자 정의 다이얼로그의 옵션 탭에서 메뉴, 아이콘 크기 및 도구 정보 표시를 개별화할 수 있다.

⑦ Assembly : 어셈블리 응용 프로그램은 어셈블리를 생성하는 도구를 제공한다. 어셈블리는 설계 작업에 있어 실제로 작업하기 전에 모의 형상을 생성할 수 있다. 조립되는 부품들의 조립 상태, 거리, 각도 등을 측정할 수 있으며, 부품을 분해 조립하는 데 필요한 동작 등을 검증할 수 있다.

⑧ Information(정보) : 정보 옵션은 선택한 개체, 수식, 파트, 레이어 등에 대해 일반적인 정보와 구체적인 정보를 제공한다. 정보 윈도에는 데이터가 표시된다.

⑨ Analysis(해석) : 유한 요소 모델을 입력 파일로 만든 후 솔버로 제출하여 결과를 계산한다.

⑩ Preferences(환경 설정) : 환경 설정은 선택 유형, 화면 표시 옵션, 좌표계, IPW 등 NX의 모든 환경을 설정한다. ugii_env.dat 파일 또는 세션이 실행되는 셸에서 환경 변수를 정의할 수 있다.

⑪ Window(윈도) : 새 윈도, 계단식 배열, 가로, 세로 바둑판 배열 등을 설정한다. 윈도 스타일, 윈도 스타일 옵션은 Windows 플랫폼에서만 사용할 수 있다.

⑫ Help(도움말) : 설명, 보기 등 도움말을 제공한다.

3 마우스의 기능

NX는 휠 마우스를 기본으로 사용한다.

① **왼쪽 마우스 버튼(MB1)** : 아이콘, 메뉴, 개체 등을 선택할 때 사용한다(Shift+MB1은 선택된 요소를 해제).

② **가운데 마우스 버튼(MB2)** : 휠을 스크롤함으로써 줌인, 줌아웃을 실행하며 누른 상태에서 모델을 다양한 방향으로 돌려볼 수 있다(Shift+MB2는 Pan 기능).

③ **오른쪽 마우스 버튼(MB3)**

• MB3 기능 1

커서를 Graphic Window(그래픽 윈도) 화면에 놓고 MB3를 짧게 클릭하면 자주 사용하는 다른 기능이 화면에 팝업된다.

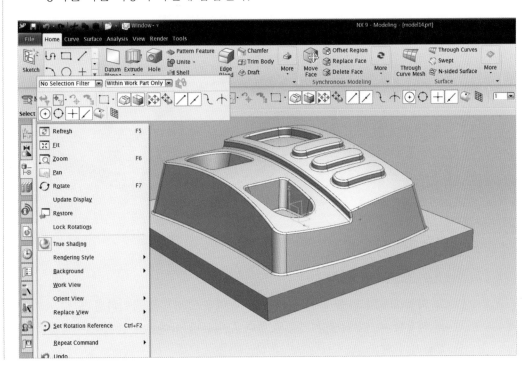

• MB3 기능 2

커서를 Graphic Window(그래픽 윈도) 화면에 놓고 오른쪽 마우스 버튼(MB3)을 꾹 길게 클릭하면 아래와 같은 기능이 나온다.

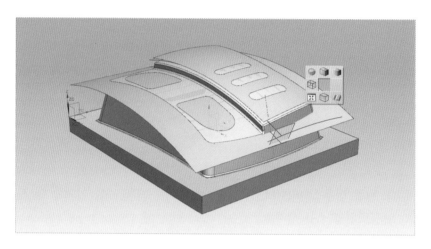

▦ 이 아이콘은 형상을 전체 화면에 꽉 차게 맞춰 주며, 그 외 아이콘은 모델을 와이 어 프레임이나 솔리드 방식 등으로 보여 준다.

• MB3 기능 3

커서를 모델링 요소에 두고 MB3를 클릭하면 해당 요소를 삭제, 숨기기, 억제 등을 할 수 있는 기능이 나타난다(숨기기된 요소는 Ctrl+Shift+U로 다시 복원된다).

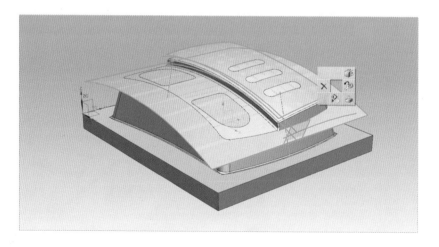

• Ctrl+Shift+마우스 기능

그 외 Ctrl+Shift를 누른 상태에서 각 마우스 버튼을 클릭하면 또 다른 다양한 기능 을 사용할 수 있다(해당 기능은 풀다운 메뉴나 아이콘에 존재하는 명령을 더 신속히 호출하기 위함).

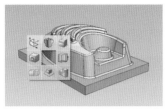

Ctrl + Shift + MB1

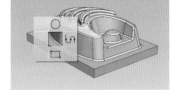

Ctrl + Shift + MB2

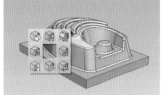

Ctrl + Shift + MB3

4 아이콘 생성 및 삭제

Graphic Window(그래픽 윈도) 상단 공간에서 MB3를 클릭하여 메뉴를 추가 또는 제거할 수 있으며, Customize(사용자 정의)에서 메뉴 또는 아이콘을 추가하거나 제거할 수 있다.

❶ 아이콘 생성

01 >> Graphic Window(그래픽 윈도) 상단 공간에서 MB3 → Customize(사용자 정의)

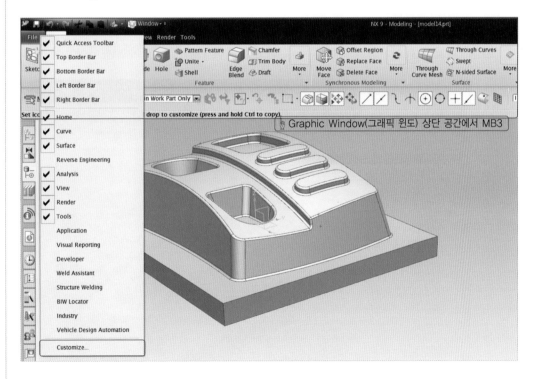

02 >> Commands → All Tabs → Home → Direct Sketch → Sketch 아이콘을 클릭한 상태로 윈도 그래픽 상단으로 끌어오면 아이콘이 생성된다.

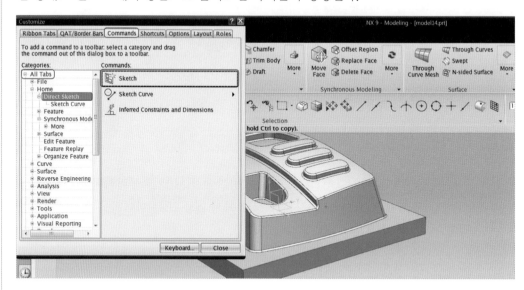

❷ 아이콘 삭제

Sketch 아이콘을 클릭한 상태로 윈도 그래픽 화면으로 끌어오면 아이콘이 삭제된다.

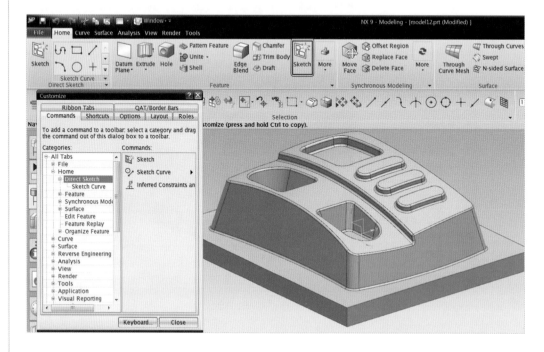

5 단축키

❶ 단축키 생성

01 >> Graphic Window(그래픽 윈도) 상단 공간에서 MB3 → Customize(사용자 정의)

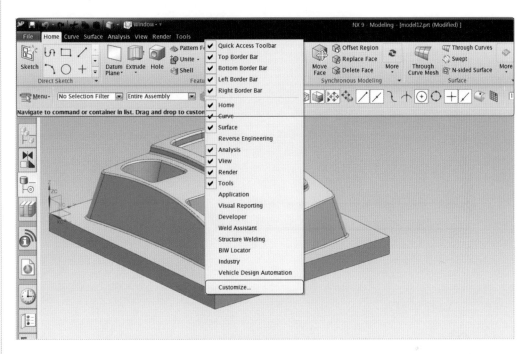

02 >> Keyboard

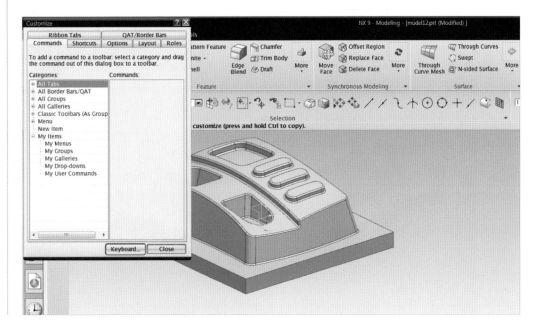

03 >> Categories → Insert → Design Feature(특징 형상 설계) → Command → Revolve(회전) → Ctrl+R → Assign

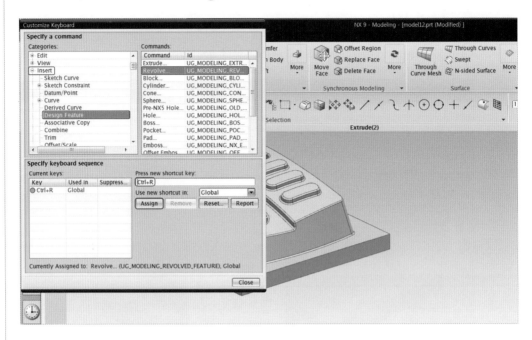

❷ 단축키 제거

01 >> Graphic Window(그래픽 윈도) 상단 공간에서 MB3 → Customize(사용자 정의)

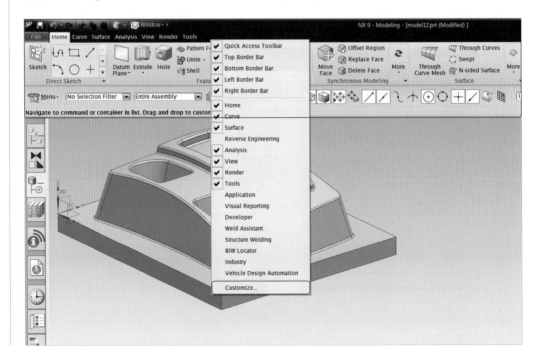

02 >> Keyboard

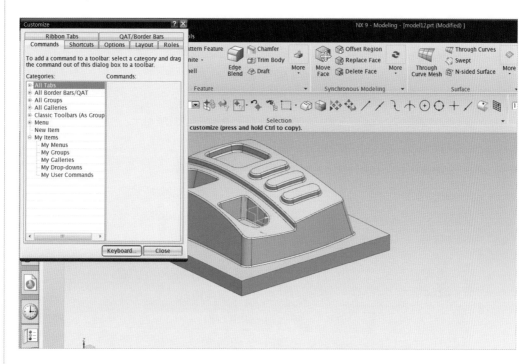

03 >> Categories → Insert → Design Feature(특징 형상 설계) → Command → Revolve(회전) → Ctrl+R → Remove

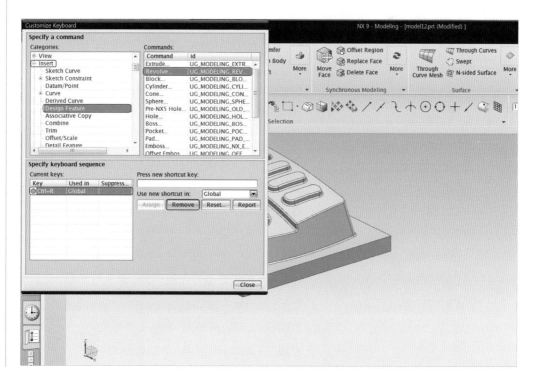

❸ 단축키

단축키	명령어 구분 적용
Ctrl+N	파일(F)-새로 만들기(N)
Ctrl+O	파일(F)-열기(O)
Ctrl+S	파일(F)-저장(S)
Ctrl+Shift+A	파일(F)-다른 이름으로 저장(A)
Ctrl+P	파일(F)-플롯(L)
Ctrl+G	파일(F)-실행(T)-그립(G)
Ctrl+Shift+G	파일(F)-실행(T)-그립 디버그
Ctrl+U	파일(F)-실행(T)-NX Open(N)
Ctrl+Q	파일(F)-정삭 스케치(K)
Ctrl+Z	편집(E)-실행 취소 리스트(U)-1 삭제
Ctrl+Y	편집(E)-다시 실행(R)
Ctrl+X	편집(E)-잘라내기(T)
Ctrl+C	편집(E)-복사(C)
Ctrl+V	편집(E)-붙여넣기(P)
Ctrl+D	편집(E)-삭제(D)
Shift+F	편집(E)-선택(L)-최고 선택 우선순위-특징 형상(F)
Shift+G	편집(E)-선택(L)-최고 선택 우선순위-면(A)
Shift+B	편집(E)-선택(L)-최고 선택 우선순위-바디(B)
Shift+E	편집(E)-선택(L)-최고 선택 우선순위-모서리(E)
Shift+C	편집(E)-선택(L)-최고 선택 우선순위-컴포넌트(C)
Ctrl+A	편집(E)-선택(L)-모두 선택(A)
Ctrl+J	편집(E)-개체 화면 표시(J)
Ctrl+W	편집(E)-표시 및 숨기기(H)-표시 및 숨기기(O)
Ctrl+Shift+I	편집(E)-표시 및 숨기기(H)-즉시 숨기기(M)
Ctrl+B	편집(E)-표시 및 숨기기(H)-숨기기(H)
Ctrl+Shift+K	편집(E)-표시 및 숨기기(H)-표시(S)
Ctrl+Shift+U	편집(E)-표시 및 숨기기(H)-모두 표시(A)
Ctrl+Shift+B	편집(E)-표시 및 숨기기(H)-표시 및 숨김 반전(I)
Ctrl+T	편집(E)-개체 이동(O)
T	편집(E)-스케치 곡선(K)-빠른 트리밍(Q)
E	편집(E)-스케치 곡선(K)-빠른 연장(X)

Ctrl+F	뷰(V)-오퍼레이션(O)-맞춤(F)
Ctrl+Shift+Z	뷰(V)-오퍼레이션(O)-확대/축소(Z)
Ctrl+R	뷰(V)-오퍼레이션(O)-회전(R)
Ctrl+H	뷰(V)-단면(S)-작업 단면 편집(C)
Ctrl+Shift+H	뷰(V)-시각화(V)-고품질 이미지(H)
Ctrl+Shift+N	뷰(V)-레이아웃(L)-새로 만들기(N)
Ctrl+Shift+O	뷰(V)-레이아웃(L)-열기(O)
Ctrl+Shift+F	뷰(V)-레이아웃(L)-모든 뷰 맞춤(F)
Ctrl+Shift+S	뷰(V)-정보 윈도(I)
F3	뷰(V)-현재 다이얼로그(C)
Ctrl+3	뷰(V)-HD3D 도구 UI(3)
Shift+F1	뷰(V)-왼쪽으로 클립 이동(M)
Shift+F2	뷰(V)-오른쪽으로 클립 이동(M)
Alt+Enter	뷰(V)-전체 화면(F)
Shift+F8	뷰(V)-스케지에 뷰 전환(K)
Ctrl+F8	뷰(V)-방향 재설정(E)
Z	삽입(S)-스케치 곡선(S)-프로파일(O)
L	삽입(S)-스케치 곡선(S)-선(L)
A	삽입(S)-스케치 곡선(S)-원호(A)
O	삽입(S)-스케치 곡선(S)-원(C)
F	삽입(S)-스케치 곡선(S)-필렛(F)
R	삽입(S)-스케치 곡선(S)-직사각형(R)
P	삽입(S)-스케치 곡선(S)-다각형(Y)
S	삽입(S)-스케치 곡선(S)-스튜디오 스플라인(D)
D	삽입(S)-스케치 구속 조건(K)-치수(D)-추정됨(I)
C	삽입(S)-스케치 구속 조건(K)-지오메트리 구속 조건(T)
X	삽입(S)-특징 형상 설계(E)-돌출(E)
Ctrl+4	삽입(S)-곡면(R)-4점 표면(F)
N	삽입(S)-메시 곡면(M)-스튜디오 곡면(U)
V	삽입(S)-스위핑(W)-배리에이셔널 스위핑(V)
Ctrl+L	형식(R)-레이어 설정(S)
Ctrl+Shift+V	형식(R)-뷰에서 보이는 레이어(V)
W	형식(R)-WCS(W)-화면 표시(P)

Ctrl+E	도구(T)-수식(X)
Ctrl+Shift+Home	도구(T)-업데이트(U)-첫 번째 특징 형상 현재로 만들기(F)
Ctrl+Shift+Left Arrow	도구(T)-업데이트(U)-이전 특징 형상 현재로 만들기(P)
Ctrl+Shift+Right Arrow	도구(T)-업데이트(U)-다음 특징 형상 현재로 만들기(N)
Ctrl+Shift+End	도구(T)-업데이트(U)-마지막 특징 형상 현재로 만들기(L)
Alt+F8	도구(T)-저널(J)-재생(P)
Alt+F11	도구(T)-저널(J)-편집(E)
Ctrl+Shift+R	도구(T)-마크로(R)-기록 시작(R)
Ctrl+Shift+P	도구(T)-마크로(R)-재생(P)
Alt+F5	도구(T)-동영상(E)-기록(R)
Alt+F6	도구(T)-동영상(E)-일시 중지(P)
Alt+F7	도구(T)-동영상(E)-정지(S)
Ctrl+1	도구(T)-사용자 정의(Z)
F4	도구(T)-반복 명령(R)-1 사용자 정의
Ctrl+I	정보(I)-개체(O)
Ctrl+Shift+C	해석(L)-곡선(C)-곡률 그래프 재표시(R)
Ctrl+Shift+t+J	환경 설정(P)-개체(O)
Ctrl+Shift+T	환경 설정(P)-선택(E)
Ctrl+M	응용 프로그램(N)-모델링(M)
Ctrl+Alt+S	응용 프로그램(N)-Shape Studio(T)
Ctrl+Shift+D	응용 프로그램(N)-Drafting(D)
Ctrl+Alt+M	응용 프로그램(N)-Manufacturing(N)
Ctrl+Alt+N	응용 프로그램(N)-Sheet Metal(H)-NX 판금(H)
Ctrl+Alt+P	응용 프로그램(N)-FPC(Flexible Printed Circuit) 설계(X)
F1	도움말(H)-설명보기(C)
Ctrl+Q	정삭 스케치(K)
Shift+F8	스케지에 뷰 전환(K)
F5	갱신(S)
F6	확대(Z)
F7	회전(O)

Home	뷰 전환(R)-트리메트릭(T)
End	뷰 전환(R)-등각(I)
Ctrl+Alt+T	뷰 전환(R)-위쪽(O)
Ctrl+Alt+F	뷰 전환(R)-앞쪽(F)
Ctrl+Alt+R	뷰 전환(R)-오른쪽(R)
Ctrl+Alt+L	뷰 전환(R)-왼쪽(L)
F8	스냅 뷰(N)
Ctrl+F2	회전 참조 설정(S)
Ctrl+F3	회전 참조 지우기(I)
Ctrl+V	붙여넣기(P)
F4	반복 명령(R)-1 사용자 정의

6 사용자 언어 설정

01 >> 바탕 화면 → 내 컴퓨터 선택 → MB3 → 속성 → 고급 시스템 설정 → 고급 → 환경 변수 → 시스템 변수 → UGII_LANG 더블 클릭

02 >> 변수 값 → korean(한글) 또는 english(영문)

또는

C.h.a.p.t.e.r

Sketch(스케치)

1 Sketch

1 ▶▶ Direct Sketch(직접 스케치)

Direct Sketch(직접 스케치) 메뉴는 여러 단계를 거치지 않고 직접 스케치하고 모델링을 할 수 있다.

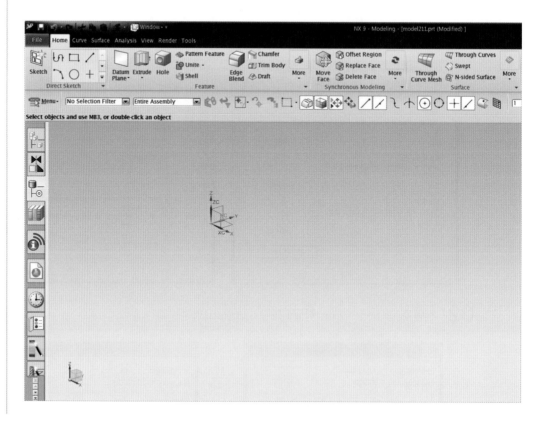

Home에서 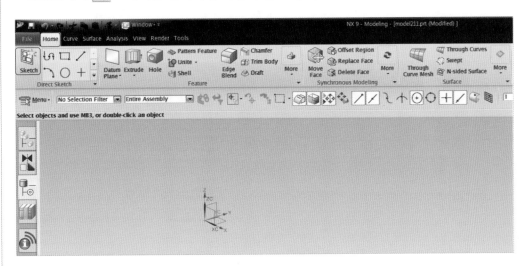 스케치를 클릭하면 다음과 같은 창이 뜬다.

① 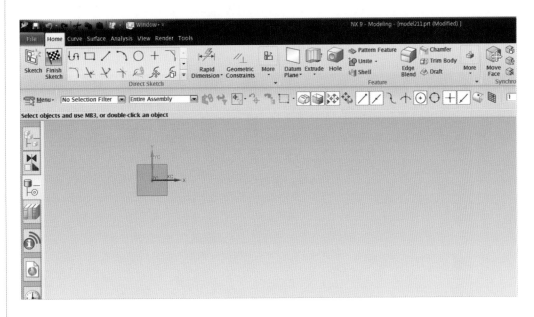 Sketch(스케치 생성) : 현재 상태에서 스케치를 생성하고자 할 때 사용한다. 유형 평면에서 새 평면이나 좌표계에서 또는 기존 평면이나 면에서 스케치를 생성할 수 있다. 경로에서 Variational Sweep 같은 명령에 대한 입력을 구성하여 On Path(경로상의 스케치)를 생성할 수 있다. 평면에서 옵션 스케치 평면 방법 추정 타임스탬프 순서의 스케치 앞에 나타나는 평면 또는 평면형 면을 선택할 수 있다.
Direct Sketch(직접 스케치) 작업이 가능하다.

② Finish Sketch(스케치 종료) Ctrl+C : 스케치 작업을 종료하려면 '스케치 종료' 아이콘을 클릭하면 모델 영역으로 빠져나간다.

③ Open in Sketch Task Environment(스케치 타스크 환경에서 열기) : 직접 스케치
More에서 스케치 타스크 환경에서 열기를 클릭하면 타스크 환경의 스케치로 변환된다.
Sketch in Task Environment(타스크 환경의 스케치)와 Sketch(스케치) 아이콘은 같다.

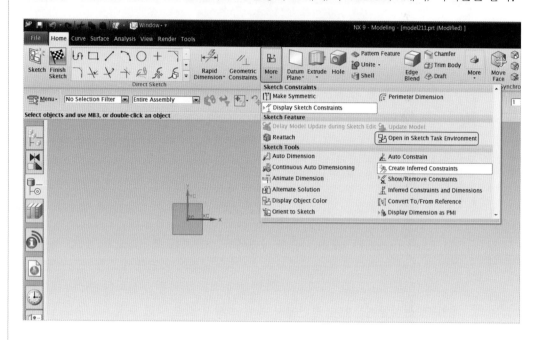

(2) ▶▶ Sketch in Task Environment(타스크 환경의 스케치) 생성

Curve에서 Sketch in Task Environment(타스크 환경의 스케치) 클릭

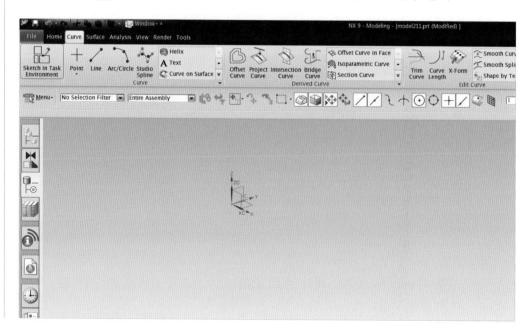

스케치 생성 창의 주요 하위 메뉴를 살펴본다.

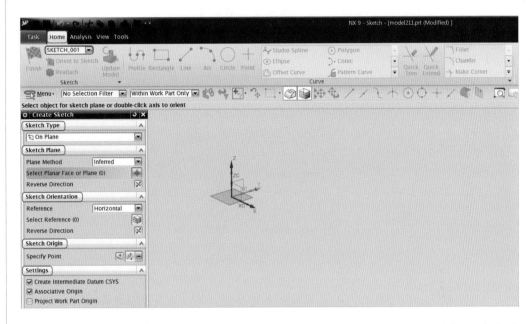

① Sketch Type(유형) : 사용할 스케치 평면을 정한다. 'On Plane'은 평면을 스케치 면으로 이용하는 것이며, 'On Path'는 곡선상에 평면을 정의하여 사용할 경우이다.

② Sketch Plane(스케치 면) : 기존의 평면, 평면 생성 등을 지정한다.

③ Sketch Orientation(스케치 방향) : 스케치 면을 지정했을 경우, 지정된 면의 참조 개체를 지정함으로써 스케치 면의 작업 방향을 설계자가 원하는 방향으로 스케치 원점을 지정할 수 있다.

④ Sketch Origin(스케치 원점) : 스케치 원점을 지정할 수 있다.

⑤ Settings(설정) : 중간 데이텀 좌표계 생성, 연관 원점, 작업 파트 원점 투영을 설정할 수 있다.

③ ▶▶ 스케치 도구(Sketch Curve)

① ⏛ Profile(Z)_(프로파일) : 스프링 모드에서 일련의 연결된 선/원호를 생성한다. 즉, 최종 선의 끝이 다음 선의 시작이 된다. 끝점에서 잠시 MB1을 클릭한 상태로 움직이면 원호 작업도 가능하다. 좌표, 각도 및 길이 입력 작업이 가능하다.

② ▭ Rectangle(R)_(직사각형) : 대각선 코너를 선택하여 직사각형을 생성한다.

③ ╱ Line(L)_(선) : 선 특징 형상을 생성한다. 단순 직선을 생성한다. 역시 좌표 및 길이, 각도 입력 등으로 작업이 가능하다.

④ ⃔ Arc(A)_(원호) : 연속하는 3점을 지정하거나 중심 및 시작점, 끝점을 지정하여 그린다. 각 점은 좌표나 각도, 길이 등으로 입력할 수도 있다.

⑤ ○ Circle(O)_(원) : 원은 중심과 반지름을 지정하는 방법 그리고 3점을 지정하는 방법이 있다.

⑥ ＋ Point(스케치 점) : 임의점, 접점, 교차점, 중심점 등 다양한 점을 생성한다.

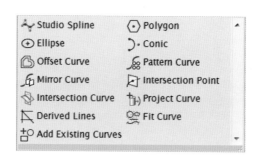

⑦ ⃗ Studio Spline(S)_(스튜디오 스플라인) : 다수의 점을 통과하는 곡선을 만든다.

⑧ ⊙ Polygon(다각형) : 지정한 변의 수를 가지는 다각형을 생성한다.

⑨ ◉ Ellipse(타원) : 중심과 원호 사이의 치수로 타원을 생성한다.

⑩ ⊃· Conic(원뿔형) : 지정된 점을 통해 원뿔형 곡선을 생성한다.

⑪ ⃝ Offset Curve(옵셋 곡선) : 기존 곡선을 외측이나 내측으로 지정값만큼 옵셋한다.

⑫ ⃗ Pattern Curve(패턴 곡선) : 스케치 평면상에 있는 곡선 체인에 패턴을 지정한다.

　• ⊞ Linear(선형 패턴) : 1개 또는 2개의 선형 방향을 사용하여 레이아웃을 정의한다.

　• ⟳ Circular(원형 패턴) : 회전축 및 선택점의 방사형 간격 매개 변수를 사용하여 배열 구성을 정의한다.

⑬ ⃗ Mirror Curve(대칭 곡선) : 스케치 평면상에 있는 곡선 체인에 대칭 패턴을 지정한다.

⑭ ⊿ Intersection Point(교차점) : 곡선과 스케치 평면 사이에 교차점을 생성한다.

⑮ ⃗ Intersection Curve(교차 곡선) : 면과 스케치 평면 사이에 교차 곡선을 생성한다.

⑯ ⃗ Project Curve(곡선 투영) : 3차원으로 생성된 모서리, 곡선 등을 현재 스케치 면에 그대로 투영해 온다.

⑰ ⃗ Derived Lines(파생선) : 선 하나를 선택하면 옵셋된 선을 만들 수 있고, 둘을 선택하면 두 선의 정중앙을 지나는 선을 생성한다.

⑱ ⃗ Fit Curve(곡선 맞춤) : 지정된 데이터 점에 맞추어 스플라인, 선, 원 또는 타원을 생성한다.

⑲ ⃗ Add Existing Curve(기존의 곡선 추가) : 동일 평면상의 기존 곡선을 추가하고 스케치를 가리킨다.

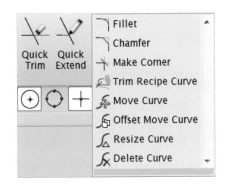

⑳ Quick Trim(T)_(빠른 트리밍) : 교차한 선의 경우, 선택된 부분을 제거한다.

㉑ Quick Extend(E)_(빠른 연장) : 선택된 선을 진행 방향의 교차할 선까지 연장한다.

㉒ Fillet(F)_(필렛) : 두 선을 지정하여 코너에 원호를 생성한다. 작업 후 잔여 선을 남기거나 제거할 수도 있다.

㉓ Chamfer(모따기) : 두 선을 모따기하며 활성 창에서 길이를 지정한다. 대칭, 비대칭, 옵셋 및 각도 등 다양한 모양으로 작업이 가능하다. 작업 후 잔여 선을 남기거나 제거할 수도 있다.

㉔ Make Corner(코너 만들기) : 선택된 두 선을 연장하거나 잘라 모서리를 만든다.

㉕ Trim Recipe Curve(방법 곡선 트리밍) : 선택한 경계로 방법(투영/교차) 곡선을 연관성 있게 트리밍한다.

㉖ Move Curve(곡선 이동) : 곡선 세트를 이동하고 이에 따라 인접 곡선도 조정한다.

㉗ Offset Move Curve(곡선 이동 옵셋) : 지정된 옵셋 거리에서 곡선 세트를 이동하고 이에 따라 인접 곡선도 조정한다.

㉘ Resize Curve(곡선 크기 조정) : 반지름 또는 지름을 조정하여 곡선 세트의 크기를 조정하고 인접 곡선을 조정하여 수용한다.

㉙ Delete Curve(곡선 삭제) : 곡선 세트를 삭제하고 이에 따라 인접 곡선도 조정한다.

㉚ Rapid Dimensions(급속 치수) : 선택한 개체와 커서 위치로부터 치수 유형을 추정하여 치수 구속 조건을 생성한다.

㉛ Geometric Constraints(C)_(구속 조건) : 선택된 요소에 정의될 수 있는 다수의 구속을 제시한다. 여기서 선택하여 결정한다(예 고정, 수평, 수직, 접선 등).

㉜ Make Symmetric(대칭으로 만들기) : 대칭선을 기준으로 좌우 혹은 상하의 두 요소를 상호 대칭되도록 한다.

㉝ Display Sketch Constraints(스케치 구속 조건 표시) : 활성 스케치의 지오메트리 구속 조건을 표시한다.

㉞ Auto Constrain(자동 구속) : 활성 창에 각 옵션을 체크하면 스케치 작업 시 해당 옵션이 자동으로 적용된다. 그려진 요소에 자동으로 구속 조건을 부여할 수 있다.

㉟ Auto Dimension(자동 치수) : 그려진 요소에 자동으로 치수를 부여할 수 있다.

㊱ Show/Remove Constraints(구속 조건 표시/제거) : 선택 요소에 적용된 구속 조건을 표시하고 이를 제거할 수 있다.

㊲ Animate Dimension(치수 애니메이션) : 주어진 치수를 지정한 범위 내에서 변경하고 치수 변경이 스케치에 미치는 영향을 동적으로 표시한다.

㊳ Convert To/From Reference(참조에서/로 변환) : 기존 선을 참조선으로 변환하거나 그 반대로 활성화한다.

㊴ Alternate Solution(대체 솔루션) : 정의된 치수값을 기준으로 요소 위치를 바꾼다.

㊵ Inferred Constraints and Dimensions(추정 구속 조건 및 치수) : 커브 생성 시 자동으로 부여되는 구속 조건을 정한다.

㊶ Create Inferred Constraints(추정 구속 조건 생성) : 자동 구속된 조건이 활성화된다.

㊷ Continuous Auto Dimensions(연속 자동 치수 기입) : 커브 생성 시 자동으로 치수가 기입된다.

2 치수 입력

선택된 요소의 치수 형식을 추정하여 값을 입력한다. 원하는 바와 다를 경우, 우측에 있는 삼각 표를 클릭하여 수평, 수직, 지름, 각도 등으로 지정하여 작업한다.

● **치수 입력의 기능과 아이콘**

추정 치수(Inferred Dimension) 각도 치수(Angular Dimension)

수평 치수(Horizontal Dimension) 지름 치수(Diameter Dimension)

수직 치수(Vertical Dimension) 반지름 치수(Radius Dimension)

점점 치수(Parallel Dimension) 둘레 치수(Perimeter Dimension)

직교 치수(Perpendicular Dimension)

3 구속 조건

선택된 요소에 정의될 수 있는 다수의 구속을 제시한다. 여기서 선택하여 결정한다.

● **구속 조건의 기능과 아이콘**

일치(Coincident) 접함(Tangent)

곡선상의 점(Point on Curve) 동심(Concentric)

중간점(Midpoint) 같은 반지름(Equal Radius)

동일 직선상(Collinear) 같은 길이(Equal Length)

평행(Parallel) 고정(Fixed)

직교(Perpendicular) 완전히 고정(Fully Fixed)

수평(Horizontal) 일정 각도(Constant Angle)

수직(Vertical) 일정 길이(Constant Length)

스트링상의 점(Point on String) 균일 배율(Uniform Scale)

곡선의 기울기(Slope of Curve) 비-균일 배율(Non-Uniform Scale)

03 모델링하기

1 Extrude(돌출 📖)

3D 모델링에서 가장 많이 사용하는 명령으로 NX에서 돌출 명령에 여러 가지 옵션이 있어 바디(Body)를 보다 편리하게 생성할 수 있다. 돌출(Extrude)을 NX 사용자가 정의하는 방향에 따라 다양한 옵션 등을 선택하여 원하는 형상의 바디를 생성하는 기능도 있고, 곡선, 모서리, 면, 스케치 또는 곡선, 특징 형상의 2D, 3D 프로파일을 선택하여 바디(Body)를 보다 편리하게 생성할 수 있으며, 스케치를 직접 열어 곡선을 스케치하여 단면 곡선으로 사용할 수 있다.

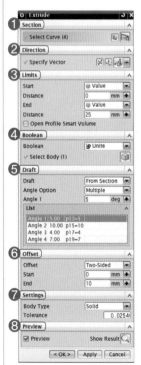

❶ Section : Select Curve에서 📖Extrude(돌출)할 Curve를 선택하거나 직접 스케치를 생성하여 Extrude(돌출)가 가능하다.

❷ Direction : Specify Vector는 Extrude할 방향을 지정한다.

❸ Limits : Value(📦)로 Start(시작점)의 거릿값과 End(끝점)의 거릿값을 입력한다. Symmetric Value(📦), Until Next(📦), Until Selected(📦), Until Extended(📦), Through All(📦) 의 Limits 옵션을 지정하여 돌출할 수 있다.

❹ Boolean : 돌출로 바디(Body)를 생성할 때 None(📦), Unite (📦), Subtract(📦), Intersect(📦)의 Boolean을 지정할 수 있다.

❺ Draft : 돌출을 할 때 각도를 지정하여 바디(Body)를 생성할 수 있다. Draft는 From Start Limit와 From Section이 있으며 From Section은 Single과 Multiple로 각도를 지정할 수 있다.

❻ Offset : 돌출 생성 방향을 높이가 아닌 폭 방향(Single-Side, Two-Sided, Symmetric)으로 지정할 수 있다.

❼ Settings : Body Type은 바디(Body)를 생성할 때 Solid 또는 Sheet를 선택하여 바디를 생성한다.

❽ Preview(미리 보기)

1 ▶▶ 블록 모델링하기

01 >> 그림처럼 XY 평면에 스케치하고 구속 조건은 중간점으로 구속, 치수를 입력한다.

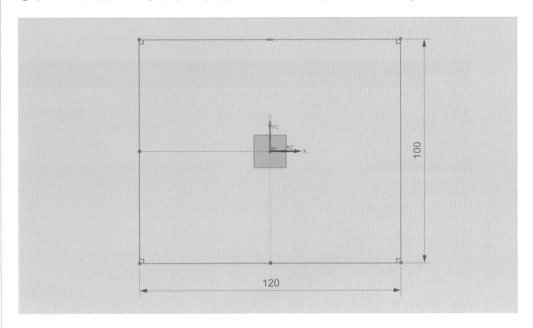

02 >> Home → Feature → ▦ Extrude(돌출)

Note Extrude(돌출)의 단축키는 (X)이다.

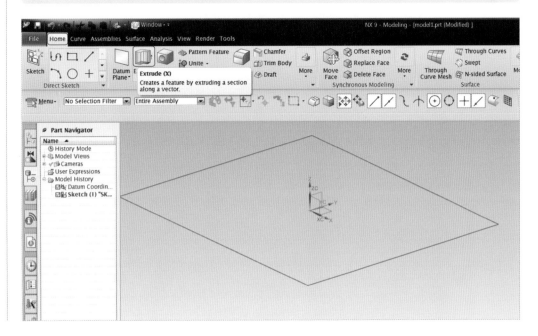

03 >> ▣Extrude(X) → Section → Select Curve → Limits →

Start : Value → Distance 0	→ OK
End : Value → Distance 10	

Note Curve(곡선)를 선택하고 Specify Vector(벡터 방향)를 아래쪽으로 ☒Reverse Direction(방향 반전)한다.

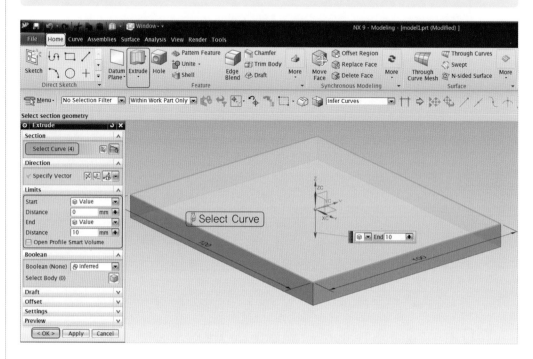

2 ▷▷ Unite(결합) 및 구배 돌출 모델링하기

01 >> 그림처럼 XY 평면에 스케치하고 구속 조건은 중간점으로 구속하고 치수를 입력한다.

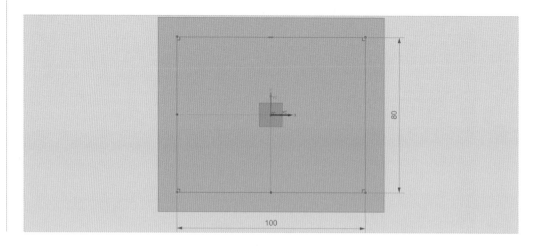

02 >> Extrude(X) → Section → Select Curve → Limits →

Start : Value → Distance	0
End : Value → Distance	30

→ Boolean → Unite(결합) → Select Body →

Draft → From Start Limit(시작 한계로부터) → Angle 15° → OK

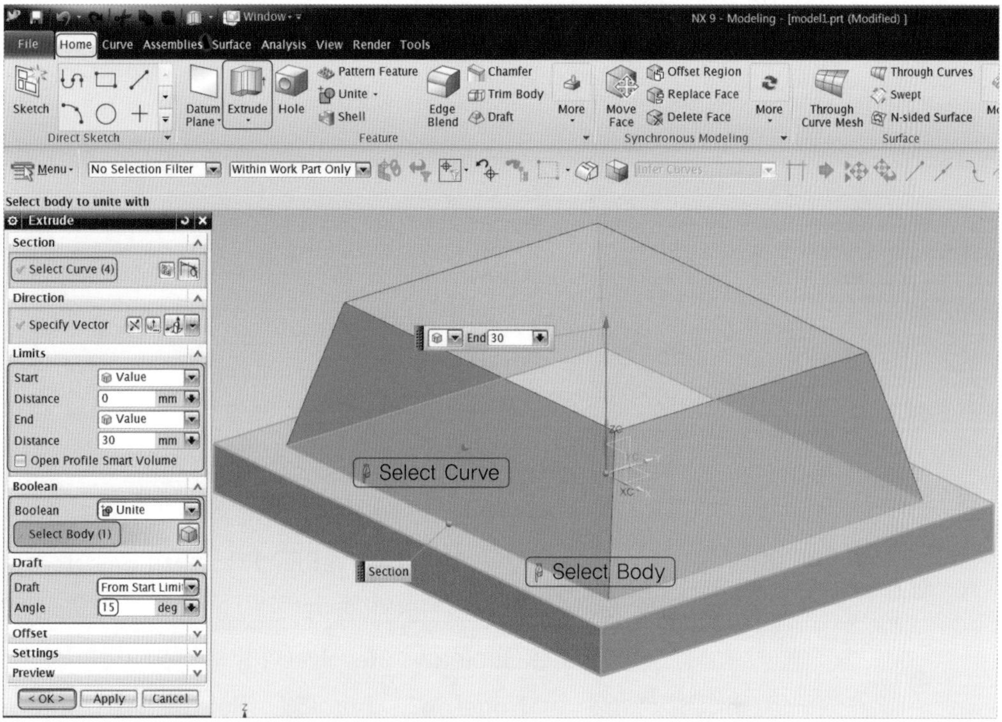

3 ▶▶ 돌출 모델링

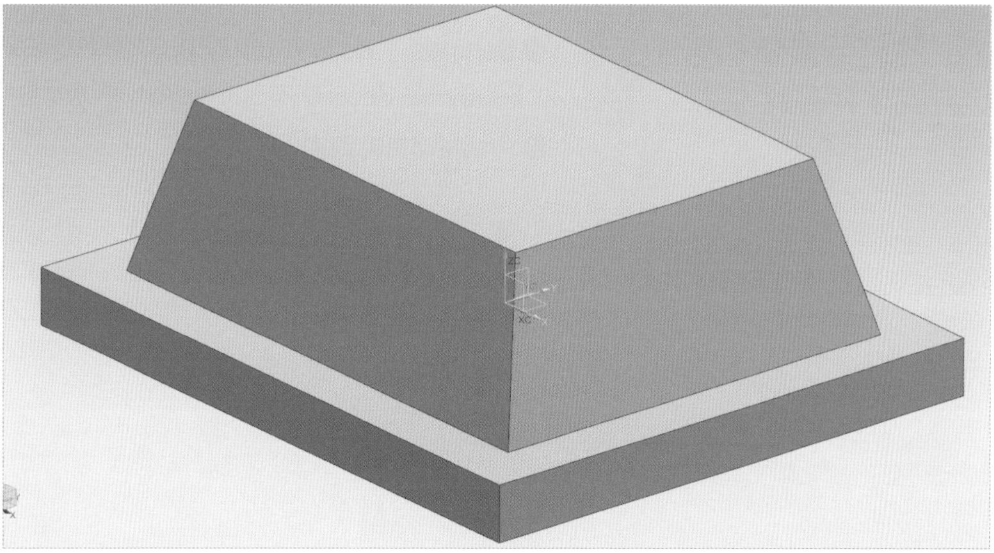

2 Revolve(회전 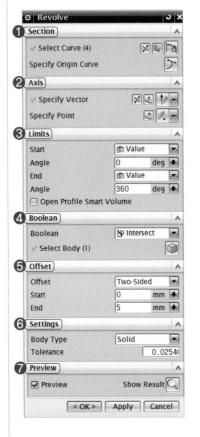)

단면 곡선을 0° 이외의 각도로 주어진 축을 기준으로 단면을 회전하여 특징 형상을 생성한다. Section(단면)에서 회전시킬 커브를 선택한다. 축을 포함하여 Curve, Edge 또는 벡터를 이용하여 Axis(회전축)를 지정한다. Axis(회전축)로 WCS를 지정하면 Specify Point를 지정해야 한다. 곡선, 모서리, 스케치 또는 면을 선택하여 단면을 정의할 수 있다.

❶ Section : Select Curve에서 회전(Revolve)할 Curve를 선택하거나 직접 스케치를 생성하여 회전(Revolve)할 수 있다.

❷ Axis : Specify Vector는 회전(Revolve)할 기준축을 지정한다. 회전축을 지정하는 방법이 평면 법선과 별도로 선택되면 다음으로 점을 지정해야 하며 점을 정확히 선택하여 지정한다.

❸ Limits : 시작점(Start)의 각돗값과 끝점(End)의 각돗값을 입력한다. Value( ), Until Selected( )의 옵션을 선택하여 Body(바디)를 생성 정의할 수 있다.

❹ Boolean : Revolve(회전)로 Body(바디)를 생성할 때 None( ), Unite( ), Subtract( ), Intersect( )의 Boolean을 지정할 수 있다.

❺ Offset : 회전 생성 높이가 아닌 폭 방향(Two-Sided)을 지정할 수 있다.

❻ Settings : Body Type은 Body(바디)를 생성할 때 Solid 또는 Sheet를 선택하여 Body를 생성한다.

❼ Preview(미리 보기)

① ▸▸ **스케치하기**

  그림처럼 XY 평면에 스케치하고 구속 조건은 동일 직선상으로 구속하고 치수를 입력한다.

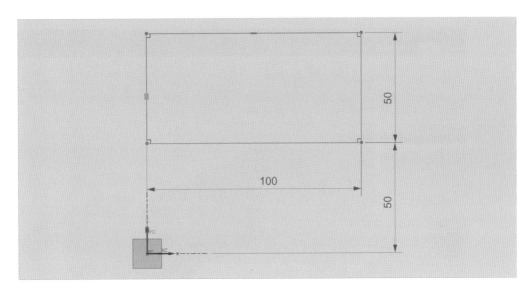

② ▸▸ **Revolve(회전) 모델링하기**

01 ≫ Home → Feature → Extrude▼ → 🗍 Revolve(회전)

Note Revolve(회전)는 단축키가 미지정된 상태이므로 사용자 본인이 단축키를 생성하여 사용할 수 있다.

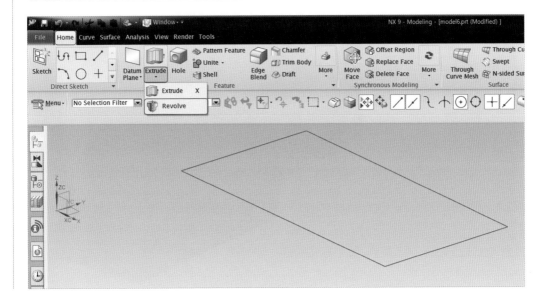

02 ≫ 🔽Revolve(회전) → Section → Select Curve → Axis → Specify Vector(X축)
→ Limits → Start : Value → Angle 0 → OK
End : Value → Angle 90

Note Curve(곡선)를 선택하고 X축을 지정한 후 Start 각돗값과 End 각돗값을 입력한다.

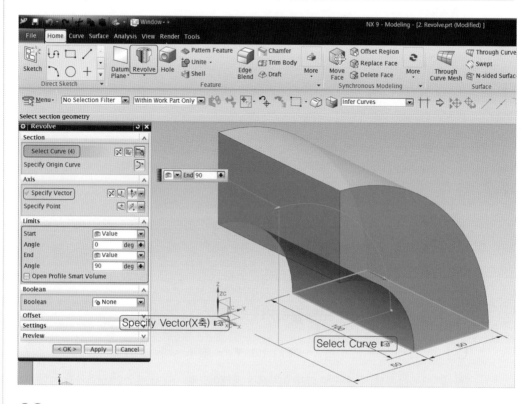

03 ≫ 완성 모델링

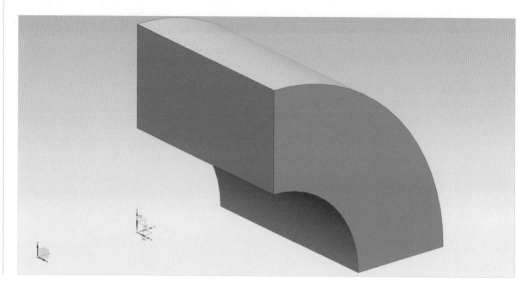

3 Swept(스웹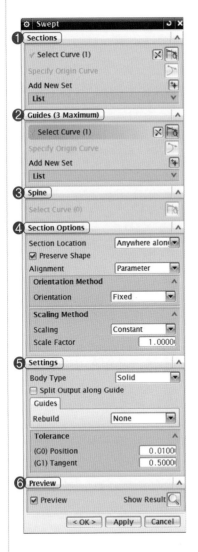)

가이드를 따라 단면을 스위핑하여 Sheet Body나 Solid Body를 생성한다. Sections Curve는 1~150개의 Curve를 선택할 수 있으며, Guides Curve는 1~3까지 Curve를 선택할 수 있다.

하나, 둘 또는 세 개의 가이드 스트링을 따라 공간에서 경로를 통과하도록 곡선 외곽선을 스위핑하여 Solid Body 또는 Sheet Body를 생성한다. 스웹은 가이드 스트링이 스플라인 또는 나선으로 구성된 특징 형상을 생성하기 위해 스위핑하는 경우에 적용된다. 그러나 스웹은 치수 측정이 어렵고 드래프팅 문제를 유발할 수 있는 블렌드로 구성된 특징 형상을 생성할 수 있다.

❶ Sections : Select Curve는 1~150개의 Curve를 선택할 수 있으며, Add New Set를 클릭하면 Select Curve를 추가한다.

❷ Guides(3 Maximum) : Select Curve는 1~3까지 Curve를 선택할 수 있으며, Add New Set를 클릭하면 Select Curve를 추가한다.

❸ Spine : Section String의 방향을 제어하고 매개 변수의 불규칙한 분산으로 인해 Guide에서 왜곡되지 않도록 한다.

❹ Section Options

• Section Location : 단면 위치, 형상 유지, 매개 변수 등을 지정할 수 있다.

• Orientation Method : 방향 지정 방법은 고정, 면 법선, 벡터 방향, 다른 곡선, 점, 각도 법칙, 강제 방향 등을 지정할 수 있다.

• Scaling Method : 배율 조정 방법은 일정, 블렌드 함수, 다른 곡선, 점, 영역 법칙, 둘레 법칙 등을 지정할 수 있다.

❺ Settings : Body Type은 Body(바디)를 생성할 때 Solid 또는 Sheet를 선택하여 Body를 생성한다.

❻ Preview(미리 보기)

1 ▶▶ 스케치하기

01 ›› 그림처럼 XY 평면에 스케치하여 치수를 입력하고 구속 조건은 수직, 접점으로 구속, 원은 참조로 변환한다.

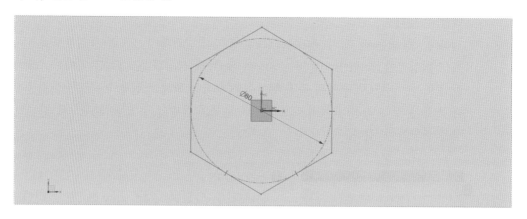

02 ›› 그림처럼 XY에서 거리 30인 스케치 평면을 생성하여 스케치하고 구속 조건은 동심원 구속, 치수를 입력한다.

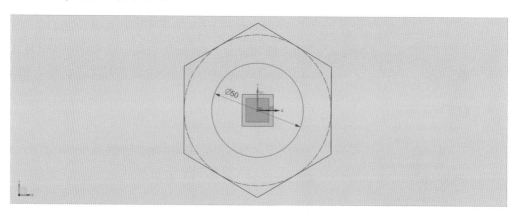

03 ›› 그림처럼 XZ 평면에 교차점을 작도하여 교차점과 교차점에 원호 끝점을 연결하고 치수를 입력한다.

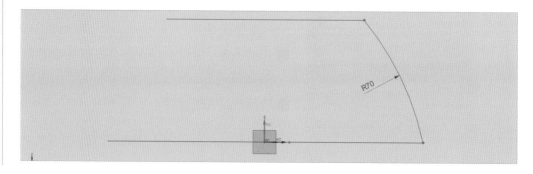

04 >> 그림처럼 YZ 평면에 교차점을 작도하여 교차점과 교차점에 원호 끝점을 연결하고 치수를 입력한다. Z축을 중심으로 Mirror(대칭 복사)한다.

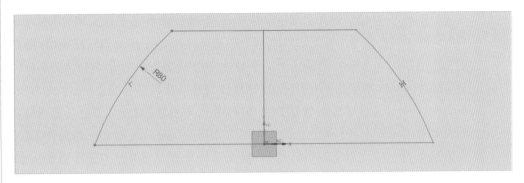

② >> Swept(스웹) 모델링하기

Surface → Swept(스웹) → Sections → Select Curve 1 → Add New Set → Select Curve 2 → Guides → Select Curve 1 → Add New Set → Select Curve 2 → Add New Set → Select Curve 3 → Section Options → ☑Preserve Shape → OK

> **Note** 그림처럼 단면 곡선(위, 아래) 2개를 선택하고, 가이드 곡선 3개를 선택하여 벡터 방향은 같은 방향으로 설정하고 Preserve Shape에 ☑체크하면 형상이 유지된다.

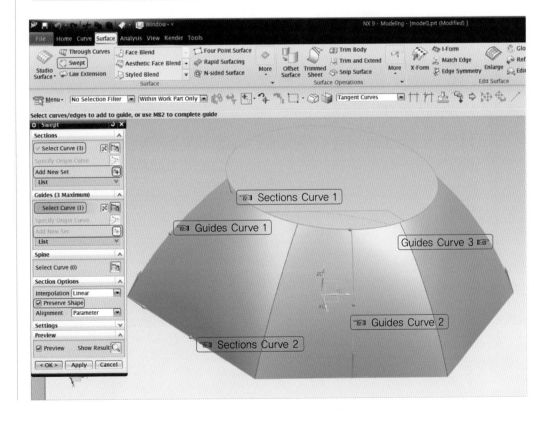

4 Tube(튜브 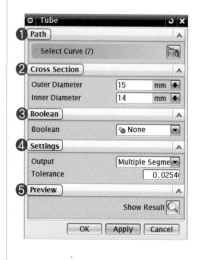)

곡선을 따라 원형 단면을 스위핑하여 Body를 생성한다. 옵션으로 바깥지름과 안지름을 지정하여 파이프를 생성하며, 안지름에 0을 입력하면 속이 찬 솔리드가 된다. 바깥지름 및 안지름 옵션을 사용하여 중심선 경로를 따라 원형 단면을 스위핑하여 단일 솔리드 바디를 생성하려면 튜브 명령을 사용한다. 이 명령을 사용하여 와이어 묶음, 하네스, 튜빙, 케이블 링 또는 파이핑 컴포넌트를 생성할 수 있다. 튜브 다이얼로그에서 곡선을 클릭하고(활성화 되지 않은 경우) 다듬기 곡선 또는 모서리를 선택하여 튜브의 경로를 정의한다. 일련의 연 결된 곡선 또는 모서리를 선택한 경우, 해당 곡선 또는 모서리는 기울기 연속이어야 한다.

❶ Path : Select Curve는 하나 이상의 Curve Object 를 따라 원형 단면을 Swept하여 단일 Solid Body를 생성한다.

❷ Cross Section : Outer Diameter(바깥지름)와 Inner Diameter(안지름)를 입력하면 파이프가 되며, 안지름에 0을 입력하면 환봉(솔리드)이 된다.

❸ Boolean : 돌출로 바디(Body)를 생성할 때 None ( ), Unite( ), Subtract( ), Intersect( )의 Boolean을 지정할 수 있다.

❹ Settings : Output에서 Multiple, Single Segment 를 선택하여 설정할 수 있다.

❺ Preview(미리 보기)

① ▶▶ 스케치하기

01 ▶▶ 그림처럼 YZ 평면에 스케치하고 구속 조건은 동일 직선상으로 구속, 치수를 입력 한다.

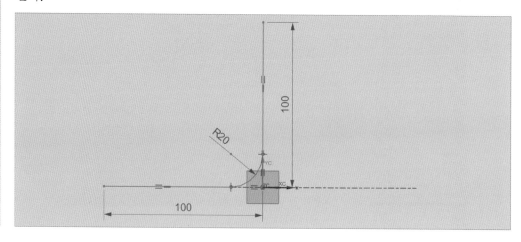

02 ›› 그림처럼 XZ 평면에 스케치하고 구속 조건은 접점으로 구속, 치수를 입력한다.

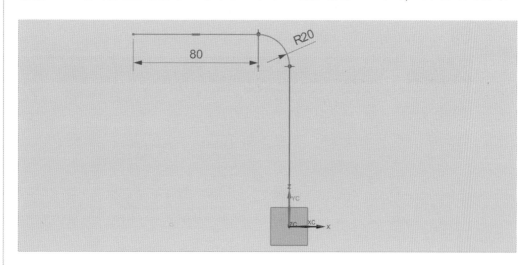

03 ›› 그림처럼 XY에서 거리 120인 스케치 평면을 생성하여 스케치하고 구속 조건은 접점으로 구속, 치수를 입력한다.

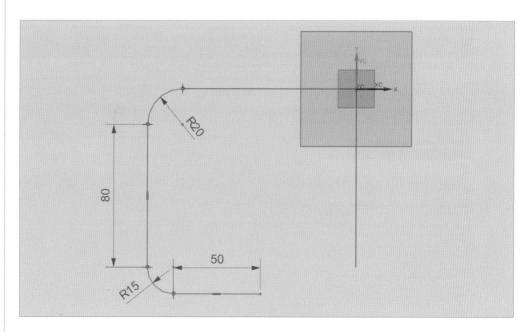

② ▶▶ **Tube(튜브) 모델링하기**

01 >> Surface → More▼ → Sweep(스웹) → Tube(튜브)

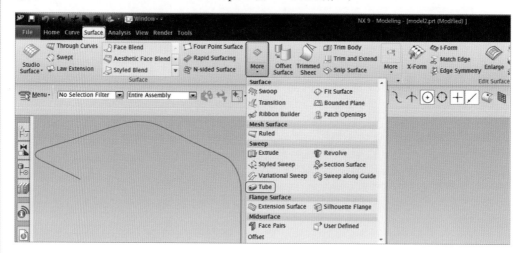

02 >> Tube(튜브) → Path → Select Curve → Cross Section → Outer Diameter(바깥지름) 20 → Inner Diameter(안지름) 18 → OK

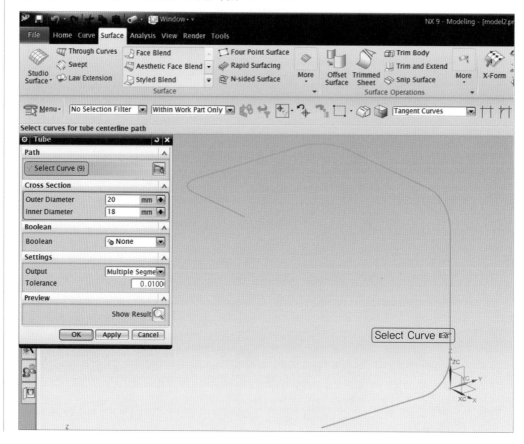

③ ▶▶ Tube(튜브) 모델링

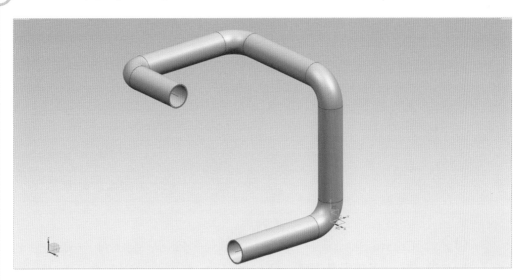

5 # Sweep Along Guide(가이드를 따라 스위핑)

가이드를 따라 단면을 스위핑하여 Sheet Body나 Solid Body를 생성한다.

가이드를 따라 단면을 스위핑하여 단일 바디를 생성하려면 가이드를 따라 스위핑 명령을 사용한다.

하나 이상의 곡선, 모서리 또는 면을 통해 구성된 가이드를 따라 열려 있거나 닫힌 경계 스케치, 곡선, 모서리 또는 면을 돌출시켜 단일 바디를 생성할 수 있다. 결과로 코프 코너가 생성되는 샤프 코너 가이드 주위에 대한 스위핑을 지원한다.

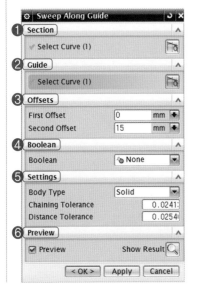

❶ Section : Select Curve를 선택하여 단면이 된다.

❷ Guide : Select Curve의 직각 방향으로 Section이 생성된다.

❸ Offsets : First, Second Offsets를 옵셋값으로 입력한다.

❹ Boolean : 돌출로 바디(Body)를 생성할 때 None( ), Unite( ), Subtract( ), Intersect( )의 Boolean을 지정할 수 있다.

❺ Settings : Body Type은 Body(바디)를 생성할 때 Solid 또는 Sheet를 선택하여 Body를 생성한다.

❻ Preview(미리 보기)

1 ▸▸ 스케치하기

01 ≫ 그림처럼 XZ 평면에 스케치하고 치수를 입력한다.

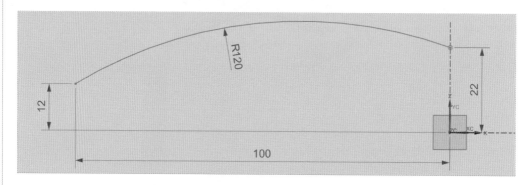

02 ≫ Create Sketch → Sketch Plane → Plane Method → Create Plane → Specify Plane(곡선 끝점 선택) → Sketch Orientation → Reference → Horizontal → Select Reference(Y축) → **(상대 좌표가 나타나지 않을 때 Sketch Origin을 시행한다)** → Sketch Origin → Specify Point → Point Dialog → X=0 / Y=0 / Z=0 → OK

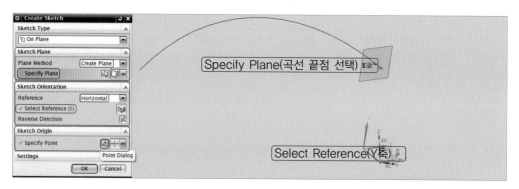

03 ≫ 이전에 생성한 가이드 곡선의 끝점에 단면 곡선을 곡선상의 점으로 구속하고 단면 곡선에 원호의 중심점을 Z축 선상의 점으로 구속하고 치수를 입력한다.

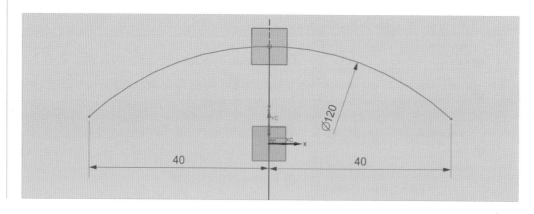

② ▸▸ Sweep Along Guide(가이드를 따라 스위핑)하기

01 ≫ Surface → Surface → More▼ → Sweep → 🏠 Sweep along Guide(가이드를 따라 스위핑)

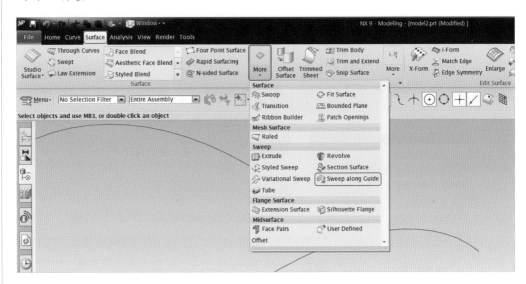

02 ≫ Section → Select Curve → Guide → Select Curve → Offsets →

First Offset 0	→ OK
Second Offset 15	

Note Sweep Along Guide(가이드를 따라 스위핑)로 생성된 서피스 곡면에 Offset을 적용하여 솔리드 바디를 생성한다.

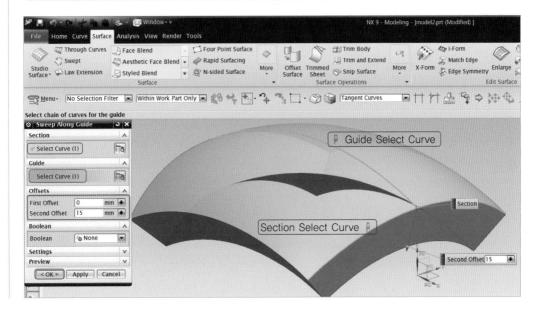

Ruled()

Ruled 형상이 단면 사이에서 선형으로 변환하는 바디를 두 개의 단면 사이에서 생성하려면 Ruled 명령을 사용한다.

선택한 곡선, 외곽선 또는 단면 스트링을 통과하는 Ruled 시트 또는 솔리드 바디를 생성하려면 Ruled 곡면 명령을 사용한다. 단면 스트링은 단일 개체 또는 여러 개체로 구성될 수 있으며, 각 개체는 곡선, 솔리드 모서리 또는 솔리드 면일 수 있다. 또한, 곡선의 한 점 또는 끝점을 두 단면 스트링의 첫 번째 점으로 선택할 수 있다. 선택 바의 선택 의도 옵션을 사용하여 개체를 쉽게 선택하고 선택 규칙을 설정할 수 있다.

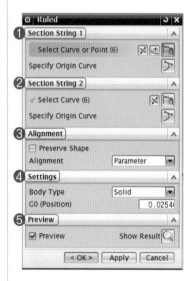

❶ Section String 1 : Select Curve or Point를 선택한다. String 1은 Curve 또는 Point를 선택할 수 있다.

❷ Section String 2 : Select Curve를 선택한다. String 2는 Curve만 선택할 수 있다.

❸ Alignment : Preserve Shape(형상 유지)를 할 수 있으며, 매개 변수, 원호 길이, 점으로, 거리, 각도, 스파인 곡선을 정렬한다.

❹ Settings : Body Type은 Body(바디)를 생성할 때 Solid 또는 Sheet를 선택하여 Body를 생성한다.

❺ Preview(미리 보기)

1 ▶▶ 스케치하기

01 ≫ 그림처럼 XY 평면에 스케치하여 치수를 입력하고 구속 조건은 접점으로 구속, 직선을 참조로 변환한다.

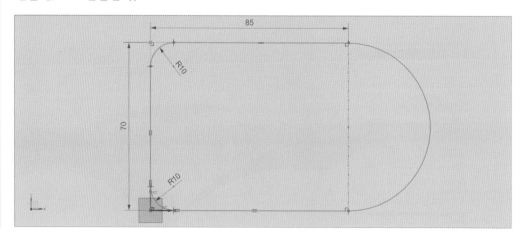

02 >> 그림처럼 XY에서 거리 18인 스케치 평면을 생성하여 스케치하고 구속 조건은 접점 구속, 치수를 입력하고 직선을 참조로 변환한다.

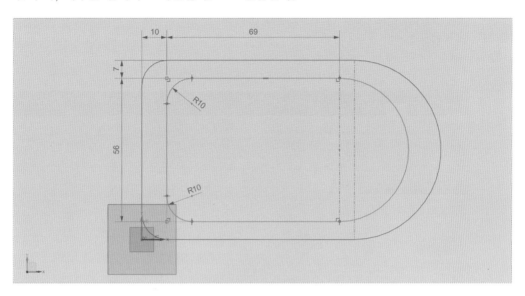

② ▶▶ **Ruled 모델링하기**

01 >> Surface → More▼ → Mesh Surface(메시 곡면) → ▦Ruled

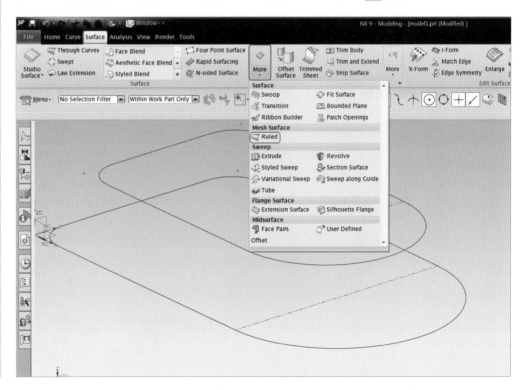

02 >> Ruled → Section String 1 → Select Curve or Point → Section String 2 → Select Curve → OK

Note Ruled는 2개의 곡선을 선택한다. Section String 1은 점 또는 곡선을 선택할 수 있다. 그림처럼 곡선의 벡터 방향은 같은 방향으로 한다. Preserve Shape에 ☑체크하면 형상이 유지된다.

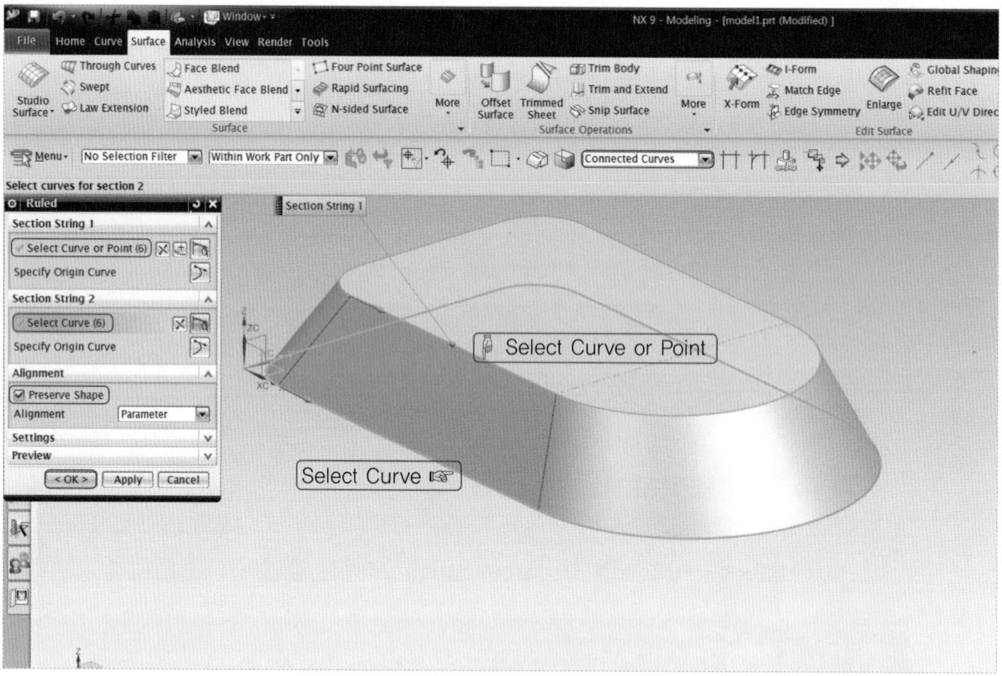

3 ▸▸ Ruled 모델링

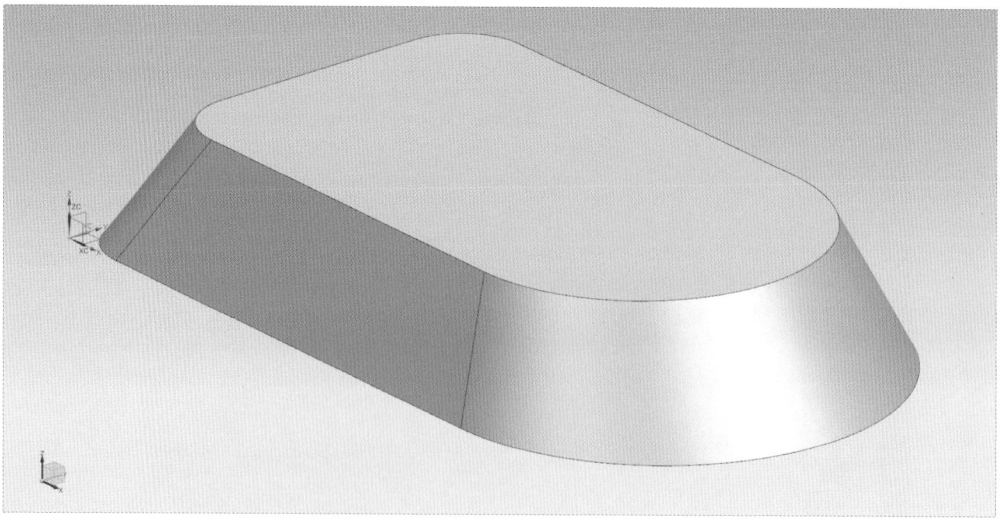

7 Through Curves(곡선 통과 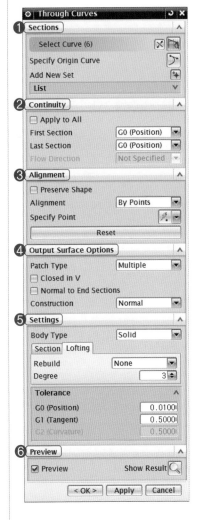)

이 명령을 사용하면 2개 이상, 최대 150개의 단면 스트링으로 이루어진 세트를 통과하는 시트 또는 솔리드 바디를 생성할 수 있다. 단면 스트링은 단일 개체나 여러 개체로 구성될 수 있으며 각 개체는 곡선, 솔리드 모서리 또는 솔리드 면이 될 수 있다. 통과 곡선은 Ruled 곡면과 비슷하지만 여러 개의 단면 스트링을 지정할 수 있다는 점에서 차이가 있다.

다음 작업을 수행할 수도 있다. 새 곡면이 접하는 곡면에 연속인 G0, G1 또는 G2가 되도록 구속한다. 곡면을 다양한 방식으로 단면 스트링에 정렬하여 곡면의 형상을 제어한다. 단일 또는 다중 출력 패치를 지정한다. 새 곡면이 끝 단면에 수직이 되도록 한다.

❶ Sections : Select Curve는 2~150개의 Curve를 선택할 수 있으며 Add New Set를 클릭하면 Select Curve를 추가한다.

❷ Continuity : First, Last Section의 맞닿은 다른 면에 Tangency 또는 Curvature의 구속을 줄 수 있다.

❸ Alignment : Preserve Shape(형상 유지)를 할 수 있으며, 매개 변수, 원호 길이, 점으로, 거리, 각도, 스파인 곡선을 정렬한다.

❹ Output Surface Options : Patch Type은 Single과 Multiple이 있으며, V메시 닫힘과 끝 단면 수직을 선택할 수 있다. Construction에서 법선, 스플라인 점, 단순을 선택한다.

❺ Settings : Body Type은 Body(바디)를 생성할 때 Solid 또는 Sheet를 선택하여 Body를 생성한다.

❻ Preview(미리 보기)

1 ▶▶ 스케치하기

01 ›› 그림처럼 YZ 평면에 스케치하여 치수를 입력하고 구속 조건은 동일 직선으로 구속, 직선을 참조로 변환한다.

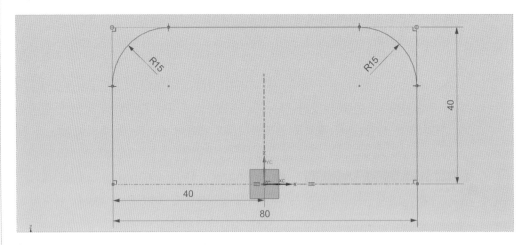

02 ›› 그림처럼 YZ에서 거리 50인 스케치 평면을 생성하여 스케치하고 치수를 입력한다.

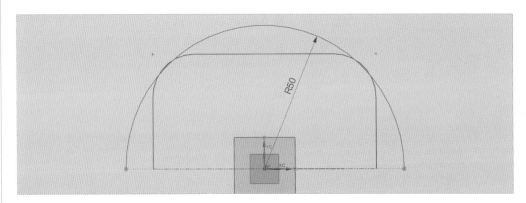

03 ›› 그림처럼 YZ에서 거리 100인 스케치 평면을 생성하여 곡선을 투영한다.

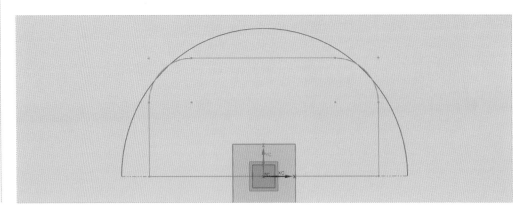

② ▶▶ Through Curves(곡선 통과)

Surface → 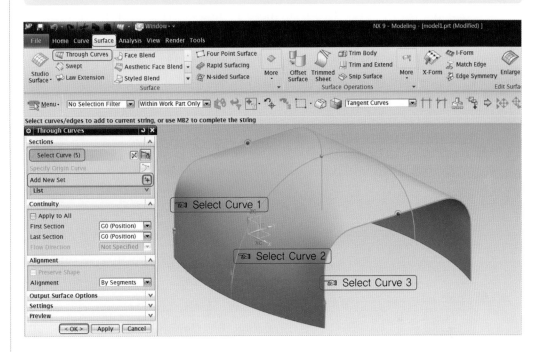Through Curves(곡선 통과) → Sections → Select Curve 1 → Add
New Set → Select Curve 2 → Add New Set → Select Curve 3 → OK

Note 그림처럼 Through Curves(곡선 통과)는 Section(단면)은 2개 이상, 150개까지의 단면
형상을 선택하여 Sheet Body나 Solid Body를 생성한다.

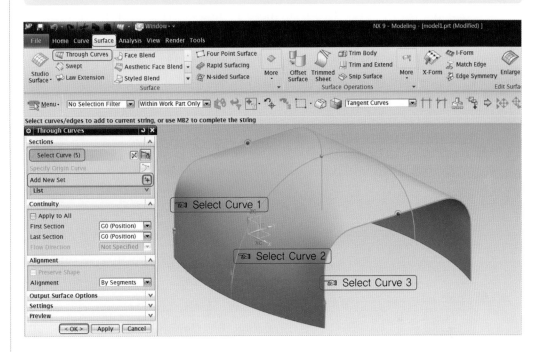

③ ▶▶ Through Curve(곡선 통과) 모델링

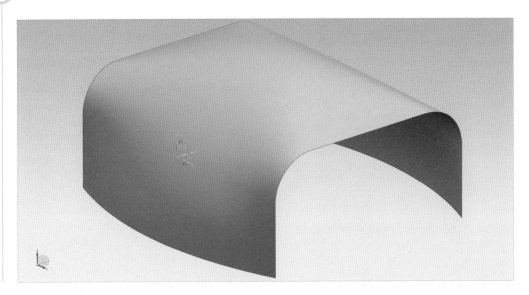

8 Through Curve Mesh(곡선 통과 메시 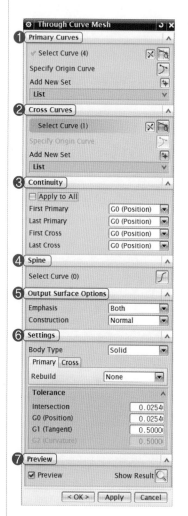)

이 명령을 사용하면 1차 및 교차 스트링의 세트에서 바디를 생성할 수 있다. 각 세트의 스트링은 서로 거의 평행을 이뤄야 하고 교차하지 않아야 한다. 1차 스트링은 교차 스트링에 거의 직교해야 한다.

2~150개의 Primary String과 2~150개의 Cross String을 선택하여 Sheet Body나 Solid Body를 생성한다. Cross String이 Primary String을 따라가면서 Sheet Body나 Solid Body를 생성한다. Primary Curves는 Curve or Point를 선택할 수 있다.

이 명령은 1차 곡선 세트 및 교차 곡선 세트를 사용하여 3차원(Bi-cubic) 곡면을 생성한다. 각 곡선 세트는 연속해야 한다. 1차 곡선 세트는 거의 평행하고 교차 곡선 세트도 거의 평행해야 한다. 첫 번째 또는 마지막 세트에 곡선 대신 점을 사용할 수 있다.

❶ Primary Curves : Select Curve를 선택한다. Add New Set을 클릭하면 Select Curve를 추가할 수 있다. 2~150개의 Primary String을 선택할 수 있다.

❷ Cross Curves : Primary Curves와 교차된 Curve를 선택한다. Add New Set를 클릭하면 Select Curve를 추가할 수 있다. 2~150개의 Cross String을 선택할 수 있다.

❸ Continuity : First, Last Section의 맞닿은 다른 면에 Tangency 또는 Curvature의 구속을 줄 수 있다. 새 곡면이 접하는 곡면에 연속인 G0, G1 또는 G2가 되도록 구속한다.

❹ Spine : Select Curve는 Primary Curves를 선택하면 생성된다.

❺ Output Surface Options : Emphasis에서 양쪽, 1차, 교차를 선택할 수 있으며, Construction에서 법선, 스플라인 점, 단순을 선택한다.

❻ Settings : Body Type은 Body(바디)를 생성할 때 Solid 또는 Sheet를 선택하여 Body를 생성한다.

❼ Preview(미리 보기)

1 ▶▶ 스케치하기

01 >> 그림처럼 XY 평면에 스케치하여 치수를 입력하고 구속 조건은 동일 직선으로 구속, 직선을 참조로 변환한다.

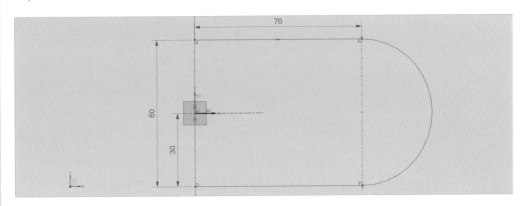

02 >> 그림처럼 XY에서 거리 60인 스케치 평면을 생성하여 스케치하고 치수를 입력한다.

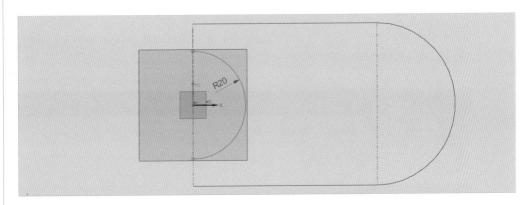

03 >> 그림처럼 YZ 평면에 스케치하여 치수를 입력하고 원호를 Z축을 중심으로 Mirror Curve(대칭 복사)한다.

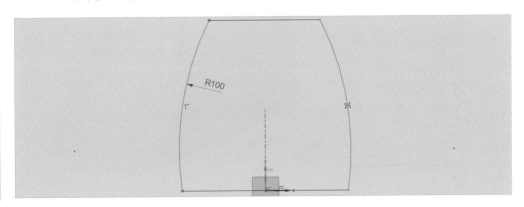

04 >> 그림처럼 XZ 평면에 스케치하여 치수를 입력한다.

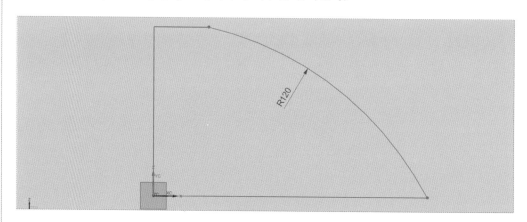

② >> Through Curve Mesh(곡선 통과 메시) 모델링하기

Surface → 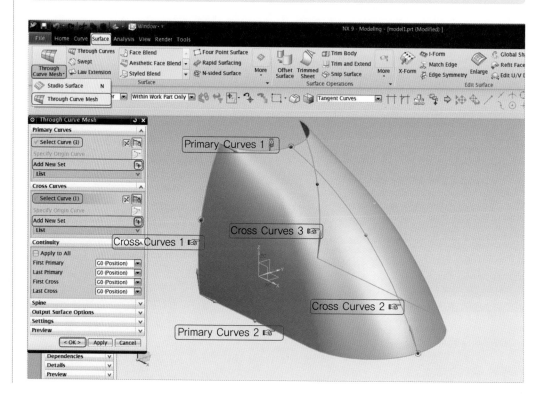Through Curve Mesh(곡선 통과 메시) → Primary Curves → Select Curve 1 → Add New Set → Select Curve 2 → Cross Curves → Select Curve 1 → Add New Set → Select Curve 2 → Add New Set → Select Curve 3 → OK

Note 그림처럼 Through Curve Mesh(곡선 통과 메시)에서 2~150개의 Primary String과 2~150개의 Cross String을 선택하여 Sheet Body나 Solid Body를 생성한다.

형상 모델링 1

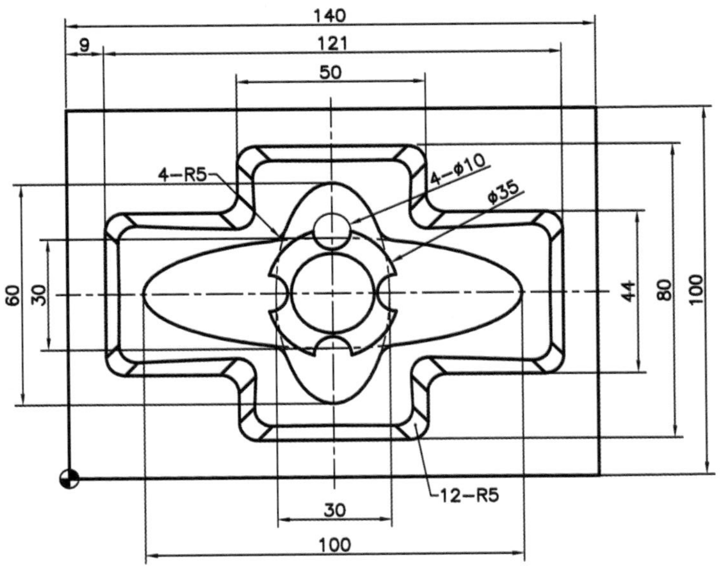

2D필렛(가)과 3D필렛(나)의 구분 예

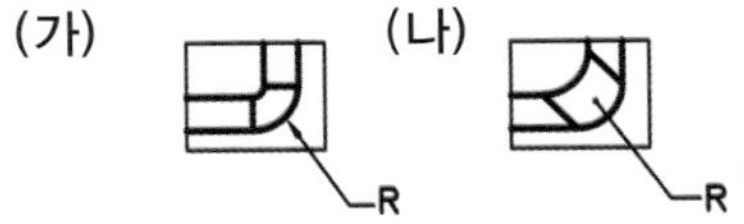

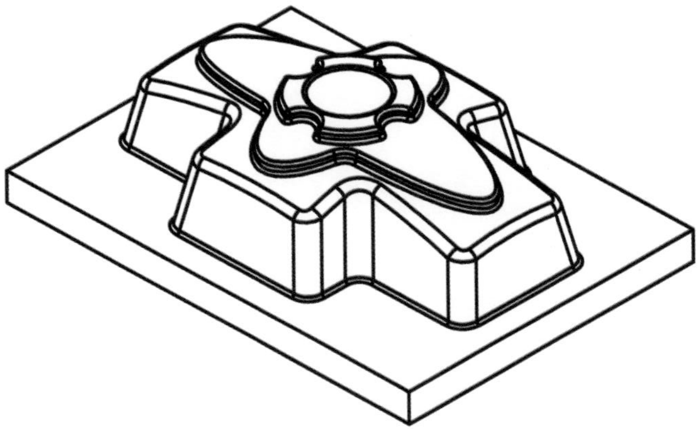

(나)

(가)

R

R

도시되고 지시 없는 모든 필렛 R=1

R120

2-100°

100
80
44
φ35
4-φ10
12-R5
50
30
100
140
121
4-R5
9
30
60

R200
R1
Offset3
Offset3
SR13
41
AROUNR R3
2-100°
20
10
20

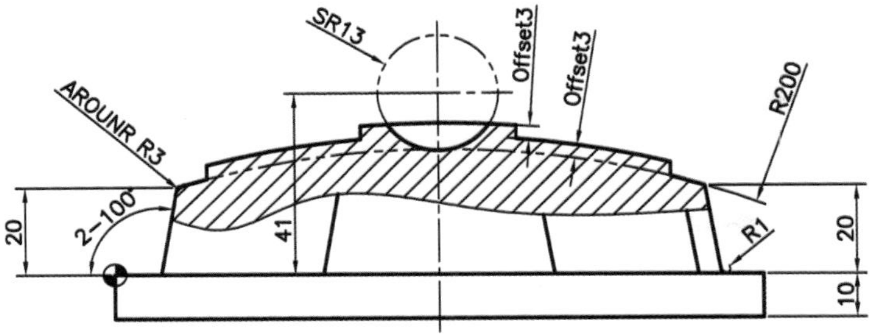

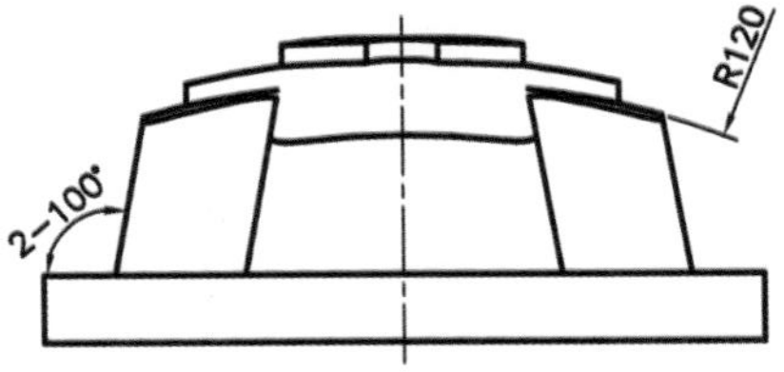

Chapter

04 형상 모델링하기

1 형상 모델링 1

1 ▶▶ 베이스 블록 모델링하기

01 ≫ 그림처럼 XY 평면에 스케치하고 구속 조건은 동일 직선상으로 구속, 치수를 입력한다.

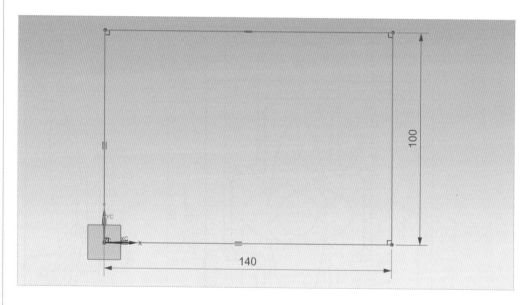

02 >> ▥Extrude(X) → Section → Select Curve → Limits →

| Start : Value → Distance 0 | → OK |
| End : Value → Distance 10 | |

Note   Curve(곡선)를 선택하고 벡터 방향을 아래쪽으로 ☒Reverse Direction(방향 반전)한다.

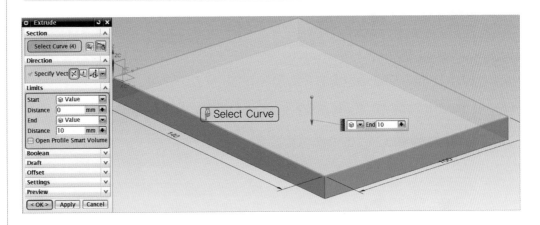

② ▶▶ **데이텀 좌표계 생성 '제2데이텀 좌표계'**

01 >> Home → Feature → Datum Plane▼ → ⊠Datum CSYS(데이텀 좌표계)

Note   모델링을 할 때 편리성을 주기 위해 ▣Datum CSYS의 명령어로 데이텀 좌표계를 생성한다.

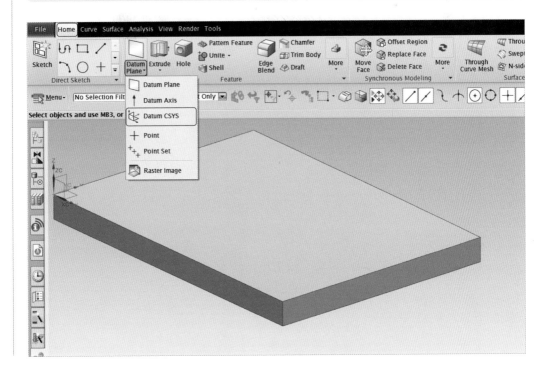

02 >> Manipulator → Specify Orientation → Manipulator

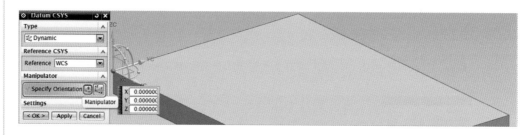

03 >> Coordinates(좌표) → X 70 → Y 50 → Z 0 → OK → OK

Note X 70, Y 50, Z 0의 위치에 ⬚Datum CSYS를 생성한다.

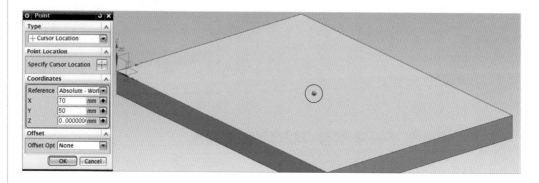

③ ▶▶ 단일 구배 돌출 모델링하기

01 >> 그림처럼 '제2데이텀 좌표계' XY 평면에 스케치하고 치수를 입력한다.

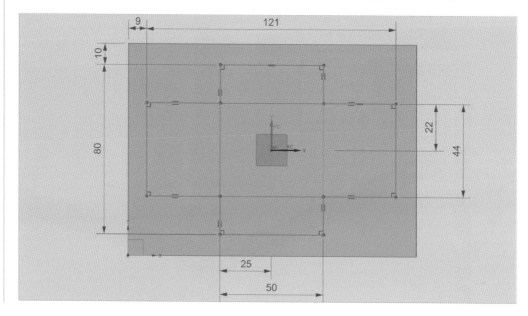

02 >> ▥Extrude(X) → Section → Select Curve → Limits →

Start : Value → Distance 0	→ Boolean → ⬢Unite(결합) → Select Body →
End : Value → Distance 30	

Draft → From Start Limit(시작 한계로부터) → Angle 10° → OK

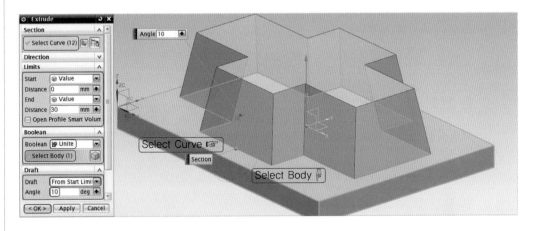

---

④ ▸▸ **Sweep Along Guide(가이드를 따라 스위핑) 모델링하기**

❶ **점 그리기**

01 >> '제2데이텀 좌표계' XZ 평면에 스케치 면을 생성한다.

02 >> Home → Curve → ➕Point(점) → Point → Specify Point → Close

> Note Sweep Along Guide의 가이드 곡선으로 사용할 곡선의 위치를 정의하고자 ➕Point(점)
> 를 선택하여 점 2개를 작도한다.

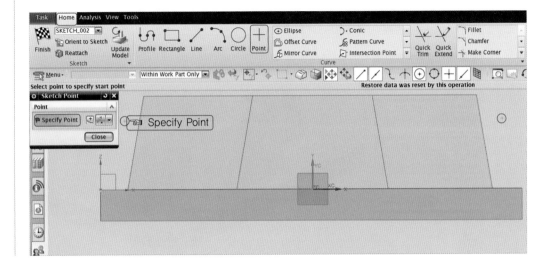

03 >> 그림처럼 치수를 입력하고 구속 조건은 모서리의 곡선상의 점으로 구속한다.

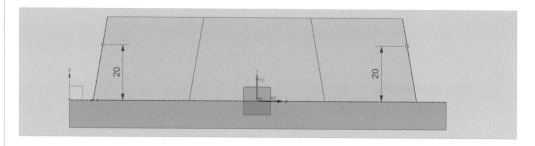

❷ 원호 스케치 작성하기

그림처럼 스케치하여 치수를 입력하고 구속 조건은 곡선상의 점으로 구속한다.

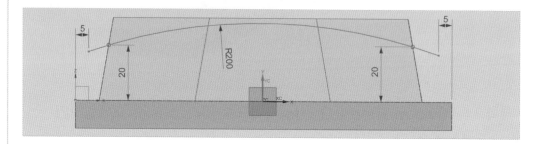

❸ 단면 곡선 스케치하기

01 >> Create Sketch → Sketch Plane → Plane Method → Create Plane → Specify Plane(곡선 끝점 선택) → Sketch Orientation → Reference → Horizontal → Select Reference(모서리) → OK

> Note 그림처럼 Create Plane(새 스케치)으로 Specify Plane(곡선 끝점 선택)하고, 참조로 모서리를 선택하여 스케치 면을 생성한다.
> 스케치 평면의 방향이 뒤집히는 경우 ⊠Reverse Direction(방향 반전)으로 반전할 수 있다.

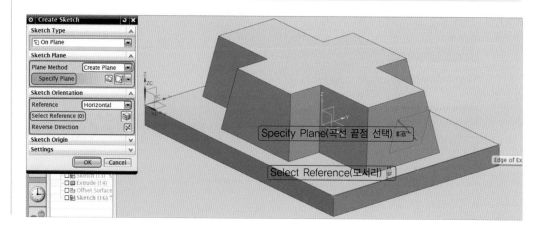

02 ⟫ 이전에 생성한 가이드 곡선의 끝점에 단면 곡선을 곡선상의 점으로 구속하고, 단면 곡선에 원호의 중심점을 제2데이텀 좌표계의 Z축 선상의 점으로 구속하고 치수를 입력한다.

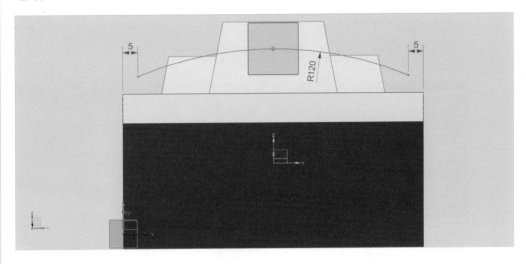

❹ **Sweep Along Guide(가이드를 따라 스위핑)하기**

01 ⟫ Surface → Surface → More▼ → Sweep → 📐Sweep along Guide(가이드를 따라 스위핑)

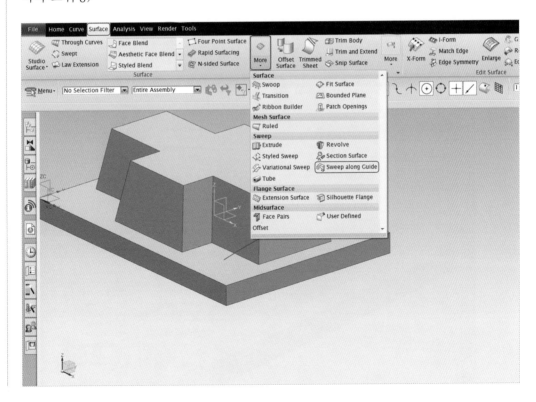

02 >> Section → Select Curve → Guide → Select Curve → Offsets →

First Offset 0
Second Offset 11

→ Boolean → 🔗 Subtract(빼기) → Select Body → OK

Note Sweep Along Guide(가이드를 따라 스위핑)로 생성된 서피스 곡면에 Offset을 적용하여 이전에 생성한 솔리드 바디의 상부를 Subtract(빼기)한다.

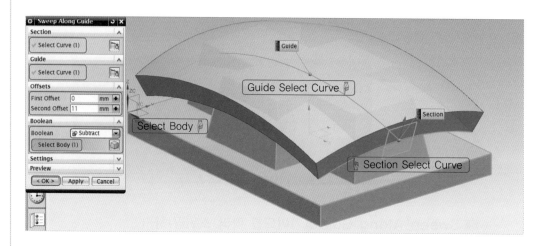

⑤ ▶▶ Offset Surface(옵셋 곡면) 모델링하기

01 >> Home → Feature → More▼ → Offset/Scale(옵셋/배율) → 🔲 Offset Surface(옵셋 곡면)

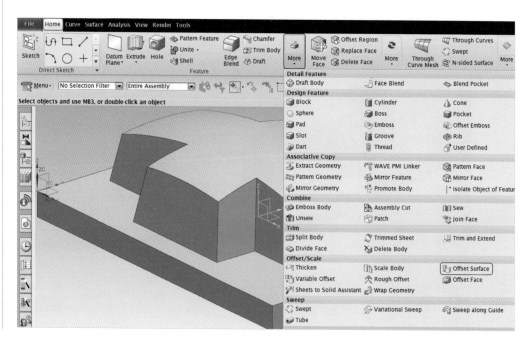

02 ›› Face to Offset → Select Face → Offset 3 → OK

Note 그림처럼 Face(면)를 ↑방향으로 Offset 3 한다.

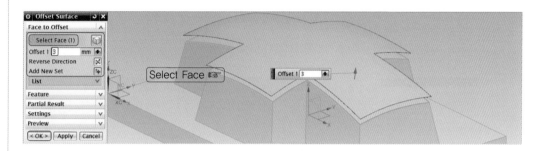

6 ▶▶ 돌출 모델링하기

01 ›› 그림처럼 '제2데이텀 좌표계' XY 평면에 타원을 스케치하고 구속 조건은 타원의 중심점과 스케치 원점에 일치 구속, 치수를 입력한다. 타원은 구속 조건이 1개 부족하다.

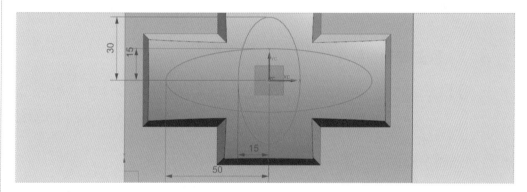

02 ›› Extrude(X) → Section → Select Curve → Limits →

Start : Value → Distance 0
End : Until Selected(선택까지) → Select Object

→ Boolean → Unite(결합) →

Select Body → OK

Note End의 Until Selected를 사용하여 Select Object(옵셋 곡면)까지 돌출한다.

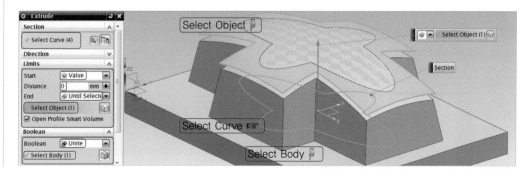

7 ▶▶ Offset Surface(옵셋 곡면) 모델링하기

Home → Feature → More▼ → Offset/Scale(옵셋/배율) → 🗍Offset Surface(옵셋 곡면) → Face to Offset → Select Face → Offset 3 → OK

Note | 그림처럼 Face(면)를 ↑방향으로 Offset 3 한다.

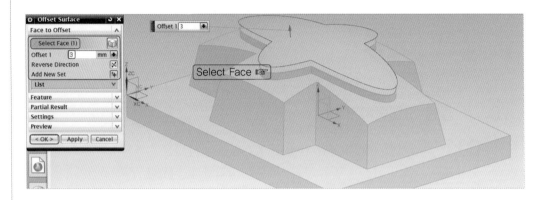

8 ▶▶ 돌출 모델링하기

01 ≫ 그림처럼 '제2데이텀 좌표계' XY 평면에 스케치하여 치수를 입력하고 구속 조건은 ∅35 원호 중심점과 스케치 원점 일치, ∅10 원호 중심점과 Y축, 원호 곡선상의 점으로 구속한다.

Home → Curve → 🔗Pattern Curve(패턴 곡선)

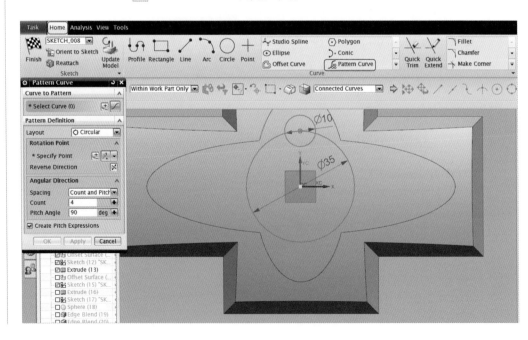

02 >> Curve to Pattern → Select Curve → Layout → Circular(원형) → Rotation Point → Specify Point → Angular Direction → Spacing → Count and Pitch(개수 및 피치) → Count 4 → Pitch Angle 90° → OK

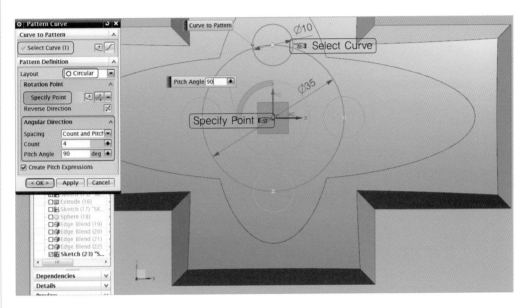

03 >> 그림처럼 Quick Trim한다.

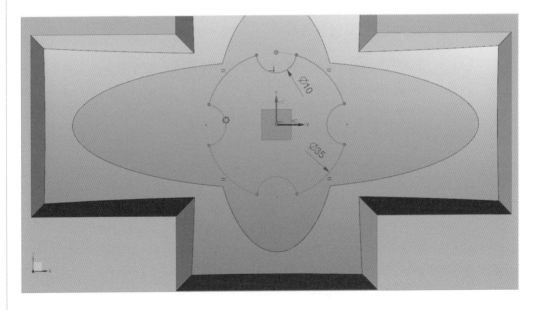

04 >> ▥Extrude(X) → Section → Select Curve → Limits →

Start : Value → Distance 0
End : Until Selected(선택까지) → Select Object

→ Boolean → ▣Unite(결합) →

Select Body → OK

Note End의 Until Selected를 사용하여 Select Object(옵셋 곡면)까지 돌출한다.

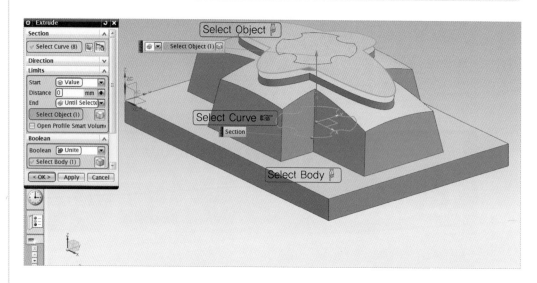

9 ▶▶ Sphere(구) 모델링하기

01 >> 그림처럼 '제2데이텀 좌표계' XZ 평면에 스케치하여 치수를 입력하고 구속 조건은 곡선상의 점으로 구속한다.

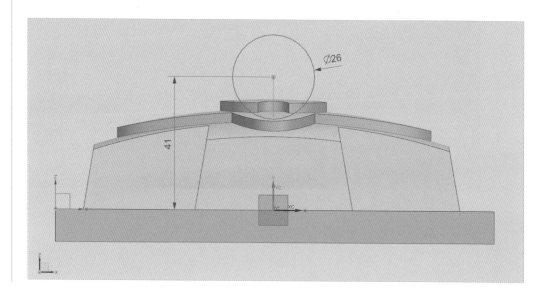

02 >> Home → Feature → More▼ → Design Feature(특징 형상 설계) → ⬤ Sphere(구)

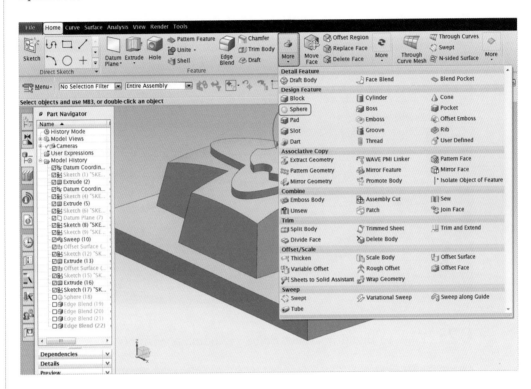

03 >> Type → Arc(원호) → Select Arc → Boolean → 🔲Subtract(빼기) → Select Body → OK

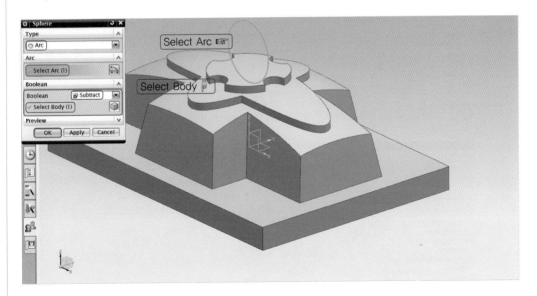

⑩ ▶▶ Edge Blend(모서리 블렌드) 모델링하기

01 >> Home → Feature → 📦 Edge Blend(모서리 블렌드)

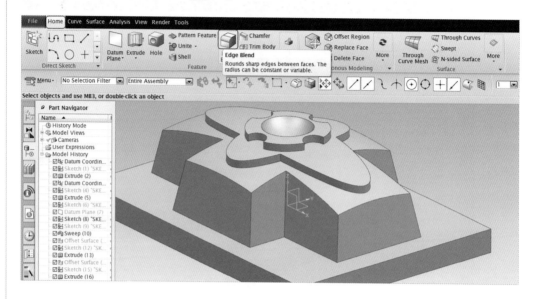

02 >> Edge to Blend → Select Edge → Radius 5 → Apply

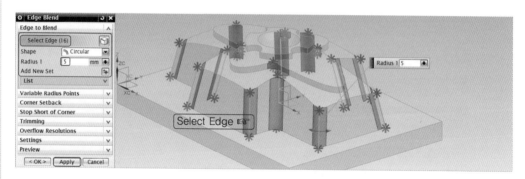

03 >> Edge to Blend → Select Edge → Radius 3 → Apply

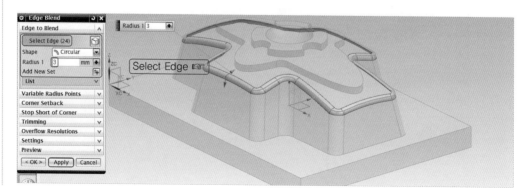

04 >> Edge to Blend → Select Edge → Radius 1 → Apply

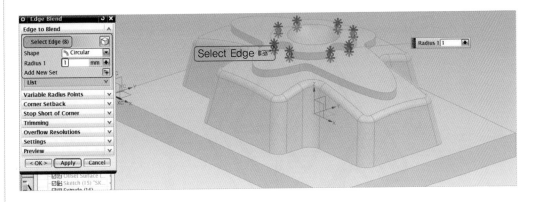

05 >> Edge to Blend → Select Edge → Radius 1 → OK

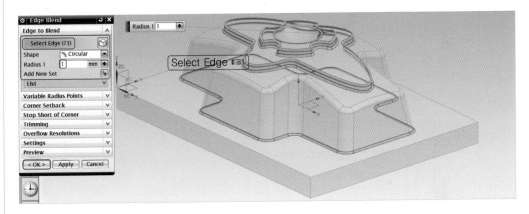

⑪ ▶▶ **완성된 모델링**

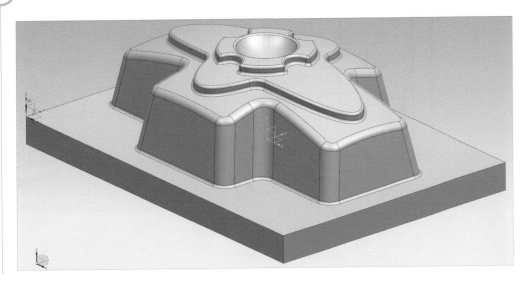

형상 모델링 2

2D필릿(가)과 3D필릿(나)의 구분 예

(나)

(가)

R

R

도시되고 지시 없는 모든 필릿 R=2

70

20°

20°

(SR11)

(15)

(7)

R1

2-R80

5

100

80

70

A

4-R2

2-R5

30

40

110

130

18

10

A

30

48

25

10

2-100°

R1

2-R6

20

6

R2

R5

R50

R18

SR11

2-R6

100°

7

15

50

30

35

12

SECTION A-A

2 형상 모델링 2

1 ▶▶ 베이스 블록 모델링하기

01 >> 그림처럼 XY 평면에 스케치하고 구속 조건은 동일 직선상으로 구속, 치수를 입력한다.

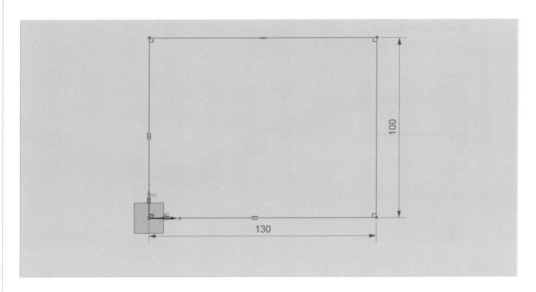

02 >> ▥Extrude(X) → Section → Select Curve → Limits →

Start : Value → Distance 0 → OK
End : Value → Distance 10

Note   Curve(곡선)를 선택하고 벡터 방향을 아래쪽으로 ☒Reverse Direction(방향 반전)한다.

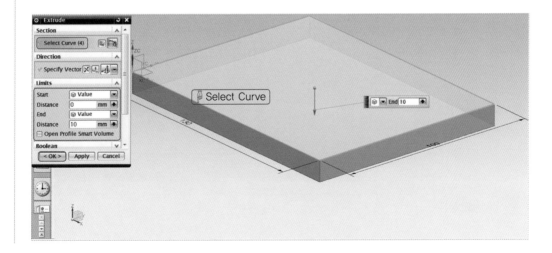

② ▶▶ 데이텀 좌표계 생성 '제2데이텀 좌표계'

Home → Feature → Datum Plane▼ → 🔩Datum CSYS(데이텀 좌표계) → Manipulator → Specify Orientation → Manipulator → Coordinates(좌표) → X 65 → Y 50 → Z 0 → OK

> Note 모델링을 할 때 편리성을 주기 위해 🔩Datum CSYS의 명령어로 데이텀 좌표계를 생성한다.

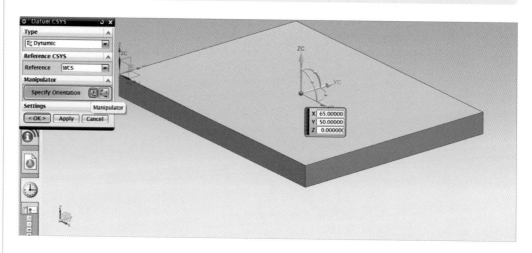

③ ▶▶ 돌출 모델링하기

01 >> 그림처럼 '제2데이텀 좌표계' YZ 평면에 스케치하여 구속 조건은 동일 직선상으로 구속, 치수를 입력한다.

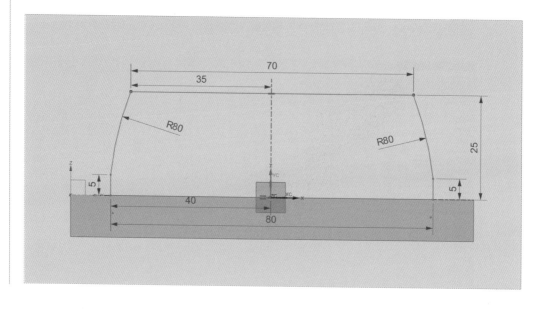

02 >> ⬚Extrude(X) → Section → Select Curve → Limits →

End : Symmetric Value(대칭값)

→ Boolean → 🔩Unite(결합) → Select Body →

Distance 55

OK

> Note End(끝점)의 Symmetric Value를 선택하여 스케치 평면을 기준으로 대칭 돌출한다.

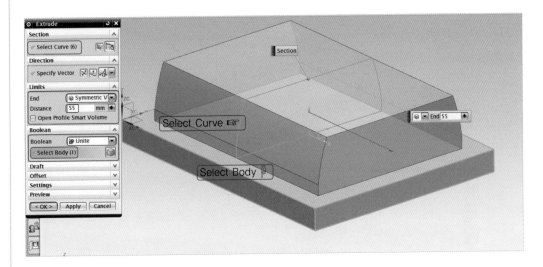

④ ▶▶ Draft(구배)하기

01 >> Home → Feature → ◈Draft(구배)

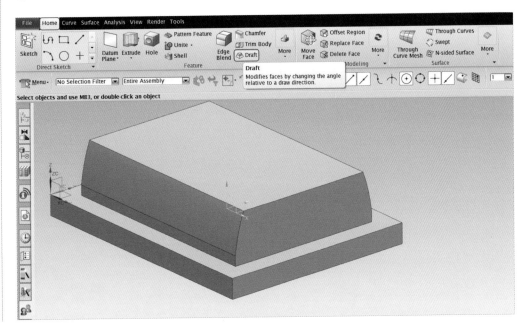

02 >> Draft References → Draft Method → Stationary Face → Select Stationary Face → Faces to Draft → Select Face → Angle 10° → OK

Note 양쪽 Face를 선택하고, Angle 10° 구배를 한다. Specify Vector 방향은 기본적으로 Z축 방향으로 설정되어 있다.

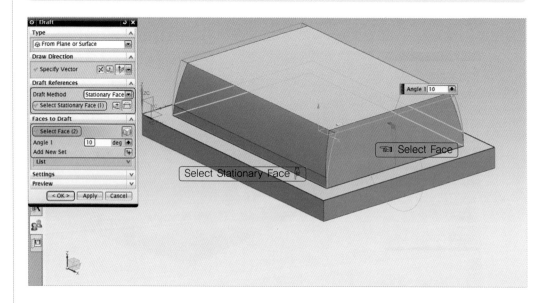

⑤ ▷▷ 돌출 모델링하기

01 >> 그림처럼 '제2데이텀 좌표계' XZ 평면에 스케치하고 치수를 입력 후, 구속 조건은 곡선상의 점으로 구속한다.

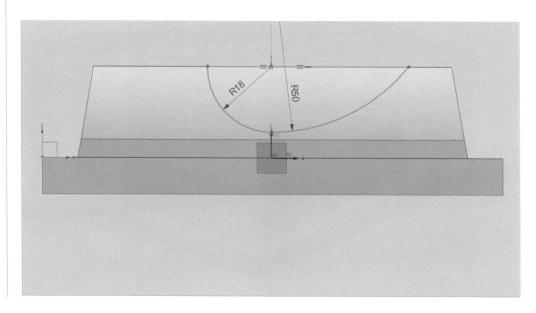

02 >> Extrude(돌출) → Section → Select Curve → Limits →

| End : Symmetric Value(대칭값) | → Boolean → Subtract(빼기) → Select Body |
| Distance 40 | |

→ OK

> Note End의 Symmetric Value를 선택하여 스케치 평면을 기준으로 대칭 Subtract(빼기) 돌출한다.

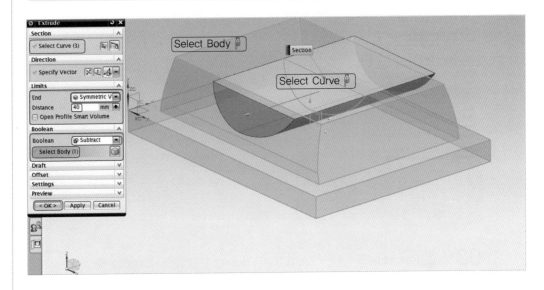

6 >> 돌출 모델링하기

01 >> 그림처럼 '제2데이텀 좌표계' XZ 평면에 스케치하고 치수를 입력한다.

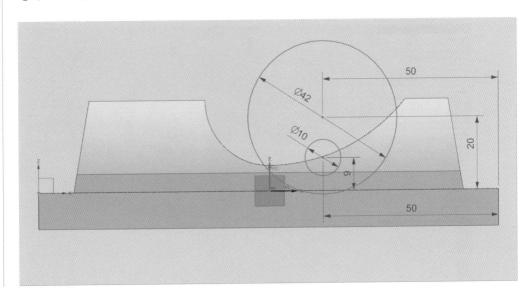

02 >> ▥Extrude(돌출) → Section → Select Curve → Limits →

| End : Symmetric Value(대칭값) | → Boolean → ⟐Subtract(빼기) → Select Body |
| Distance 15 | |

→ Apply

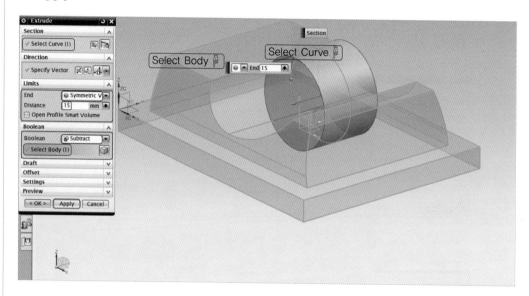

03 >> ▥Extrude(돌출) → Section → Select Curve → Limits →

| End : Symmetric Value(대칭값) | → Boolean → ⟐Subtract(빼기) → Select Body |
| Distance 25 | |

→ OK

Note 모서리 블렌드로 구 부분을 만들기 위해 대칭으로 5mm를 추가 돌출한다.

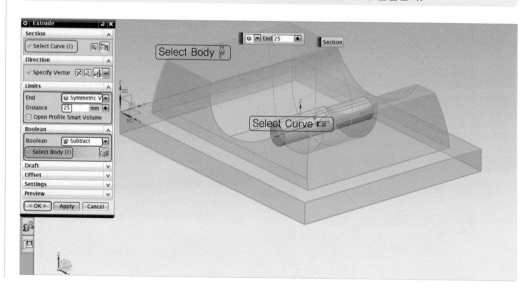

⑦ ▶▶ 단일 구배 돌출 모델링하기

01 >> 그림처럼 '제2데이텀 좌표계' XY 평면에 스케치하여 구속 조건은 모서리에 동일 직선상으로 구속, 치수를 입력한다.

Note 치수 15, 24 대신 Midpoint(중간점)로 구속할 수 있다.

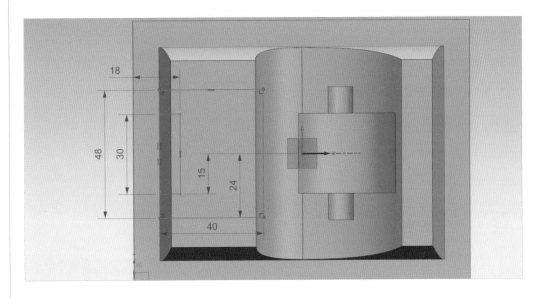

02 >> ▥Extrude(돌출) → Section → Select Curve → Limits →

| Start : Value → Distance 15 | → Boolean → ▣Subtract(빼기) → Select Body → |
| End : Value → Distance 25 |

Draft → From Start Limit(시작 한계로부터) → Angle −10° → Apply

Note Draft는 From Start Limit를 선택하여 Angle −10°를 입력한 후, ▣Subtract(빼기)를 한다.

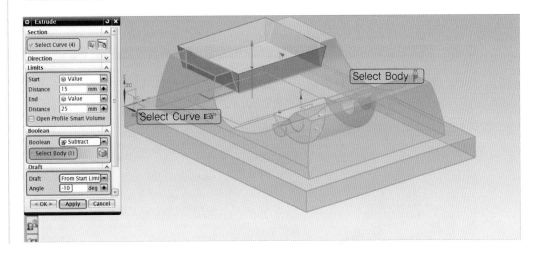

03 >> ▥Extrude(돌출) → Section → Select Curve → Limits →

Start : Value → Distance 7 → Boolean → ▣Subtract(빼기) → Select Body →
End : Value → Distance 20

Draft → From Start Limit(시작 한계로부터) → Angle −10° → OK

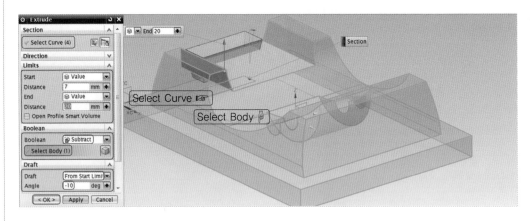

---

(8) ▶▶ **구 모델링하기**

01 >> 그림처럼 '제2데이텀 좌표계' XZ 평면에 스케치하고 치수를 입력한다.

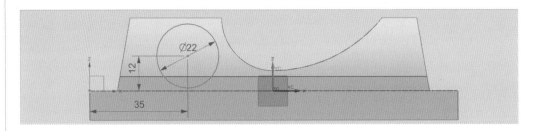

02 >> Home → Feature → More▼ → Design Feature(특징 형상 설계) → ⚪
Sphere(구)

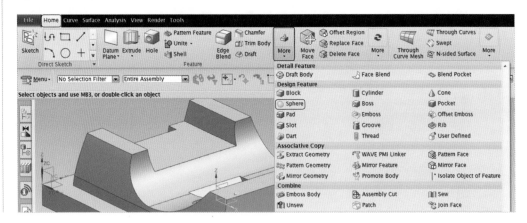

03 ≫Type → Arc(원호) → Select Arc → Boolean → 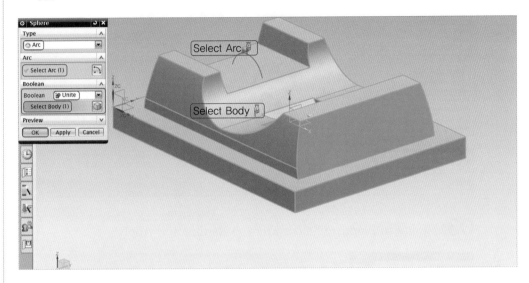Unite(결합) → Select Body
→ OK

---

⑨ ▶▶ **Edge Blend(모서리 블렌드) 모델링하기**

01 ≫ Home → Feature → 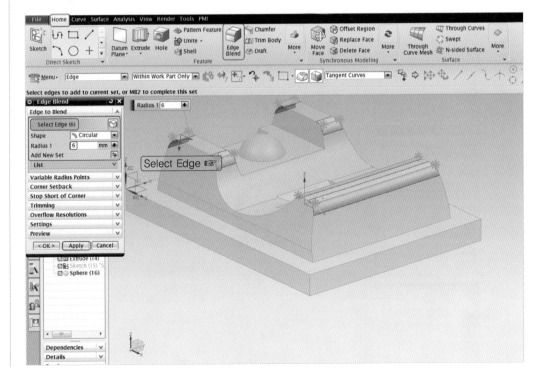Edge Blend(모서리 블렌드) → Edge to Blend → Se-
lect Edge → Radius 6 → Apply

02 >> Edge to Blend → Select Edge → Radius 5 → Apply

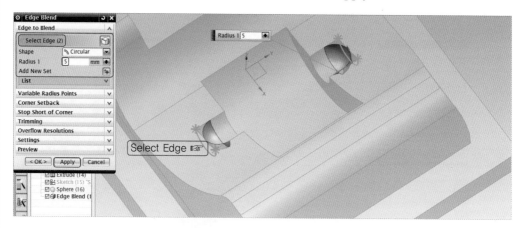

03 >> Edge to Blend → Select Edge → Radius 2 → Apply

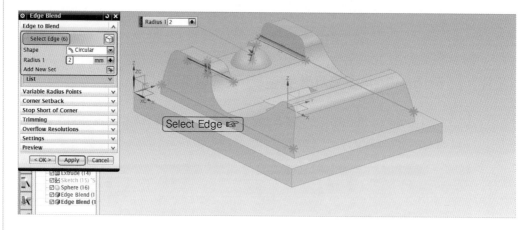

04 >> Edge to Blend → Select Edge → Radius 2 → Apply

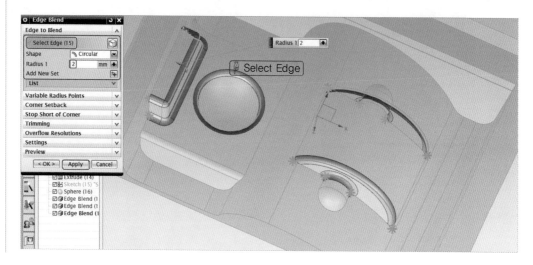

05 >> Edge to Blend → Select Edge → Radius 2 → Apply

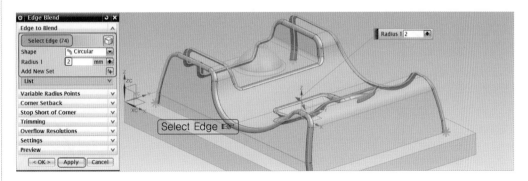

06 >> Edge to Blend → Select Edge → Radius 1 → OK

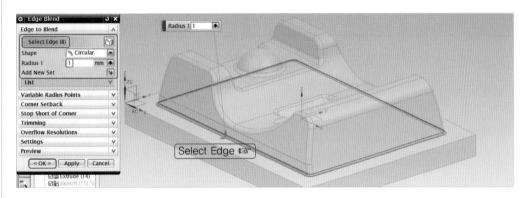

(10) ▶▶ 완성된 모델링

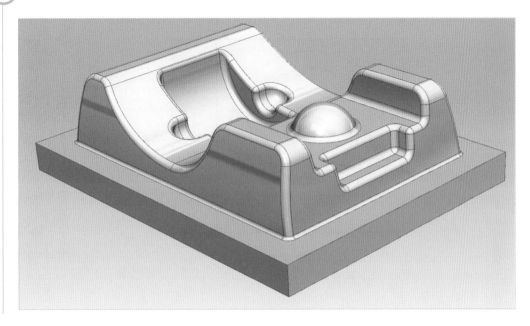

형상 모델링 3

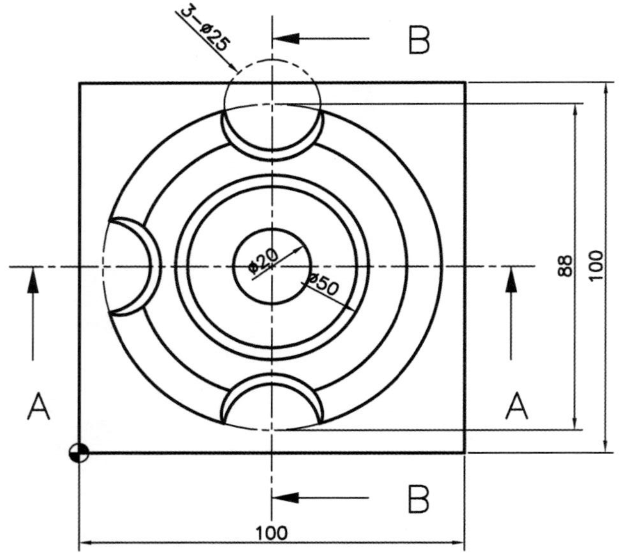

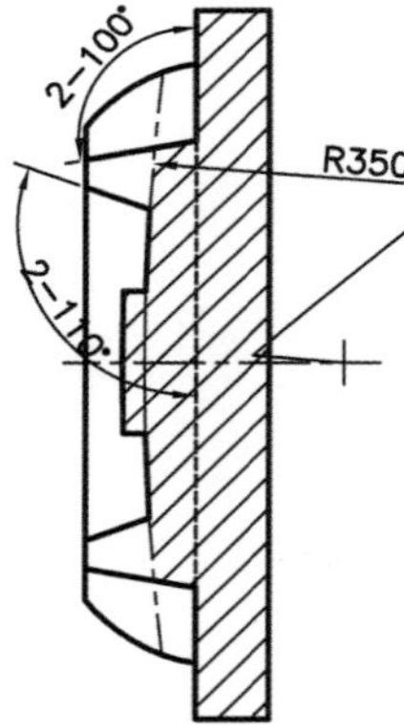

2D필렛(가)과 3D필렛(나)의 구분 예

(가)   (나)

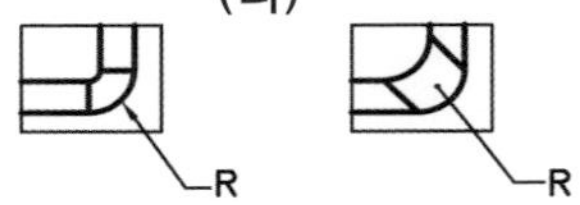

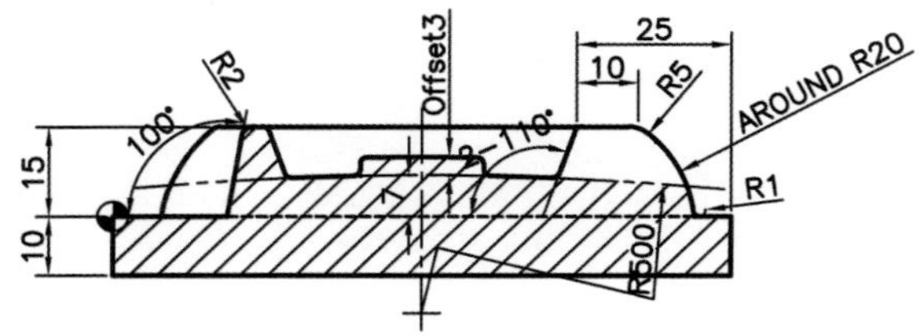

R

R

SECTION B-B

R350

2-110°

2-100°

도시되고 지시 없는 모든 필렛=R1

SECTION A-A

100

88

A

B

B

A

Ø50

Ø20

100

3-Ø25

AROUND R20

R1

25

10

R2

Ø100

Offset3

R2

100°

15

10

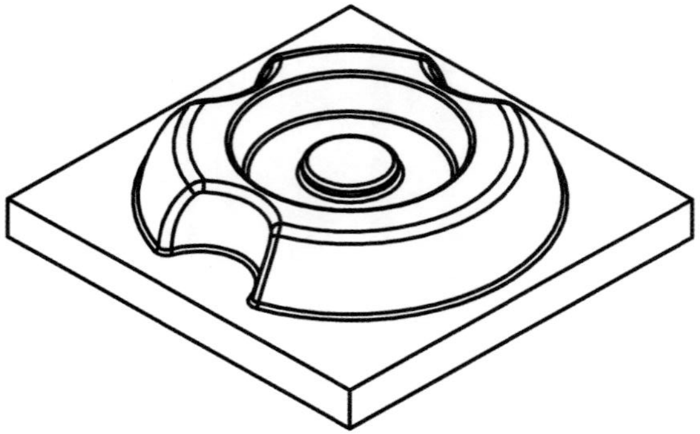

3 형상 모델링 3

1 ▶▶ 베이스 블록 모델링하기

01 >> 그림처럼 XY 평면에 스케치하고 구속 조건은 같은 길이와 동일 직선상으로 구속, 치수를 입력한다.

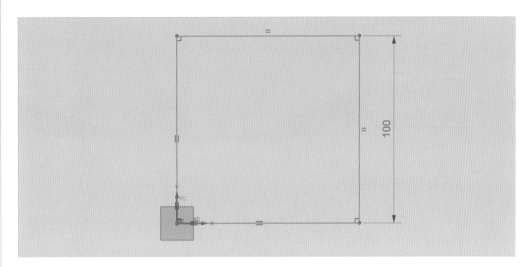

02 >> ▥Extrude(돌출) → Section → Select Curve → Limits →

| Start : Value → Distance 0 | → OK |
| End : Value → Distance 10 | |

Note Curve(곡선)를 선택하고 벡터 방향을 아래쪽으로 ✖Reverse Direction(방향 반전)한다.

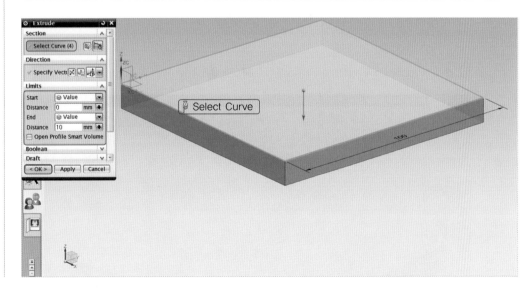

2 ▶▶ 데이텀 좌표계 생성 '제2데이텀 좌표계'

Home → Feature → Datum Plane▼ → ◈Datum CSYS(데이텀 좌표계) → Manipu-
lator → Specify Orientation → Manipulator → Coordinates(좌표) → X 50 → Y 50
→ Z 0 → OK

> Note 모델링할 때 편리성을 주기 위해 ◈Datum CSYS의 명령어로 데이텀 좌표계를 생성한다.

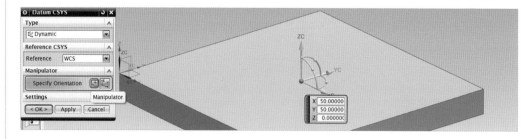

3 ▶▶ 회전 모델링하기

01 >> 그림처럼 '제2데이텀 좌표계' XZ 평면에 스케치하여 구속 조건은 동일 직선상에
구속, 치수를 입력한다.

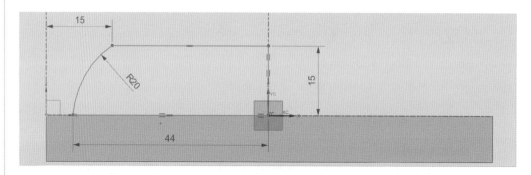

02 >> Home → Feature → Extrude▼ → ◈Revolve(회전)

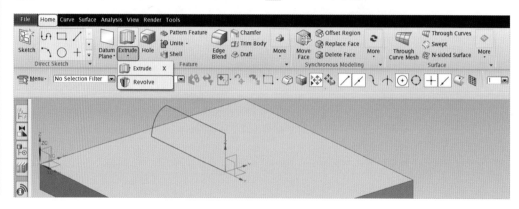

03 >> Section → Select Curve → Axis → Specify Vector → Limits →

Start : Value → Angle 0 | → Boolean → 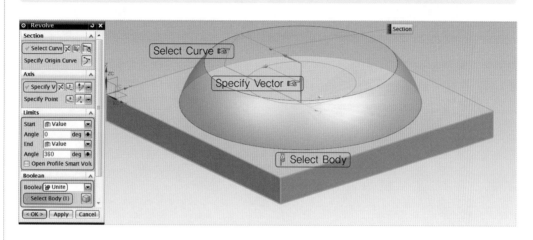Unite(결합) → Select Body → OK
End : Value → Angle 360

Note Curve(곡선)를 선택하고 Z축을 지정한 후 🔲Unite(결합)에서 바디를 선택한다.

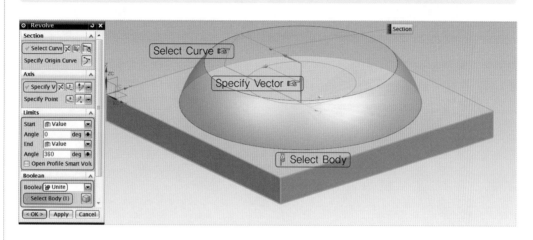

4 ▶▶ Swept(스웹) 모델링하기

01 >> 그림처럼 '제2데이텀 좌표계' XZ 평면에 스케치하여 구속 조건은 Z축의 곡선상의 점으로 구속하고, 치수를 입력한다.

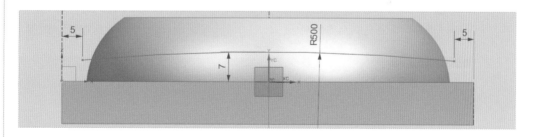

02 >> 그림처럼 '제2데이텀 좌표계' YZ 평면에 스케치하여 구속 조건은 Z축의 곡선상의 점으로 구속하고, 치수를 입력한다.

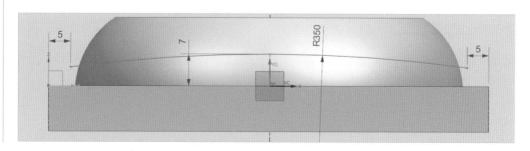

03 >> Surface → Surface → ◈Swept(스웹)

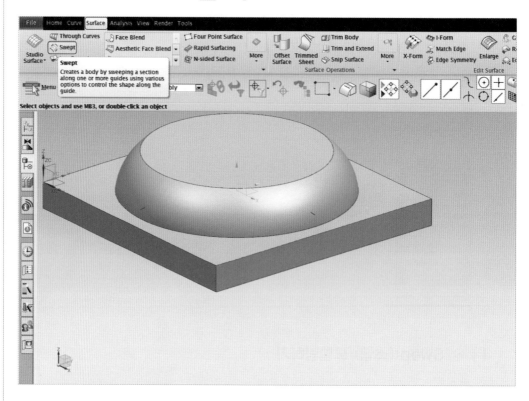

04 >> Sections → Select Curve → Guides → Select Curve → OK

Note ◈Swept(스웹)에서 Sections 곡선은 1-150개를 Guides 곡선은 3개까지 사용할 수 있다.

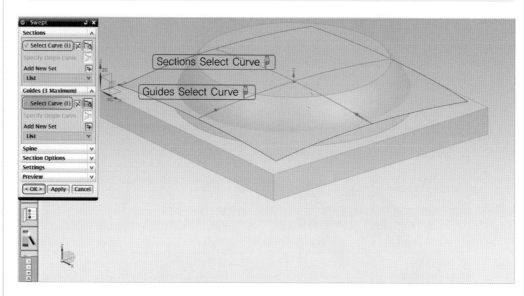

⑤ ▶▶ 돌출 모델링하기

01 ≫ 그림처럼 XY 평면에서 거리 15인 스케치 평면을 생성하고 원을 스케치하여 구속 조건은 동심원으로 구속하고 치수를 입력한다.

02 ≫ ▥Extrude(돌출) → Section → Select Curve → Limits →

Start : Value → Distance 0
End : Until Selected(선택까지) → Select Object

→ Boolean → ▣Subtract(빼기)

→ Select Body → Draft → From Start Limit(시작 한계로부터) → Angle 20° → OK

Note 시작점에서 End(끝점) Until Selected(선택까지)의 Select Object까지 ▣Subtract(빼기)한다.

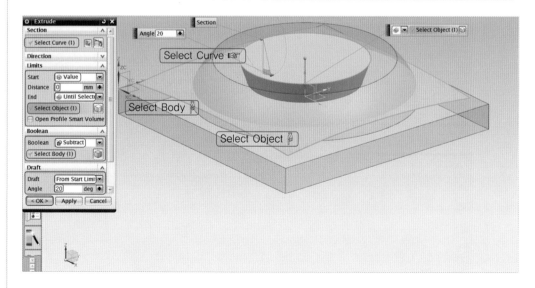

⑥ ▶▶ Offset Surface(옵셋 곡면) 모델링하기

01 ≫ Home → Feature → More▼ → Offset/Scale(옵셋/배율) → Offset Surface(옵셋 곡면)

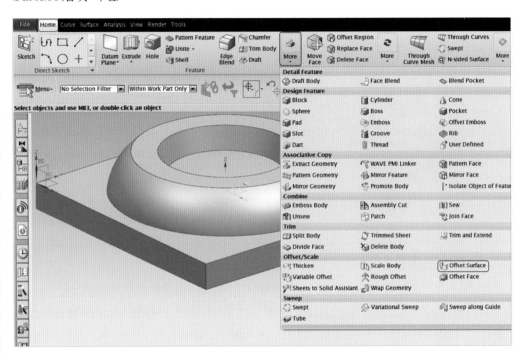

02 ≫ Face to Offset → Select Face → Offset 3 → OK

Note 그림처럼 Face(면)를 ↑방향으로 Offset 3 한다.

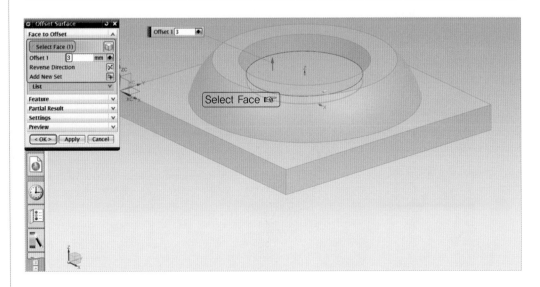

⑦ ▶▶ 돌출 모델링하기

01 ≫ 그림처럼 '제2데이텀 좌표계' XY 평면에 원을 스케치하여 구속 조건은 일치 구속하고 치수를 입력한다.

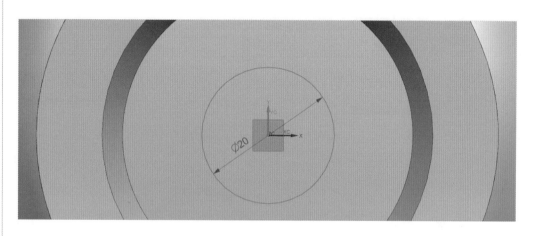

02 ≫ 📖Extrude(돌출) → Section → Select Curve → Limits →

Start : Value → Distance 0	→ Boolean → 🔧Unite(결합) →
End : Until Selected(선택까지) → Select Object	

Select Body → OK

> Note   End의 Until Selected를 사용하여 Select Object(옵셋 곡면)까지 돌출한다.

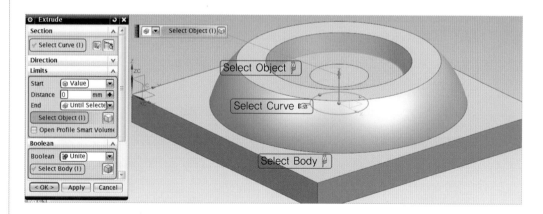

⑧ ▶▶ 돌출 모델링하기

01 ≫ **02** 그림처럼 '제2데이텀 좌표계' XY 평면에 스케치하고 치수를 입력하고 구속 조건은 모서리와 Z축에 곡선상의 점으로 구속한다.

02 >> Home → Curve → Pattern Curve(패턴 곡선) → Curve to Pattern → Select Curve → Layout → Circular(원형) → Rotation Point → Specify Point → Angular Direction → Spacing → Count and Pitch(개수 및 피치) → Count 3 → Pitch Angle 90° → OK

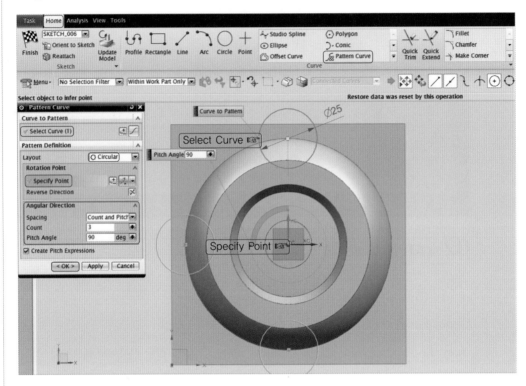

03 >> Extrude(돌출) → Section → Select Curve → Limits →

Start : Value → Distance 0 → Boolean → Subtract(빼기) → Select Body →
End : Value → Distance 15

Draft → From Start Limit(시작 한계로부터) → Angle −10° → OK

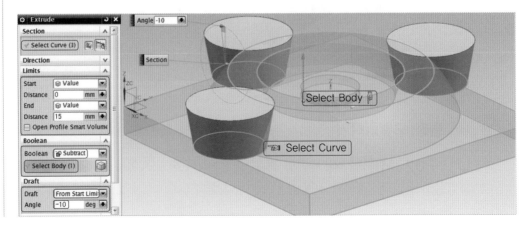

⑨ ▶▶ Edge Blend(모서리 블렌드) 모델링하기

01 ≫ Home → Feature → Edge Blend(모서리 블렌드) → Edge to Blend → Select Edge → Radius 5 → Apply

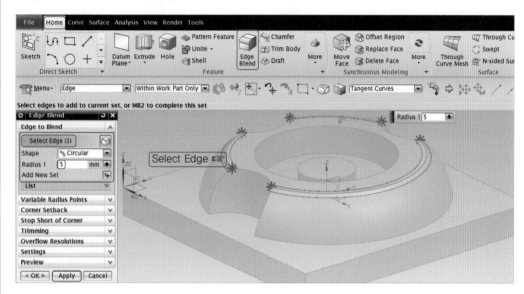

02 ≫ Edge to Blend → Select Edge → Radius 2 → Apply

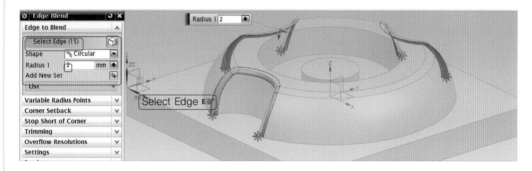

03 ≫ Edge to Blend → Select Edge → Radius 1 → OK

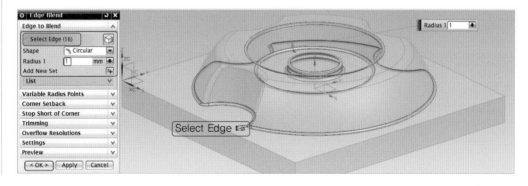

10 ▶▶ 완성된 모델링

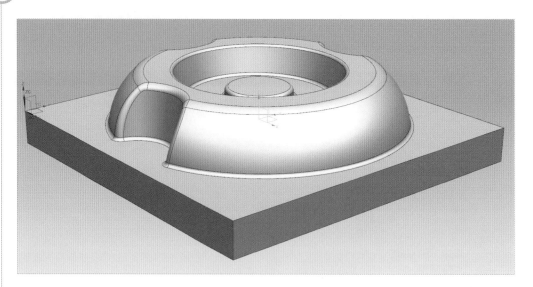

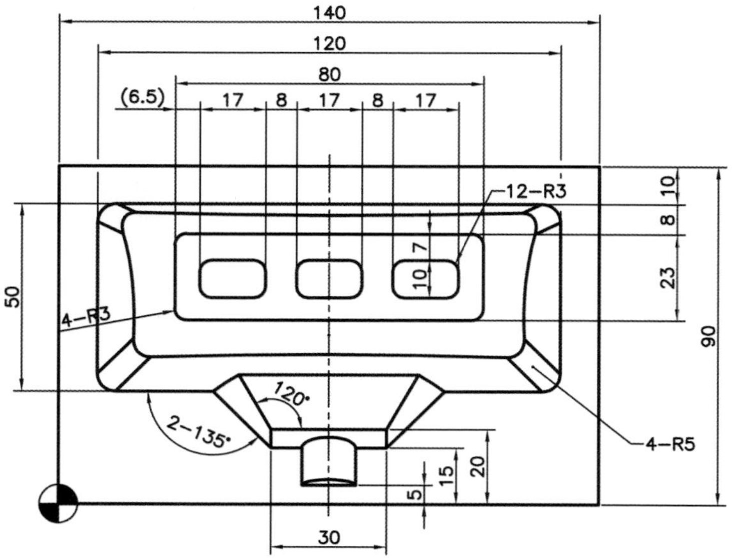

2D필렛(가)과 3D필렛(나)의 구분 예

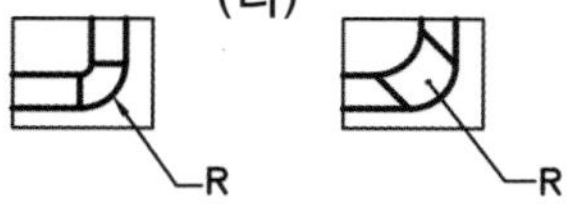

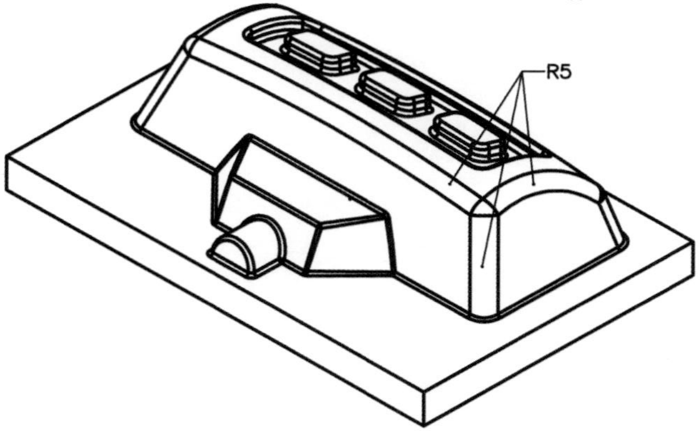

(가)　(나)

R5

R

도시되고 지시 없는 모든 필렛=R1

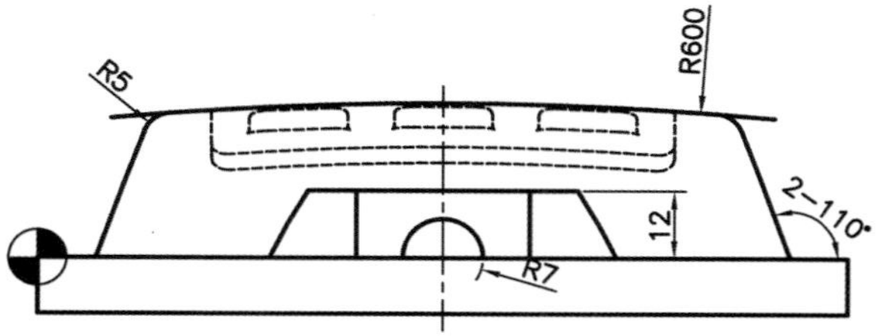

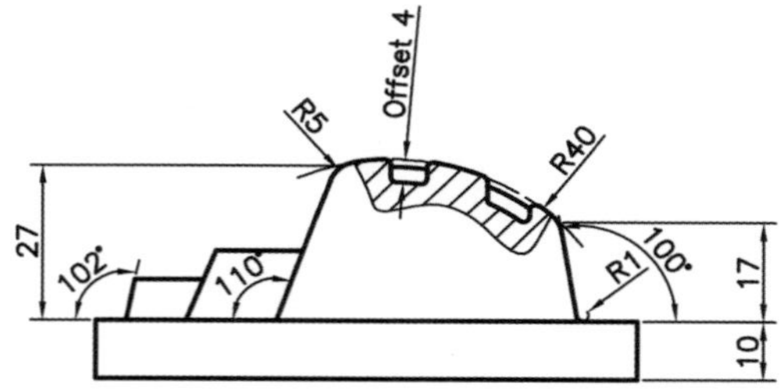

형상 모델링 4

4 **형상 모델링 4**

(1) ▶▶ **베이스 블록 모델링하기**

01 >> 그림처럼 XY 평면에 스케치하고 구속 조건은 동일 직선상으로 구속, 치수를 입력한다.

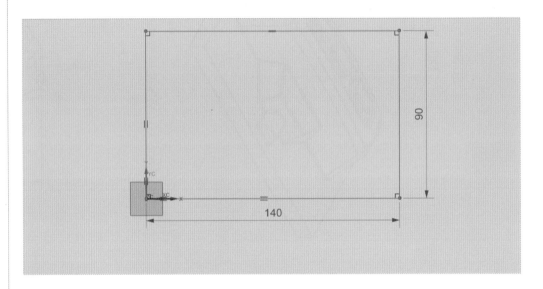

02 >> ▭Extrude(돌출) → Section → Select Curve → Limits →

Start : Value → Distance 0 → OK
End : Value → Distance 10

Note   Curve(곡선)를 선택하고 벡터 방향을 아래쪽으로 ⊠Reverse Direction(방향 반전)한다.

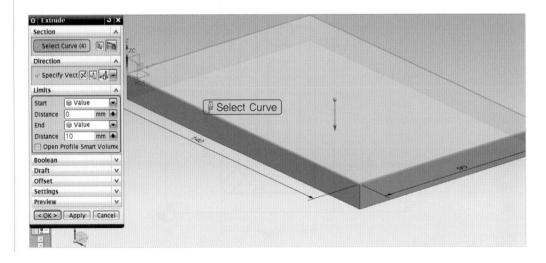

② ▶▶ 데이텀 좌표계 생성 '제2데이텀 좌표계'

Home → Feature → Datum Plane▼ → 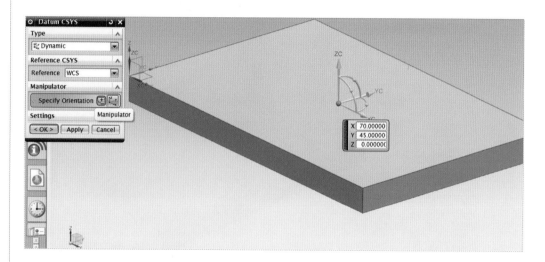Datum CSYS(데이텀 좌표계) → Manipu-
lator → Specify Orientation → Manipulator → Coordinates(좌표) → X 70 → Y 45
→ Z 0 → OK

> Note   모델링할 때 편리성을 주기 위해 Datum CSYS의 명령어로 데이텀 좌표계를 생성한다.

③ ▶▶ 복수 구배 돌출 모델링하기

01 >> 그림처럼 '제2데이텀 좌표계' XY 평면에 스케치하여 치수를 입력한다.

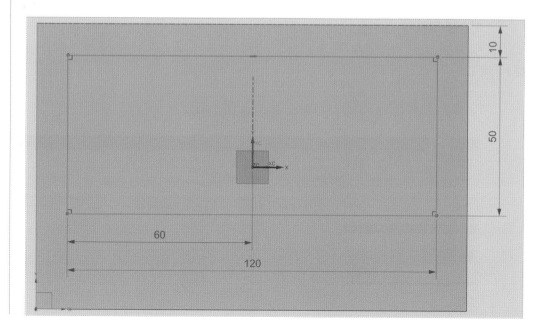

02 ≫ 📖Extrude(돌출) → Section → Select Curve → Limits →

| Start : Value → Distance 0 | → Boolean → 🔩Unite(결합) → Select Body → Draft |
| End : Value → Distance 30 | |

→ From Section(시작 단면) → Angle Option → Multiple → Angle1 20° → Angle2 20° → Angle3 10° → Angle4 20° → OK

Note Draft의 From Section(시작 단면)에서 각각 Angle(각도)을 입력한다. 각도는 도면 참조

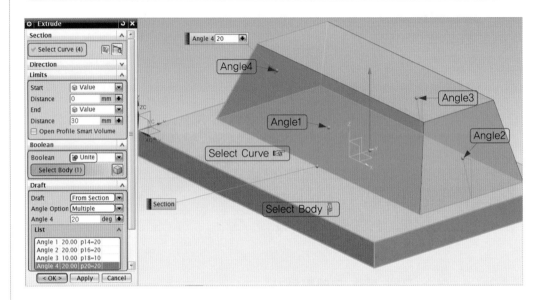

4 ▶▶ Sweep Along Guide(가이드를 따라 스위핑) 모델링하기

❶ 점 그리기

01 ≫ 그림처럼 '제2데이텀' YZ 평면에 스케치 평면을 생성하고 Home → Curve → ➕ Point(점) → Point → Specify Point → Close

Note 가이드 곡선을 구속하기 위하여 점 2개를 작도한다.

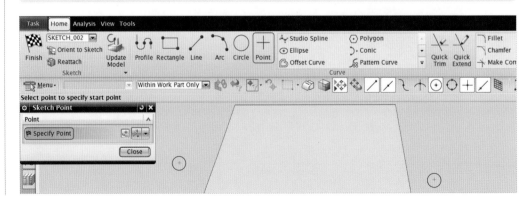

02 >> 그림처럼 치수를 입력하고 구속 조건은 점을 모서리 선상에 구속한다.

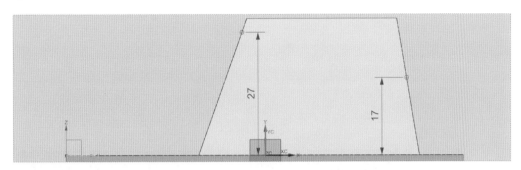

② 원호 스케치 작성하기

그림처럼 스케치하여 치수를 입력하고 구속 조건은 곡선상의 점으로 구속한다.

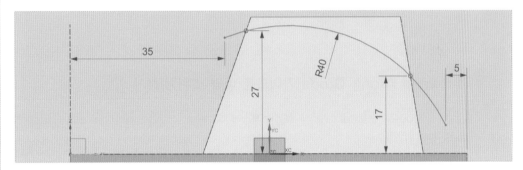

③ 단면 곡선 스케치하기

01 >> Insert → Create Sketch → Sketch Plane → Plane Method → Create Plane → Specify Plane(곡선 끝점 선택) → Sketch Orientation → Reference → Horizontal → Select Reference(모서리) → OK

> Note 그림처럼 Create Plane(새 스케치)으로 Specify Plane(곡선 끝점 선택)하고, 참조로 모서리를 선택하여 스케치 면을 생성한다.

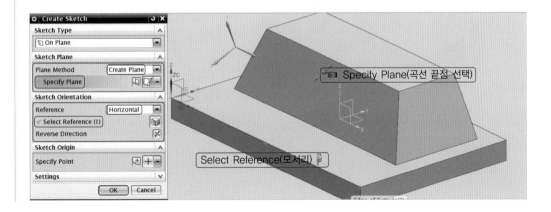

02 ≫ 이전에 생성한 가이드 곡선의 끝점에 단면 곡선을 곡선상의 점으로 구속하고, 단면 곡선에 원호의 중심점을 제2데이텀 좌표계의 Z축 선상의 점으로 구속하고 치수를 입력한다.

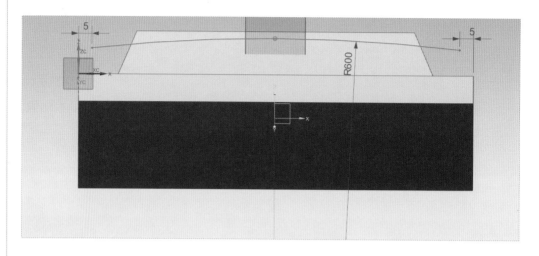

❹ Sweep Along Guide(가이드를 따라 스위핑)하기

01 ≫ Home → Feature → More▼ → Sweep → 🖼Sweep along Guide(가이드를 따라 스위핑)

> Note   Home에도 Sweep Along Guide(가이드를 따라 스위핑) 기능이 있다.

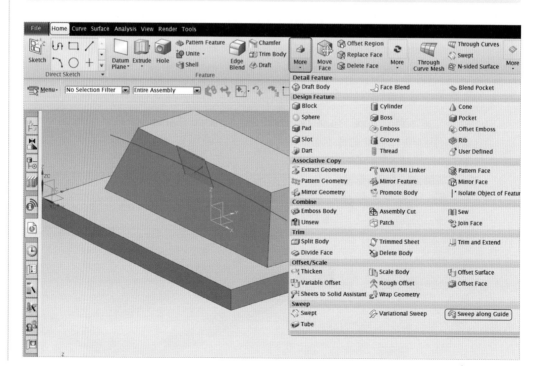

02 >> Section → Select Curve → Guide → Select Curve → Offsets →

First Offset 0
Second Offset 11

→ Boolean → Subtract(빼기) → Select Body → OK

> **Note** Sweep Along Guide(가이드를 따라 스위핑)로 생성된 서피스 곡면에 Offset을 적용하여 이전에 생성한 솔리드 바디의 상부를 Subtract(빼기)한다.

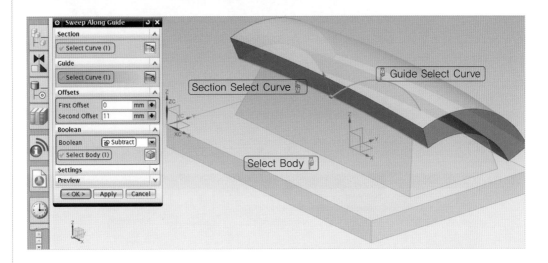

⑤ ▶▶ Ruled 모델링하기

01 >> 그림처럼 '제2데이텀 좌표계' XY 평면에 스케치하고 구속 조건은 동일 직선상, 중간점으로 구속하고, 치수를 입력한다.

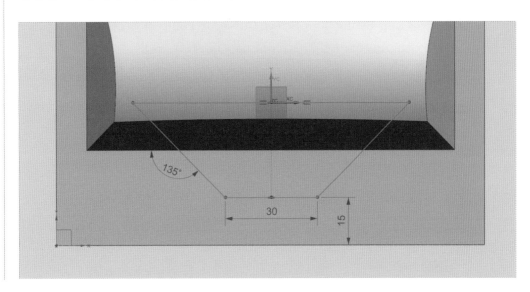

02 >> 그림처럼 XY에 거리 12인 평면에 스케치하여 구속 조건은 동일 직선상, 같은 길이로 구속하고, 치수를 입력한다.

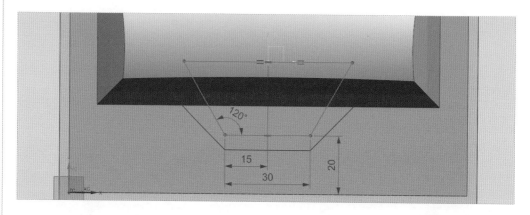

03 >> Surface → Surface → More▼ → Mesh Surface(메시 곡면) → ▱Ruled

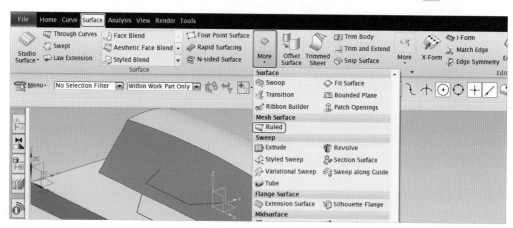

04 >> Section String 1 → Select Curve or Point → Section String 2 → Select Curve → Alignment → ☑Preserve Shape(☑체크) → OK

Note 그림처럼 Ruled에서 Curve의 벡터 방향을 일치시키고 Preserve Shape에 ☑체크한다.

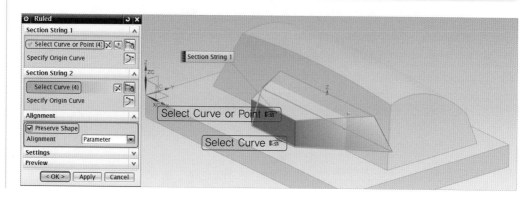

6 ▶▶ 결합하기

Home → Feature → 🔩Unite(결합) → Target → Select Body → Tool → Select Body → OK

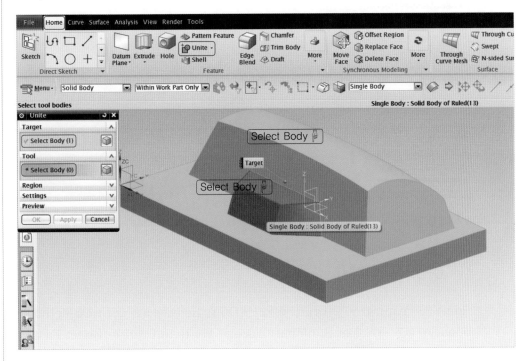

7 ▶▶ 돌출 모델링하기

01 ≫ 그림처럼 '제2데이텀 좌표계' XZ 평면에 스케치하여 구속 조건은 일치 구속, 치수를 입력한다.

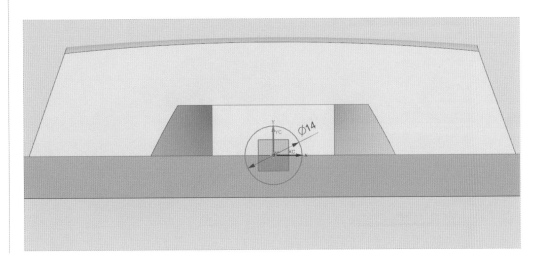

02 ≫ ▣Extrude(돌출) → Section → Select Curve → Limits →

Start : Value → Distance 0 → Boolean → ▣Unite(결합) → Select Body → OK
End : Value → Distance 40

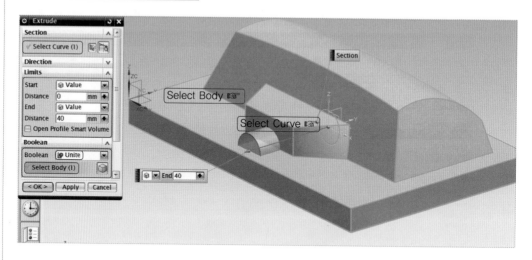

⑧ ▶▶ Draft(구배)하기

Home → Feature → ▣Draft(구배) → Draft References → Draft Method → Stationary Face → Select Stationary Face → Faces to Draft → Select Face → Angle 12° → OK

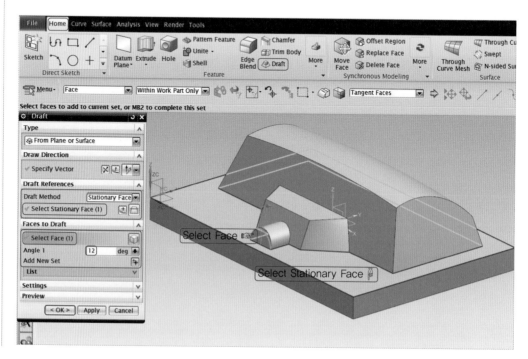

⑨ ▶▶ Offset Surface(옵셋 곡면) 모델링하기

01 >> Home → Feature → More▼ → Offset/Scale(옵셋/배율) → 🔲 Offset Surface(옵셋 곡면)

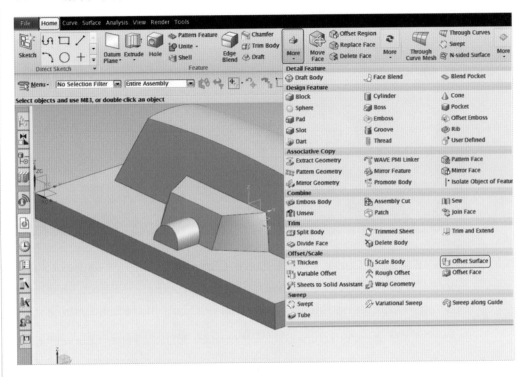

02 >> Face to Offset → Select Face → Offset 4 → OK

Note 그림처럼 Face(면)를 ↓방향으로 Offset 4 한다.

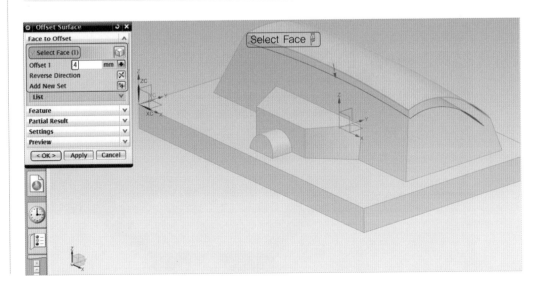

10 ▶▶ Pattern Curve(패턴 곡선) 그리기

01 >> 그림처럼 '제2데이텀 좌표계' XY 평면에 스케치하고 구속 조건은 R3를 같은 원호로 구속, 치수를 입력한다.

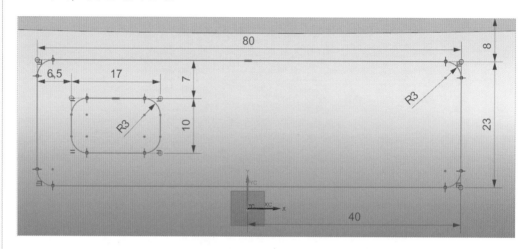

02 >> Home → Curve → ✍Pattern Curve(패턴 곡선) → Curve to Pattern → Select Curve → Layout → Linear(선형) → Direction → Select Linear Object → Spacing → Count and Pitch(개수 및 피치) → Count 3 → Pitch Distance 25 → OK

Note │ 그림처럼 ✍Pattern Curve(패턴 곡선)에서 X축 방향으로 Pattern Curve한다.

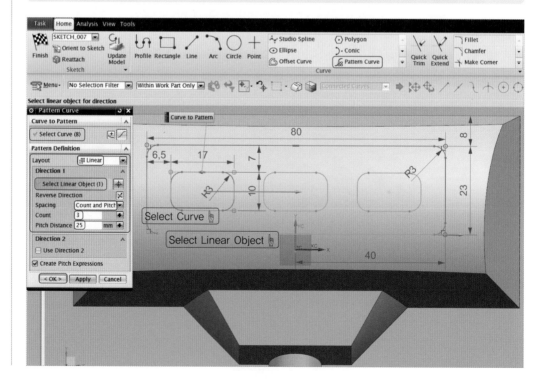

(11) ▶▶ 돌출 모델링하기

Extrude(X) → Section → Select Curve → Limits →

Start : Until Selected(선택까지) → Select Object	→ Boolean → Subtract(빼기)
End : Value → Distance 30	

→ Select Body → OK

Note Select Object(시트 바디)를 선택하기 어려울 경우 → Ctrl+W → Solid Bodies ➕➖ 마이너스 선택 → 시트 바디 선택 → Ctrl+W → Solid Bodies ➕➖ 플러스 선택 → Close

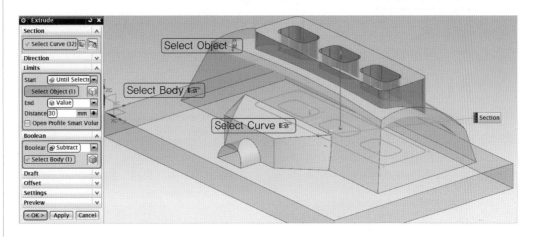

(12) ▶ Edge Blend(모서리 블렌드) 모델링하기

01 ≫ Home → Feature → Edge Blend(모서리 블렌드) → Edge to Blend → Select Edge → Radius 5 → Apply

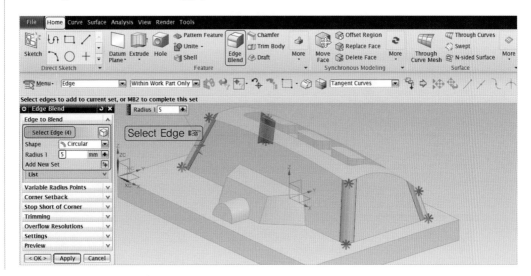

02 >> Edge to Blend → Select Edge → Radius 5 → Apply

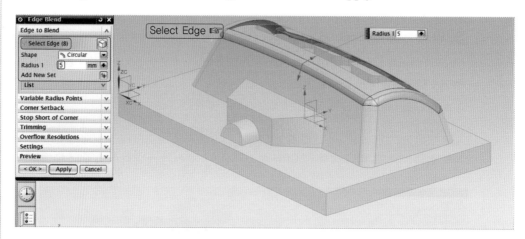

03 >> Edge to Blend → Select Edge → Radius 1 → Apply

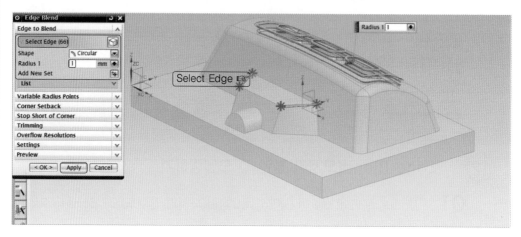

04 >> Edge to Blend → Select Edge → Radius 1 → Apply

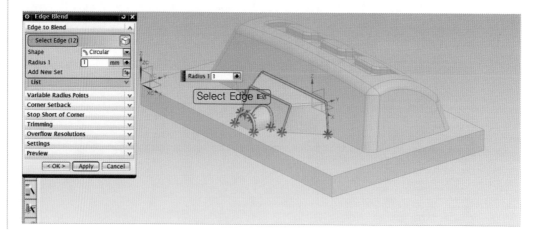

05 >> Edge to Blend → Select Edge → Radius 1 → OK

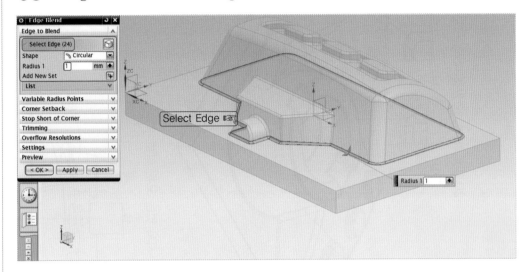

(13) ▶▶ **완성된 모델링**

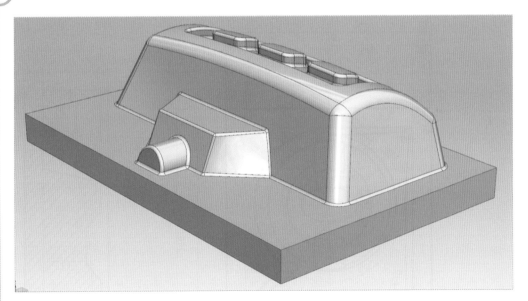

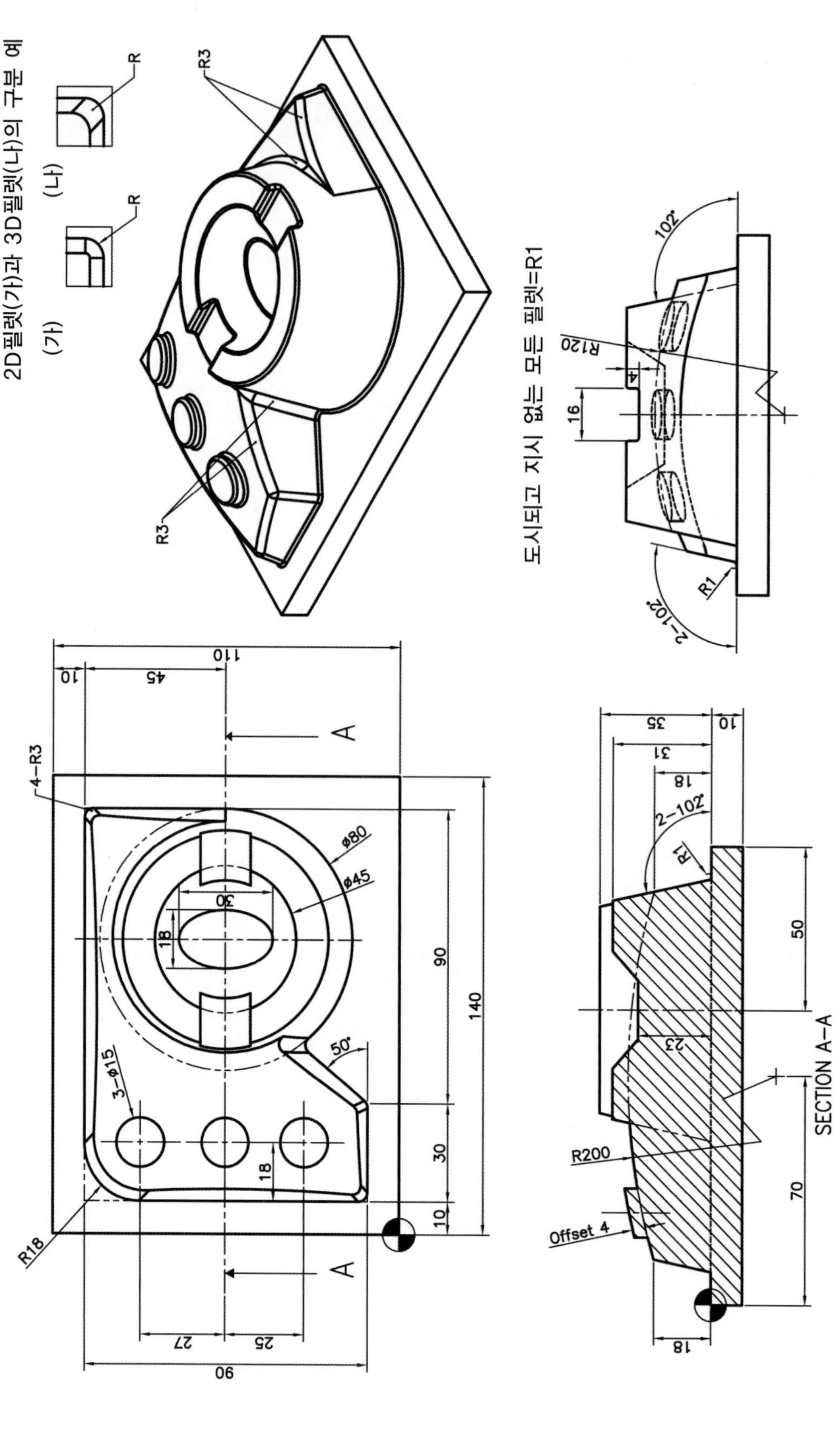

2D필렛(가)과 3D필렛(나)의 구분 예

(가)

(나)

R3

R3

도시되고 지시 없는 모든 필렛=R1

R120

16

102°

R1

2-102°

4-R3

110

10

45

A

Φ80

Φ45

30

18

90

140

3-Φ15

50°

30

10

R18

18

A

27

25

90

35

31

18

10

2-102°

R1

50

23

70

R200

Offset 4

18

SECTION A-A

5 │ 형상 모델링 5

1 ▶▶ 베이스 블록 모델링하기

01 >> 그림처럼 XY 평면에 스케치하고 구속 조건은 동일 직선상으로 구속, 치수를 입력한다.

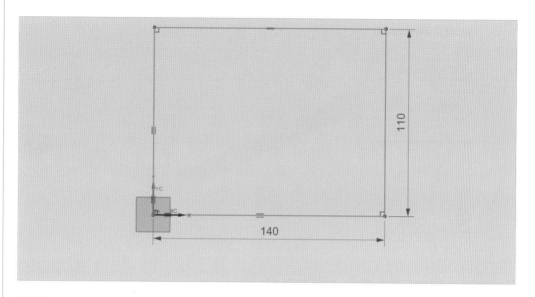

02 >> Extrude(돌출) → Section → Select Curve → Limits →

Start : Value → Distance 0	→ OK
End : Value → Distance 10

Note Curve(곡선)를 선택하고 벡터 방향을 아래쪽으로 ☒Reverse Direction(방향 반전)한다.

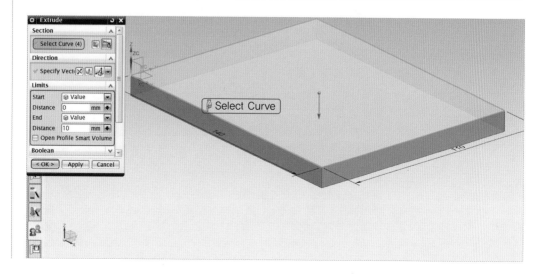

② ▶▶ 데이텀 좌표계 생성 '제2데이텀 좌표계'

Home → Feature → Datum Plane▼ → ⚡Datum CSYS(데이텀 좌표계) → Manipulator → Specify Orientation → Manipulator → Coordinates(좌표) → X 70 → Y 55 → Z 0 → OK

Note 모델링할 때 편리성을 주기 위해 ⚡Datum CSYS의 명령어로 데이텀 좌표계를 생성한다.

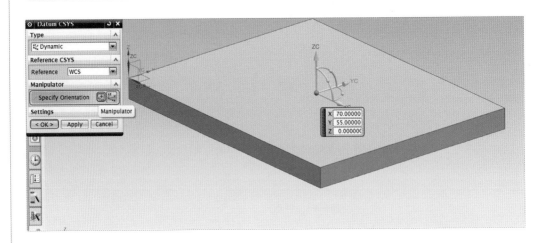

③ ▶▶ 단일 구배 돌출 모델링하기

01 ≫ 그림처럼 '제2데이텀 좌표계' XY 평면에 스케치하고 구속 조건은 곡선상의 점, 접선으로 구속하고 치수를 입력한다.

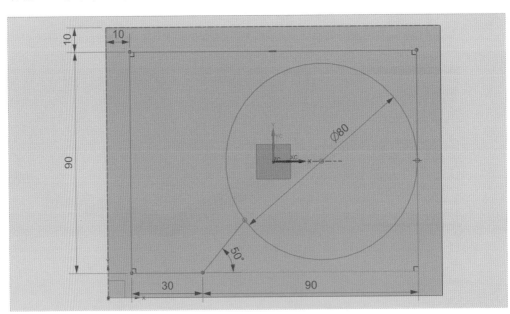

02 ≫ ▥Extrude(돌출) → Section → Select Curve → Limits →

Start : Value → Distance 0
End : Value → Distance 30

→ Boolean → ⬙Unite(결합) → Select Body →

Draft → From Start Limit(시작 한계로부터) → Angle 12° → OK

> Note 그림처럼 Curve(곡선)를 선택하기 위하여 Selection Bar(셀렉션 바)에서 연결된 곡선을 선택하고 교차에서 정지(▦) 아이콘을 활성화한 다음 곡선을 선택한다.

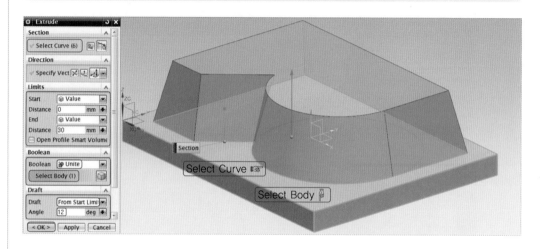

④ ▶▶ Sweep Along Guide(가이드를 따라 스위핑)하기

01 ≫ 그림처럼 '제2데이팀 좌표계' XZ 평면에 점을 작도하여 치수를 입력하고 구속 조건은 점을 모서리에 곡선상의 점으로 구속, 원호를 스케치, 구속 조건은 Z축에 곡선상의 점으로 구속, 치수를 입력한다.

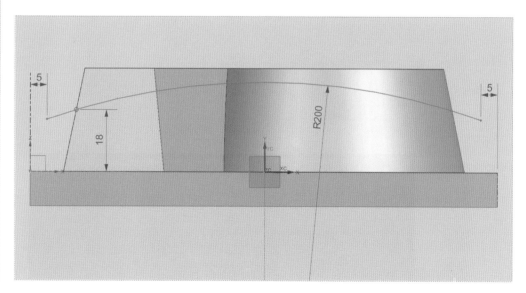

02 ≫ Create Sketch → Sketch Plane → Plane Method → Create Plane → Specify Plane(곡선 끝점 선택) → Sketch Orientation → Reference → Horizontal → Select Reference(모서리) → OK

Note 그림처럼 Create Plane(새 스케치)으로 Specify Plane(곡선 끝점 선택)하고, 참조로 모서리를 선택하여 스케치 면을 생성한다.

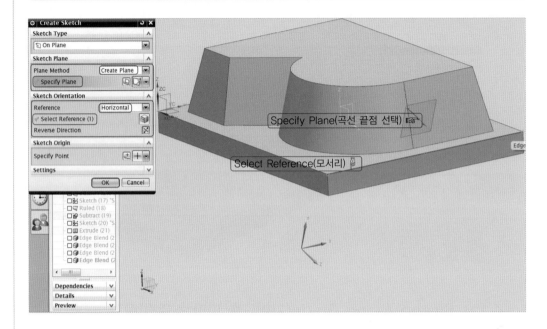

03 ≫ 이전에 생성한 가이드 곡선의 끝점에 단면 곡선을 곡선상의 점으로 구속하고, 단면 곡선에 원호의 중심점을 제2데이텀 좌표계의 Z축 선상의 점으로 구속하고 치수를 입력한다.

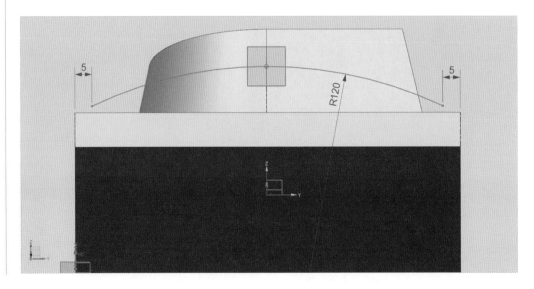

04 >> Surface → Surface → More▼ → Sweep → 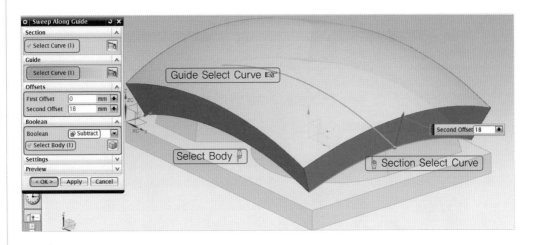Sweep Along Guide(가이드 를 따라 스위핑) → Section → Select Curve → Guide → Select Curve → Offsets →

First Offset 0	→ Boolean → Subtract(빼기) → Select Body → OK
Second Offset 18	

Note 📷Sweep Along Guide(가이드를 따라 스위핑)로 생성된 서피스 곡면에 Offset을 적용하 여 이전에 생성한 솔리드 바디의 상부를 Subtract(빼기)한다.

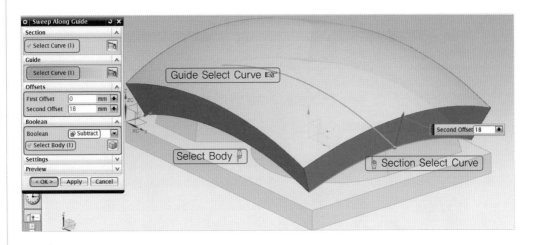

⑤ ▶▶ **Offset Surface(옵셋 곡면) 모델링하기**

Home → Feature → More▼ → Offset/Scale(옵셋/배율) → 🔲Offset Surface(옵셋 곡면) → Face to Offset → Select Face → Offset 4 → OK

Note 그림처럼 Face(면)를 ↑방향으로 Offset 4 한다.

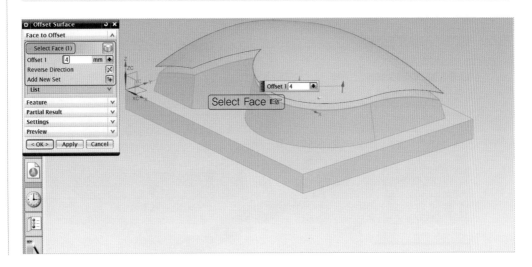

6 ▶▶ 돌출 모델링하기

01 ›› 그림처럼 '제2데이텀 좌표계' XY 평면에 스케치하고 구속 조건은 곡선상의 점으로 구속하고 치수를 입력한다. Home → Curve → 🔩Pattern Curve(패턴 곡선) → Curve to Pattern → Select Curve(곡선 선택) → Layout → Linear → Direction → Select Linear Object → Count 2 → Pitch Distance 27 → Apply

> Note 도면을 참조하여 Pattern Curve(패턴 곡선)를 반대 방향으로 25 한다.

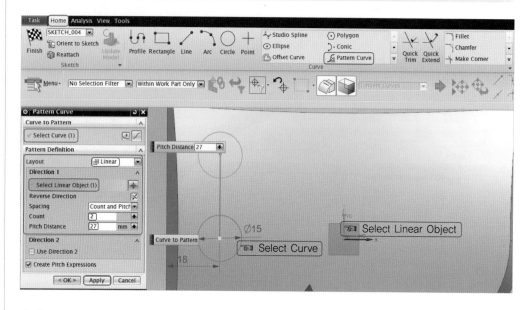

02 ›› 🗔Extrude(돌출) → Section → Select Curve → Limits →

Start : Value → Distance 0	→ Boolean → 🗔Unite(결합) →
End : Until Selected(선택까지) → Select Object	

Select Body → OK

> Note End의 Until Selected를 사용하여 Select Object(옵셋 곡면)까지 돌출한다.

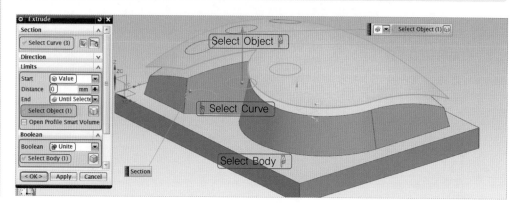

7 ▶▶ 단일 구배 모델링하기

🔲Extrude(돌출) → Section → Select Curve → Limits →

Start : Value → Distance 0
End : Value → Distance 35

→ Boolean → 🔧Unite(결합) → Select Body → Draft

→ From Start Limit(시작 한계로부터) → Angle 12° → OK

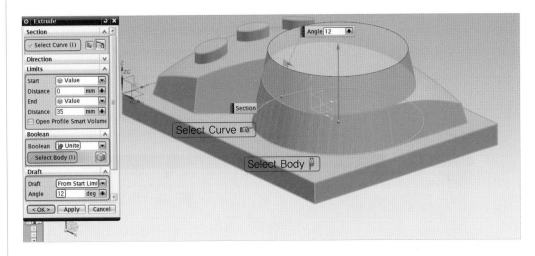

8 ▶▶ Ruled 모델링하기

01 ≫ 그림처럼 XY 평면에서 거리 35인 스케치 평면을 생성하여 원을 스케치하고 구속 조건은 동심원으로 구속하고 치수를 입력한다.

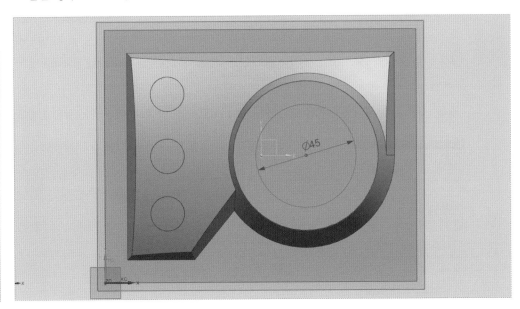

02 ›› 그림처럼 XY 평면에서 거리 23인 스케치 평면을 생성하여 타원을 스케치하고 구속 조건은 동심원으로 구속하고 치수를 입력한다.

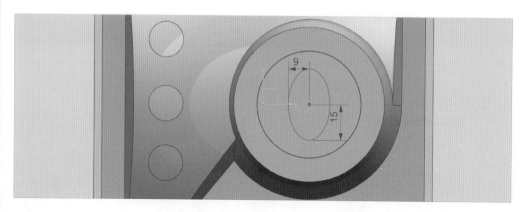

03 ›› Surface → Surface → More▼ → Mesh Surface(메시 곡면) → ▱Ruled

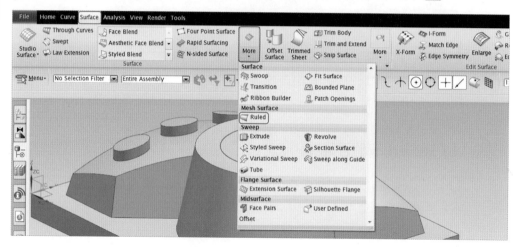

04 ›› Section String 1 → Select Curve or Point → Section String 2 → Select Curve → OK

Note ▱Ruled는 2개의 단면을 선택할 수 있다. 그림처럼 곡선의 벡터 방향은 같은 방향으로 한다.

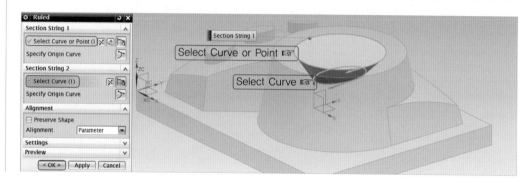

9 ▶▶ 빼기 모델링하기

Home → Feature → 🔲Subtract(빼기) → Target → Select Body → Tool → Select
Body → OK

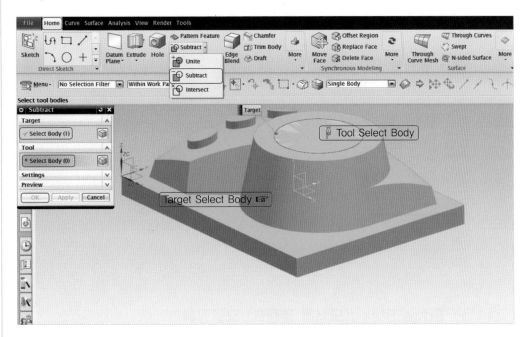

10 ▶▶ 돌출 모델링하기

01 ≫ 그림처럼 '제2데이텀 좌표계' XZ 평면에 스케치하고 치수를 입력한다.

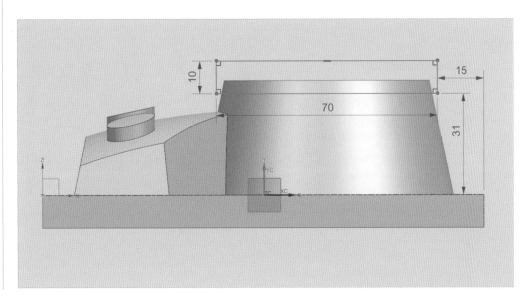

02 >> 🔲Extrude(돌출) → Section → Select Curve → Limits →

| End : Symmetric Value(대칭값) → Boolean → 🔲Subtract(빼기) → Select Body |
| Distance 8 |

→ OK

Note End의 Symmetric Value를 선택하여 대칭으로 Subtract(빼기) 돌출한다.

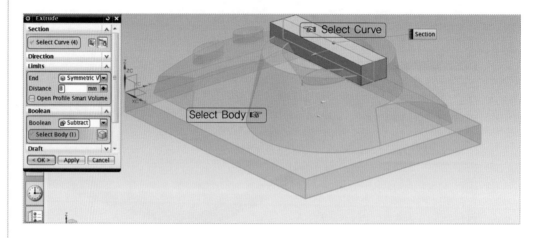

(11) ▶▶ Edge Blend(모서리 블렌드) 모델링하기

01 >> Home → Feature → 🔲Edge Blend(모서리 블렌드) → Edge to Blend → Select Edge → Radius 18 → Apply

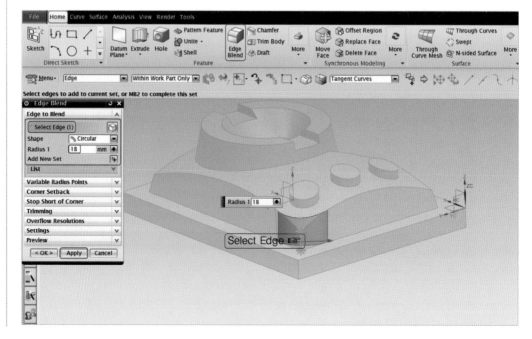

02 >> Edge to Blend → Select Edge → Radius 3 → Apply

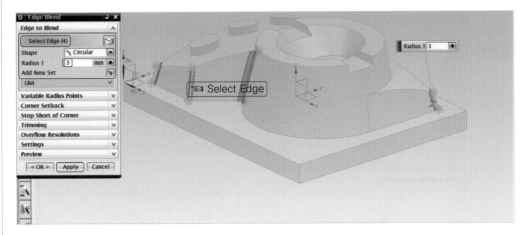

03 >> Edge to Blend → Select Edge → Radius 3 → Apply

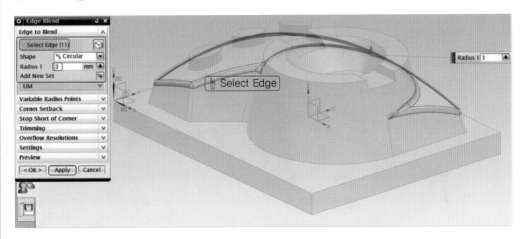

04 >> Edge to Blend → Select Edge → Radius 1 → Apply

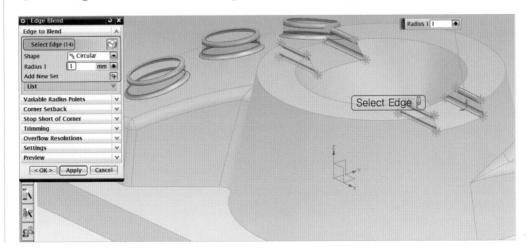

05 >> Edge to Blend → Select Edge → Radius 1 → OK

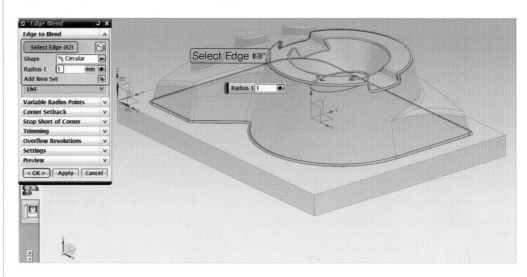

(12) ▶▶ 완성된 모델링

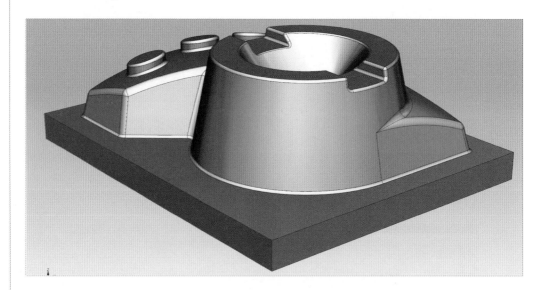

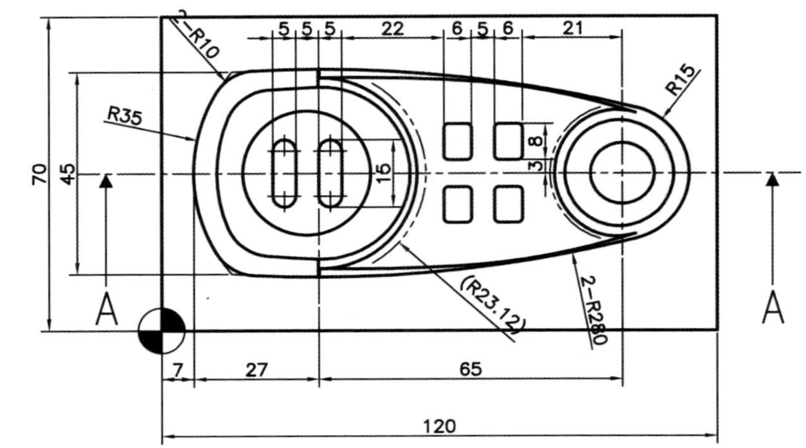

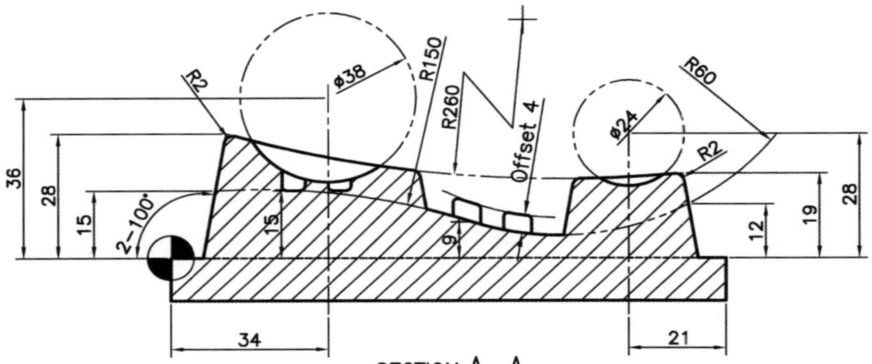

2D필렛(가)과 3D필렛(나)의 구분 예

(가)

(나)

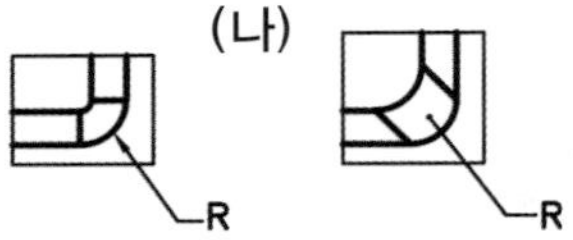

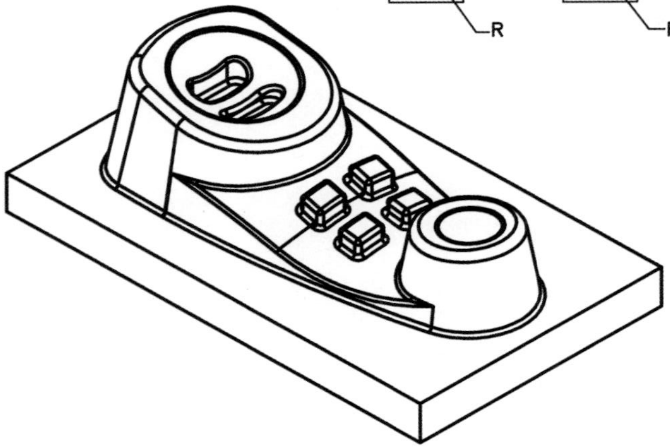

도시되고 지시 없는 모든 필렛=R1

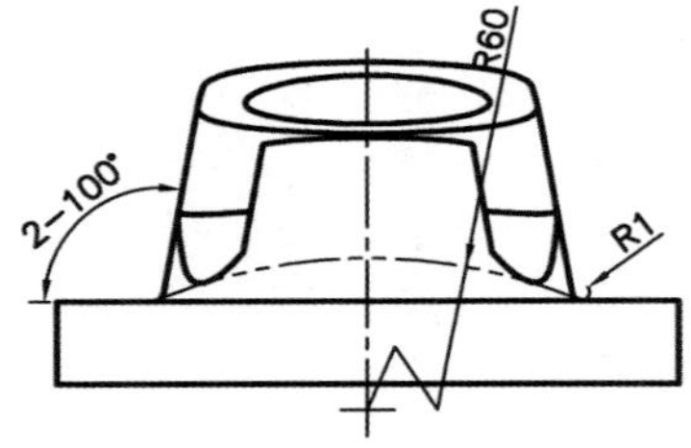

SECTION A-A

형상 모델링 6

① ▶▶ 베이스 블록 모델링하기

01 ≫ 그림처럼 XY 평면에 스케치하고 구속 조건은 동일 직선상으로 구속, 치수를 입력한다.

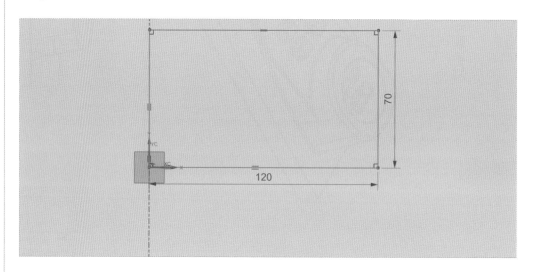

02 ≫ Extrude(돌출) → Section → Select Curve → Limits →

| Start : Value → Distance 0 → OK |
| End : Value → Distance 10 |

Note Curve(곡선)를 선택하고 벡터 방향을 아래쪽으로 ☒ Reverse Direction(방향 반전)한다.

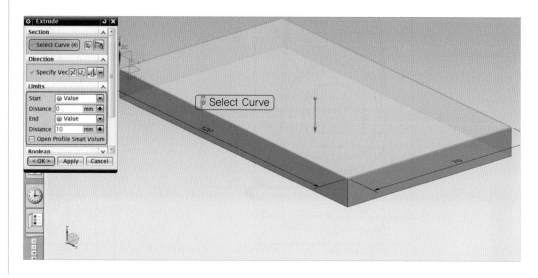

② ▶▶ 데이텀 좌표계 생성 '제2데이텀 좌표계'

Home → Feature → Datum Plane▼ → 📐Datum CSYS(데이텀 좌표계) → Manipulator → Specify Orientation → Manipulator → Coordinates(좌표) → X 60 → Y 35 → Z 0 → OK

> Note 모델링할 때 편리성을 주기 위해 📐Datum CSYS의 명령어로 데이텀 좌표계를 생성한다.

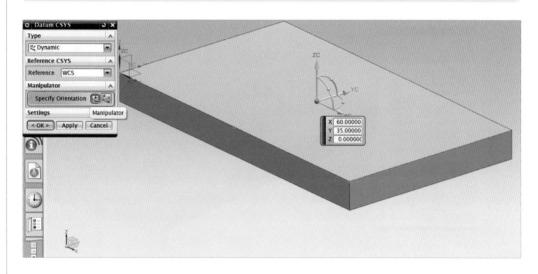

③ ▶▶ 단일 구배 돌출 모델링하기

01 ≫ 그림처럼 '제2데이텀 좌표계' XY 평면에 스케치하고 구속 조건은 원과 원호를 X 축에 곡선상의 점으로 구속하고 치수를 입력하여 대칭한다(도면의 R23.12는 참조 치수).

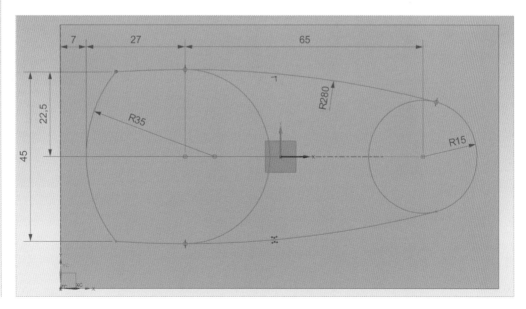

02 >> ▦Extrude(돌출) → Section → Select Curve → Limits →

Start : Value → Distance 0 → Boolean → ▣Unite(결합) → Select Body →

End : Value → Distance 20

Draft → From Start Limit(시작 한계로부터) → Angle 10° → OK

Note 그림처럼 Curve(곡선)를 선택하기 위하여 Selection Bar(셀렉션 바)에서 연결된 곡선을 선택하고 교차에서 정지(▦) 아이콘을 활성화한 다음 곡선을 선택한다.

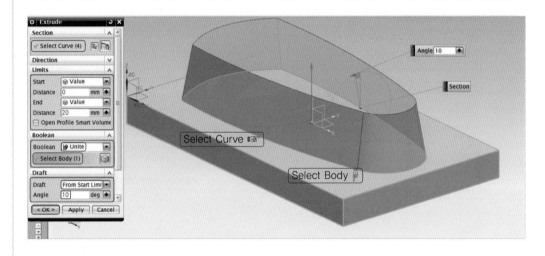

(4) ▶▶ Sweep Along Guide(가이드를 따라 스위핑)하기

01 >> 그림처럼 '제2데이텀 좌표계' XZ 평면에 교차 곡선과 점을 작도하고 곡선을 스케치, 구속 조건은 곡선상의 점으로, 원호는 점이 곡선상의 점, 접선으로 구속, 치수를 입력한다.

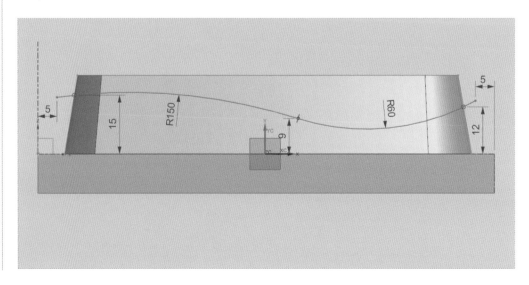

02 >> Create Sketch → Sketch Plane → Plane Method → Create Plane → Specify Plane(곡선 끝점 선택) → Sketch Orientation → Reference → Horizontal → Select Reference(모서리) → OK

> Note 그림처럼 Create Plane(새 스케치)으로 Specify Plane(곡선 끝점 선택)하고, 참조로 모서리를 선택하여 스케치 면을 생성한다.

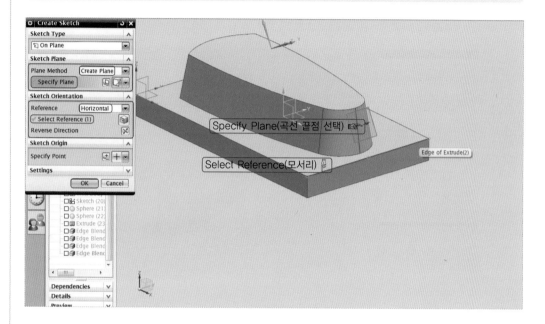

03 >> 이전에 생성한 가이드 곡선의 끝점에 단면 곡선을 곡선상의 점으로 구속하고, 단면 곡선에 원호의 중심점을 제2데이텀 좌표계의 Z축 선상의 점으로 구속하고 치수를 입력한다.

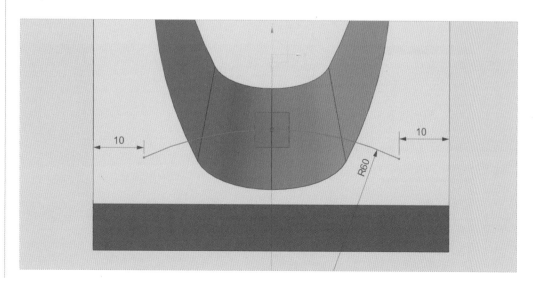

04 >> Surface → Surface → More▼ → Sweep → 🗝Sweep Along Guide(가이드를 따라 스위핑) → Section → Select Curve → Guide → Select Curve → Offsets →

| First Offset 0 | → Boolean → 🗗Subtract(빼기) → Select Body → OK |
| Second Offset 16 | |

Note Sweep Along Guide(가이드를 따라 스위핑)로 생성된 서피스 곡면에 Offset을 적용하여 이전에 생성한 솔리드 바디의 상부를 🗗Subtract(빼기)한다.

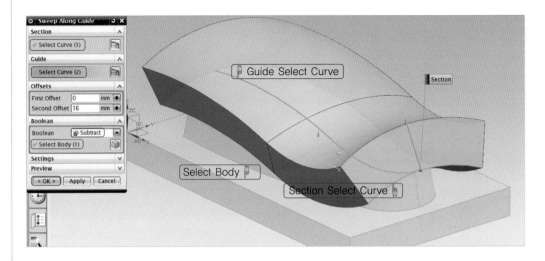

⑤ ▶▶ Offset Surface(옵셋 곡면) 모델링하기

Home → Feature → More▼ → Offset/Scale(옵셋/배율) → 🗝Offset Surface(옵셋 곡면) → Face to Offset → Select Face → Offset 4 → OK

Note 그림처럼 Face(면)를 ↑방향으로 Offset 4 한다.

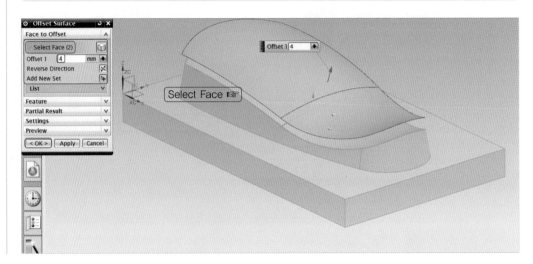

⑥ ▶▶ 돌출 모델링하기

01 >> 그림처럼 '제2데이텀 좌표계' XY 평면에 스케치하여 치수를 입력하고 Pattern Curve(패턴 곡선)에서 각각의 Curve(곡선)를 Pattern한다.

Note | 도면 참조

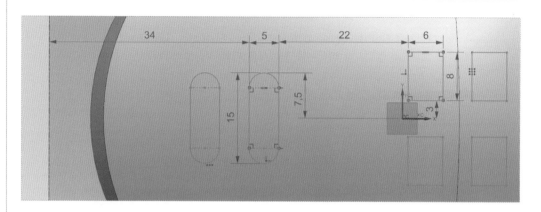

02 >> Extrude(돌출) → Section → Select Curve → Limits →

| Start : Value → Distance 0 | → Boolean → Unite(결합) → |
| End : Until Selected(선택까지) → Select Object | |

Select Body → OK

Note | End의 Until Selected를 사용하여 Select Object(옵셋 곡면)까지 돌출한다. Select Object를 선택할 때 Sheet Body를 먼저 선택한다.

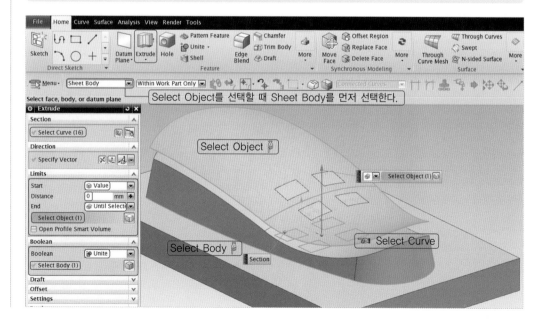

⑦ ▶▶ 단일 구배 모델링하기

⬛Extrude(돌출) → Section → Select Curve → Limits →

| Start : Value → Distance 0 | → Boolean → 🔷Unite(결합) → Select Body → Draft |
| End : Value → Distance 30 | |

→ From Start Limit(시작 한계로부터) → Angle 10° → OK

> Note 그림처럼 Curve(곡선)를 선택하기 위하여 Selection Bar(셀렉션 바)에서 연결된 곡선을 선택하고 교차에서 정지(⬛) 아이콘을 활성화한 다음 곡선을 선택한다.

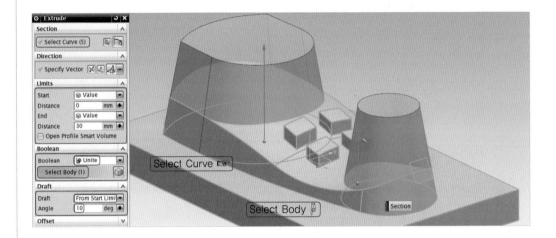

⑧ ▶▶ Trim Body(바디 트리밍)하기

01 ≫ 그림처럼 '제2데이텀 좌표계' XZ 평면에서 교차 곡선과 점을 작도하고 스케치하여 구속 조건은 곡선상의 점으로 구속하고 치수를 입력한다.

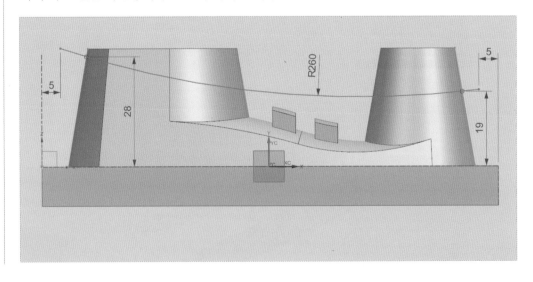

02 >> Surface → Surface → 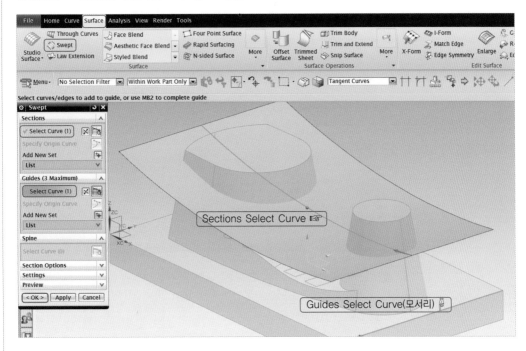Swept(스웹) → Sections → Select Curve → Guides → Select Curve(모서리) → OK

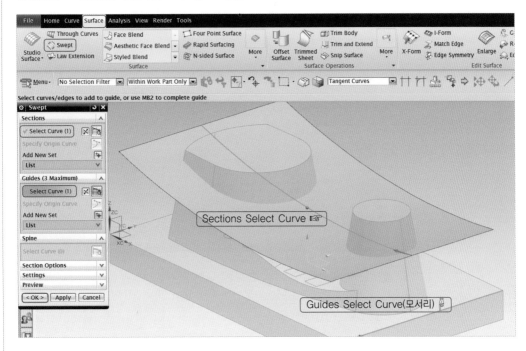

03 >> Home → Feature → Trim Body(바디 트리밍) → Target → Select Body → Tool → Select Face or Plane → OK

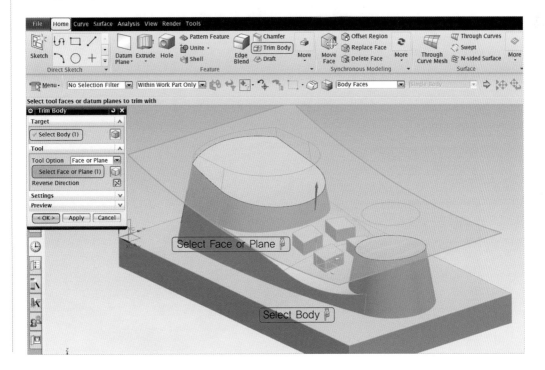

9 ▶▶ Sphere(구) 모델링하기

01 ≫ 그림처럼 '제2데이텀 좌표계' XZ 평면에 스케치하여 치수를 입력한다.

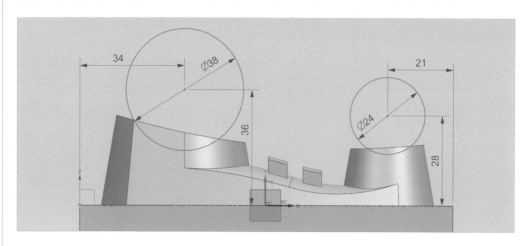

02 ≫ Home → Feature → More▼ → Design Feature(특징 형상 설계) → 🔵 Sphere (구) → Type → Arc(원호) → Select Arc → Boolean → 🔩Subtract(빼기) → Select Body → OK

> Note 같은 방법으로 오른쪽 구를 생성한다.

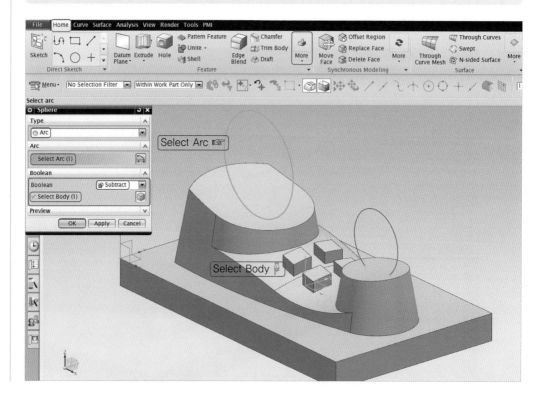

⑩ ▶▶ 돌출 모델링하기

Extrude(돌출) → Section → Select Curve → Limits →

| Start : Value → Distance 15 |
| End : Value → Distance 25 |

→ Boolean → Subtract(빼기) → Select Body → OK

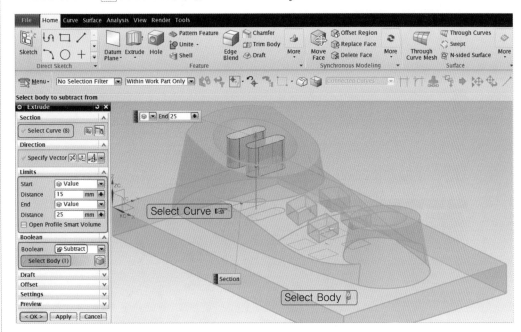

⑪ ▶▶ Edge Blend(모서리 블렌드) 모델링하기

01 ≫ Home → Feature → Edge Blend(모서리 블렌드) → Edge to Blend → Select Edge → Radius 10 → Apply

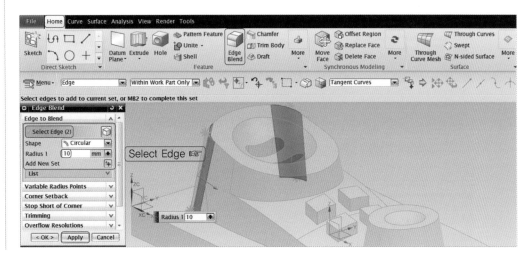

02 >> Edge to Blend → Select Edge → Radius 2 → Apply

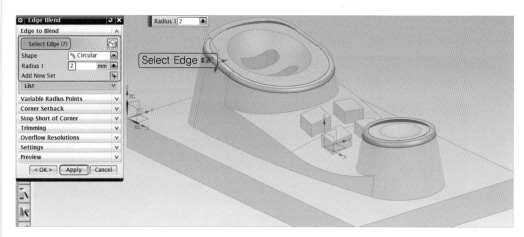

03 >> Edge to Blend → Select Edge → Radius 1 → Apply

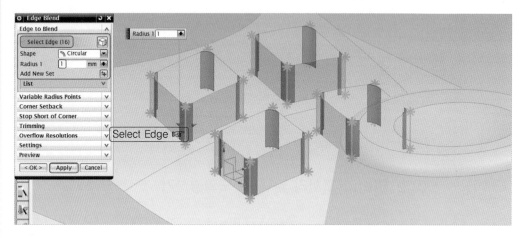

04 >> Edge to Blend → Select Edge → Radius 1 → OK

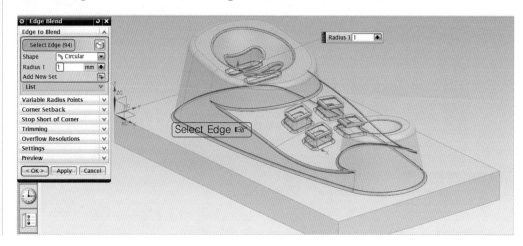

12 ▶▶ **완성된 모델링**

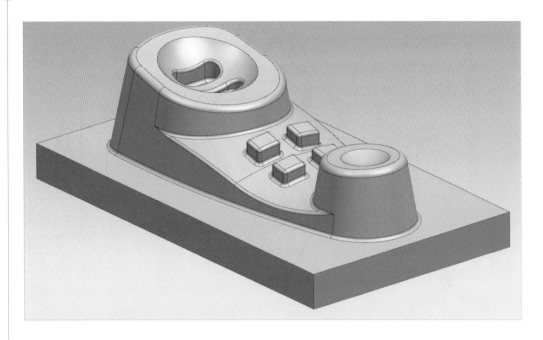

2D필렛(가)과 3D필렛(나)의 구분 예

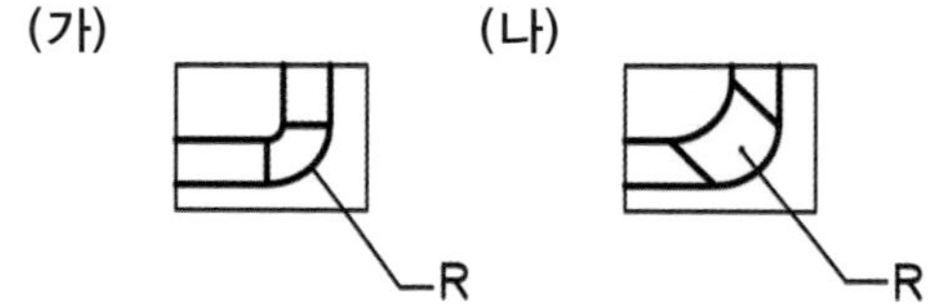

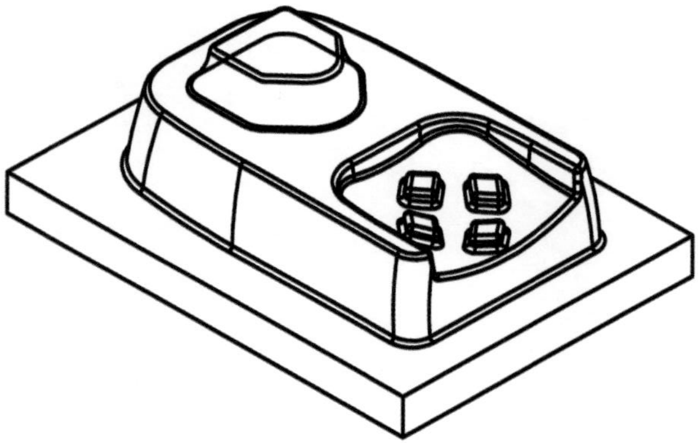

(가)

(나)

R

R

지시 없는 R 및 필렛 R=1

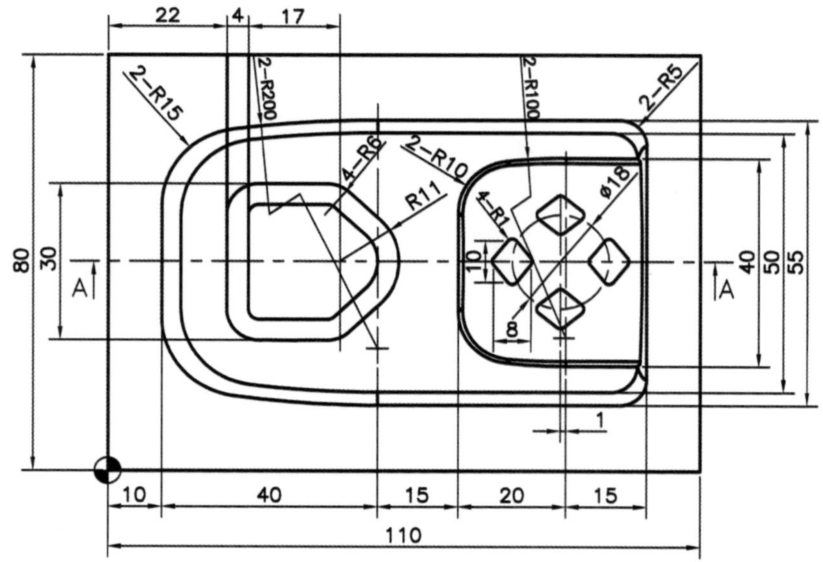

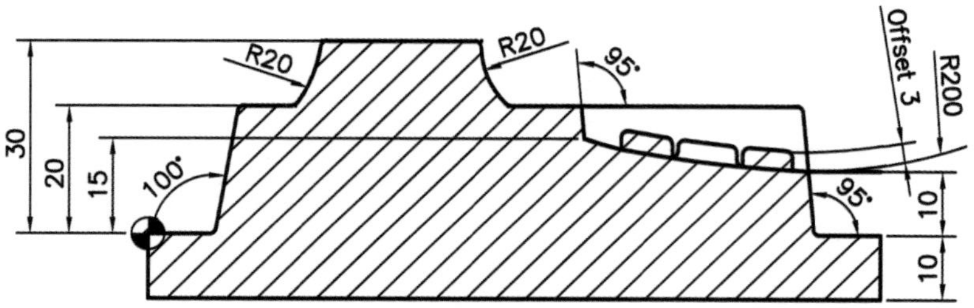

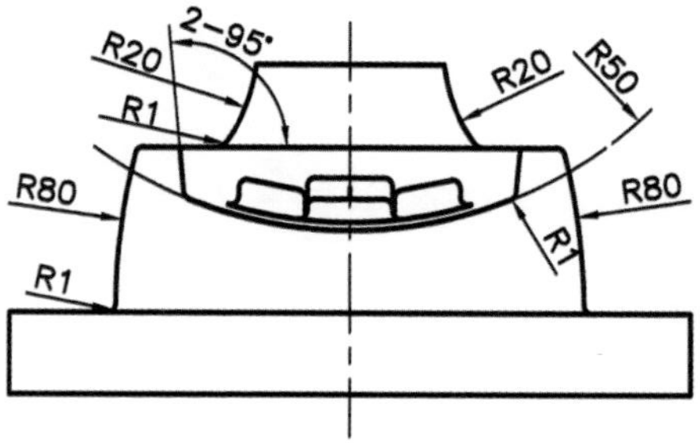

R50
R80
R20
R1
R20
2-95°
R1
R80
R1

2-R5
ø18
2-R100
4-R1
2-R10
R11
4-R5
2-R200
2-R15
17
4
22

55
50
40
A

1
8
10

15
20
15
110
40
10

30
80

A
A

R200
Offset 3
95°
10
10

95°
R20
R20
100°
15
20
30

단면 A-A

7 형상 모델링 7

1 ▶▶ 베이스 블록 모델링하기

01 ≫ 그림처럼 XY 평면에 스케치하고 구속 조건은 동일 직선으로 구속, 치수를 입력한다.

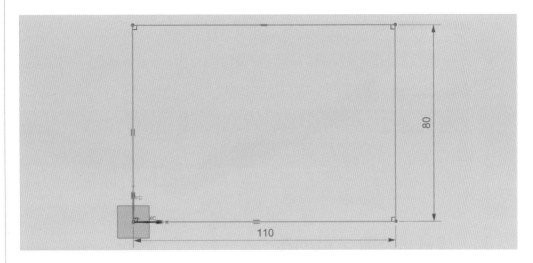

02 ≫ Extrude(돌출) → Section → Select Curve → Limits →

| Start : Value → Distance 0 | → OK |
| End : Value → Distance 10 | |

Note Curve(곡선)를 선택하고 벡터 방향을 아래쪽으로 ⊠Reverse Direction(방향 반전)한다.

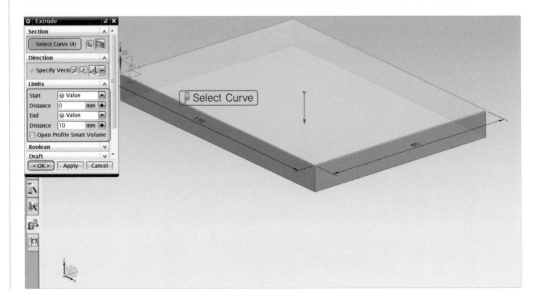

② ▶▶ 데이텀 좌표계 생성 '제2데이텀 좌표계'

Home → Feature → Datum Plane▼ → ⬛Datum CSYS(데이텀 좌표계) → Manipulator → Specify Orientation → Manipulator → Coordinates(좌표) → X 55 → Y 40 → Z 0 → OK

Note 모델링할 때 편리성을 주기 위해 ⬛Datum CSYS의 명령어로 데이텀 좌표계를 생성한다.

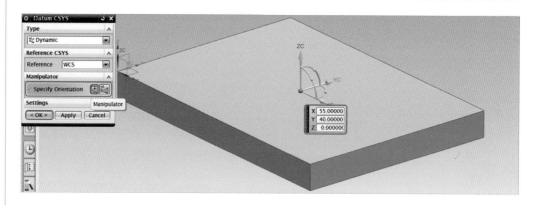

③ ▶▶ Swept(스웹) 모델링하기

01 ≫ 그림처럼 '제2데이텀 좌표계' XY 평면에 스케치하여 구속 조건은 중간점, 접선으로 구속, 치수를 입력한다.

Home → Curve▼

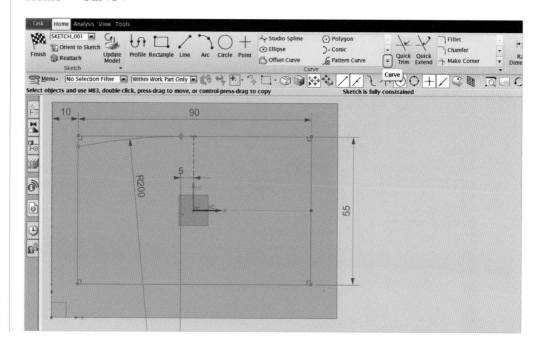

02 >> Home → Curve → 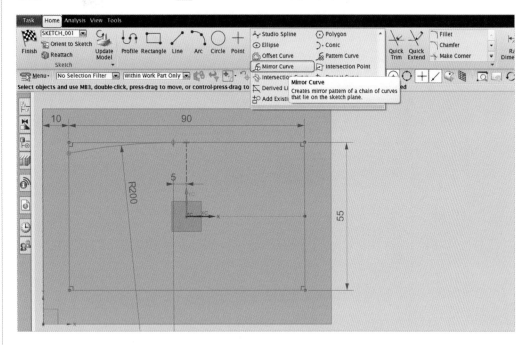Mirror Curve(대칭 복사)

03 >> Curve to Mirror → Select Curve → Centerline → Select Centerline

Note 원호를 Mirror Curve(대칭 복사)에서 X축을 중심으로 대칭한다.

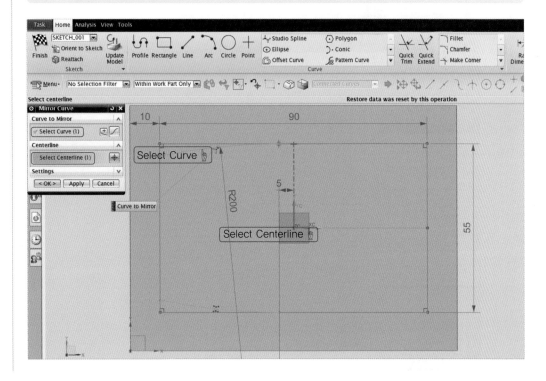

04 >> 그림처럼 Quick Trim한다.

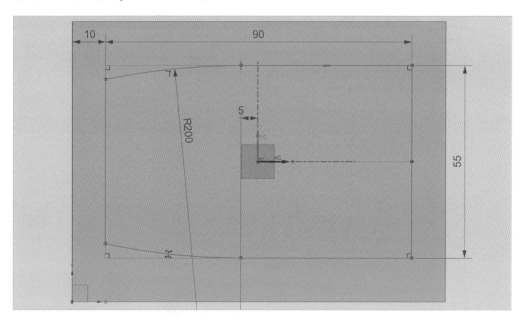

05 >> 그림처럼 XY에서 거리 20인 스케치 평면을 생성한다.

Home → Curve → 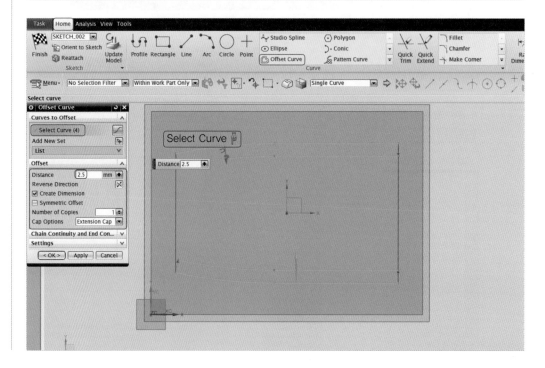 Offset Curve(옵셋 곡면) → Curve to Offset → Select Curve
→ Offset → Distance 2.5 → OK

Note   그림처럼 곡선을 안쪽으로 2.5 Offset Curve(옵셋 곡면)한다.

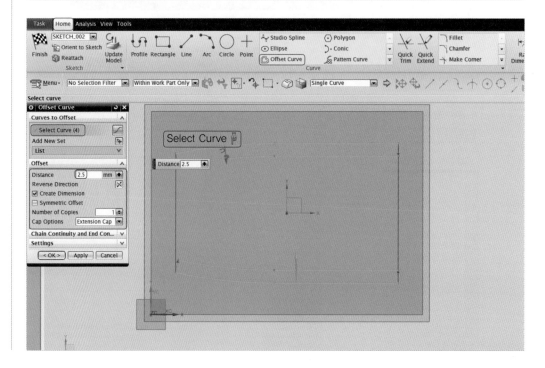

06 >> Home → Curve▼

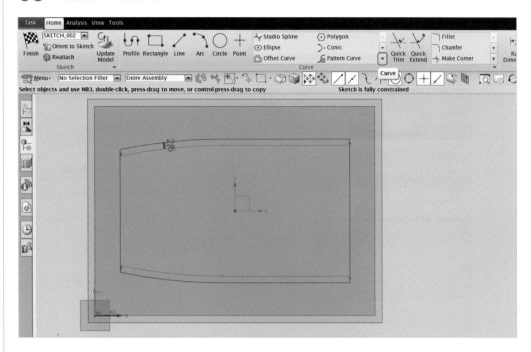

07 >> 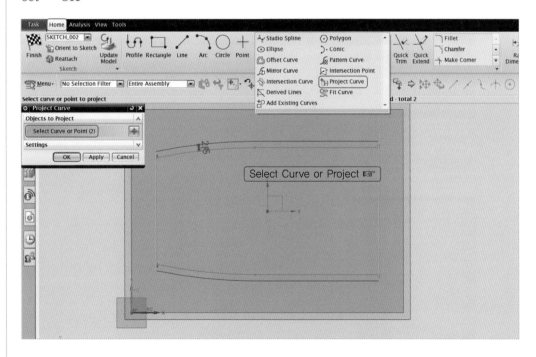 Project Curve(투영 곡선) → Objects to Project → Select Curve or Project → OK

08 >> Home → Curve → 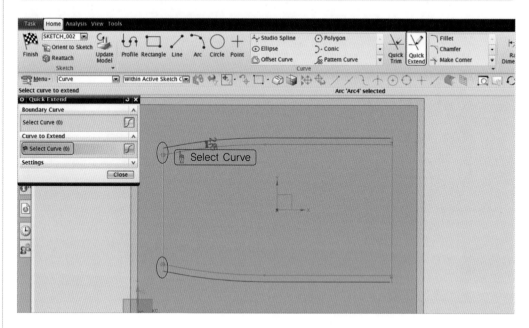Quick Extend → Curve to Extend → Select Curve

Note 곡선 연장에서 모든 곡선은 기본적으로 Boundary Curve로 설정되어 있다.

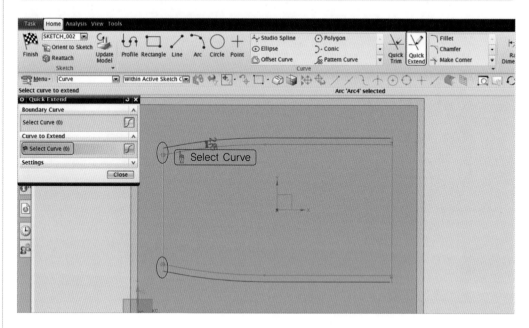

09 >> Home → Curve → Quick Trim → Curve to Trim → Select Curve

Note 곡선 Trim에서 모든 곡선은 기본적으로 Boundary Curve로 설정되어 있다.

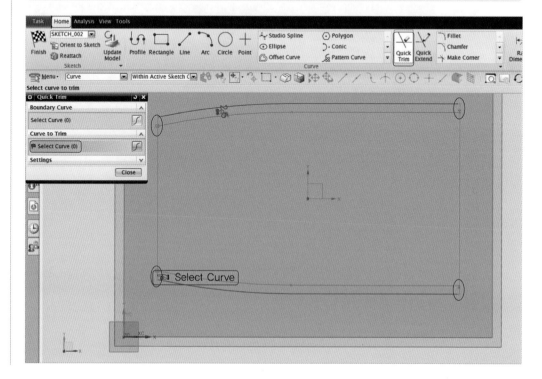

10 >> '제2데이텀 좌표계' XZ에 스케치 평면을 생성한다. Home → Curve▼

Note 아래 그림처럼 곡선을 스케치하기 위하여 Intersection Point에서 교차점을 작도한다.

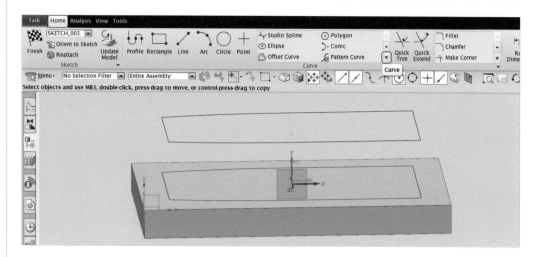

11 >> Intersection Point(교차점) → Curve to Intersect → Select Curve → Apply

Note 아래쪽 직선도 Intersection Point(교차점)한다.

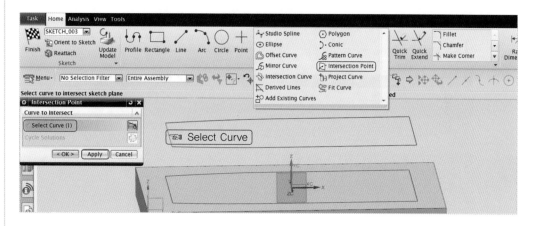

12 >> 그림처럼 위쪽의 교차점과 아래쪽의 교차점을 직선으로 연결한다.

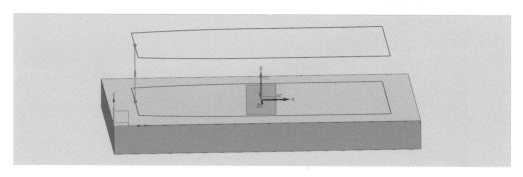

13 >> '제2데이텀 좌표계' YZ에 스케치 평면을 생성하고 ⊠ Intersection Point(교차점)한다. 위쪽의 교차점과 아래쪽의 교차점을 원호로 연결하고 R80을 입력한다.

🖉 Mirror Curve(대칭 곡선) → Select Object → Select Curve → Centerline → Select Centerline → OK

> Note | 그림처럼 원호를 작성하고, Z축을 중심으로 🖉Mirror Curve(대칭 복사)한다.

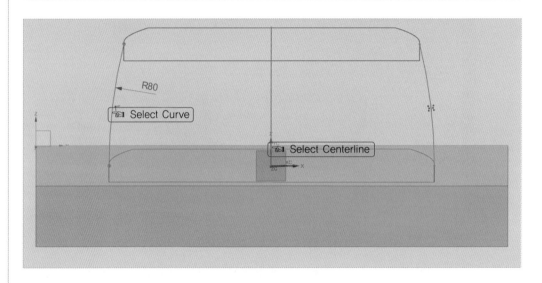

14 >> Surface → Surface → ◈ Swept(스웹)

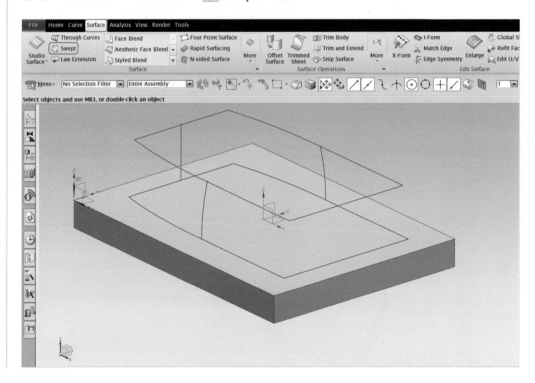

15 ›› Sections → Select Curve 1 → Add New Set → Select Curve 2 → Guides → Select Curve 1 → Add New Set → Select Curve 2 → Add New Set → Select Curve 3 → Section Options → ☑Preserve Shape(☑체크) → OK

Note 그림처럼 단면 곡선(위, 아래) 2개를 선택하고, 가이드 곡선 3개를 선택하여 벡터 방향은 같은 방향으로 설정하고, Preserve Shape에 ☑체크한다.

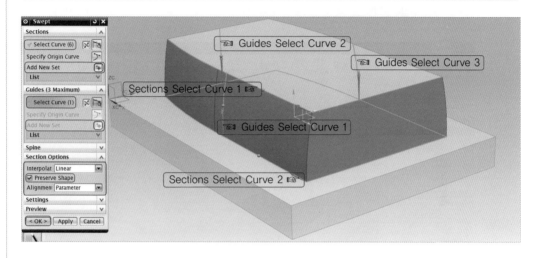

(4) ▸▸ **결합하기**

Home → Feature → 📦Unite(결합) → Target → Select Body → Tool → Select Body → OK

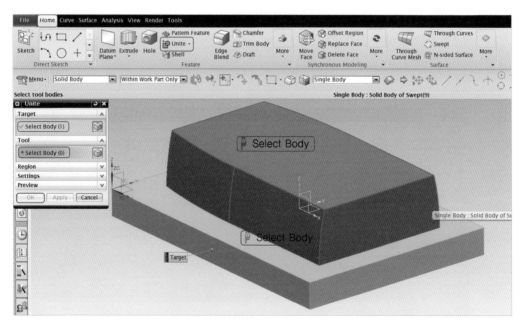

⑤ ▶▶ Draft(구배)하기

Home → Feature → ⬧ Draft(구배) → Draft References → Draft Method → Stationary Face → Select Stationary Face → Faces to Draft → Select Face → Angle 5° → Apply

Note Face를 선택하고, Angle 5° 구배를 한다. 같은 방법으로 반대편에 10° 구배를 한다.

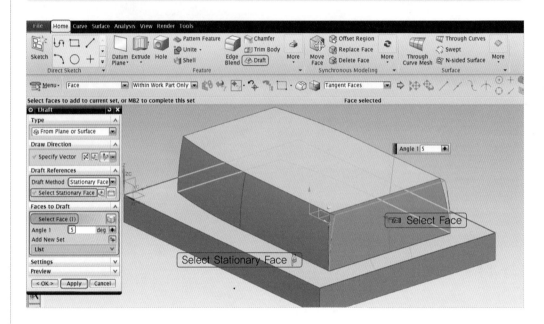

⑥ ▶▶ Swept(스웹) 모델링하기

01 ≫ 그림처럼 '제2데이텀 좌표계' XZ 평면에 스케치 면을 생성한다.

Home → Curve▼ → Project Curve → Objects to Project → Select Curve or Point → OK

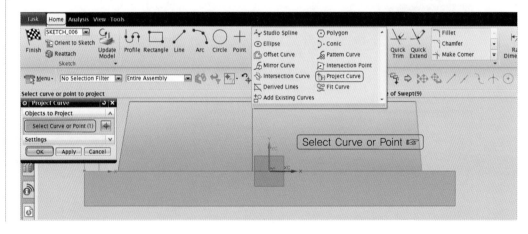

02 >> ╋Point(점)를 선택하여 점을 작도한 후, 구속 조건은 곡선상의 점으로 구속, 원호를 스케치하여 구속 조건을 곡선상의 점으로 입력하고 치수를 입력한다.

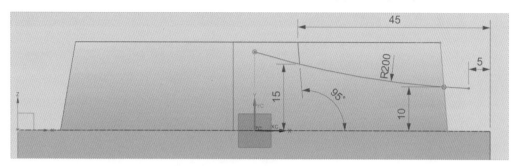

03 >> Create Sketch → Sketch Plane → Plane Method → Create Plane → Specify Plane(곡선 끝점 선택) → Sketch Orientation → Reference → Horizontal → Select Reference(모서리) → OK

> Note 그림처럼 Create Plane(새 스케치)으로 Specify Plane(곡선 끝점 선택)하고, 참조로 모서리를 선택하여 스케치 면을 생성한다.

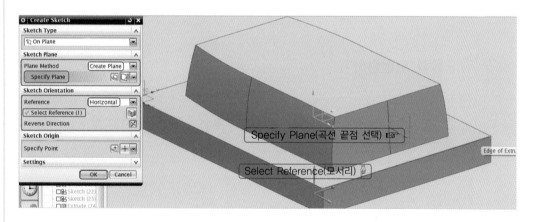

04 >> 이전에 생성한 가이드 곡선의 끝점에 단면 곡선을 곡선상의 점으로 구속하고, 단면 곡선에 원호의 중심점을 제2데이텀 좌표계의 Z축 선상의 점으로 구속하고 치수를 입력한다.

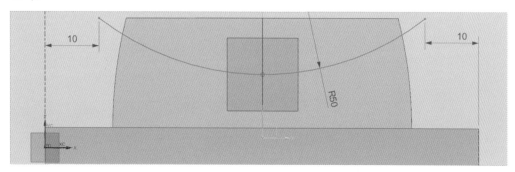

05 >> Surface → Surface → 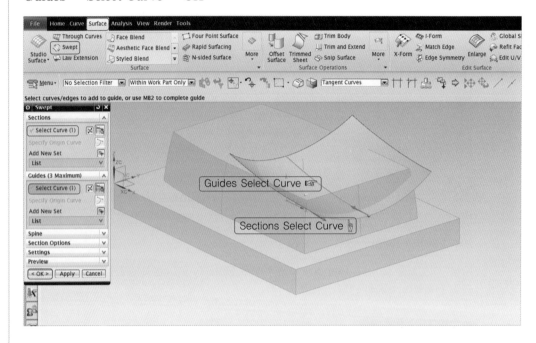Swept(스웹) → Sections → Select Curve → Guides → Select Curve → OK

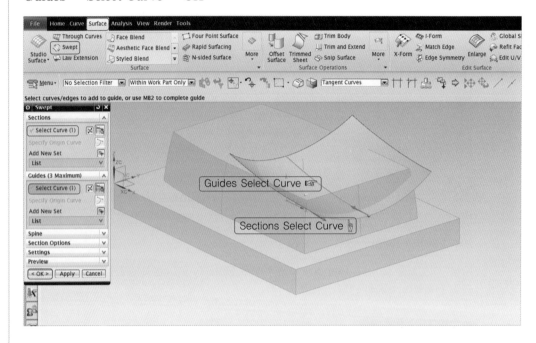

7 ▶▶ **돌출 모델링하기**

01 >> 그림처럼 XY 평면에 거리 20인 스케치 평면을 생성하여 스케치, 구속 조건은 동일 직선상으로 구속하여 치수를 입력하고, 원호를 X축을 중심으로 Mirror Curve(대칭 복사)한다.

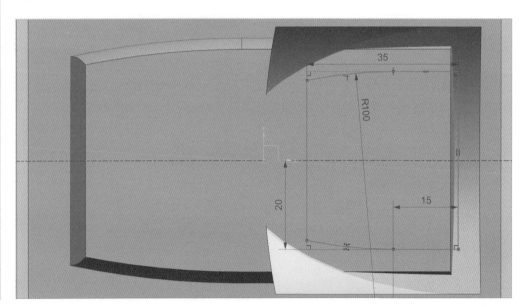

02 >> 🖼Extrude(돌출) → Section → Select Curve → Limits →

Start : Value → Distance 0
End : Until Selected(선택까지) → Select Object

→ Boolean → 🖼Subtract(빼기)

→ Select Body → Draft → From Start Limit(시작 한계로부터) → Angle 5° → OK

Note 시작점에서 End(끝점) Until Selected(선택까지)의 Select Object까지 🖼Subtract(빼기)
한다.

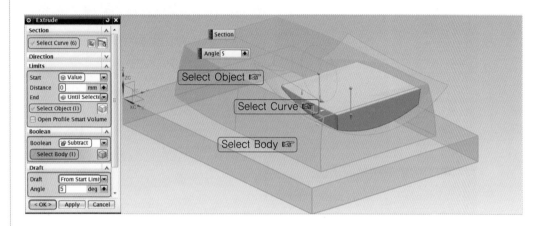

⑧ ▶▶ Offset Surface(옵셋 곡면) 모델링하기

Home → Feature → More▼ → Offset/Scale(옵셋/배율) → 🖼Offset Surface(옵셋
곡면) → Face to Offset → Select Face → Offset 3 → OK

Note 그림처럼 Face(면)를 ↑방향으로 Offset 3 한다.

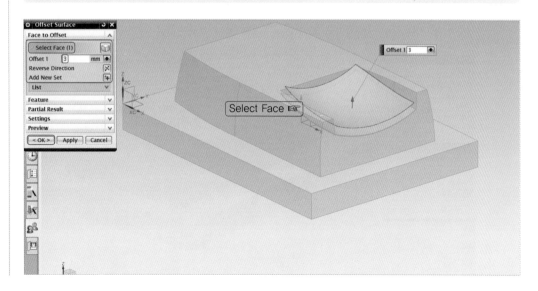

⑨ ▶▶ 돌출 모델링하기

01 ≫ '제2데이텀 좌표계' XY 평면에 이등변 삼각형을 스케치하고 치수와 구속 조건은 같은 길이, 접점 구속, 참조선으로 변환하여 변을 수직선을 중심으로 Mirror Curve(대칭 복사)한다. ⬚Pattern Curve(패턴 곡선)에서 Curve(곡선) 선택, Layout의 Circular에서 Specify Point(회전 중심점) 선택, Count 4, Pitch Angle 90을 입력한다.

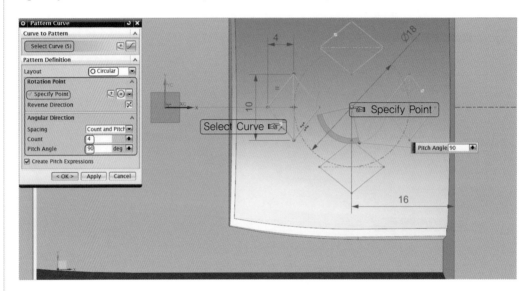

02 ≫ ⬚Extrude(돌출) → Section → Select Curve → Limits →

Start : Value → Distance 0	→ Boolean → ⬚Unite(결합) →
End : Until Selected(선택까지) → Select Object	

Select Body → OK

Note End의 Until Selected를 사용하여 Select Object(옵셋 곡면)까지 돌출한다.

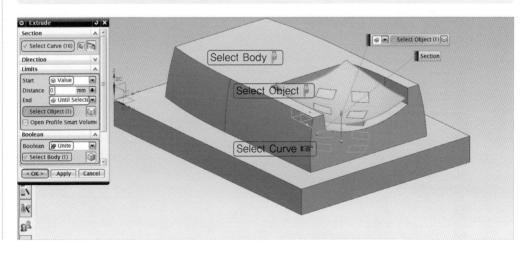

⑩ ▶▶ Swept(스웹) 모델링하기

01 ›› 그림처럼 XY에서 거리 20인 스케치 평면을 생성하여 구속 조건은 곡선상의 점에 구속, 치수를 입력한다. 곡선을 X축을 중심으로 Mirror Curve(대칭 복사)한다.

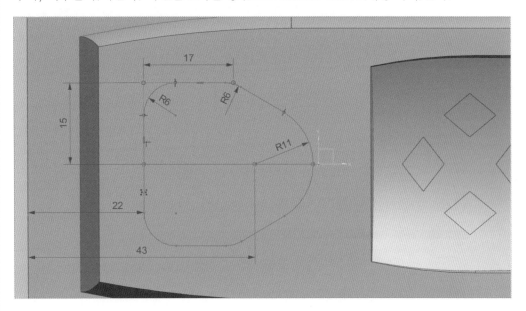

02 ›› 그림처럼 XY에서 거리 30인 스케치 평면을 생성한다.

Home → Curve → 🌥Offset Curve(옵셋 곡면) → Curves to Offset → Select Curve → Offset → Distance 4 → OK

Note 그림처럼 곡선을 안쪽으로 4 🌥Offset Curve(옵셋 곡면)한다.

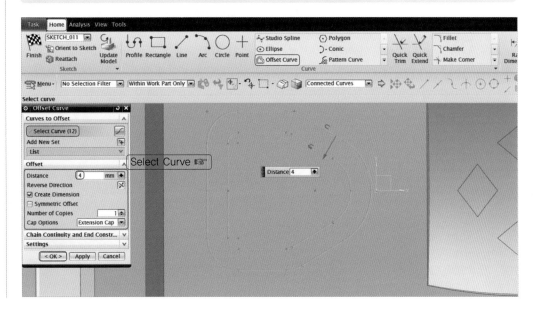

03 >> 그림처럼 '제2데이텀 좌표계' XZ 평면에 🔲Intersection Point(교차점)를 선택하여 교차점을 2개 작도한 후 원호를 스케치하고 구속 조건은 원호 끝점과 위쪽의 교차점에서 아래쪽의 교차점을 원호를 연결하여 R20을 입력한다.

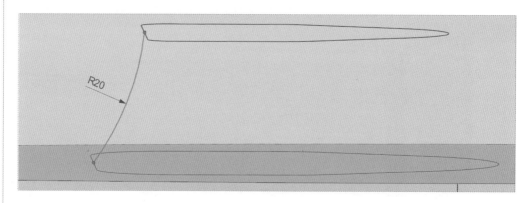

04 >> 그림처럼 곡선의 중간점에 스케치 평면을 생성한다.

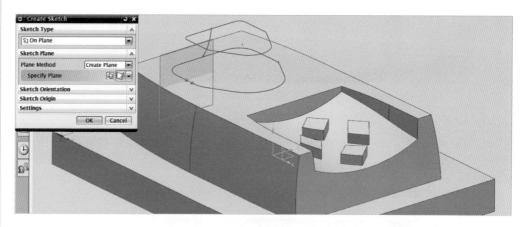

05 >> 🔲Intersection Point(교차점)를 선택하여 교차점을 2개 작도한 후 원호를 스케치하고 구속 조건은 원호 끝점과 위쪽의 교차점에서 아래쪽의 교차점을 원호를 연결하여 R20을 입력한다. 원호를 Z축을 중심으로 Mirror Curve(대칭 복사)한다.

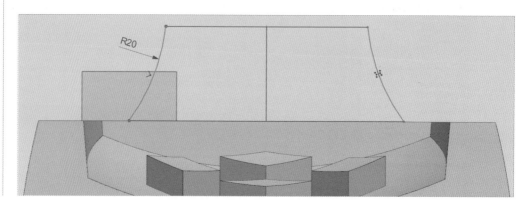

06 >> Surface → Surface → 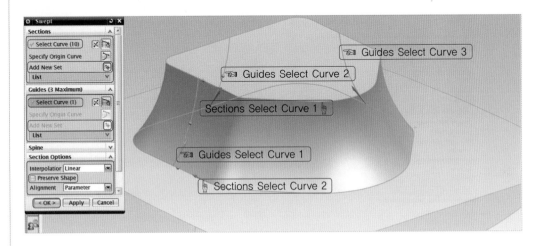Swept(스웹) → Sections → Select Curve 1 → Add New Set → Select Curve 2 → Guides → Select Curve 1 → Add New Set → Select Curve 2 → Add New Set → Select Curve 3 → Section Options → □Preserve Shape(□체크 해제) → OK

> Note 그림처럼 단면 곡선(위, 아래) 2개를 선택하고, 가이드 곡선 3개를 선택하여 벡터 방향은 같은 방향으로 설정하고, Preserve Shape에 □체크 해제한다.

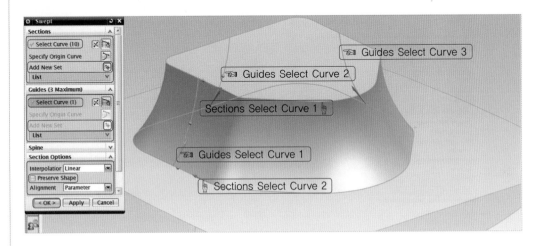

⑪ ▶▶ 결합하기

Home → Feature → Unite(결합) → Target → Select Body → Tool → Select Body → OK

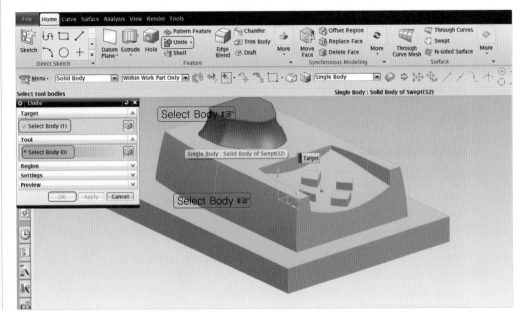

⑫ ▶▶ Edge Blend(모서리 블렌드) 모델링하기

01 ≫ Home → Feature → 🔷Edge Blend(모서리 블렌드) → Edge to Blend → Se-lect Edge → Radius 15 → Apply

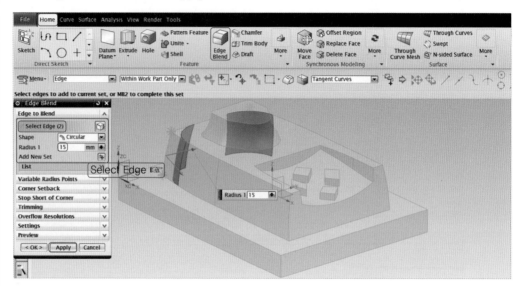

02 ≫ Edge to Blend → Select Edge → Radius 10 → Apply

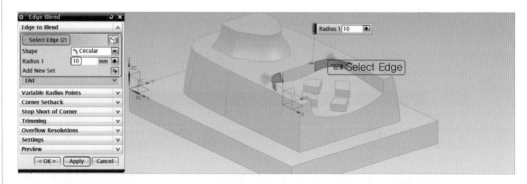

03 ≫ Edge to Blend → Select Edge → Radius 5 → Apply

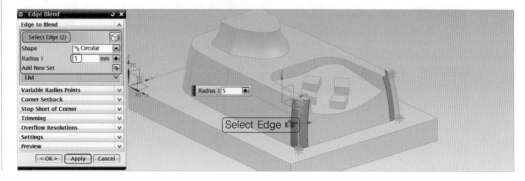

04 >> Edge to Blend → Select Edge → Radius 1 → Apply

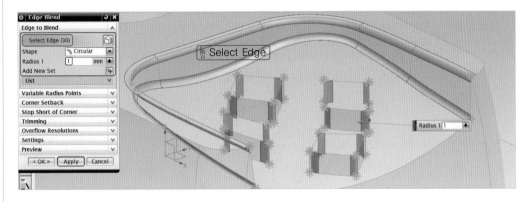

05 >> Edge to Blend → Select Edge → Radius 1 → OK

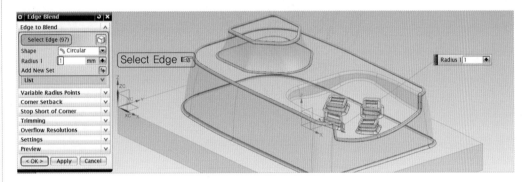

(13) ▶▶ **완성된 모델링**

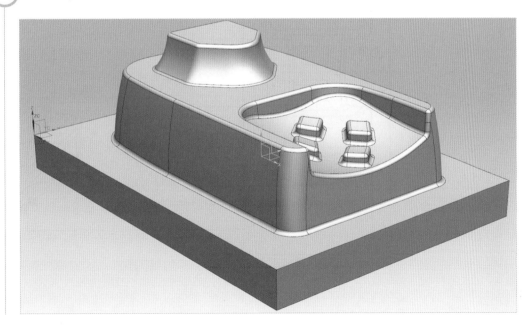

2D필렛(가)과 3D필렛(나)의 구분 예

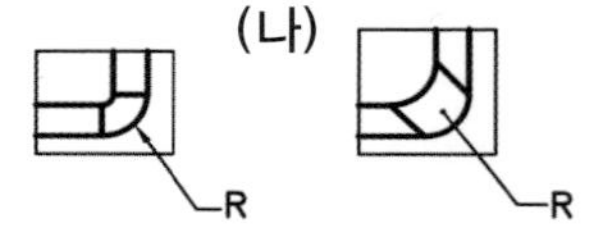

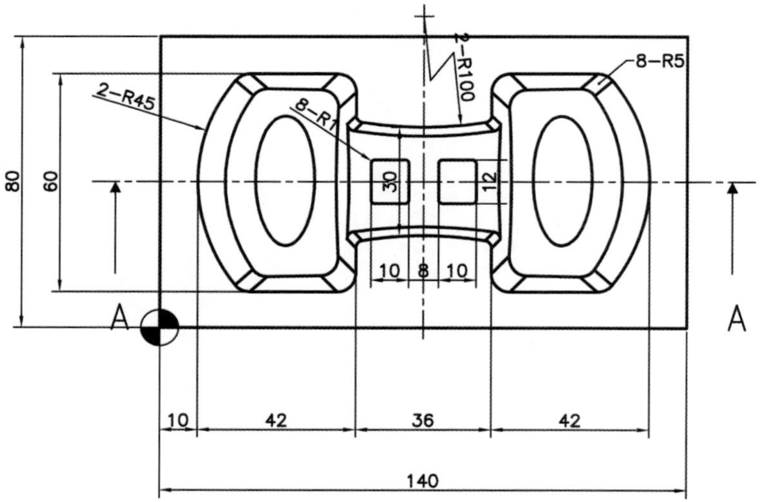

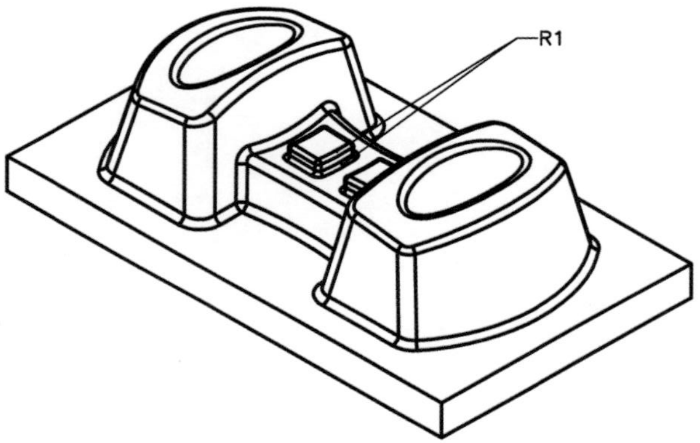

(가)

(나)

R1

도시되고 지시 없는 모든 필렛=R2

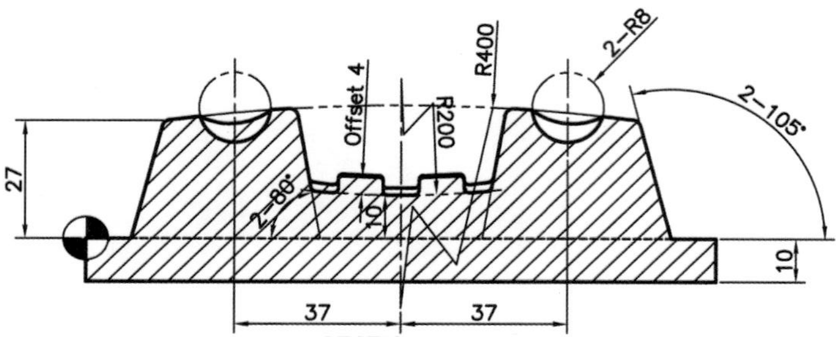

SECTION A-A

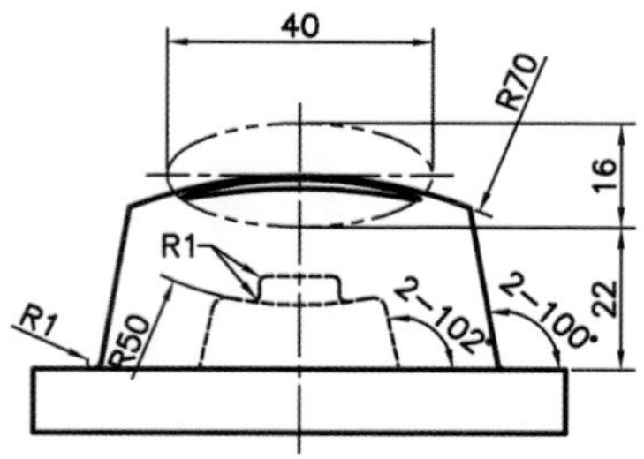

8 형상 모델링 8

1 ▶▶ 베이스 블록 모델링하기

01 >> 그림처럼 XY 평면에 스케치하고 구속 조건은 동일 직선상으로 구속, 치수를 입력한다.

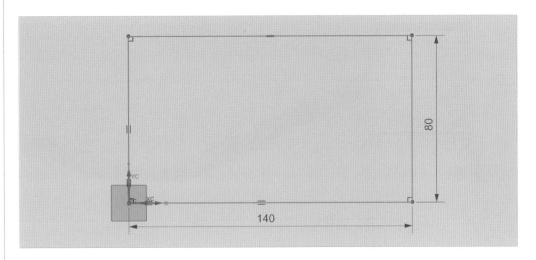

02 >> Extrude(돌출) → Section → Select Curve → Limits →

Start : Value → Distance 0	→ OK
End : Value → Distance 10	

Note Curve(곡선)를 선택하고 벡터 방향을 아래쪽으로 ☒Reverse Direction(방향 반전)한다.

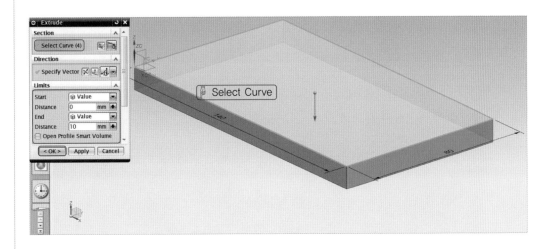

② ▶▶ 데이텀 좌표계 생성 '제2데이텀 좌표계'

Home → Feature → Datum Plane▼ → ⬡Datum CSYS(데이텀 좌표계) → Manipulator → Specify Orientation → Manipulator → Coordinates(좌표) → X 70 → Y 40 → Z 0 → OK

> Note 모델링할 때 편리성을 주기 위해 ⬡Datum CSYS의 명령어로 데이텀 좌표계를 생성한다.

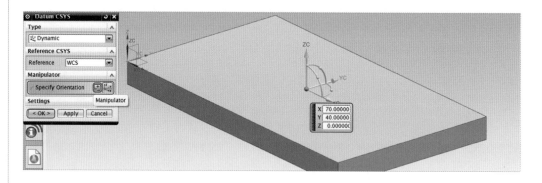

③ ▶▶ Swept(스웹) 모델링하기

01 ›› 그림처럼 '제2데이텀 좌표계' XZ 평면에 스케치하고 구속 조건은 원호의 중심점을 Z축에 곡선상의 점으로 구속, 치수를 입력한다.

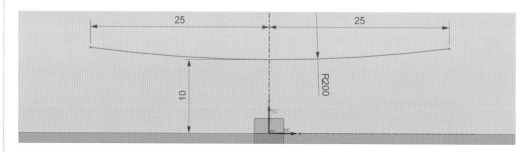

02 ›› 그림처럼 '제2데이텀 좌표계' YZ 평면에 스케치하고 구속 조건은 원호의 중심점을 Z축에 곡선상의 점으로 구속, 치수를 입력한다.

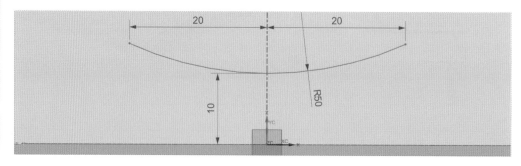

03 >> Surface → Surface → 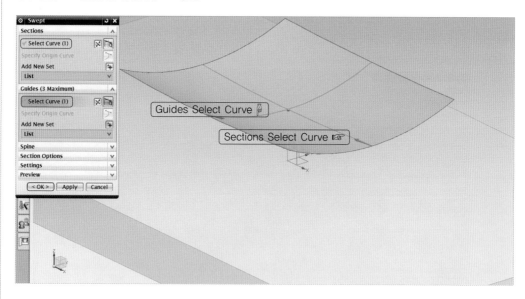Swept(스웹) → Sections → Select Curve → Guides → Select Curve → OK

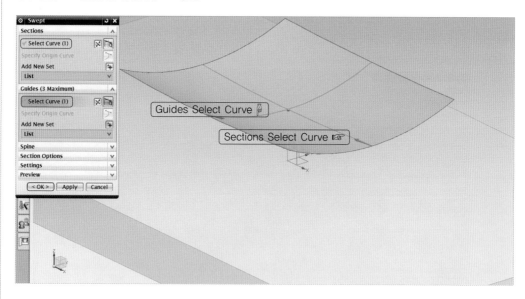

④ ▶▶ 단일 구배 돌출 모델링하기

01 >> 그림처럼 '제2데이텀 좌표계' XY 평면에 스케치하여 구속 조건은 중간점, 곡선상의 점으로 구속, 치수를 입력하고 원호는 X축을 중심으로 Mirror Curve(대칭 복사)한다.

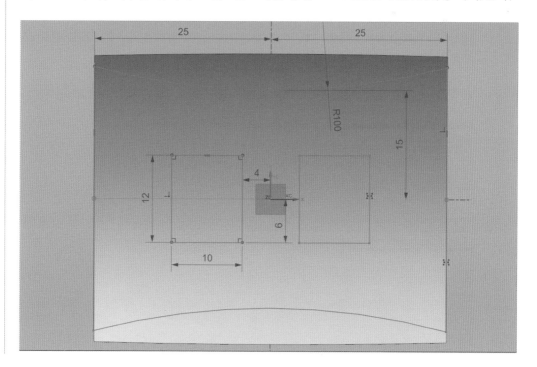

02 >> ▥Extrude(돌출) → Section → Select Curve → Limits →

| Start : Value → Distance 0 | → Boolean → ▥Unite(결합) → |
| End : Until Selected(선택까지) → Select Object | |

Select Body → Draft → From Start Limit(시작 한계로부터) → Angle 12° → OK

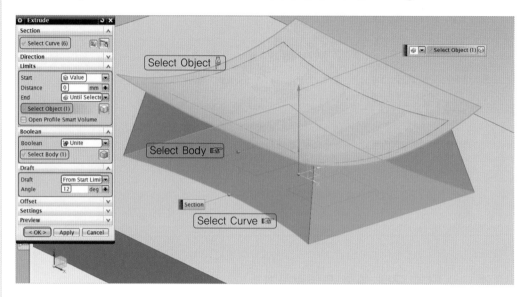

---

(5) ▶▶ **Offset Surface(옵셋 곡면)하기**

Home → Feature → More▼ → Offset/Scale(옵셋/배율) → ▥Offset Surface(옵셋 곡면) → Face to Offset → Select Face → Offset 4 → OK

Note 그림처럼 Face(면)를 ↑방향으로 Offset 4 한다.

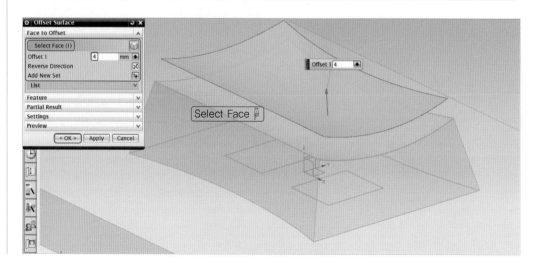

6 ▶▶ 돌출 모델링하기

🔳Extrude(돌출) → Section → Select Curve → Limits →

| Start : Value → Distance 0 | → Boolean → 🔩 Unite(결합) → |
| End : Until Selected(선택까지) → Select Object | |

Select Body → OK

> Note End의 Until Selected를 사용하여 Select Object(옵셋 곡면)까지 돌출한다.

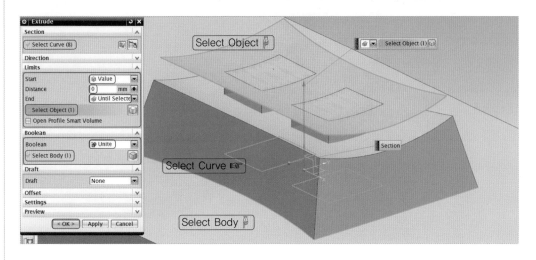

7 ▶▶ 복수 구배 돌출 모델링하기

01 >> 그림처럼 '제2데이텀 좌표계' XY 평면에 스케치하고 구속 조건은 같은 길이, 원호의 중심점을 X축에 곡선상의 점으로 구속하고 치수를 입력한다.

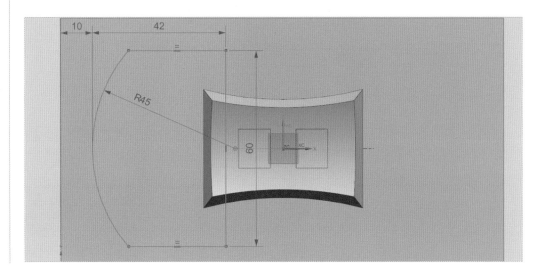

02 >> ▦ Extrude(돌출) → Section → Select Curve → Limits →

Start : Value → Distance 0
End : Value → Distance 30

→ Boolean → ▥ Unite(결합) → Select Body → Draft

→ From Section(시작 단면) → Angle Option → Multiple → Angle1 10° → Angle2 10° → Angle3 10° → Angle4 15° → OK

Note Draft의 From Section(시작 단면)에서 각각 Angle(각도)을 입력한다. 각도는 도면 참조

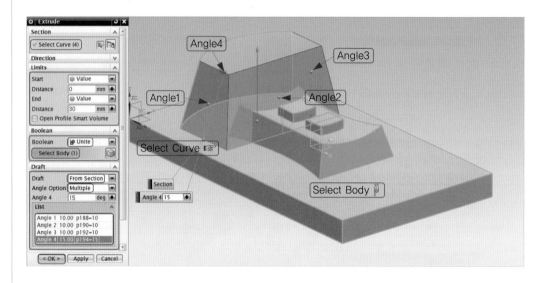

⑧ ▶▶ Sweep Along Guide(가이드를 따라 스위핑)하기

01 >> 그림처럼 '제2데이텀 좌표계' XZ 평면에서 교차 곡선과 점을 작도, 구속 조건은 곡선상의 점으로 구속하고 치수를 입력한다.

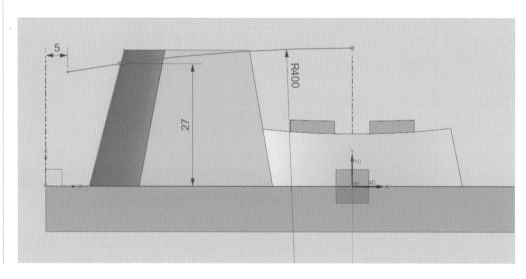

02 >> 그림처럼 '제2데이텀 좌표계' YZ 평면에 스케치하고 이전에 생성한 가이드 곡선의 끝점에 단면 곡선을 곡선상의 점으로 구속하고, 단면 곡선에 원호의 중심점을 형상의 중심축(Z축) 선상의 점 구속하고 치수를 입력한다.

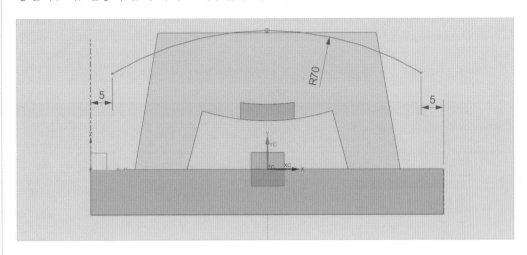

03 >> Surface → Surface → More▼ → Sweep → Sweep Along Guide(가이드를 따라 스위핑) → Section → Select Curve → Guide → Select Curve → Offsets →

First Offset 0   → Boolean → Subtract(빼기) → Select Body → OK
Second Offset 7

Note Sweep Along Guide(가이드를 따라 스위핑)로 생성된 서피스 곡면에 Offset을 적용하여 이전에 생성한 솔리드 바디의 상부를 Subtract(빼기)한다.

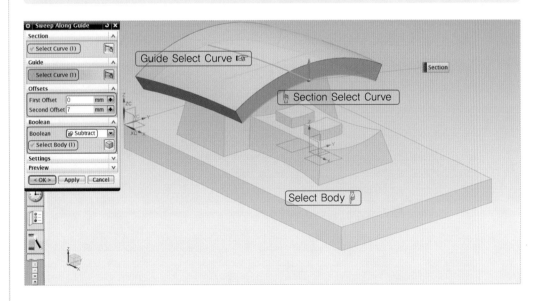

⑨ ▶▶ 회전 모델링하기

01 >> 그림처럼 YZ 평면에서 거리 33인 스케치 평면을 생성하여 Home → Curve → ⊕Ellipse(타원) → Center → Specify Point → Major Radius → Major Radius 20 → Minor Radius → Minor Radius 8 → OK

Note 타원은 구속 조건이 1개 부족한 상태가 되면 완전 구속된다.

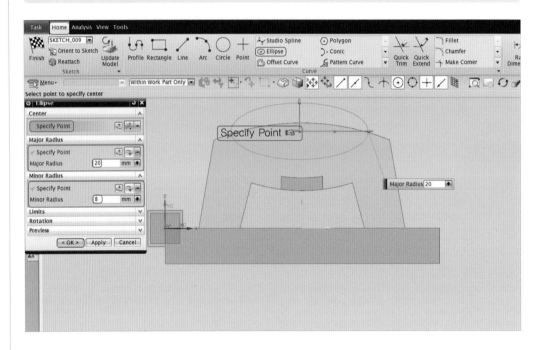

02 >> 스케치하고 구속 조건은 곡선상의 점으로 구속, 치수를 입력한다.

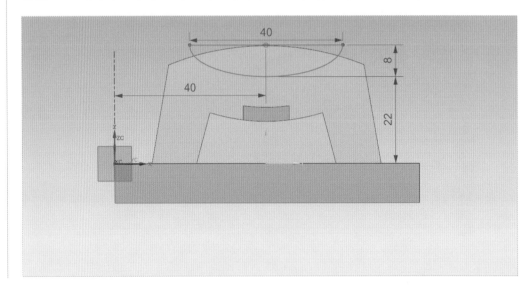

03 >> 🔧 Revolve(회전) → Section → Select Curve → Axis → Specify Vector → Lim-

its → | Start : Value → Angle 0 | → Boolean → 🔧Subtract(빼기) → Select Body → OK
       | End : Value → Angle 360 |

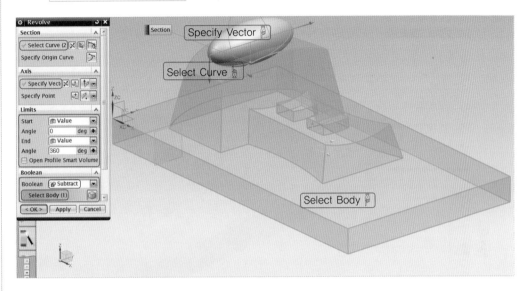

⑩ ▶▶ **Mirror Feature(대칭 특징 형상)하기**

01 >> Home → Feature → More▼ → Associative Copy(연관 복사) → 🔧Mirror
Feature(대칭 특징 형상)

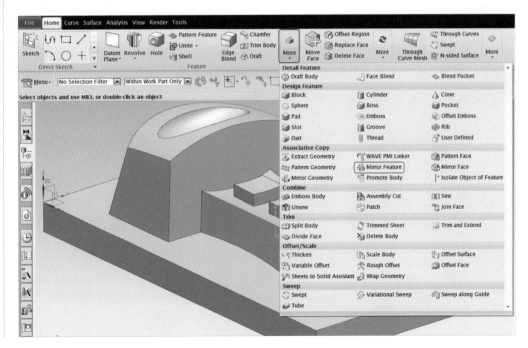

02 >> Features to Mirror → Select Feature → Mirror Plane → Plane → New Plane → Specify Plane('제2데이텀 좌표계' YZ) → OK

Note 그림처럼 특징 형상(돌출. 회전, 가이드를 따라 스위핑) 3개의 개체를 선택하여 대칭한다.

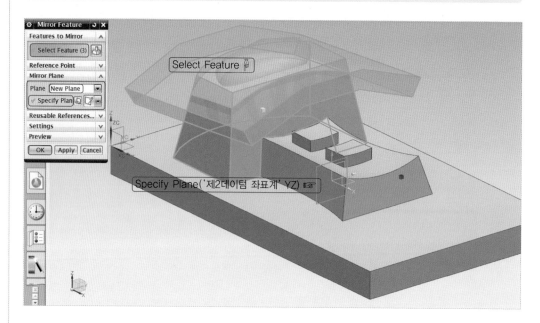

(11) ▶▶ Edge Blend(모서리 블렌드) 모델링하기

01 >> Home → Feature → ▣Edge Blend(모서리 블렌드) → Edge to Blend → Select Edge → Radius 5 → Apply

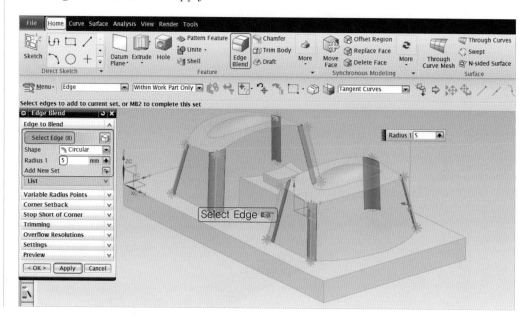

02 >> Edge to Blend → Select Edge → Radius 2 → Apply

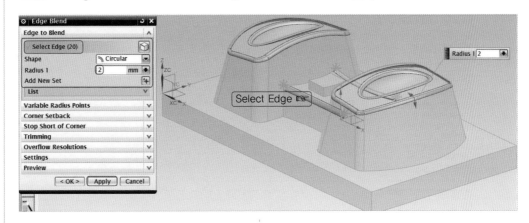

03 >> Edge to Blend → Select Edge → Radius 2 → Apply

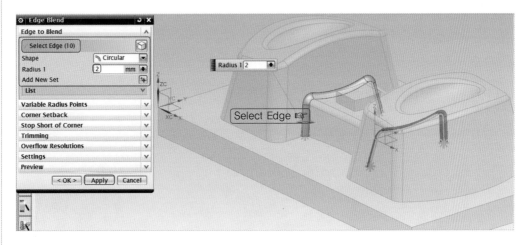

04 >> Edge to Blend → Select Edge → Radius 1 → Apply

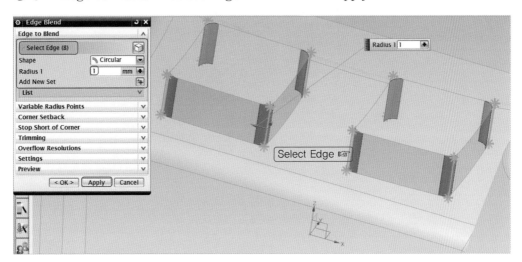

05 >> Edge to Blend → Select Edge → Radius 1 → OK

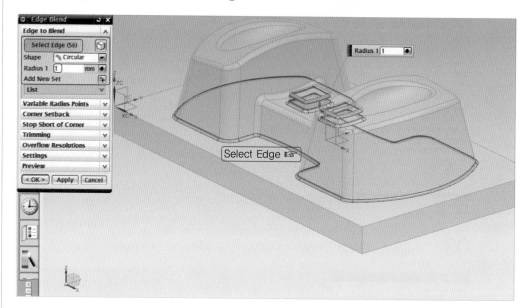

(12) ▶▶ 완성된 모델링

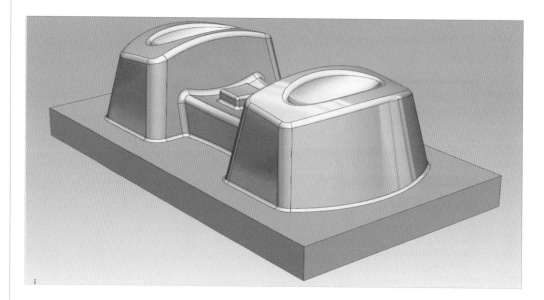

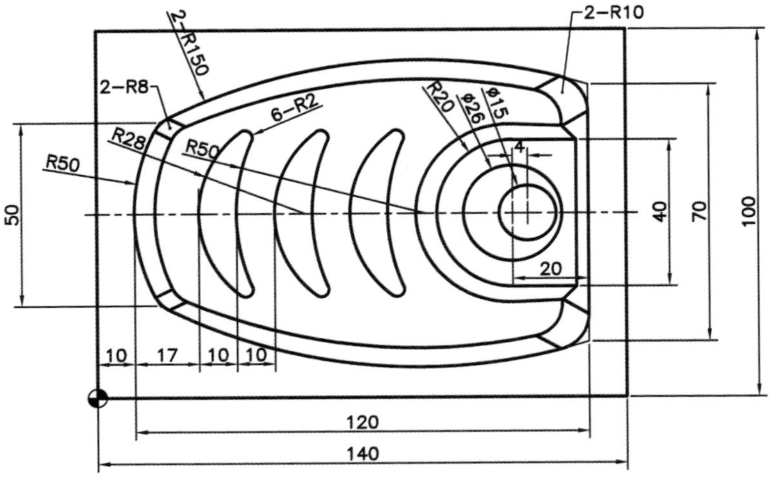

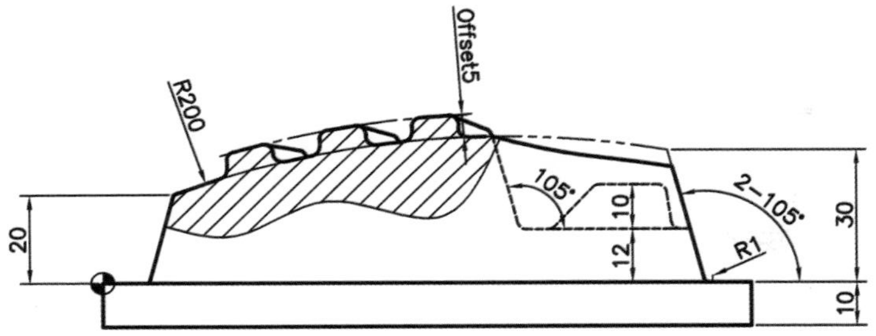

2D필렛(가)과 3D필렛(나)의 구분 예

(가)

(나)

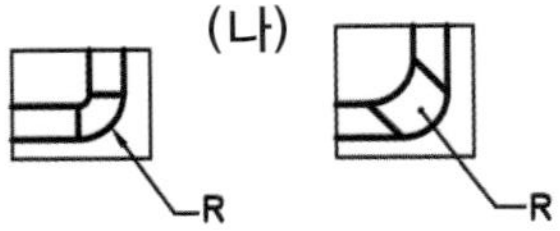

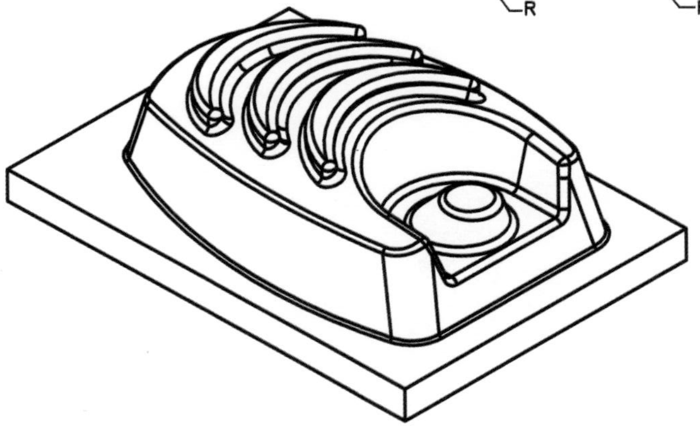

도시되고 지시 없는 모든 필렛=R2

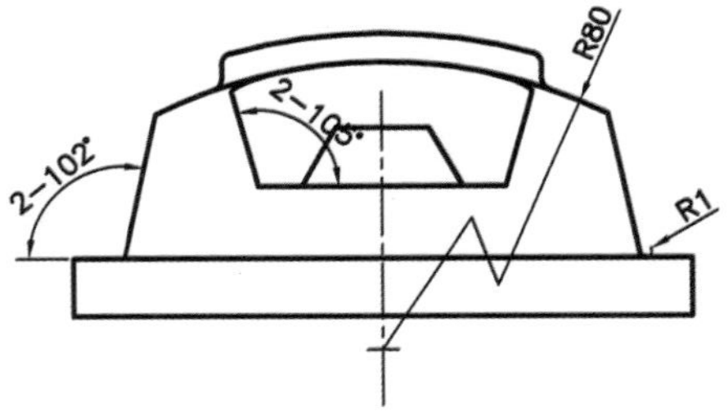

9 형상 모델링 9

① ▶▶ 베이스 블록 모델링하기

01 >> 그림처럼 XY 평면에 스케치하고 구속 조건은 동일 직선상으로 구속, 치수를 입력한다.

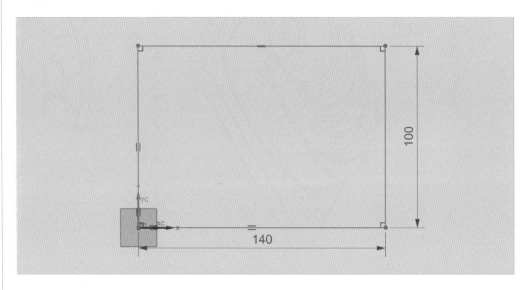

02 >> Extrude(돌출) → Section → Select Curve → Limits →

Start : Value → Distance 0	→ OK
End : Value → Distance 10	

Note Curve(곡선)를 선택하고 벡터 방향을 아래쪽으로 ☒Reverse Direction(방향 반전)한다.

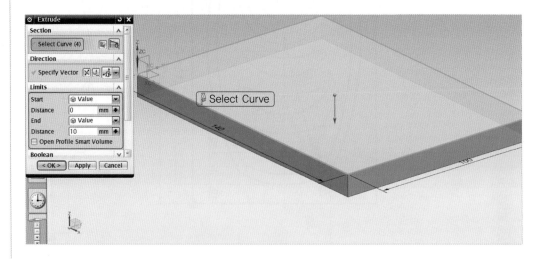

② ▶▶ **데이텀 좌표계 생성 '제2데이텀 좌표계'**

Home → Feature → Datum Plane▼ → 🐼Datum CSYS(데이텀 좌표계) → Manipulator → Specify Orientation → Manipulator → Coordinates(좌표) → X 70 → Y 50 → Z 0 → OK

> Note 모델링할 때 편리성을 주기 위해 🐼Datum CSYS의 명령어로 데이텀 좌표계를 생성한다.

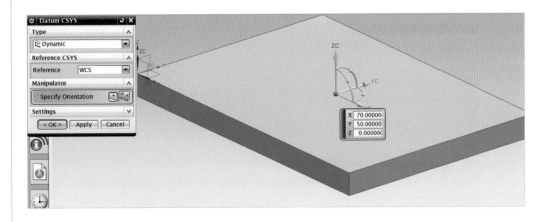

③ ▶▶ **복수 구배 돌출 모델링하기**

01 ≫ 그림처럼 '제2데이텀 좌표계' XY 평면에 스케치하여 구속 조건은 원호의 중심점을 X축에 곡선상의 점으로 구속, 치수를 입력하고 원호를 X축을 중심으로 Mirror Curve(대칭 복사)한다.

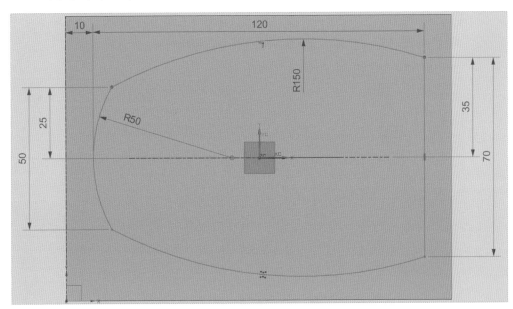

02 >> ⬛Extrude(돌출) → Section → Select Curve → Limits →

| Start : Value → Distance 0 |
| End : Value → Distance 35 |

→ Boolean → 💠Unite(결합) → Select Body → Draft

→ From Section(시작 단면) → Angle Option → Multiple → Angle1 $12°$ → Angle2 $15°$ → Angle3 $12°$ → Angle4 $15°$ → OK

Note Draft의 From Section(시작 단면)에서 각각 Angle(각도)을 입력한다. 각도는 도면 참조

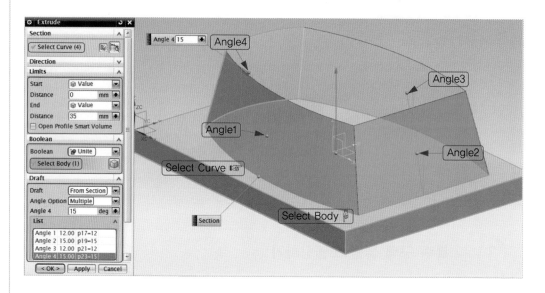

4 ▶▶ Sweep Along Guide(가이드를 따라 스위핑) 모델링하기

01 >> 그림처럼 '제2데이텀 좌표계' XZ 평면에 교차 곡선과 점을 작도하고 곡선을 스케치, 구속 조건은 곡선상의 점으로 구속, 치수를 입력한다.

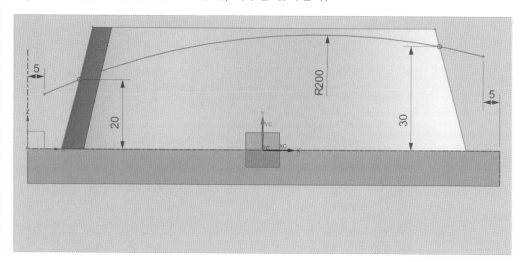

02 >> Create Sketch → Sketch Plane → Plane Method → Create Plane → Specify Plane(곡선 끝점 선택) → Sketch Orientation → Reference → Horizontal → Select Reference(모서리) → OK

Note 그림처럼 Create Plane(새 스케치)으로 Specify Plane(곡선 끝점 선택)하고, 참조로 모서리를 선택하여 스케치 면을 생성한다.

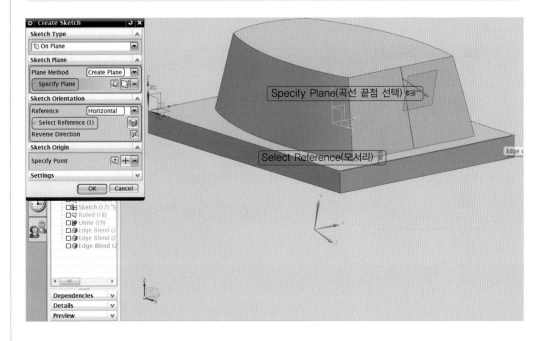

03 >> 이전에 생성한 가이드 곡선의 끝점에 단면 곡선을 곡선상의 점으로 구속하고, 단면 곡선에 원호의 중심점을 제2데이텀 좌표계의 Z축 선상의 점으로 구속하고 치수를 입력한다.

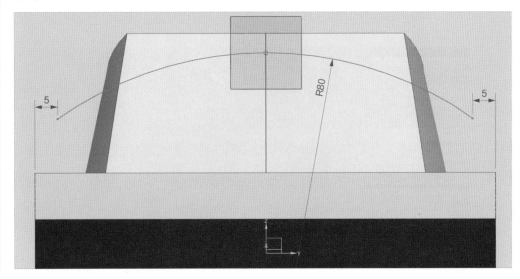

04 ≫ Surface → Surface → More▼ → Sweep → Sweep Along Guide(가이드를 따라 스위핑) → Section → Select Curve → Guide → Select Curve → Offsets →

First Offset 0
Second Offset 20

→ Boolean → Subtract(빼기) → Select Body → OK

Note Sweep Along Guide(가이드를 따라 스위핑)로 생성된 서피스 곡면에 Offset을 적용하여 이전에 생성한 솔리드 바디의 상부를 Subtract(빼기)한다.

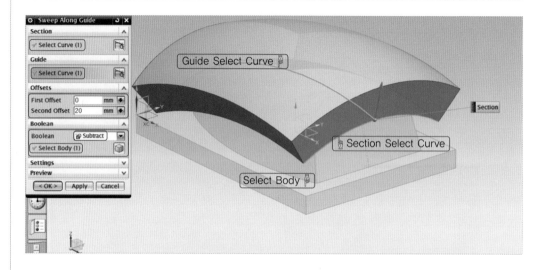

⑤ ▶▶ Offset Surface(옵셋 곡면) 모델링하기

Home → Feature → More▼ → Offset/Scale(옵셋/배율) → Offset Surface(옵셋 곡면) → Face to Offset → Select Face → Offset 5 → OK

Note 그림처럼 Face(면)를 ↑방향으로 Offset 5 한다.

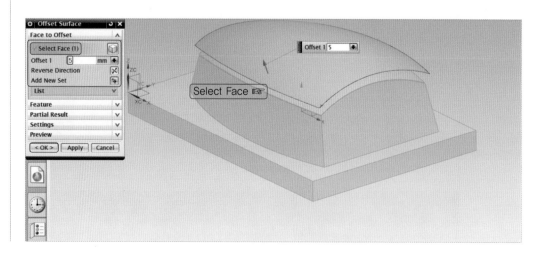

(6) ▶▶ **돌출 및 단일 구배 돌출 모델링하기**

01 ≫ 그림처럼 '제2데이텀 좌표계' XY 평면에서 스케치하여 구속 조건은 동일선상으로, 원호는 곡선상의 점으로 구속, 치수를 입력하고 곡선은 ▨Pattern Curve(패턴 곡선) 한다.

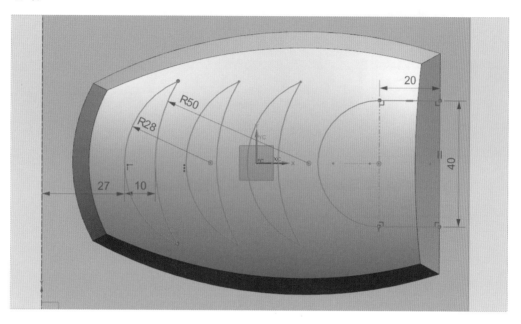

02 ≫ ▥Extrude(돌출) → Section → Select Curve → Limits →

| Start : Value → Distance 0 | → Boolean → ▣Unite(결합) → |
| End : Until Selected(선택까지) → Select Object | |

Select Body → OK

> Note End의 Until Selected를 사용하여 Select Object(옵셋 곡면)까지 돌출한다.

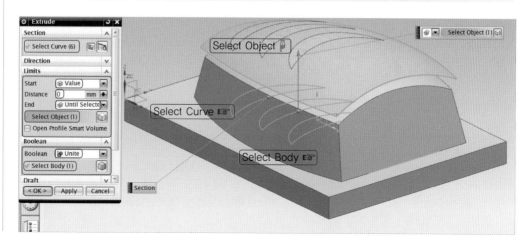

03 >> Extrude(돌출) → Section → Select Curve → Limits →

Start : Value → Distance 12 → Boolean → Subtract(빼기) → Select Body →
End : Value → Distance 35

Draft → From Start Limit(시작 한계로부터) → Angle −15° → OK

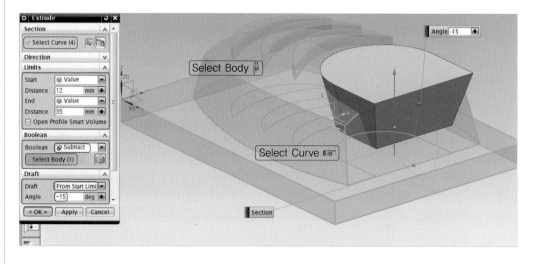

⑦ ►► Ruled 모델링하기

01 >> 그림처럼 XY 평면에서 거리 12인 스케치 평면을 생성하여 스케치하고 구속 조건은 동심원으로 구속하고 치수를 입력한다.

Note 20은 참조 치수이다. 참조 치수를 입력하면 과잉 구속된다.

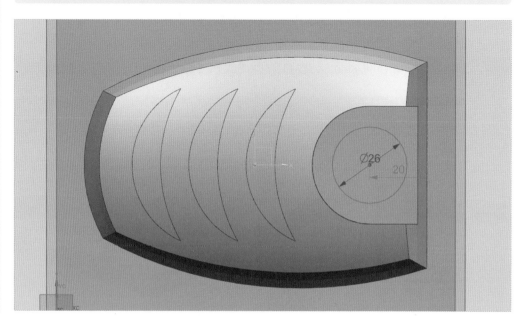

02 >> 그림처럼 XY 평면에서 거리 22인 스케치 평면을 생성하여 스케치하고 구속 조건
은 곡선상의 점으로 구속하고 치수를 입력한다.

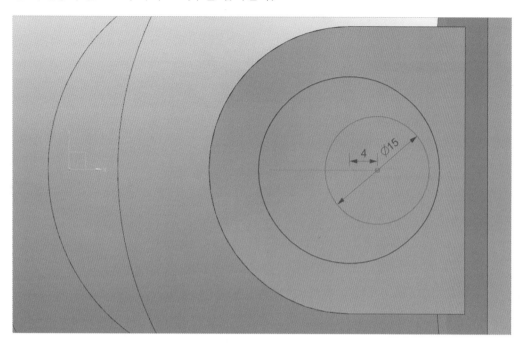

03 >> Surface → Surface → More▼ → Mesh Surface(메시 곡면) → ◪Ruled →
Section String 1 → Select Curve or Point → Section String 2 → Select Curve →
OK

Note ◪Ruled는 2개의 단면을 선택할 수 있다. 그림처럼 곡선의 벡터 방향은 같은 방향으로
한다.

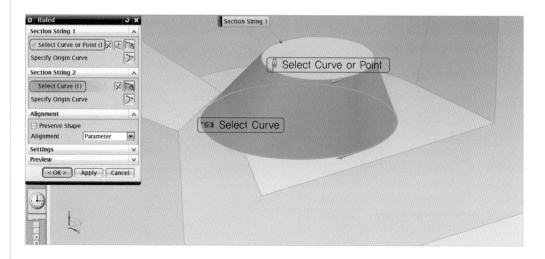

8 ▶▶ 결합하기

Home → Feature → 🔩Unite(결합) → Target → Select Body → Tool → Select Body → OK

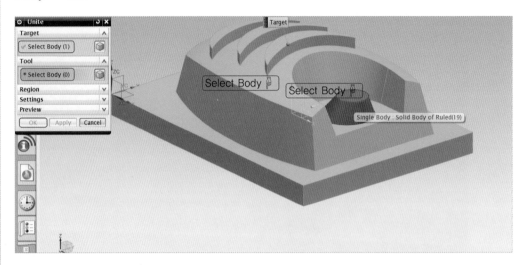

9 ▶▶ Edge Blend(모서리 블렌드) 모델링하기

01 >> Home → Feature → 🗊Edge Blend(모서리 블렌드) → Edge to Blend → Select Edge → Radius 10 → Apply

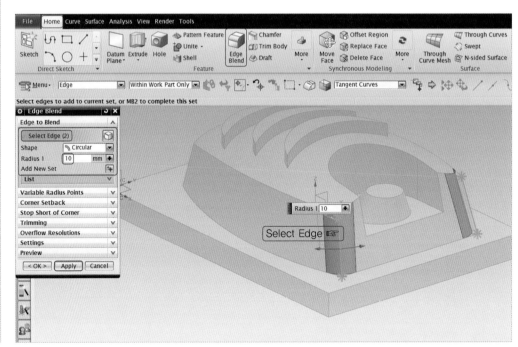

02 >> Edge to Blend → Select Edge → Radius 8 → Apply

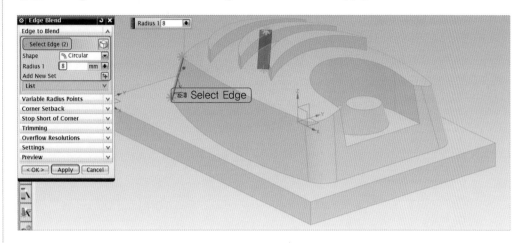

03 >> Edge to Blend → Select Edge → Radius 2 → Apply

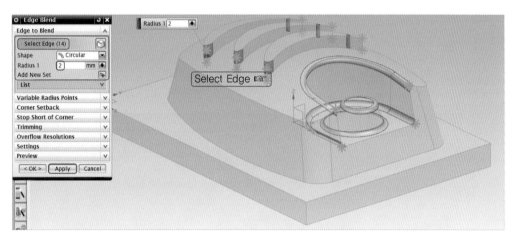

04 >> Edge to Blend → Select Edge → Radius 2 → Apply

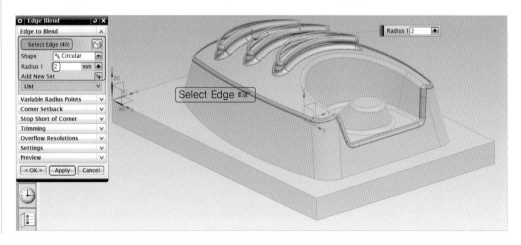

05 >> Edge to Blend → Select Edge → Radius 1 → OK

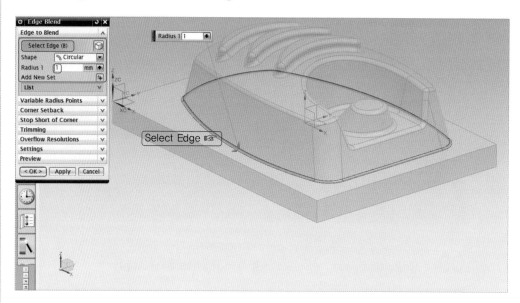

(10) ▶▶ **완성된 모델링**

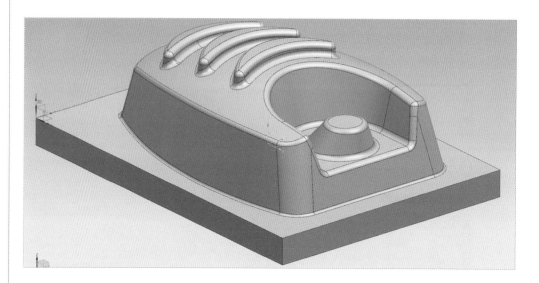

형상 모델링 10

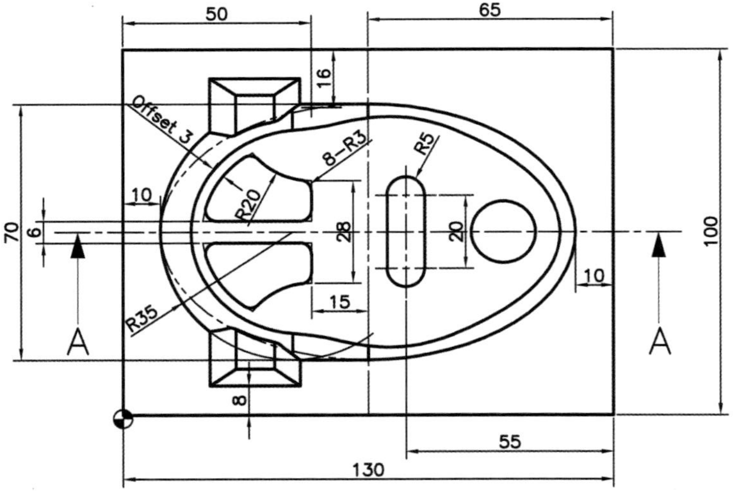

2D필렛(가)과 3D필렛(나)의 구분 예

(가) (나)

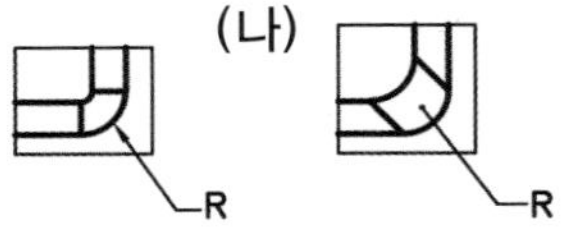

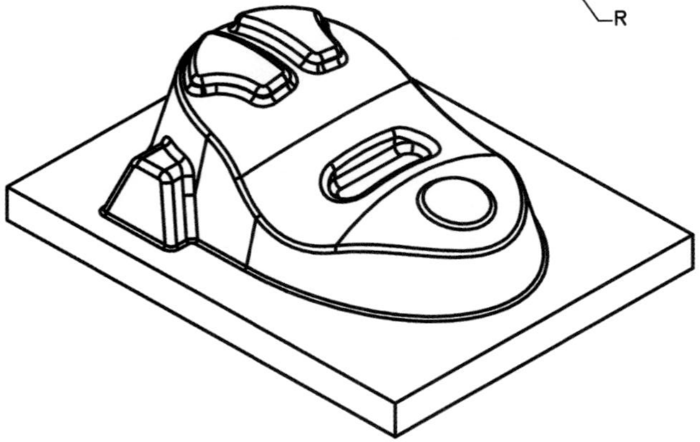

도시되고 지시 없는 모든 필렛=R2

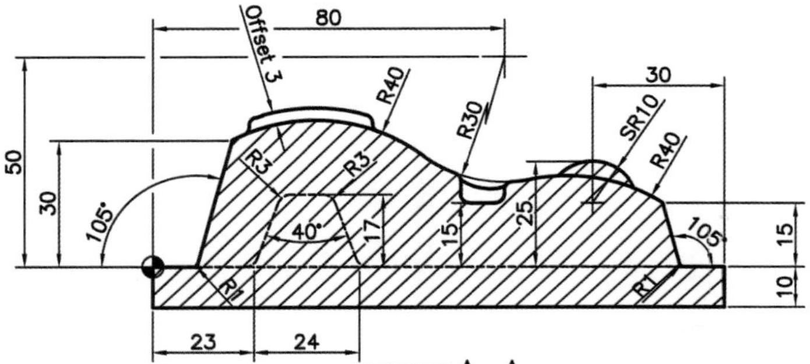

SECTION A−A

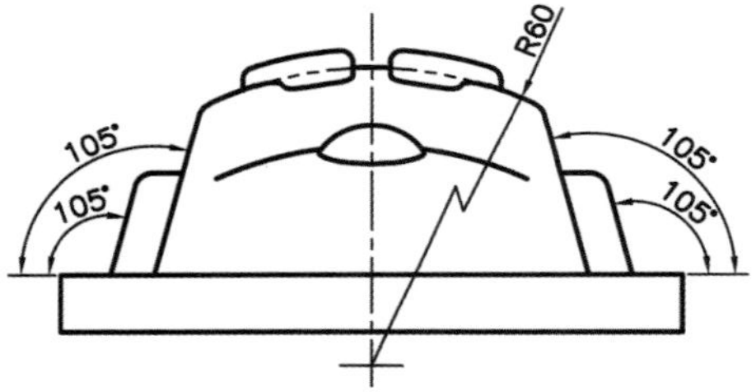

10 형상 모델링 10

① ▶▶ 베이스 블록 모델링하기

01 ≫ 그림처럼 XY 평면에 스케치하고 구속 조건은 동일 직선상으로 구속, 치수를 입력한다.

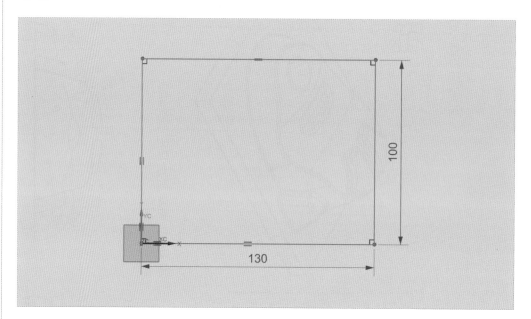

02 ≫ ▣Extrude(돌출) → Section → Select Curve → Limits →

| Start : Value → Distance 0 | → OK |
| End : Value → Distance 10 | |

Note Curve(곡선)를 선택하고 벡터 방향을 아래쪽으로 ☒Reverse Direction(방향 반전)한다.

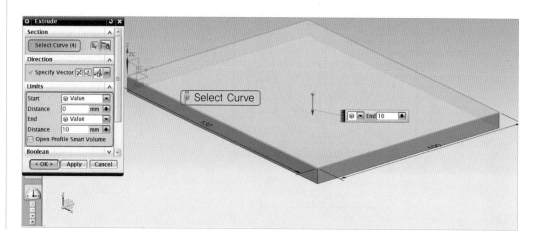

2 ▶▶ 데이텀 좌표계 생성 '제2데이텀 좌표계'

Home → Feature → Datum Plane▼ → ⬡ Datum CSYS(데이텀 좌표계) → Manipu-
lator → Specify Orientation → Manipulator → Coordinates(좌표) → X 65 → Y 50
→ Z 0 → OK

> Note   모델링할 때 편리성을 주기 위해 Datum CSYS의 명령어로 데이텀 좌표계를 생성한다.

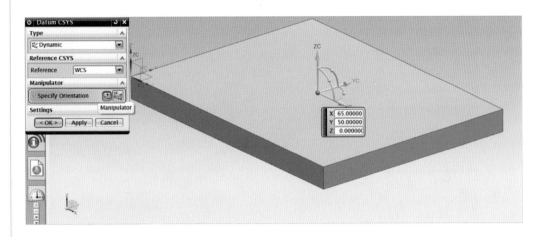

3 ▶▶ 돌출 모델링하기

01 ≫ 그림처럼 '제2데이텀 좌표계' XY 평면에 스케치하여 구속 조건은 접선, 곡선상의
점으로 구속, 치수를 입력한다.

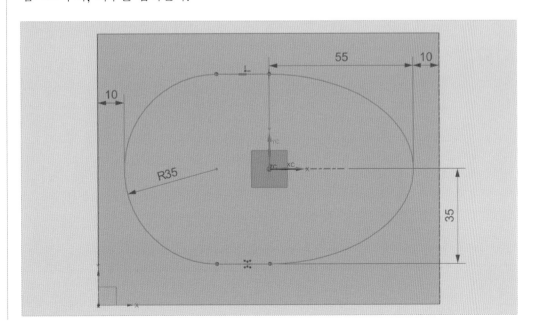

02 >> ◫Extrude(돌출) → Section → Select Curve → Limits →

| Start : Value → Distance 0 | → Boolean → ▣Unite(결합) → Select Body → Draft
| End : Value → Distance 35 |

→ From Start Limit(시작 한계로부터) → Angle 15° → OK

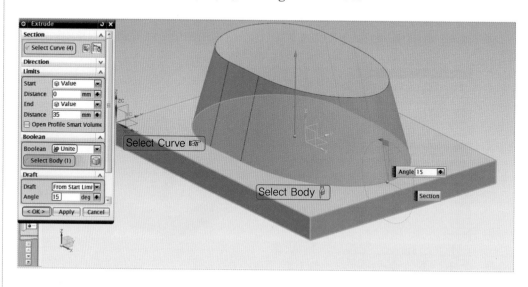

④ ▶▶ Sweep Along Guide(가이드를 따라 스위핑)하기

01 >> 그림처럼 '제2데이텀 좌표계' XZ 평면에 교차 곡선과 점을 작도하고 곡선을 스케치, 구속 조건은 곡선상의 점, 접점으로 구속, 치수를 입력한다.

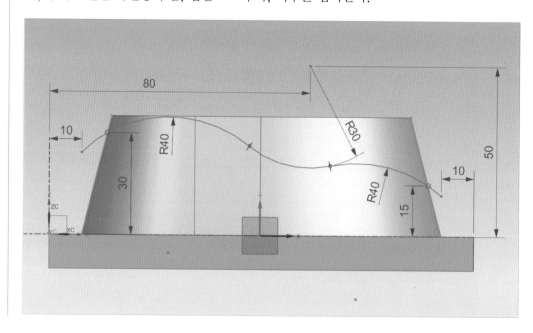

02 >> Create Sketch → Sketch Plane → Plane Method → Create Plane → Specify Plane(곡선 끝점 선택) → Sketch Orientation → Reference → Horizontal → Select Reference(모서리) → OK

> **Note** 그림처럼 Create Plane(새 스케치)으로 Specify Plane(곡선 끝점 선택)하고, 참조로 모서리를 선택하여 스케치 면을 생성한다.

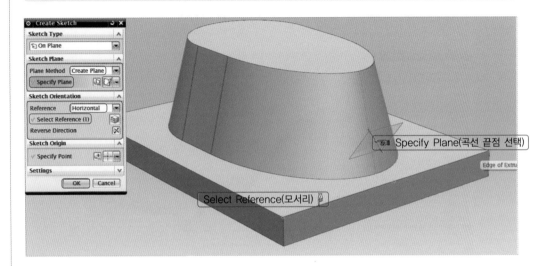

03 >> 이전에 생성한 가이드 곡선의 끝점에 단면 곡선을 곡선상의 점으로 구속하고, 단면 곡선에 원호의 중심점을 제2데이텀 좌표계의 Z축 선상의 점으로 구속하고 치수를 입력한다.

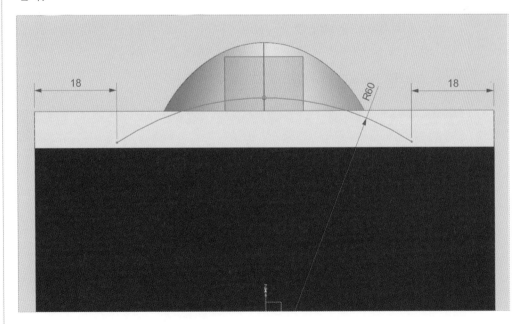

04 >> Surface → Surface → More▼ → Sweep → 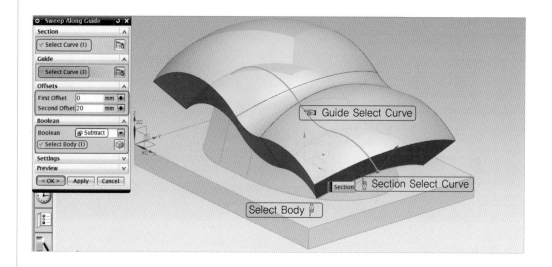Sweep Along Guide(가이드를 따라 스위핑) → Section → Select Curve → Guide → Select Curve → Offsets

First Offset 0
Second Offset 20

→ Boolean → Subtract(빼기) → Select Body → OK

Note Sweep Along Guide(가이드를 따라 스위핑)로 생성된 서피스 곡면에 Offset을 적용하여 이전에 생성한 솔리드 바디의 상부를 Subtract(빼기)한다.

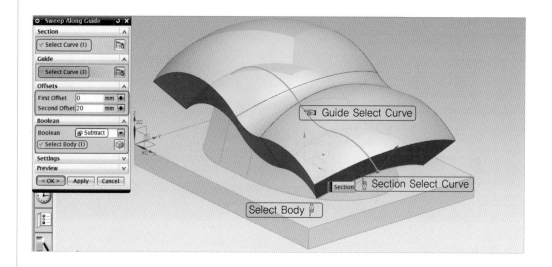

---

⑤ ▶▶ Offset Surface(옵셋 곡면) 모델링하기

Home → Feature → More▼ → Offset/Scale(옵셋/배율) → Offset Surface(옵셋 곡면) → Face to Offset → Select Face → Offset 3 → OK

Note 그림처럼 Face(면)를 ↑방향으로 Offset 3 한다.

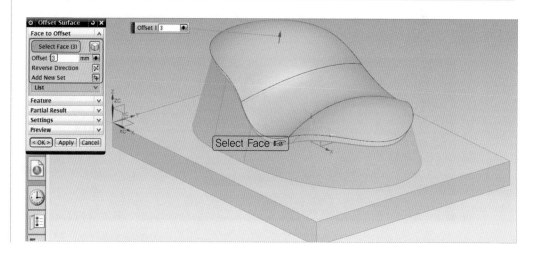

6 ▶▶ 돌출 모델링하기

01 >> 그림처럼 '제2데이텀 좌표계' XY 평면에 모서리를 옵셋 3 하여 스케치하고 치수를 입력하여 X축을 기준으로 대칭한다.

> **Note** 14는 참조 치수이다. 참조 치수를 입력하면 과잉 구속된다.

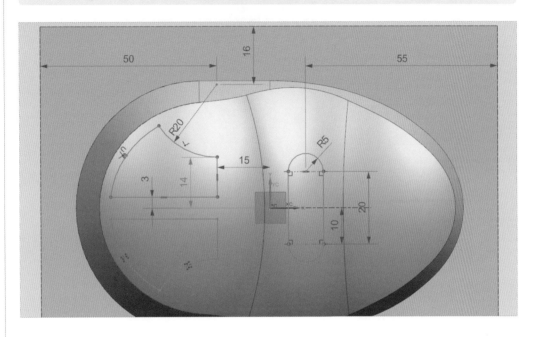

02 >> ▥Extrude(돌출) → Section → Select Curve → Limits →

Start : Value → Distance 0	→ Boolean → ▣Unite(결합) →
End : Until Selected(선택까지) → Select Object	

Select Body → OK

> **Note** End의 Until Selected를 사용하여 Select Object(옵셋 곡면)까지 돌출한다.

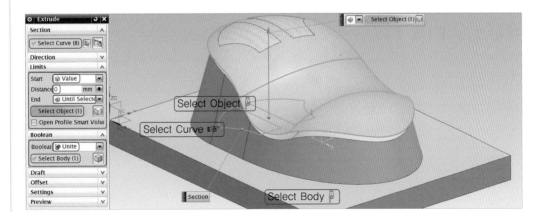

03 ›› ▥Extrude(돌출) → Section → Select Curve → Limits →
Start : Value → Distance 15 → Boolean → ▣Subtract(빼기) → Select Body →
End : Value → Distance 23

OK

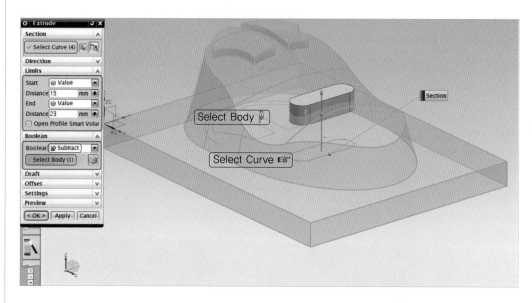

7 ▶▶ 돌출 모델링하기

01 ›› 그림처럼 '제2데이텀 좌표계' XZ 평면에 스케치하고 구속 조건은 동일 직선상으로 구속하고 치수를 입력한다.

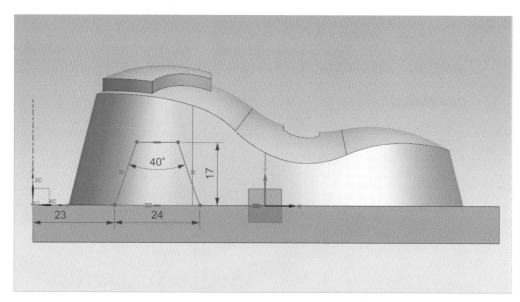

02 >> ▣Extrude(돌출) → Section → Select Curve → Limits →

| End : Symmetric Value(대칭값) → Boolean → ▣Unite(결합) → Select Body → |
| Distance 42 |

OK

Note End(끝점)의 Symmetric Value를 선택하여 스케치 평면을 기준으로 대칭 돌출한다.

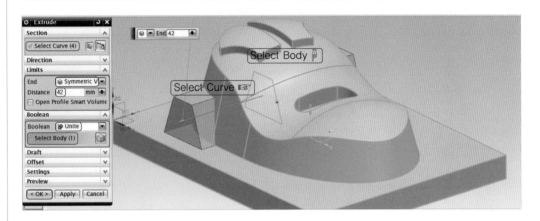

(8) ▶▶ Draft(구배)하기

Home → Feature → ▣Draft(구배) → Draft References → Draft Method → Stationary Face → Select Stationary Face → Faces to Draft → Select Face → Angle 15° → OK

Note 양쪽 Face를 선택하고, Angle 15° 구배를 한다.

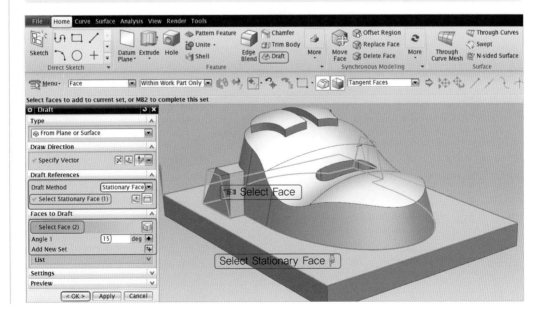

9 ▶▶ Sphere(구) 모델링하기

01 >> 그림처럼 '제2데이텀 좌표계' XZ 평면에 스케치하고 치수를 입력한다.

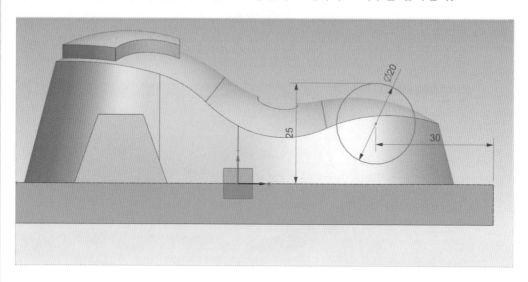

02 >> Home → Feature → More▼ → Design Feature(특징 형상 설계) → ◉ Sphere(구) → Type → Arc(원호) → Select Arc → Boolean → ⊕ Unite(결합) → Select Body → OK

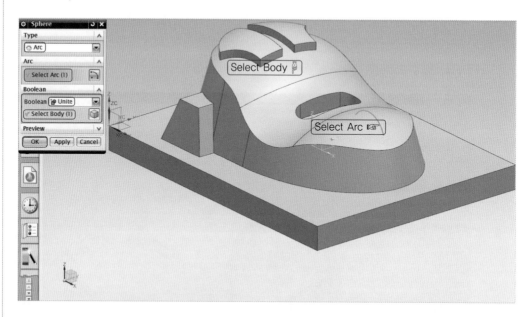

10 ▶▶ Edge Blend(모서리 블렌드) 모델링하기

01 >> Home → Feature → ▧Edge Blend(모서리 블렌드) → Edge to Blend → Select Edge → Radius 3 → Apply

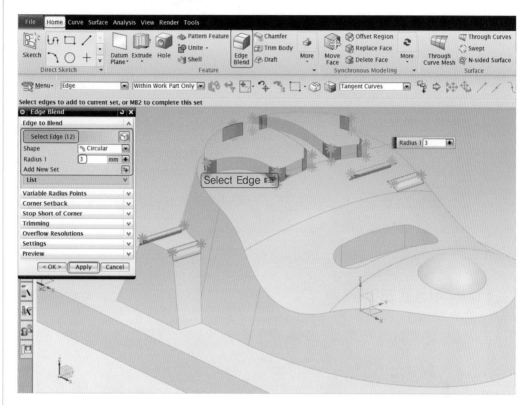

02 >> Edge to Blend → Select Edge → Radius 2 → Apply

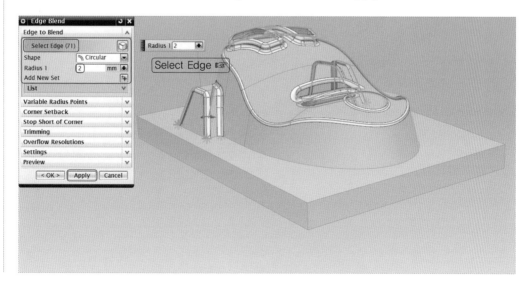

03 >> Edge to Blend → Select Edge → Radius 1 → OK

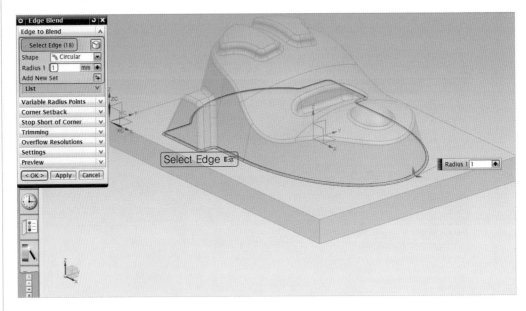

(11) ▶▶ **완성된 모델링**

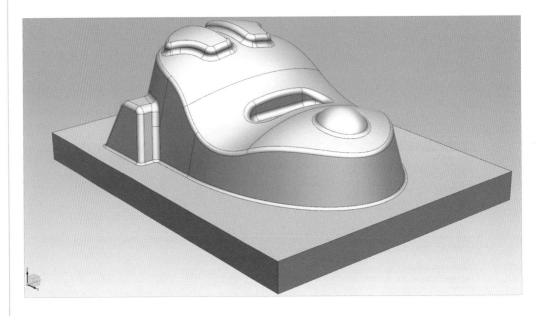

2D필렛(가)과 3D필렛(나)의 구분 예

도시되고 지시 없는 모든 필렛 R=1

SECTION A-A

형상 모델링 11

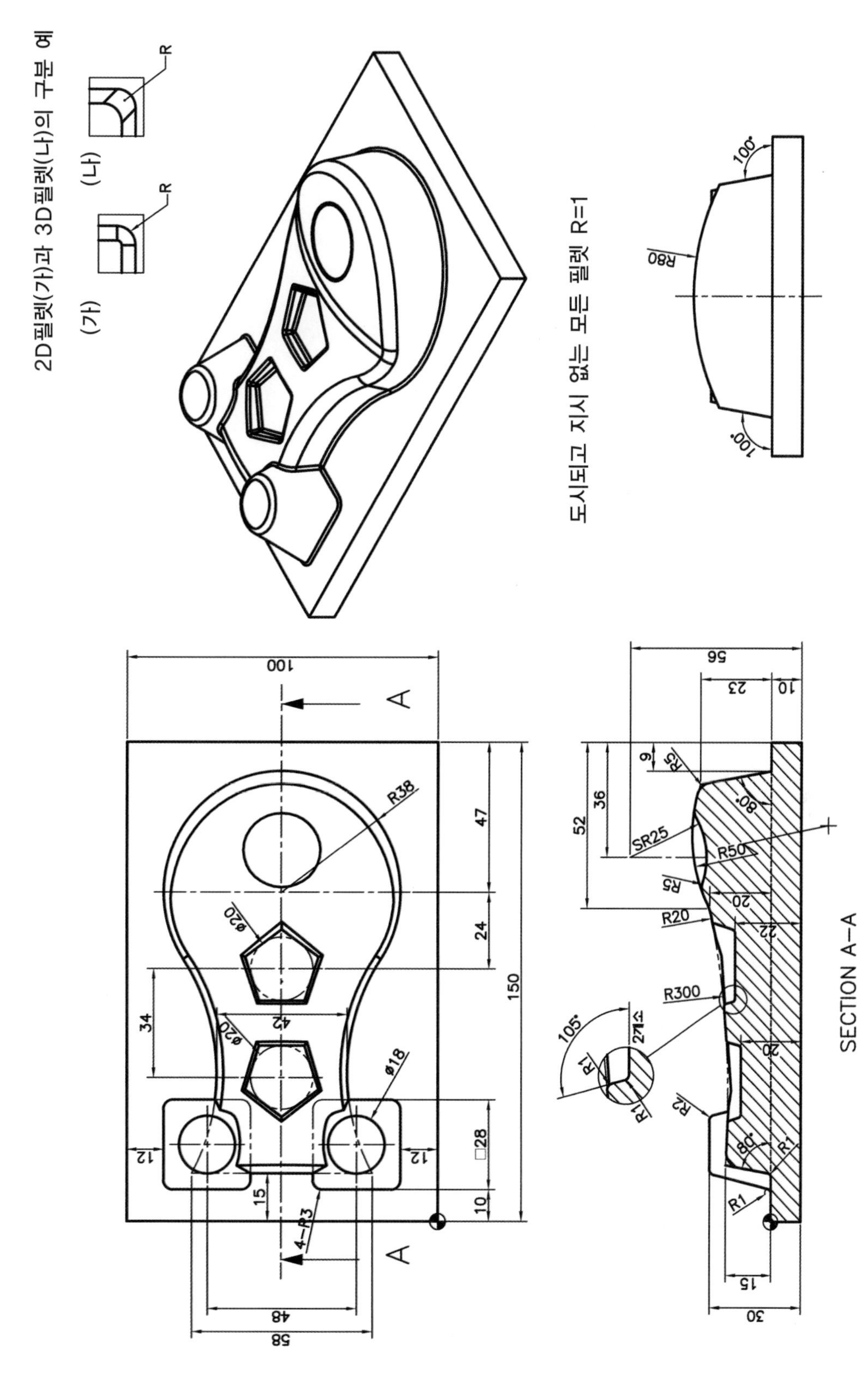

11

형상 모델링 11

① ▶▶ 베이스 블록 모델링하기

01 >> 그림처럼 XY 평면에 스케치하고 구속 조건은 동일 직선상으로 구속, 치수를 입력한다.

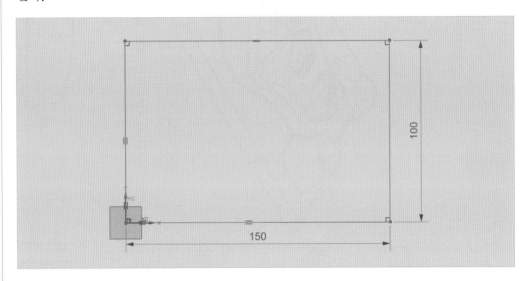

02 >> ▦Extrude(돌출) → Section → Select Curve → Limits →

Start : Value → Distance 0	→ OK
End : Value → Distance 10	

Note Curve(곡선)를 선택하고 벡터 방향을 아래쪽으로 ☒Reverse Direction(방향 반전)한다.

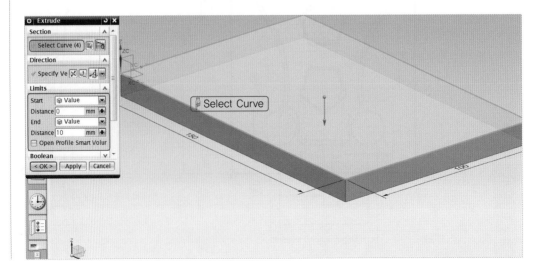

② ▶▶ 데이텀 좌표계 생성 '제2데이텀 좌표계'

Home → Feature → Datum Plane▼ → 📐Datum CSYS(데이텀 좌표계) → Manipulator → Specify Orientation → Manipulator → Coordinates(좌표) → X 75 → Y 50 → Z 0 → OK

Note 모델링할 때 편리성을 주기 위해 📐Datum CSYS의 명령어로 데이텀 좌표계를 생성한다.

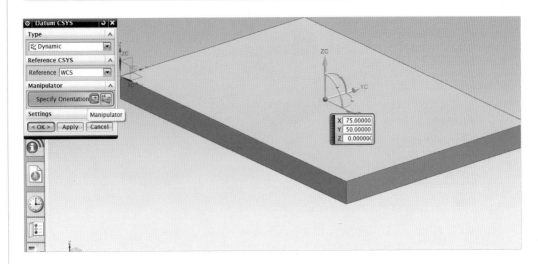

③ ▶▶ 단일 구배 돌출 모델링하기

01 >> 그림처럼 '제2데이텀 좌표계' XY 평면에 스케치하여 구속 조건은 접점, 원호를 X축에 곡선상의 점으로 구속, 치수를 입력한다. 원호를 X축을 중심으로 Mirror Curve(대칭 복사)한다.

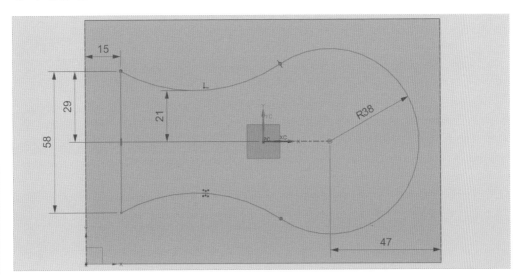

02 >> ▥Extrude(돌출) → Section → Select Curve → Limits →

| Start : Value → Distance 0 |
| End : Value → Distance 26 |

→ Boolean → ▣Unite(결합) → Select Body → Draft

→ From Start Limit(시작 한계로부터) → Angle 10° → OK

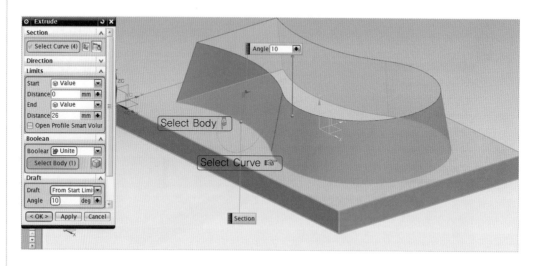

---

④ ▶▶ **Sweep Along Guide(가이드를 따라 스위핑) 모델링하기**

01 >> 그림처럼 '제2데이텀 좌표계' XZ 평면에 교차 곡선과 점을 작도하고 곡선을 스케치, 구속 조건은 곡선상의 점으로 구속, 치수를 입력한다.

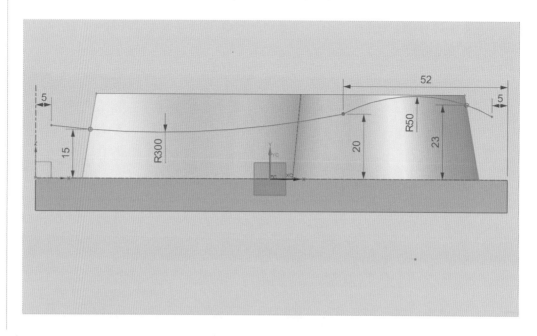

02 >> Create Sketch → Sketch Plane → Plane Method → Create Plane → Specify Plane(곡선 끝점 선택) → Sketch Orientation → Reference → Horizontal → Select Reference(모서리) → OK

Note 그림처럼 Create Plane(새 스케치)으로 Specify Plane(곡선 끝점 선택)하고, 참조로 모서리를 선택하여 스케치 면을 생성한다.

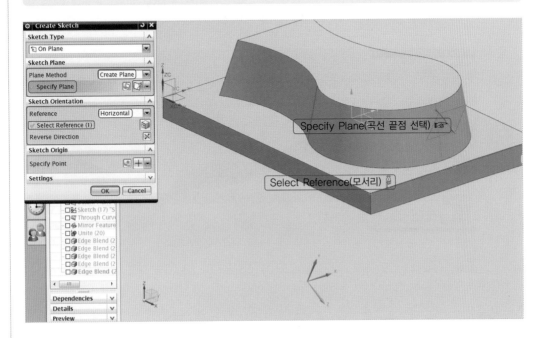

03 >> 이전에 생성한 가이드 곡선의 끝점에 단면 곡선을 곡선상의 점으로 구속하고, 단면 곡선에 원호의 중심점을 제2데이텀 좌표계의 Z축 선상의 점으로 구속하고 치수를 입력한다.

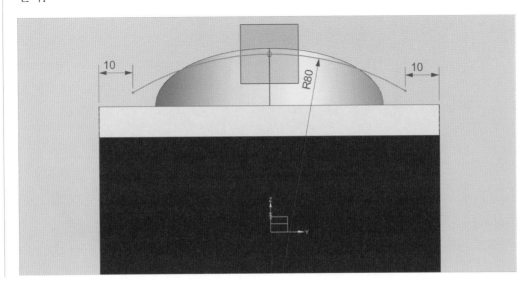

04 >> Surface → Surface → More▼ → Sweep → 🏠Sweep Along Guide(가이드를 따라 스위핑) → Section → Select Curve → Guide → Select Curve → Offsets →

| First Offset 0 | → Boolean → 🗗Subtract(빼기) → Select Body → OK |
| Second Offset 15 | |

Note 🏠Sweep Along Guide(가이드를 따라 스위핑)로 생성된 서피스 곡면에 Offset을 적용하여 이전에 생성한 솔리드 바디의 상부를 🗗Subtract(빼기)한다.

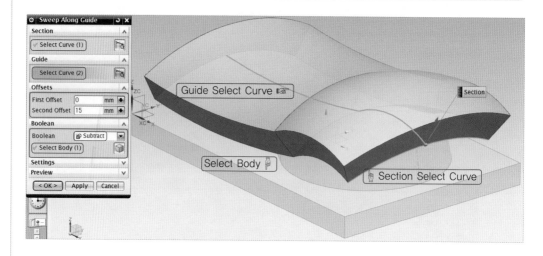

5 ▶▶ 돌출 모델링하기

01 >> 그림처럼 '제2데이텀 좌표계' XY 평면에 스케치하여 구속 조건은 수직, 원호 중심점을 X축에 곡선상의 점으로 구속, 치수를 입력한다.

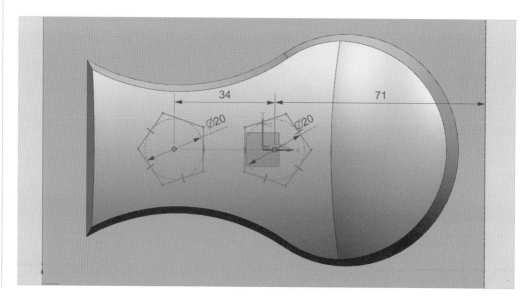

02 >> 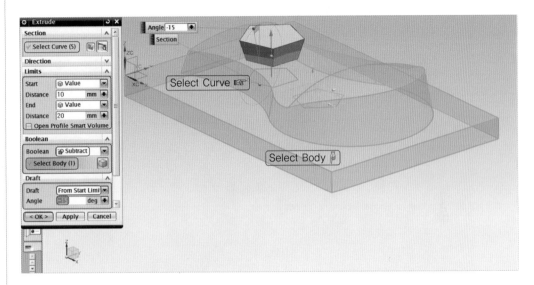Extrude(돌출) → Section → Select Curve → Limits →

Start : Value → Distance 10   → Boolean → Subtract(빼기) → Select Body →
End : Value → Distance 20

Draft → From Start Limit(시작 한계로부터) → Angle −15° → OK

03 >> 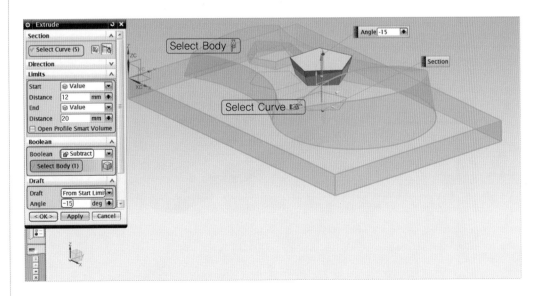Extrude(돌출) → Section → Select Curve → Limits →

Start : Value → Distance 12   → Boolean → 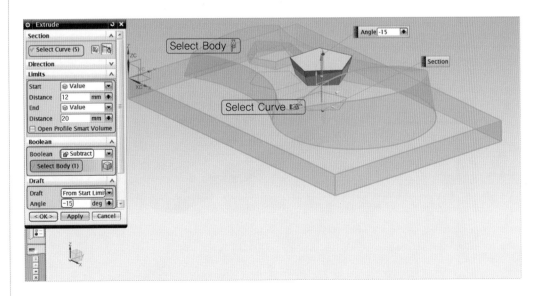Subtract(빼기) → Select Body →
End : Value → Distance 20

Draft → From Start Limit(시작 한계로부터) → Angle −15° → OK

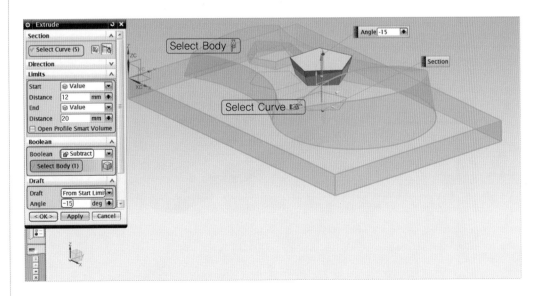

⑥ ▶▶ Sphere(구) 모델링하기

01 ≫ '제2데이텀 좌표계' XZ 평면에 스케치하고 치수를 입력한다.

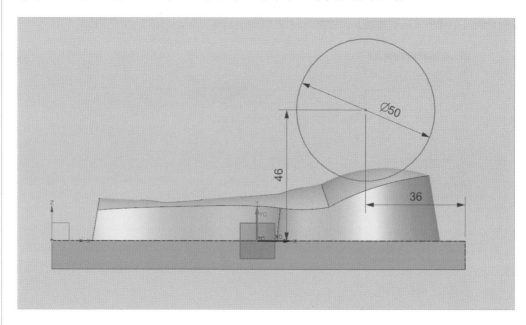

02 ≫ Home → Feature → More▼ → Design Feature(특징 형상 설계) → 🔘
Sphere(구) → Type → Arc(원호) → Select Arc → Boolean → 🔁Subtract(빼기) →
Select Body → OK

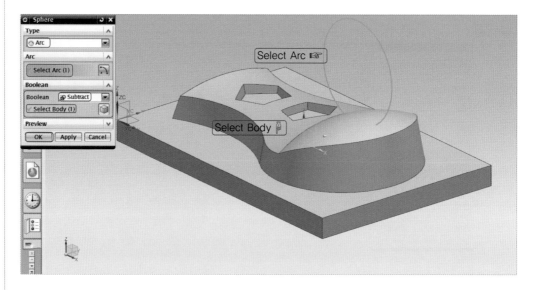

7 ▶▶ Through Curves(곡선 통과) 모델링하기

01 ⟫ 그림처럼 '제2데이텀 좌표계' XY에 스케치하고 치수를 입력한다. R3은 같은 원호 구속

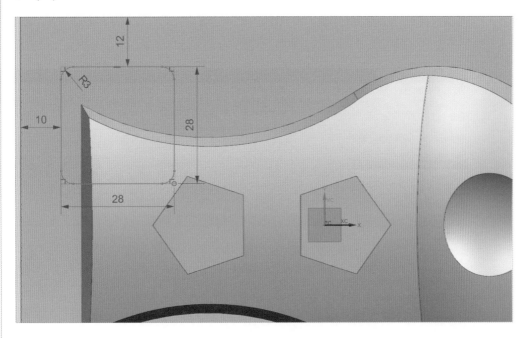

02 ⟫ 그림처럼 XY 평면에서 거리 20인 스케치 평면을 생성하여 스케치하고 치수를 입력한다.

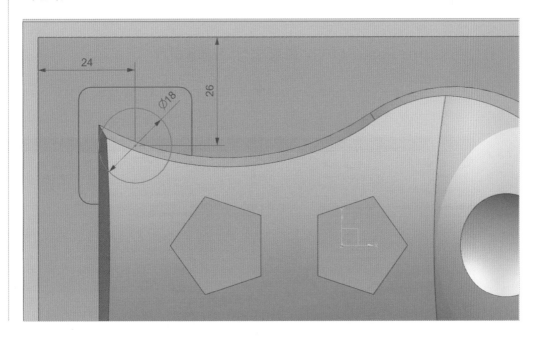

03 >> Surface → Surface → 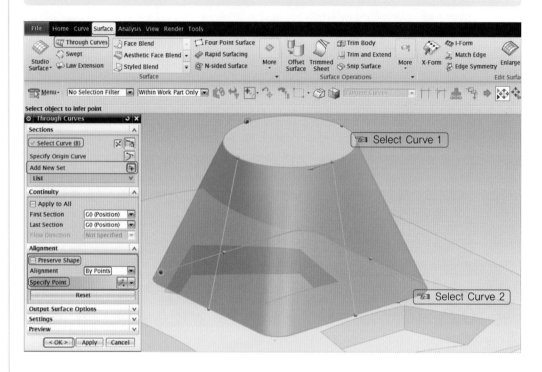Through Curves(곡선 통과) → Sections → Select Curve 1 → Add New Set → Select Curve 2 → Alignment → □Preserve Shape(□ 체크 해제) → Alignment → By Points(점으로) → Specify Point → OK

Note 그림처럼 Through Curves(곡선 통과)에서 By Points(점으로)를 선택하여 원은 사분 점을 사각은 직선의 중간점을 각각 지정(네 번째 사분점과 중간점 위치에서 클릭하면 점이 추가된 다)하고, Preserve Shape에 □체크 해제한다.

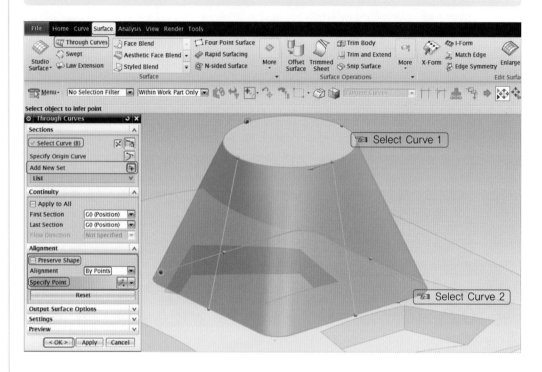

8 ▶▶ Mirror Feature(대칭 특징 형상) 모델링하기

01 >> Home → Feature → More▼ → Associative Copy(연관 복사) → 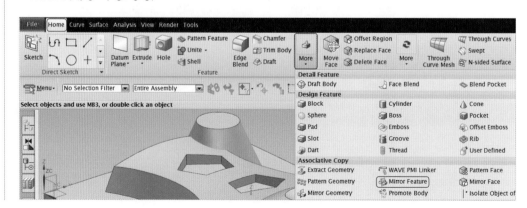Mirror Feature(대칭 특징 형상)

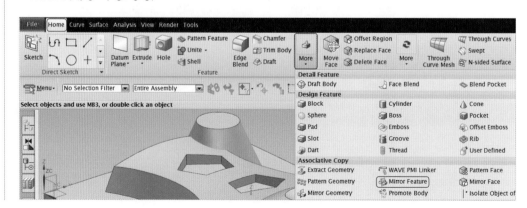

02 >> Features to Mirror → Select Feature → Mirror Plane → Plane → New Plane → Specify Plane('제2데이텀 좌표계' XZ) → OK

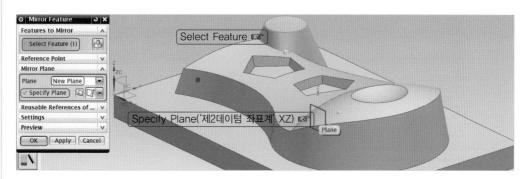

9 ▶▶ 결합하기

Home → Feature → 🗍Unite(결합) → Target → Select Body → Tool → Select Body → OK

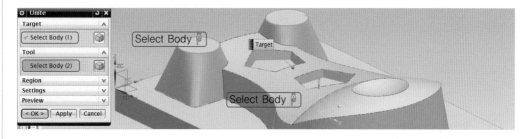

10 ▶▶ Edge Blend(모서리 블렌드) 모델링하기

01 >> Home → Feature → 🗍Edge Blend(모서리 블렌드) → Edge to Blend → Select Edge → Radius 20 → Apply

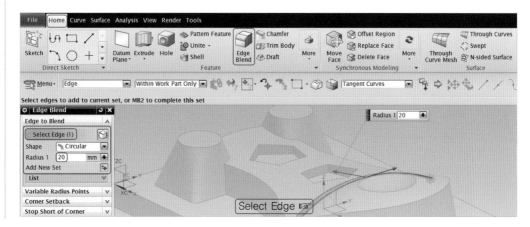

02 >> Edge to Blend → Select Edge → Radius 5 → Apply

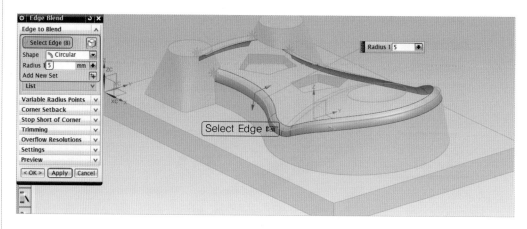

03 >> Edge to Blend → Select Edge → Radius 2 → Apply

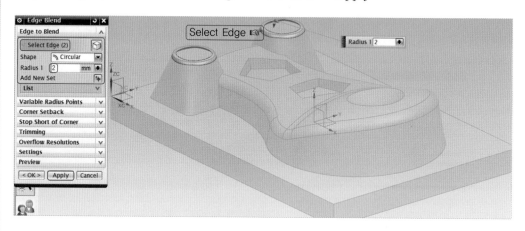

04 >> Edge to Blend → Select Edge → Radius 1 → Apply

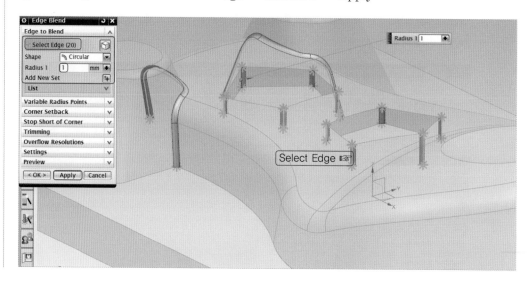

05 >> Edge to Blend → Select Edge → Radius 1 → OK

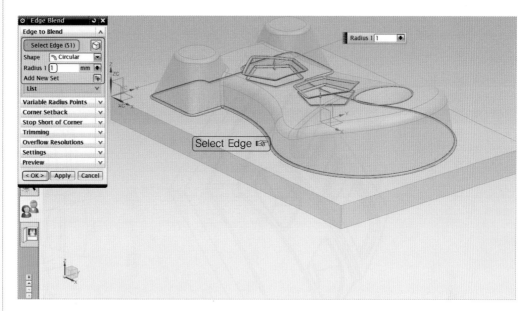

(11) ▶▶ 완성된 모델링

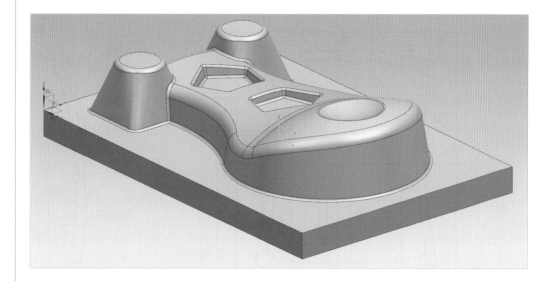

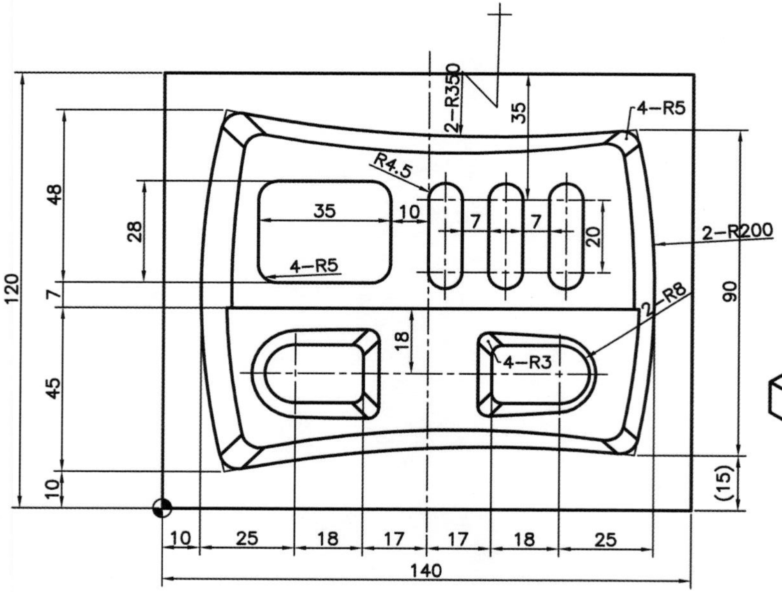

2D필렛(가)과 3D필렛(나)의 구분 예

(가)

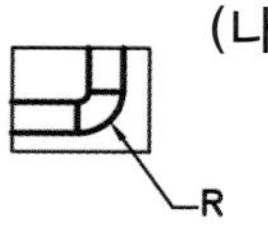

(나)

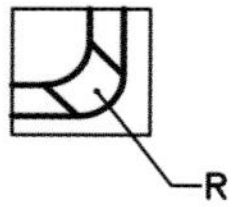

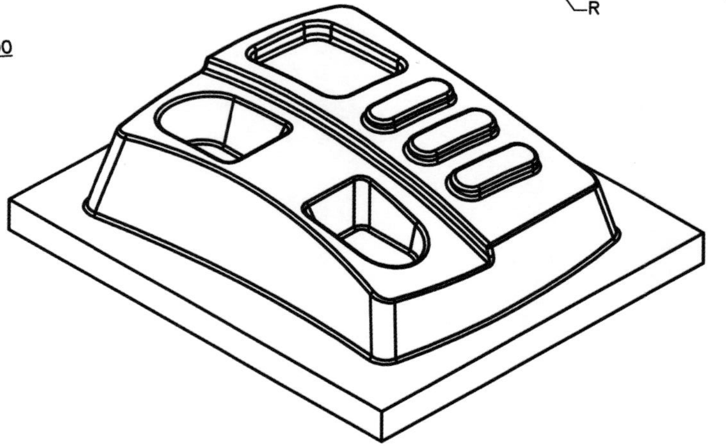

도시되고 지시 없는 모든 필렛 R=1

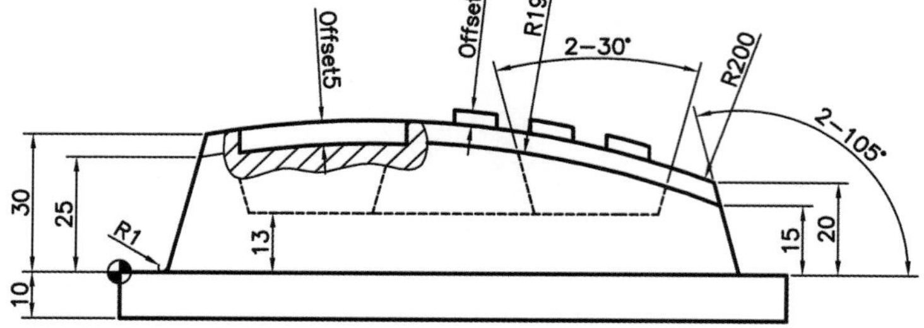

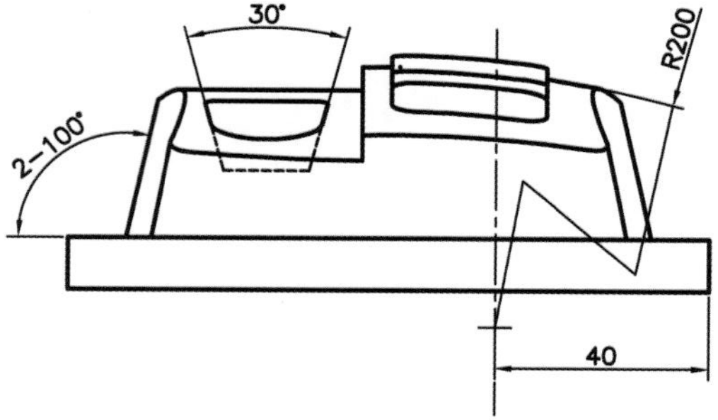

12 형상 모델링 12

1 ▶▶ 베이스 블록 모델링하기

01 ›› 그림처럼 XY 평면에 스케치하고 구속 조건은 동일 직선상으로 구속, 치수를 입력한다.

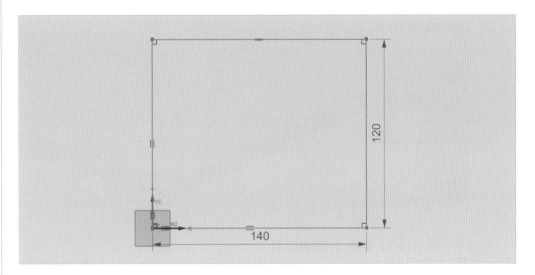

02 ›› ▥Extrude(돌출) → Section → Select Curve → Limits →

| Start : Value → Distance 0 | → OK |
| End : Value → Distance 10 | |

Note Curve(곡선)를 선택하고 벡터 방향을 아래쪽으로 ☒Reverse Direction(방향 반전)한다.

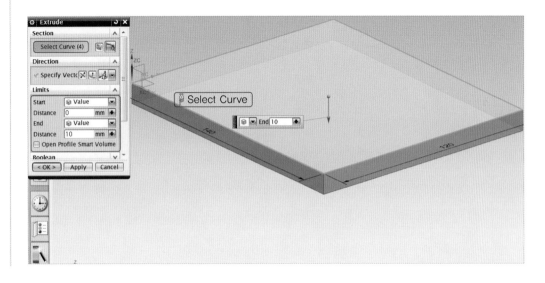

② ▶▶ 데이텀 좌표계 생성 '제2데이텀 좌표계'

Home → Feature → Datum Plane▼ → 🔄Datum CSYS(데이텀 좌표계) → Manipulator → Specify Orientation → Manipulator → Coordinates(좌표) → X 70 → Y 60 → Z 0 → OK

Note 모델링할 때 편리성을 주기 위해 🔄Datum CSYS의 명령어로 데이텀 좌표계를 생성한다.

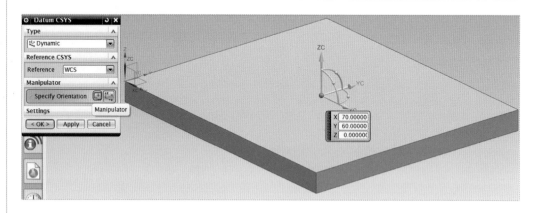

③ ▶▶ 복수 구배 돌출 모델링하기

01 >> 그림처럼 '제2데이텀 좌표계' XY 평면에 스케치하여 구속 조건은 같은 원호, 곡선상의 점으로 구속하고 치수를 입력하여 X축을 중심으로 대칭한다.

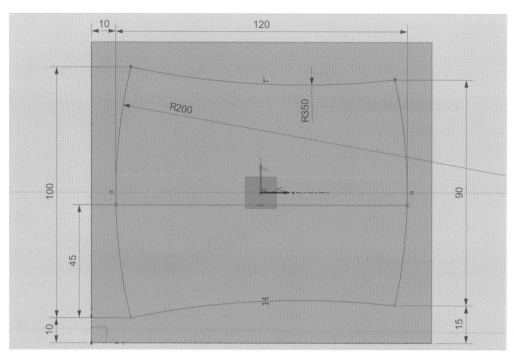

02 >> ⬚Extrude(돌출) → Section → Select Curve → Limits →

Start : Value → Distance 0
End : Value → Distance 35

→ Boolean → ⬚Unite(결합) → Select Body → Draft

→ From Section(시작 단면) → Angle Option → Multiple → Angle1 10° → Angle2 15° → Angle3 10° → Angle4 15° → OK

Note   Draft의 From Section(시작 단면)에서 각각 Angle(각도)을 입력한다. 각도는 도면 참조

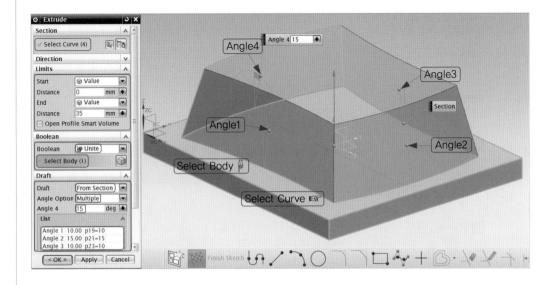

4 ▶▶ Swept(스웹) 모델링하기

01 >> 그림처럼 '제2데이텀 좌표계' XZ 평면에 교차 곡선과 점을 작도하고 곡선을 스케치, 구속 조건은 곡선상의 점으로 구속, 치수를 입력한다.

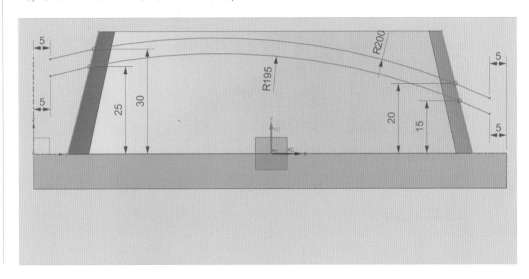

02 ›› Surface → Surface → 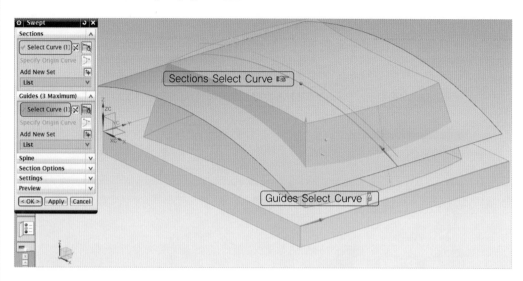Swept(스웹) → Sections → Select Curve → Guides → Select Curve(모서리) → OK

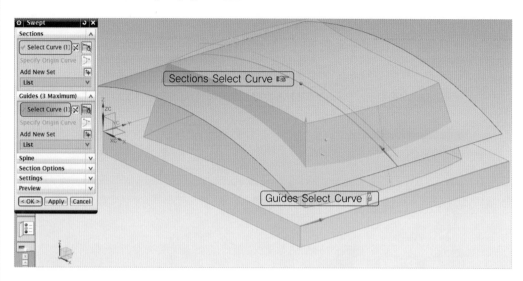

⑤ ▶▶ 돌출 모델링하기

Extrude(돌출) → Section → Select Curve → Limits →

Start : Until Selected(선택까지) → Select Object	→ Boolean → Subtract(빼기)
End : Value → Distance 35	

→ Select Body → OK

Note 돌출 시작점을 Start의 Until Selected(선택까지)에서 Select Object부터 Subtract(빼기)한다.

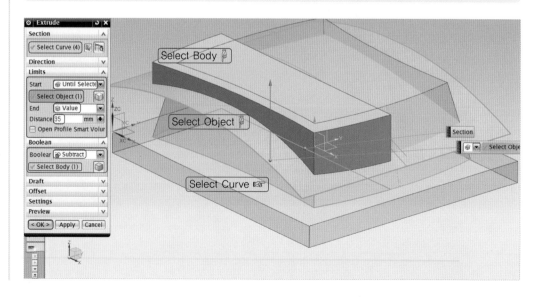

6 ▶▶ Sweep Along Guide(가이드를 따라 스위핑)하기

01 >> Create Sketch → Sketch Plane → Plane Method → Create Plane → Specify Plane(곡선 끝점 선택) → Sketch Orientation → Reference → Horizontal → Select Reference(모서리) → OK

Note 그림처럼 Create Plane(새 스케치)으로 Specify Plane(곡선 끝점 선택)하고, 참조로 모서리를 선택하여 스케치 면을 생성한다.

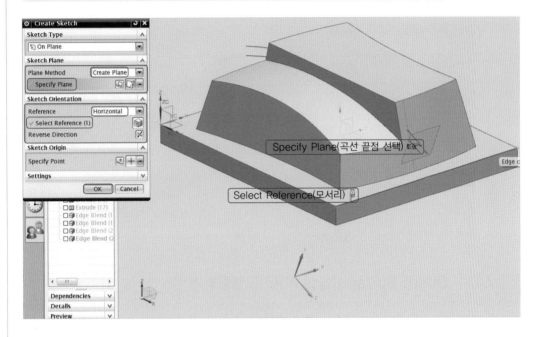

02 >> 그림처럼 스케치하여 치수를 입력한다.

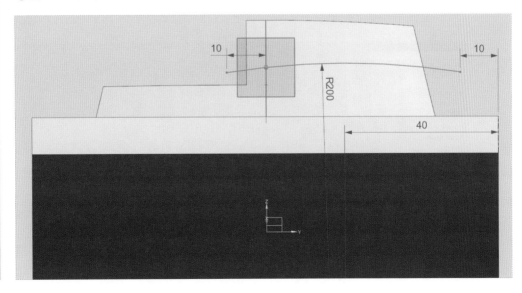

03 >> Surface → Surface → More▼ → Sweep → 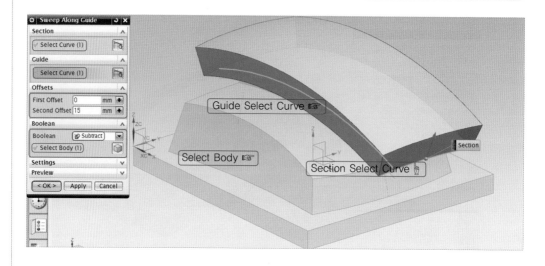Sweep Along Guide(가이드를 따라 스위핑) → Section → Select Curve → Guide → Select Curve → Offsets →

| First Offset 0 |
| Second Offset 15 |

→ Boolean → Subtract(빼기) → Select Body → OK

Note Sweep Along Guide(가이드를 따라 스위핑)로 생성된 서피스 곡면에 Offset을 적용하여 이전에 생성한 솔리드 바디의 상부를 Subtract(빼기)한다.

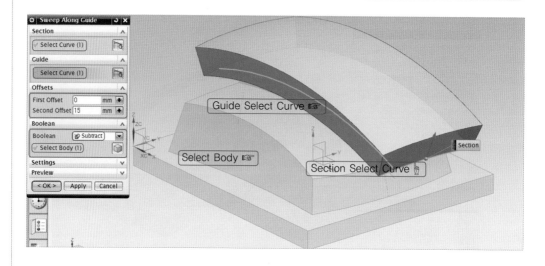

⑦ ▶▶ **Offset Surface(옵셋 곡면) 모델링하기**

Home → Feature → More▼ → Offset/Scale(옵셋/배율) → Offset Surface(옵셋 곡면) → Face to Offset → Select Face → Offset 5 → OK

Note 그림처럼 Face(면)를 ↓방향으로 Offset 5, ↑방향으로 Offset 3 한다.

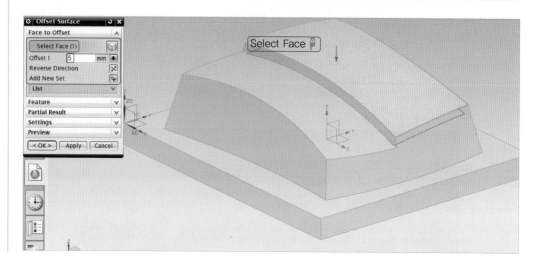

8 ▸▸ 돌출 및 단일 구배 돌출 모델링하기

01 ≫ 그림처럼 '제2데이텀 좌표계' XY 평면에 스케치하고 구속 조건은 동일 직선상으로 구속하고, 치수를 입력하여 패턴, 대칭 곡선한다.

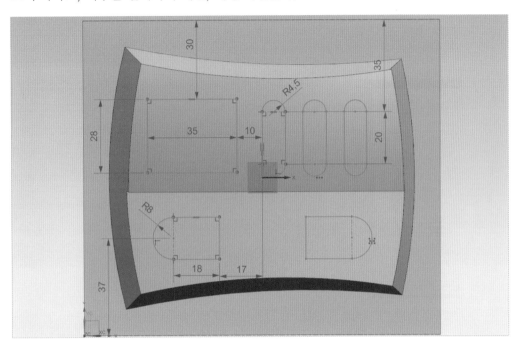

02 ≫ Extrude(돌출) → Section → Select Curve → Limits →

Start : Value → Distance 0
End : Until Selected(선택까지) → Select Object

→ Boolean → Unite(결합) →

Select Body → OK

> Note End의 Until Selected를 사용하여 Select Object(옵셋 곡면)까지 돌출한다.

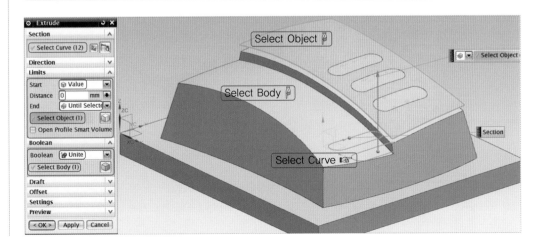

03 >> ▥ Extrude(돌출) → Section → Select Curve → Limits →

| Start : Until Selected(선택까지) → Select Object | → Boolean → ▣ Subtract(빼기) |
| End : Value → Distance 35 | |

→ Select Body → OK

> Note 돌출 시작점을 Start의 Until Selected(선택까지)에서 Select Object부터 ▣Subtract(빼기)한다.

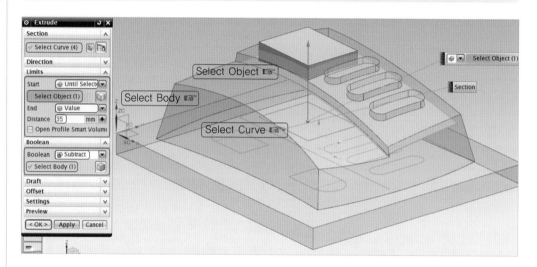

04 >> ▥ Extrude(돌출) → Section → Select Curve → Limits →

| Start : Value → Distance 13 | → Boolean → ▣ Subtract(빼기) → Select Body → |
| End : Value → Distance 30 | |

Draft → From Start Limit(시작 한계로부터) → Angle −15° → OK

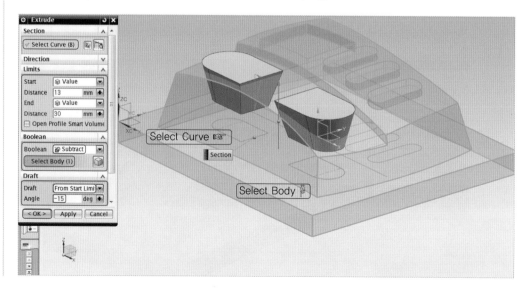

9 ▸▸ Edge Blend(모서리 블렌드) 모델링하기

01 >> Home → Feature → ◈Edge Blend(모서리 블렌드) → Edge to Blend → Select Edge → Radius 5 → Apply

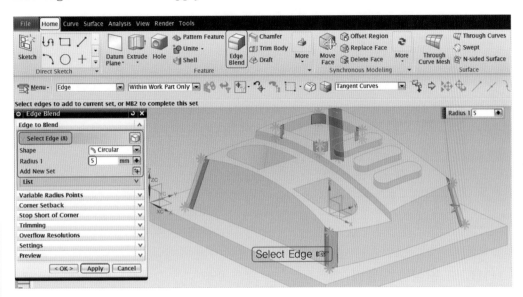

02 >> Edge to Blend → Select Edge → Radius 3 → Apply

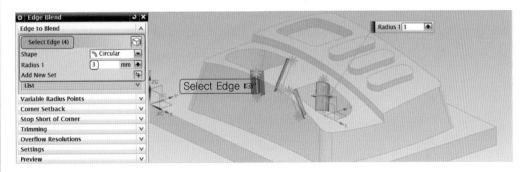

03 >> Edge to Blend → Select Edge → Radius 1 → Apply

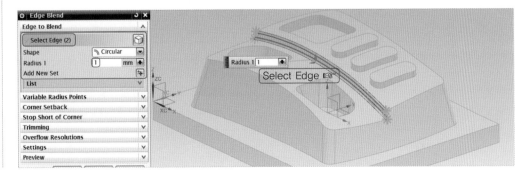

04 >> Edge to Blend → Select Edge → Radius 1 → OK

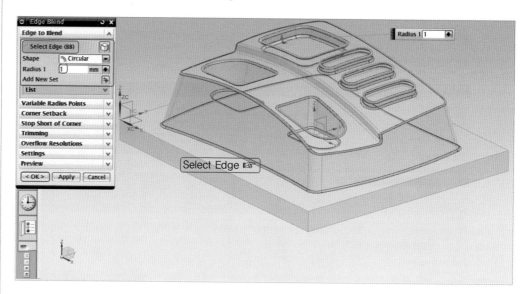

(10) ►► 완성된 모델링

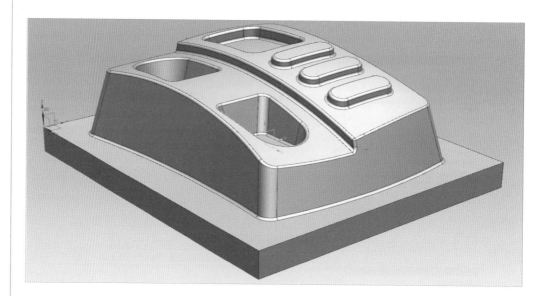

형상 모델링 13

2D필렛(가)과 3D필렛(나)의 구분 예

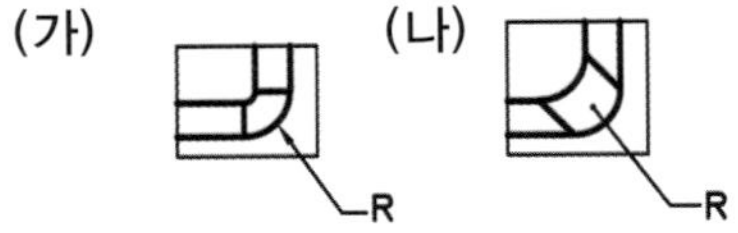

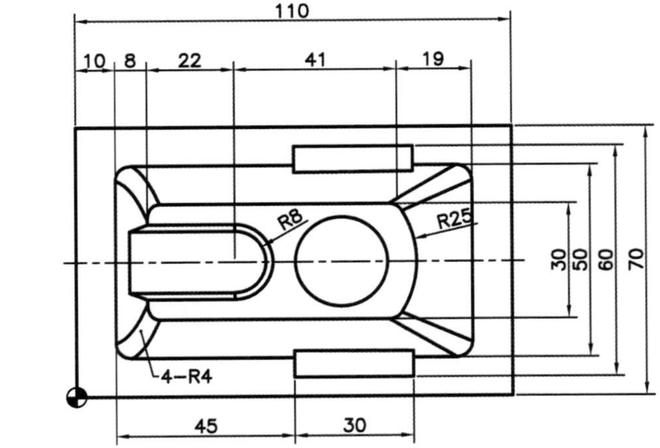

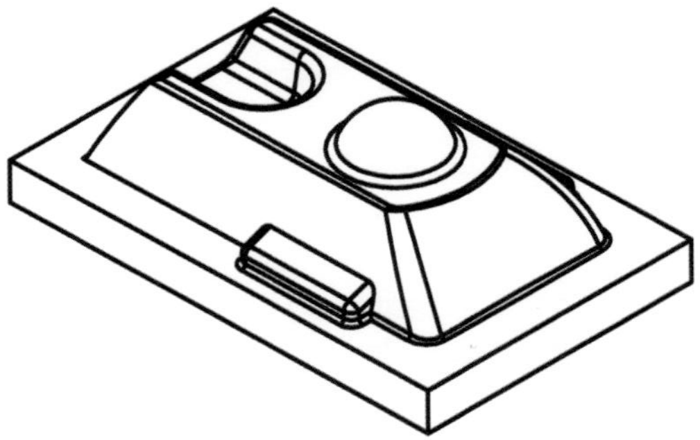

(나)

(가)

도시되고 지시 없는 모든 필렛 R=2

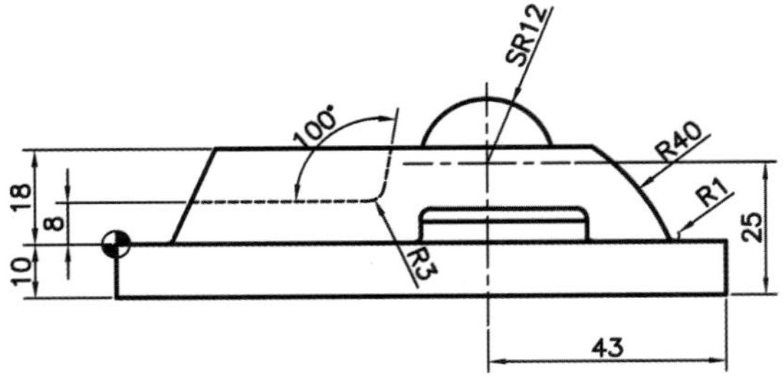

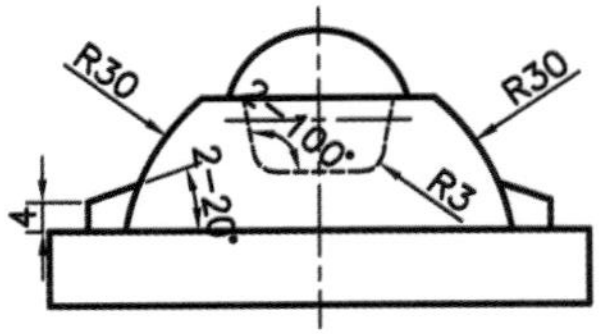

13 **형상 모델링 13**

1 ▶▶ **베이스 블록 모델링하기**

01 >> 그림처럼 XY 평면에 스케치하고 구속 조건은 동일 직선상으로 구속, 치수를 입력한다.

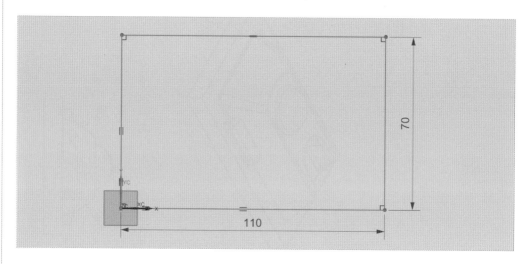

02 >> ⬜️Extrude(돌출) → Section → Select Curve → Limits →

Start : Value → Distance 0	→ OK
End : Value → Distance 10	

Note Curve(곡선)를 선택하고 벡터 방향을 아래쪽으로 ☒Reverse Direction(방향 반전)한다.

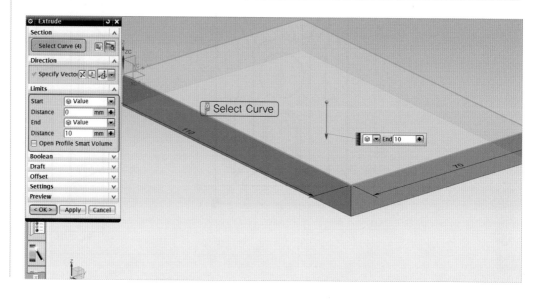

② ▶▶ 데이텀 좌표계 생성 '제2데이텀 좌표계'

Home → Feature → Datum Plane▼ → 🔧Datum CSYS(데이텀 좌표계) → Manipu-
lator → Specify Orientation → Manipulator → Coordinates(좌표) → X 55 → Y 35
→ Z 0 → OK

Note 모델링할 때 편리성을 주기 위해 🔧Datum CSYS의 명령어로 데이텀 좌표계를 생성한다.

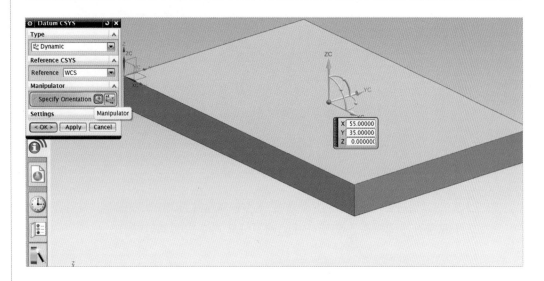

③ ▶▶ Swept(스웹) 모델링하기

01 >> 그림처럼 '제2데이텀 좌표계' XY 평면에 스케치하고 치수를 입력한다.

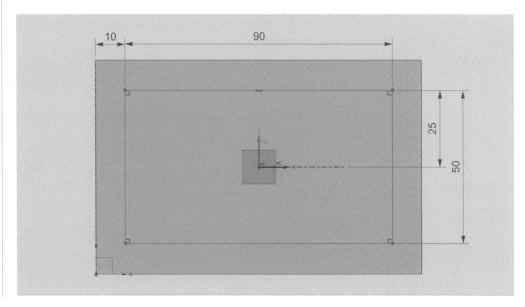

02 >> 그림처럼 XY 평면에서 거리 18인 스케치 평면을 생성하여 스케치하고 구속 조건은 같은 길이로 구속, 치수를 입력한다.

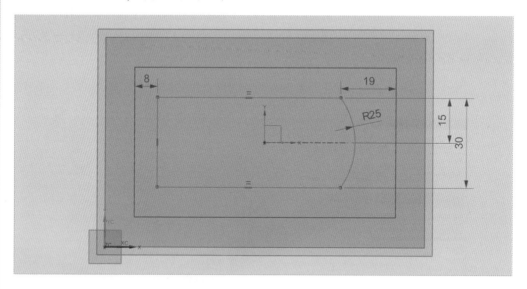

03 >> 그림처럼 '제2데이텀 좌표계' XZ에 스케치 평면 생성하고 교차점을 생성하고 원호를 교차점과 교차점을 연결하여 스케치하고 치수를 입력한다.

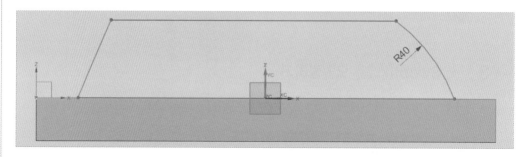

04 >> 그림처럼 '제2데이텀 좌표계' YZ에 스케치 평면을 생성하여 교차점을 생성, 원호를 스케치하고 치수를 입력하여 원호를 Z축을 중심으로 Mirror Curve(대칭 곡선)한다.

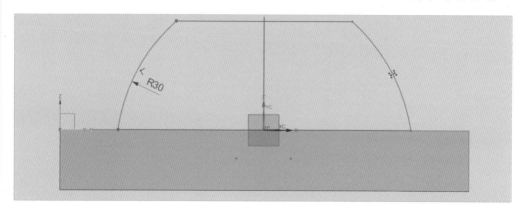

05 >> Surface → Surface → Swept(스웹) → Sections → Select Curve 1 → Add New Set → Select Curve 2 → Guides → Select Curve 1 → Add New Set → Select Curve 2 → Add New Set → Select Curve 3 → Section Options → ☑Preserve Shape(☑체크) → OK

Note 그림처럼 단면 곡선(위, 아래) 2개를 선택하고, 가이드 곡선 3개를 선택하여 벡터 방향은 같은 방향으로 설정하고, Preserve Shape에 ☑체크한다.

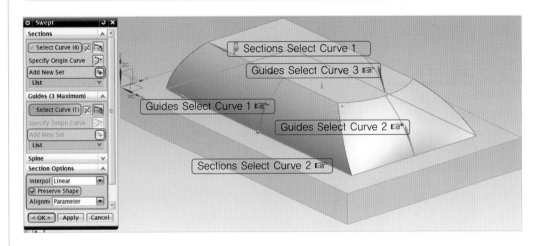

④ ▶▶ **돌출 모델링하기**

Extrude(돌출) → Section → Select Curve → Limits →

End : Symmetric Value(대칭값)
Distance 26

→ Boolean → None(없음) → OK

Note 부울에서 None(없음)을 선택한다.

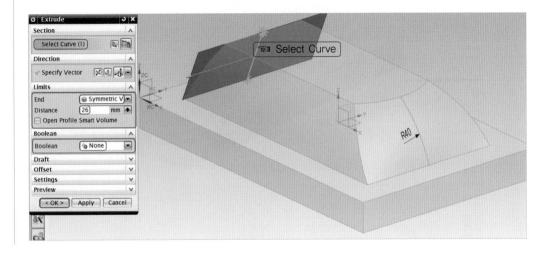

⑤ ▶▶ Trim Body(바디 트리밍) 모델링하기

Home → Feature → 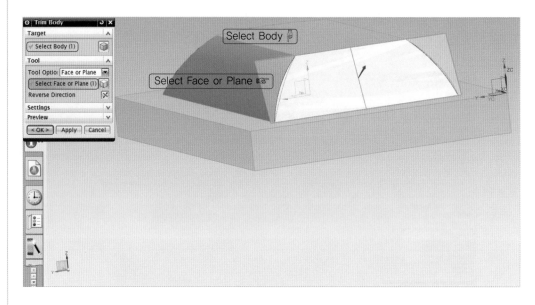Trim Body(바디 트리밍) → Target → Select Body → Tool → Select Face or Plane → OK

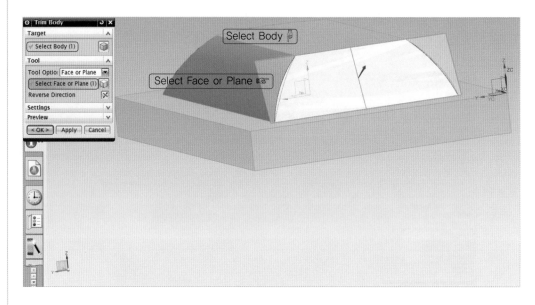

⑥ ▶▶ 결합 모델링하기

Home → Feature → Unite(결합) → Target → Select Body → Tool → Select Body → OK

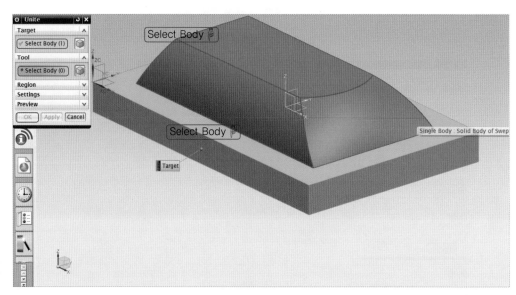

⑦ ▶▶ 단일 구배 돌출 모델링하기

01 ≫ 그림처럼 '제2데이텀 좌표계' XY에 스케치하고 치수를 입력한다.

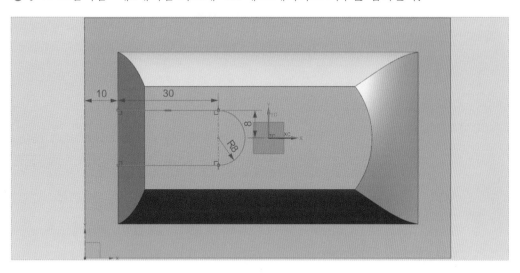

02 ≫ ◰ Extrude(돌출) → Section → Select Curve → Limits →

Start : Value → Distance 8	→ Boolean → ◈ Subtract(빼기) → Select Body →
End : Value → Distance 18	

Draft → From Start Limit(시작 한계로부터) → Angle −10° → OK

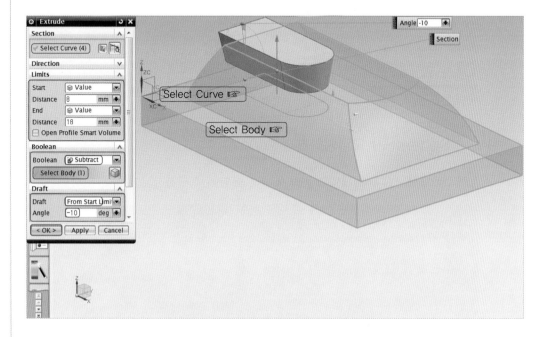

8 ▶▶ 돌출 모델링하기

01 >> 그림처럼 '제2데이텀 좌표계' YZ 평면에 스케치하고 구속 조건은 동일 직선상으로 구속 치수를 입력하고 Z축을 중심으로 곡선을 Mirror Curve(대칭 곡선)한다.

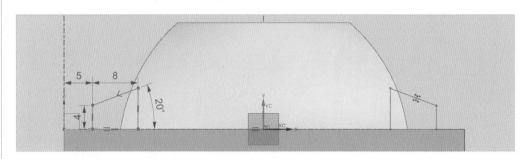

02 >> ▦ Extrude(돌출) → Section → Select Curve → Limits →

Start : Value → Distance 0
End : Value → Distance 30
→ Boolean → ⊕ Unite(결합) → Select Body → OK

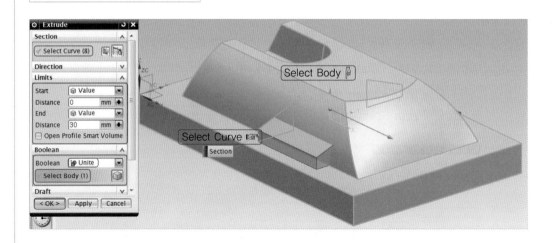

9 ▶▶ Sphere(구) 모델링하기

01 >> 그림처럼 '제2데이텀 좌표계' XZ 평면에 스케치하고 치수를 입력한다.

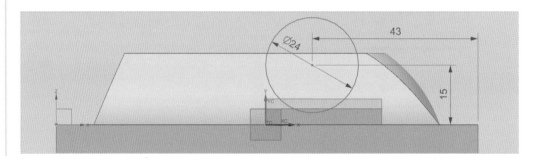

02 >> Home → Feature → More▼ → Design Feature(특징 형상 설계) → 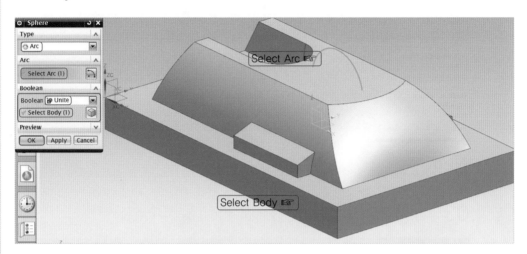 Sphere(구) → Type → Arc(원호) → Select Arc → Boolean → Unite(결합) → Select Body → OK

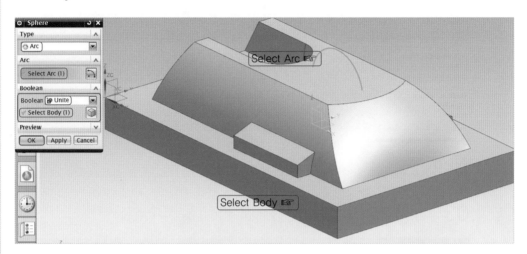

(10) ▶▶ **Edge Blend(모서리 블렌드) 모델링하기**

01 >> Home → Feature → Edge Blend(모서리 블렌드) → Edge to Blend → Select Edge → Radius 4 → Apply

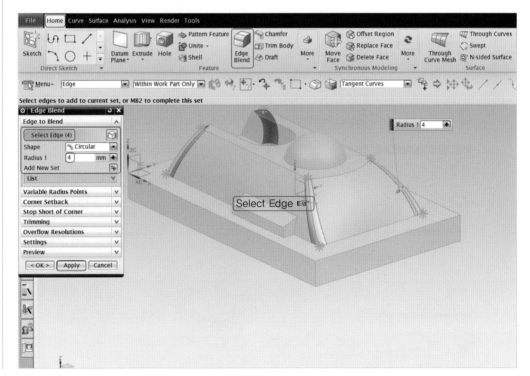

02 ›› Edge to Blend → Select Edge → Radius 3 → Apply

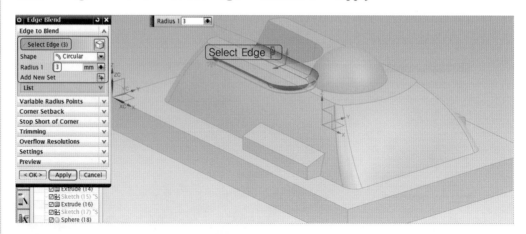

03 ›› Edge to Blend → Select Edge → Radius 2 → Apply

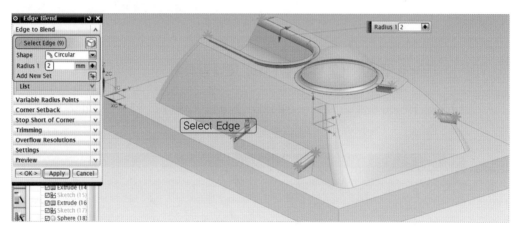

04 ›› Edge to Blend → Select Edge → Radius 2 → Apply

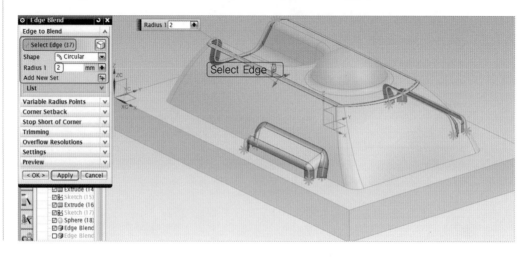

05 >> Edge to Blend → Select Edge → Radius 1 → OK

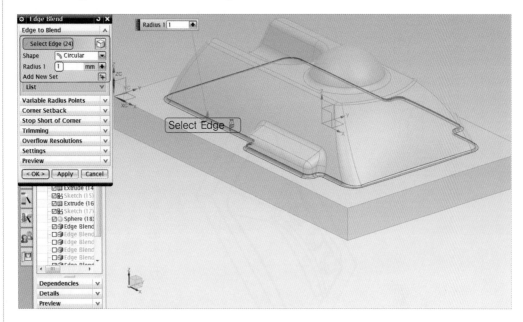

⑪ ▶▶ **완성된 모델링**

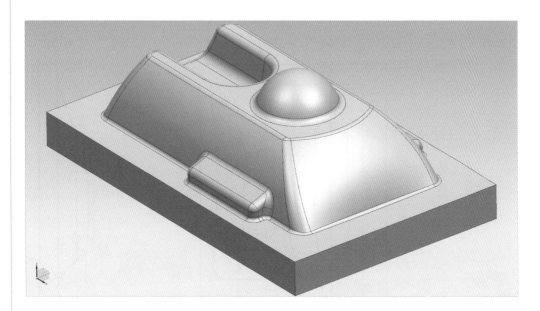

형상 모델링 14

2D필렛(가)과 3D필렛(나)의 구분 예

(가)

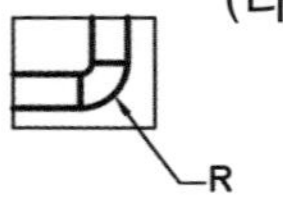
R

(나)

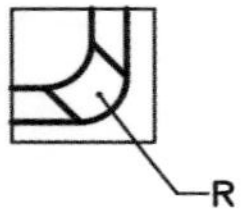
R

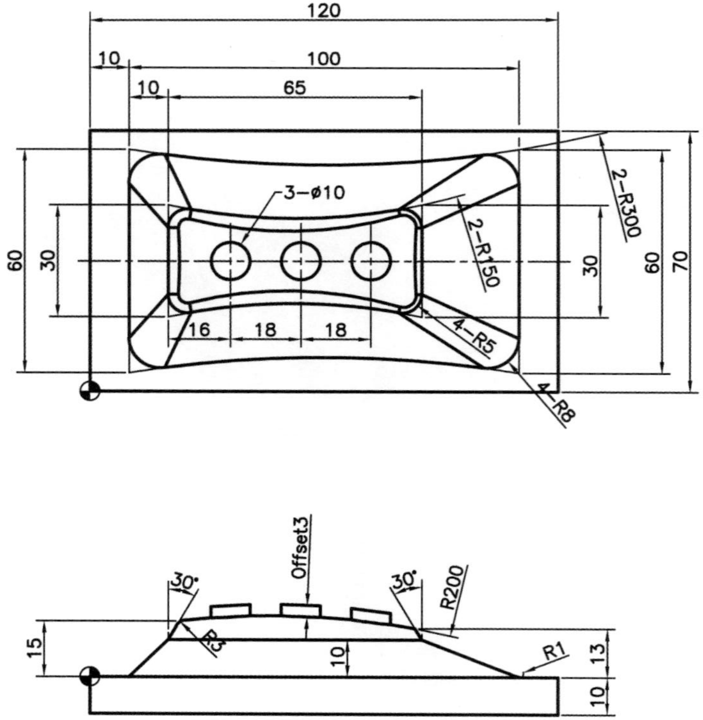
120
10
100
10
65
3-ø10
2-R150
2-R300
60
30
30
60
70
16
18
18
4-R5
4-R8
Offset3
30°
30°
R200
15
R3
10
R1
13
10

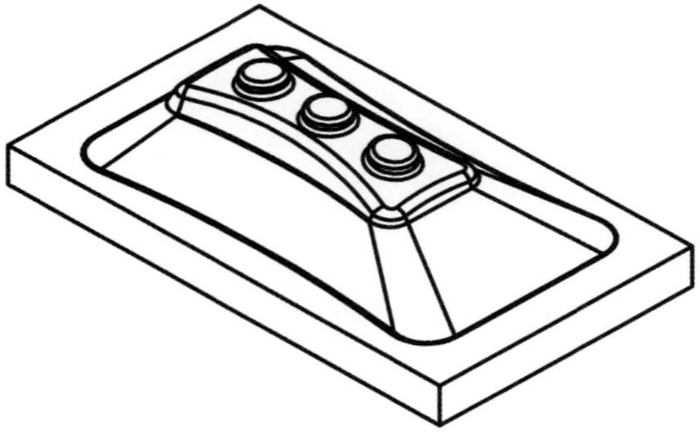

도시되고 지시 없는 모든 필렛 R=1

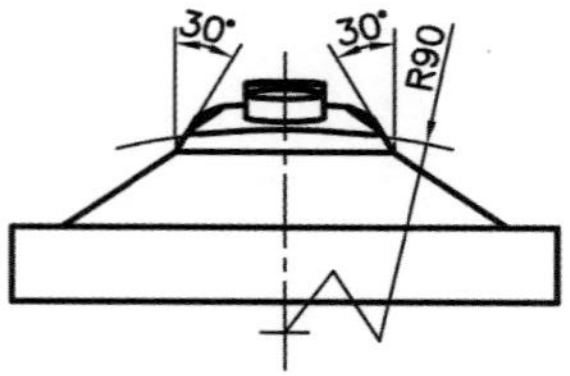
30°
30°
R90

14 형상 모델링 14

1 ▶▶ 베이스 블록 모델링하기

01 >> 그림처럼 XY 평면에 스케치하고 구속 조건은 동일 직선상으로 구속, 치수를 입력한다.

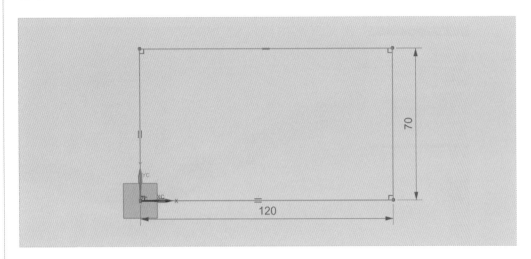

02 >> ▥Extrude(돌출) → Section → Select Curve → Limits →

| Start : Value → Distance 0 | → OK |
| End : Value → Distance 10 | |

Note   Curve(곡선)를 선택하고 벡터 방향을 아래쪽으로 ☒Reverse Direction(방향 반전)한다.

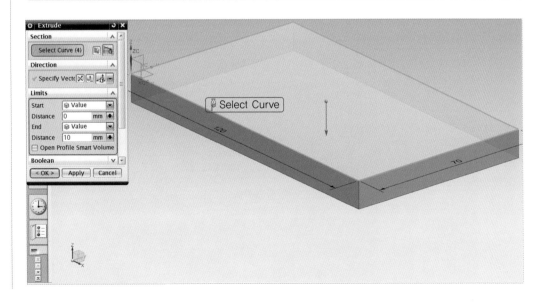

② ▷▷ 데이텀 좌표계 생성 '제2데이텀 좌표계'

Home → Feature → Datum Plane▼ → ⬚Datum CSYS(데이텀 좌표계) → Manipu-
lator → Specify Orientation → Manipulator → Coordinates(좌표) → X 60 → Y 35
→ Z 0 → OK

Note 모델링할 때 편리성을 주기 위해 ⬚Datum CSYS의 명령어로 데이텀 좌표계를 생성한다.

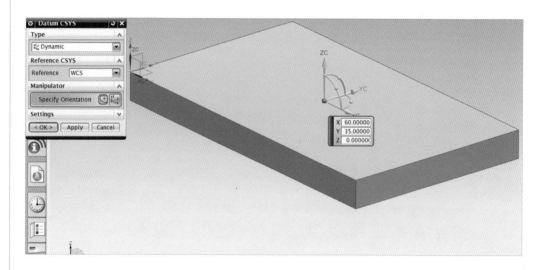

③ ▷▷ Ruled 모델링하기

01 ›› 그림처럼 '제2데이텀 좌표계' XY 평면에 스케치하여 구속 조건은 동일 직선
상으로 구속, 치수를 입력하고 직선을 참조 선으로 변환하여 X축을 중심으로 Mirror
Curve(대칭 곡선)한다.

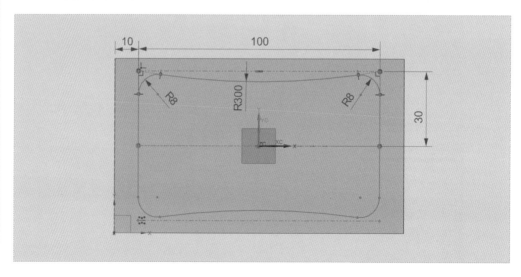

02 >> 그림처럼 XY 평면에서 거리 10인 스케치 평면을 생성하여 스케치하여 구속 조건은 동일 직선상으로 구속, 치수를 입력하고 직선을 참조 선으로 변환하고 X축을 중심으로 Mirror Curve(대칭 곡선)한다.

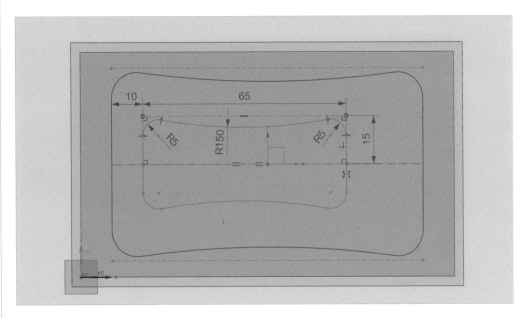

03 >> Surface → Surface → More▼ → Mesh Surface(메시 곡면) → Ruled → Section String 1 → Select Curve or Point → Section String 2 → Select Curve → Alignment → ☑Preserve Shape(☑체크) → OK

Note ▣Ruled는 2개의 단면을 선택할 수 있다. 그림처럼 곡선의 벡터 방향은 같은 방향으로 한다.

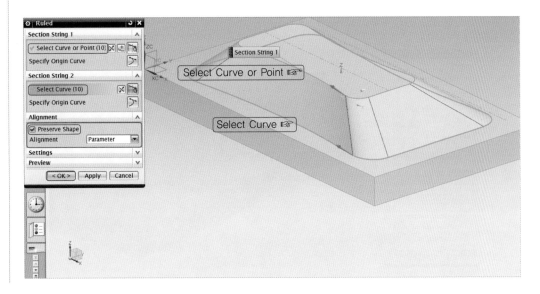

④ ▶▶ 결합하기

Home → Feature → 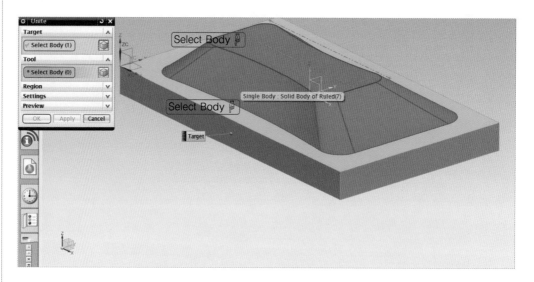Unite(결합) → Target → Select Body → Tool → Select
Body → OK

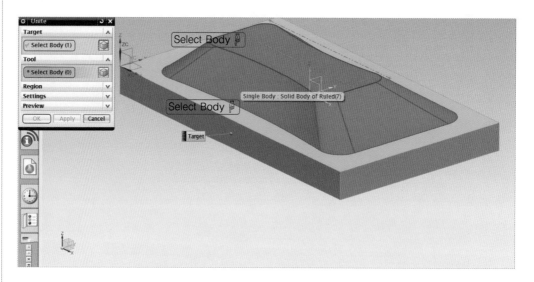

⑤ ▶▶ 단일 구배 돌출 모델링하기

Extrude(돌출) → Section → Select Curve → Limits →

Start : Value → Distance 0
End : Value → Distance 7

→ Boolean → Unite(결합) → Select Body → Draft

→ From Start Limit(시작 한계로부터) → Angle 30° → OK

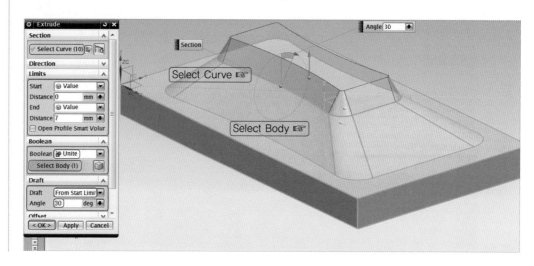

6 ▶▶ Sweep Along Guide(가이드를 따라 스위핑)하기

01 >> 그림처럼 '제2데이텀 좌표계' XZ 평면에 교차 곡선과 점을 작도하고 곡선을 스케치, 구속 조건은 곡선상의 점으로 구속, 치수를 입력한다.

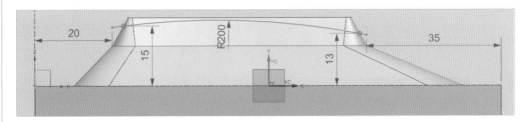

02 >> Create Sketch → Sketch Plane → Plane Method → Create Plane → Specify Plane(곡선 끝점 선택) → Sketch Orientation → Reference → Horizontal → Select Reference(모서리) → OK

> **Note** 그림처럼 Create Plane(새 스케치)으로 Specify Plane(곡선 끝점 선택)하고, 참조로 모서리를 선택하여 스케치 면을 생성한다.

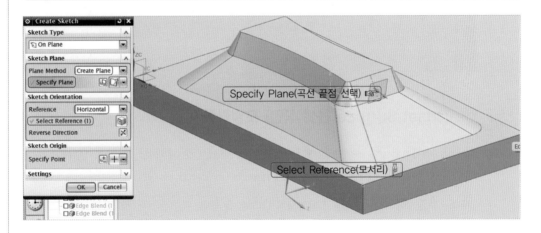

03 >> 이전에 생성한 가이드 곡선의 끝점에 단면 곡선을 곡선상의 점으로 구속하고, 단면 곡선에 원호의 중심점을 제2데이텀 좌표계의 Z축 선상의 점으로 구속하고 치수를 입력한다.

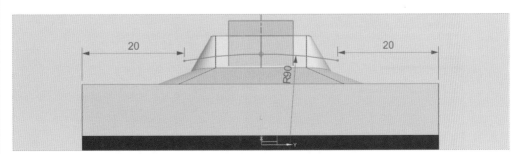

04 >> Surface → Surface → More▼ → Sweep → 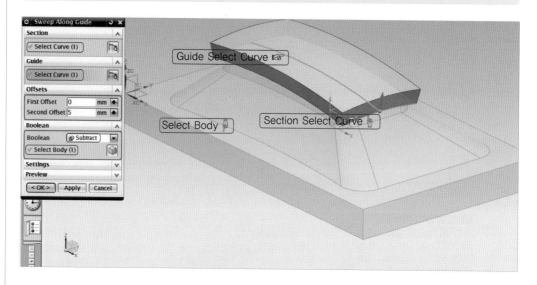Sweep Along Guide(가이드를 따라 스위핑) → Section → Select Curve → Guide → Select Curve → Offsets →

First Offset 0
Second Offset 5

→ Boolean → Subtract(빼기) → Select Body → OK

Note Sweep Along Guide(가이드를 따라 스위핑)로 생성된 서피스 곡면에 Offset을 적용하여 이전에 생성한 솔리드 바디의 상부 Subtract(빼기)한다.

---

(7) ▶▶ **Offset Surface(옵셋 곡면) 모델링하기**

Home → Feature → More▼ → Offset/Scale(옵셋/배율) → Offset Surface(옵셋 곡면) → Face to Offset → Select Face → Offset 3 → OK

Note 그림처럼 Face(면)를 ↑방향으로 Offset 3 한다.

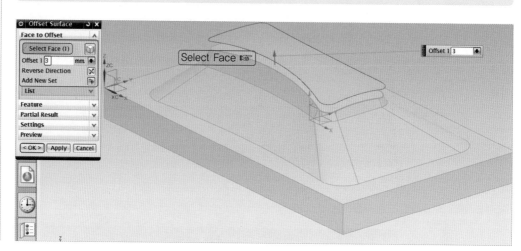

⑧ ▶▶ 돌출 모델링하기

01 ≫ 그림처럼 '제2데이텀 좌표계' XY에 스케치 평면을 생성하여 스케치하고, 구속 조건은 곡선상의 점으로 구속, 치수를 입력하여 🔩Pattern Curve(패턴 곡선)에서 Curve(곡선) 선택, Layout의 Linear에서 X축 선택, Count 3, Pitch 18을 입력한다.

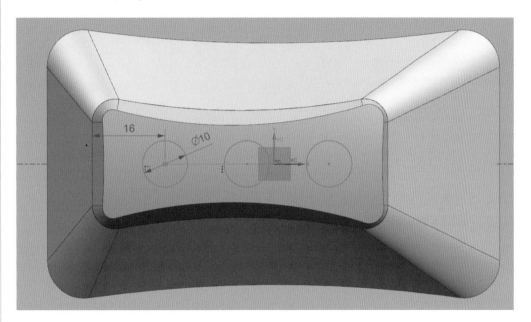

02 ≫ 🔲Extrude(돌출) → Section → Select Curve → Limits →

| Start : Value → Distance 0 | → Boolean → 🔧Unite(결합) → |
| End : Until Selected(선택까지) → Select Object | |

Select Body → OK

Note End의 Until Selected를 사용하여 Select Object(옵셋 곡면)까지 돌출한다.

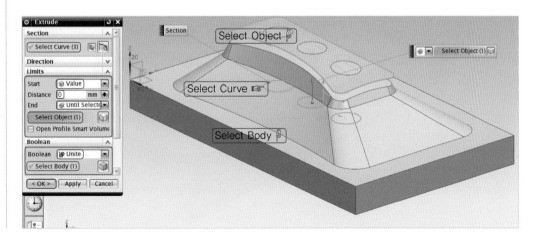

9 ▶▶ Edge Blend(모서리 블렌드) 모델링하기

01 >> Home → Feature → 📦 Edge Blend(모서리 블렌드) → Edge to Blend → Select Edge → Radius 3 → Apply

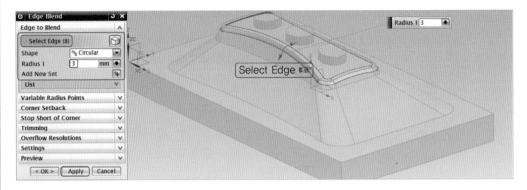

02 >> Edge to Blend → Select Edge → Radius 1 → OK

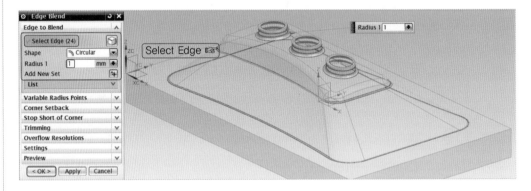

10 ▶▶ 완성된 모델링

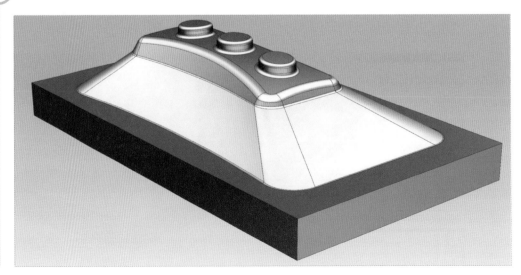

형상 모델링 15

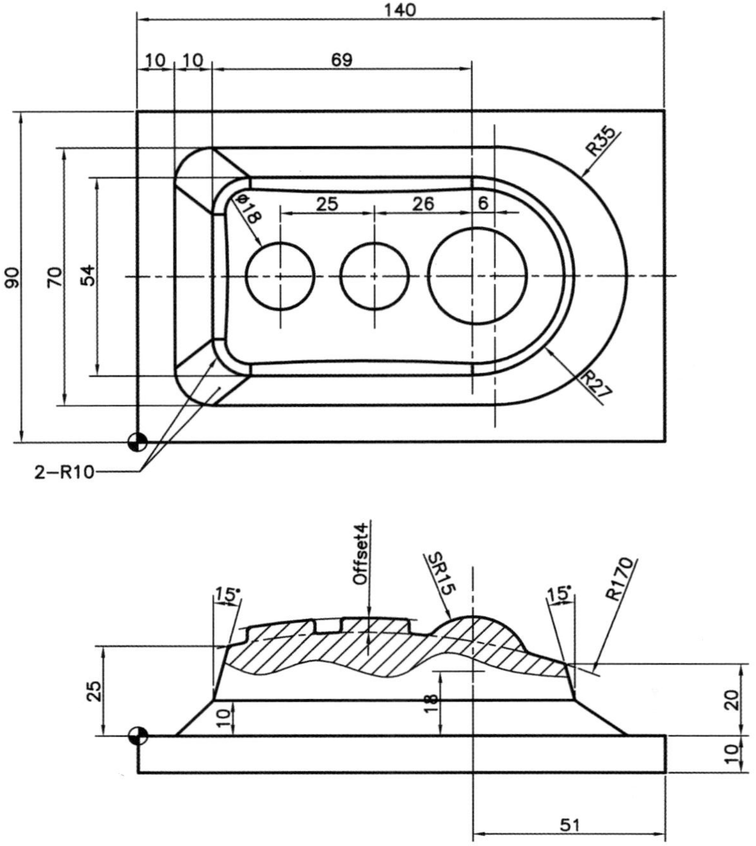

2D필렛(가)과 3D필렛(나)의 구분 예

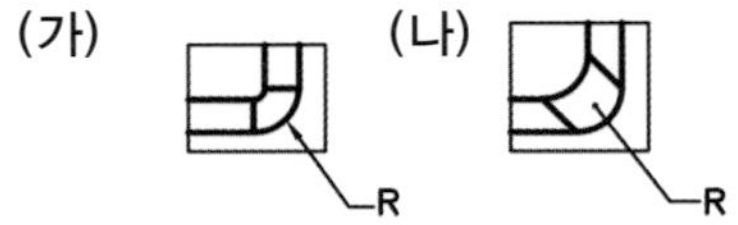

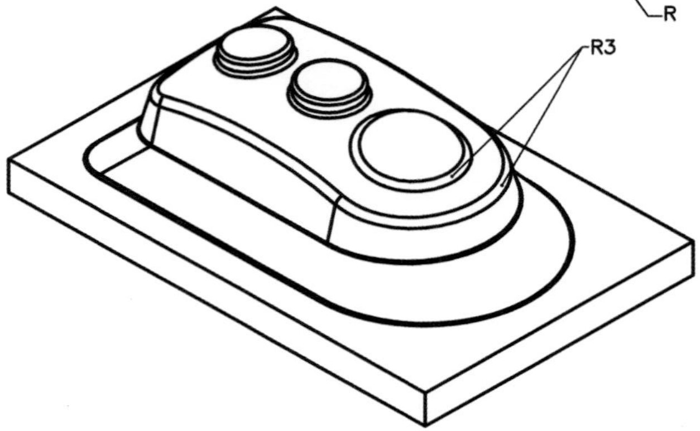

도시되고 지시 없는 모든 필렛=R1

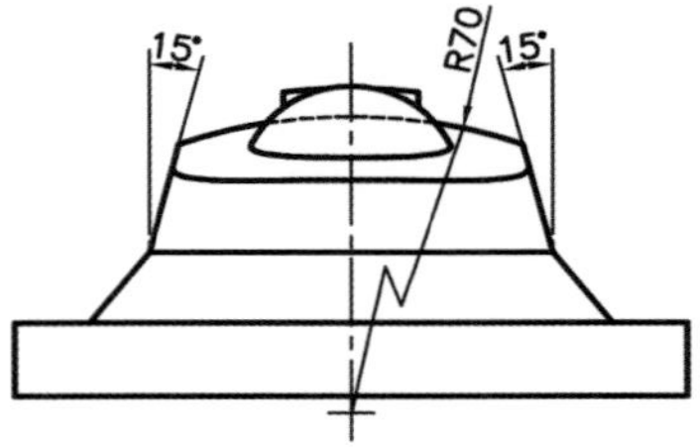

1 ▶▶ 베이스 블록 모델링하기

01 >> 그림처럼 XY 평면에 스케치하고 구속 조건은 동일 직선상으로 구속, 치수를 입력한다.

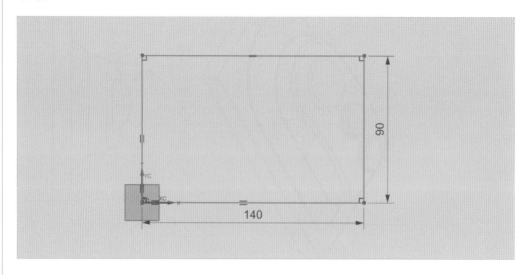

02 >> ▥ (돌출) → Section → Select Curve → Limits →

Start : Value → Distance 0	→ OK
End : Value → Distance 10	

Note Curve(곡선)를 선택하고 벡터 방향을 아래쪽으로 ☒Reverse Direction(방향 반전)한다.

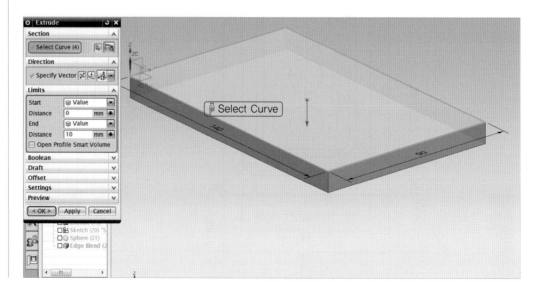

② ▶▶ 데이텀 좌표계 생성 '제2데이텀 좌표계'

Home → Feature → Datum Plane▼ → ✏️Datum CSYS(데이텀 좌표계) → Manipulator → Specify Orientation → Manipulator → Coordinates(좌표) → X 70 → Y 45 → Z 0 → OK

Note 모델링할 때 편리성을 주기 위해 ✏️Datum CSYS의 명령어로 데이텀 좌표계를 생성한다.

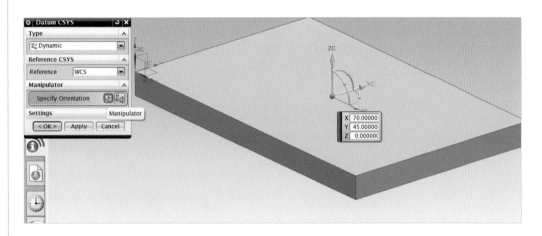

③ ▶▶ Ruled 모델링하기

01 ≫ 그림처럼 '제2데이텀 좌표계' XY 평면에 스케치하고 구속 조건은 접점으로 구속, 치수를 입력한다.

Note R35 치수는 참조 치수이다. 참조 치수를 입력하면 과잉 구속된다.

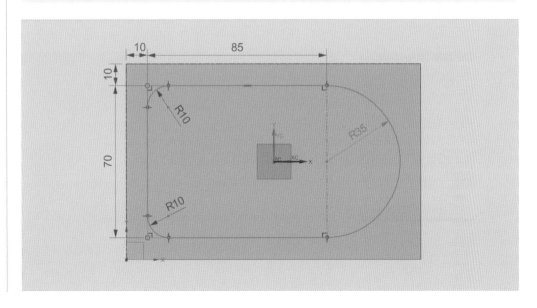

02 >> 그림처럼 XY 평면에서 거리 10인 스케치 평면을 생성하여 스케치하고 치수와 구속 조건을 입력한다.

Note   R27 치수는 참조 치수이다. 참조 치수를 입력하면 과잉 구속된다.

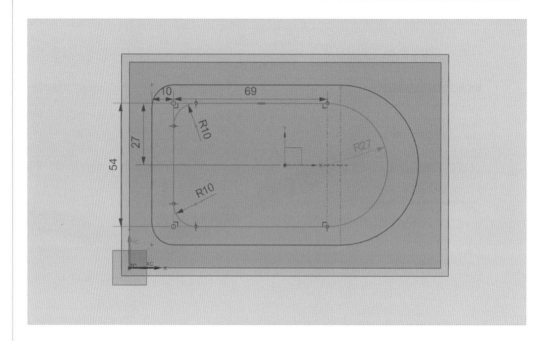

03 >> Surface → Surface → More▼ → Mesh Surface(메시 곡면) → ◥Ruled → Section String 1 → Select Curve or Point → Section String 2 → Select Curve → Alignment → ☑Preserve Shape(☑체크) → OK

Note   ◥Ruled는 2개의 단면을 선택할 수 있다. 그림처럼 곡선의 벡터 방향은 같은 방향으로 한다.

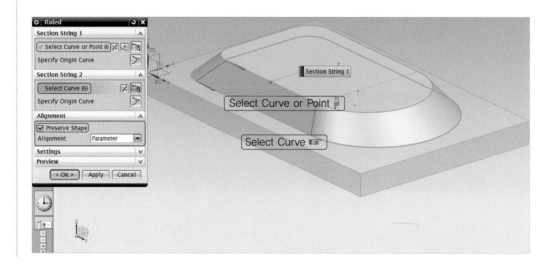

④ ▶▶ 결합하기

Home → Feature → 🔲Unite(결합) → Target → Select Body → Tool → Select Body → OK

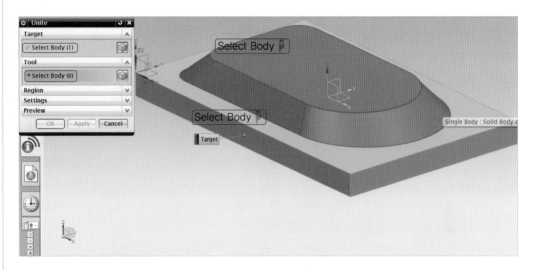

⑤ ▶▶ 단일 구배 돌출 모델링하기

🔲Extrude(돌출) → Section → Select Curve → Limits →

Start : Value → Distance 0
End : Value → Distance 20

→ Boolean → 🔲Unite(결합) → Select Body → Draft

→ From Start Limit(시작 한계로부터) → Angle 15° → OK

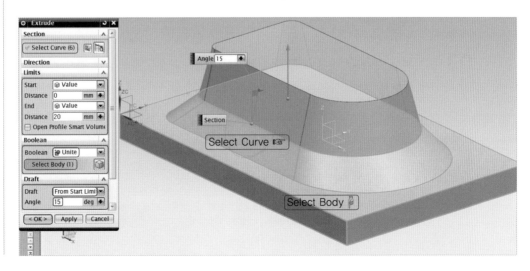

6 ▶▶ Sweep Along Guide(가이드를 따라 스위핑)하기

01 >> 그림처럼 '제2데이텀 좌표계' XZ 평면에 교차 곡선과 점을 작도하고 곡선을 스케치, 구속 조건은 곡선상의 점으로 구속, 치수를 입력한다.

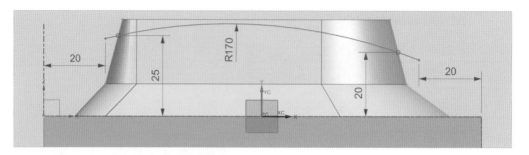

02 >> Create Sketch → Sketch Plane → Plane Method → Create Plane → Specify Plane(곡선 끝점 선택) → Sketch Orientation → Reference → Horizontal → Select Reference(모서리) → OK

> Note 그림처럼 Create Plane(새 스케치)으로 Specify Plane(곡선 끝점 선택)하고, 참조로 모서리를 선택하여 스케치 면을 생성한다.

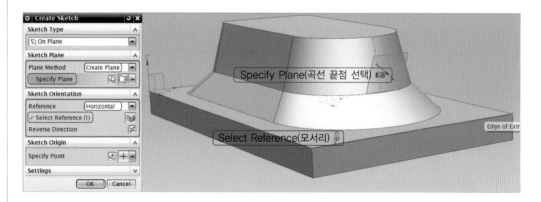

03 >> 이전에 생성한 가이드 곡선의 끝점에 단면 곡선을 곡선상의 점으로 구속하고, 단면 곡선에 원호의 중심점을 제2데이텀 좌표계의 Z축 선상의 점으로 구속하고 치수를 입력한다.

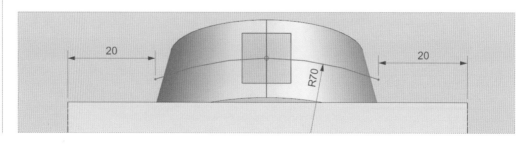

04 >> Surface → Surface → More▼ → Sweep → 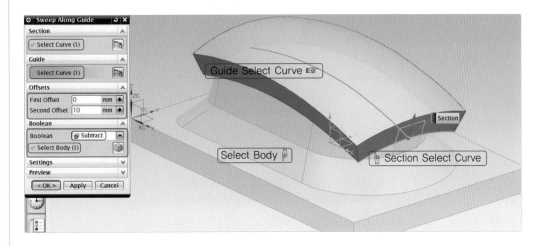Sweep Along Guide(가이드를 따라 스위핑) → Section → Select Curve → Guide → Select Curve → Offsets →

First Offset 0
Second Offset 10

→ Boolean → Subtract(빼기) → Select Body → OK

Note Sweep Along Guide(가이드를 따라 스위핑)로 생성된 서피스 곡면에 Offset을 적용하여 이전에 생성한 솔리드 바디의 상부를 Subtract(빼기)한다.

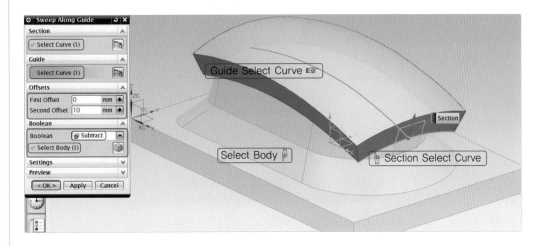

⑦ ►► **Offset Surface(옵셋 곡면) 모델링하기**

Home → Feature → More▼ → Offset/Scale(옵셋/배율) → Offset Surface(옵셋 곡면) → Face to Offset → Select Face → Offset 4 → OK

Note 그림처럼 Face(면)를 ↑방향으로 Offset 4 한다.

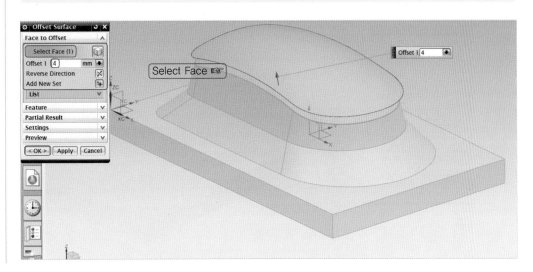

⑧ ▶▶ 돌출 모델링하기

01 ≫ 그림처럼 '제2데이텀 좌표계' XY 평면에 스케치하여 치수를 입력하고 구속 조건은 곡선상의 점으로 입력, 🔾Pattern Curve(패턴 곡선)에서 원호를 Layout의 Linear에서 X축을 선택하고, Count 2, Pitch 25를 입력한다.

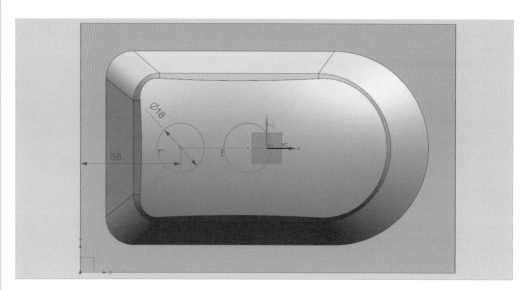

02 ≫ 🔲Extrude(돌출) → Section → Select Curve → Limits →

Start : Value → Distance 0	→ Boolean → 🔾Unite(결합) →
End : Until Selected(선택까지) → Select Object	

Select Body → OK

> Note End의 Until Selected를 사용하여 Select Object(옵셋 곡면)까지 돌출한다.

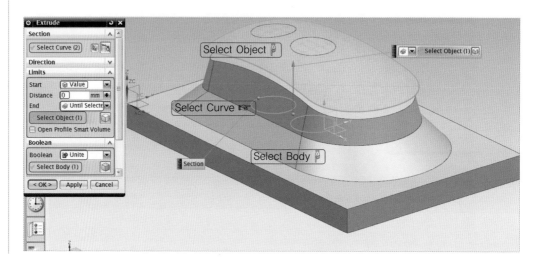

⑨ ▶▶ Sphere(구) 모델링하기

01 ≫ 그림처럼 '제2데이텀 좌표계' XZ 평면에 스케치하고 치수를 입력한다.

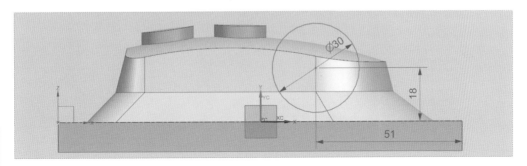

02 ≫ Home → Feature → More▼ → Design Feature(특징 형상 설계) → ⊙ Sphere(구) → Type → Arc(원호) → Select Arc → Boolean → 🔃Unite(결합) → Select Body → OK

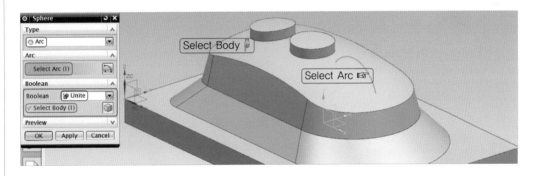

⑩ ▶▶ Edge Blend(모서리 블렌드) 모델링하기

01 ≫ Home → Feature → 🔲Edge Blend(모서리 블렌드) → Edge to Blend → Select Edge → Radius 3 → Apply

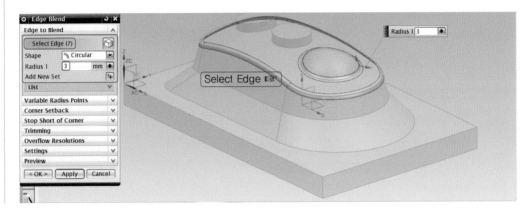

02 >> Edge to Blend → Select Edge → Radius 1 → OK

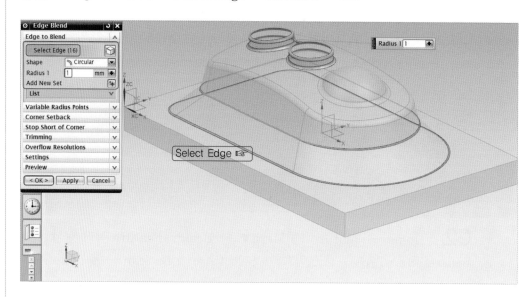

(11) ▶▶ 완성된 모델링

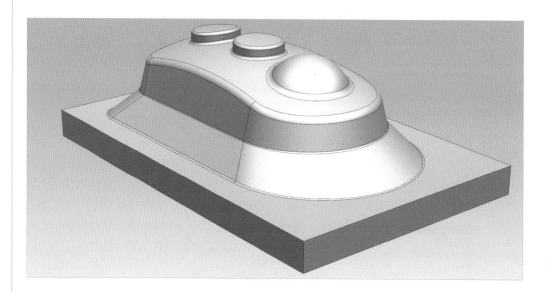

2D필릿(가)과 3D필릿(나)의 구분 예

(가)　(나)

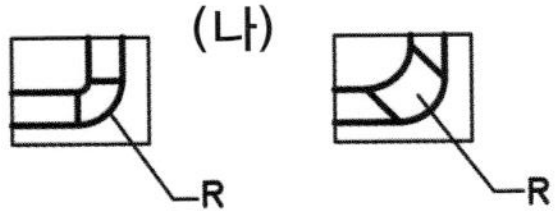

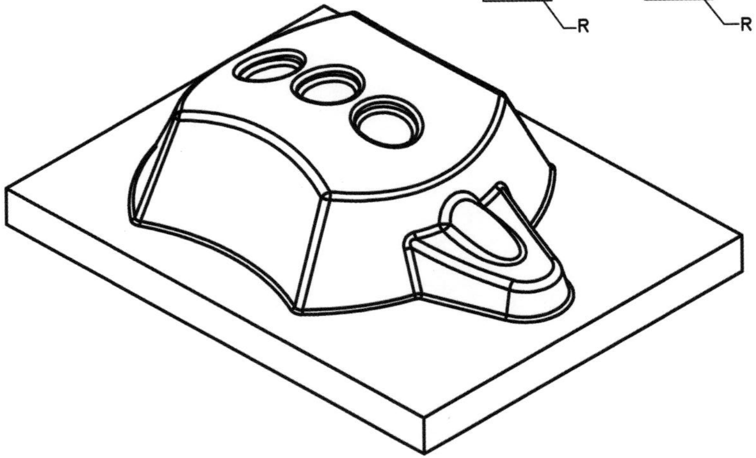

도시되고 지시 없는 모든 필릿 R=2

형상 모델링 16

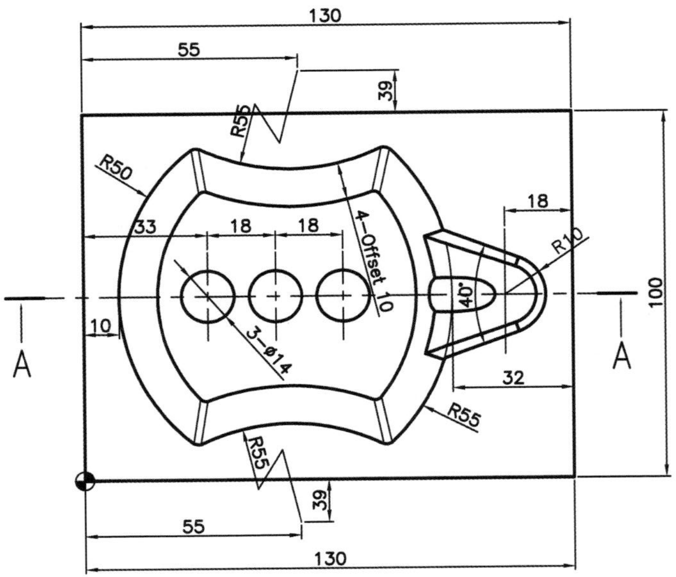

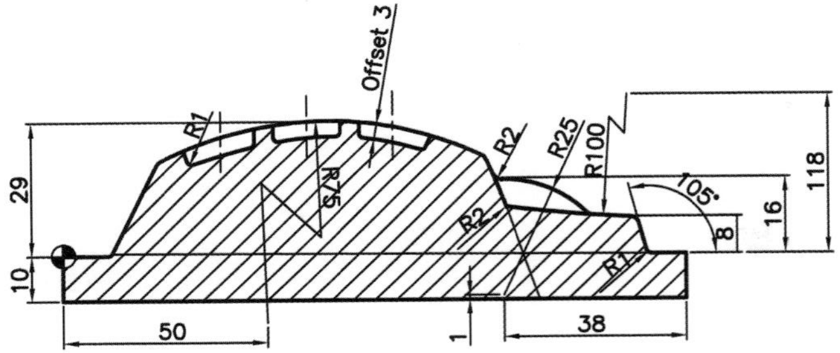

SECTION A–A

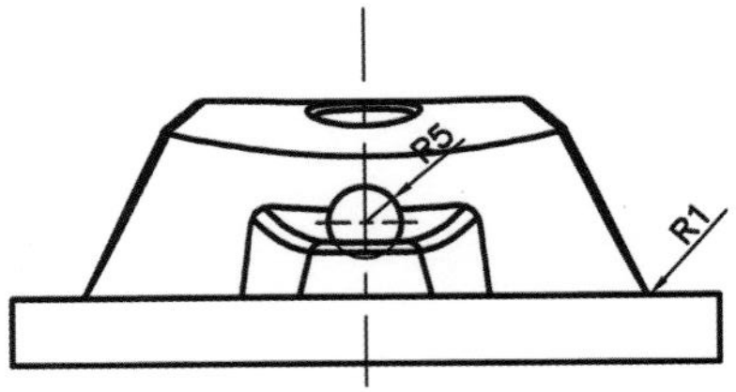

형상 모델링 16

1 ▶▶ 베이스 블록 모델링하기

01 ≫ 그림처럼 XY 평면에 스케치하고 구속 조건은 동일 직선상으로 구속, 치수를 입력한다.

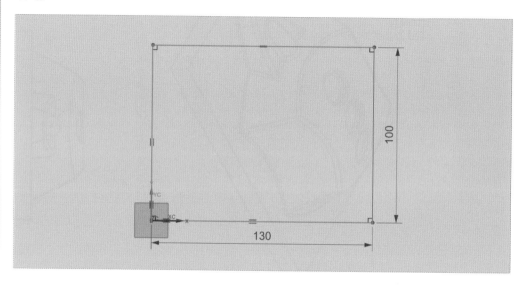

02 ≫ ▦Extrude(돌출) → Section → Select Curve → Limits →

| Start : Value → Distance 0 | → OK |
| End : Value → Distance 10 | |

Note Curve(곡선)를 선택하고 벡터 방향을 아래쪽으로 ☒Reverse Direction(방향 반전)한다.

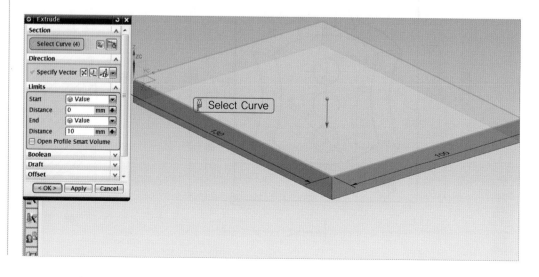

② ▶▶ **데이텀 좌표계 생성 '제2데이텀 좌표계'**

Home → Feature → Datum Plane▼ → 〔Datum CSYS(데이텀 좌표계) → Manipulator → Specify Orientation → Manipulator → Coordinates(좌표) → X 65 → Y 50 → Z 0 → OK

> Note 모델링할 때 편리성을 주기 위해 〔Datum CSYS의 명령어로 데이텀 좌표계를 생성한다.

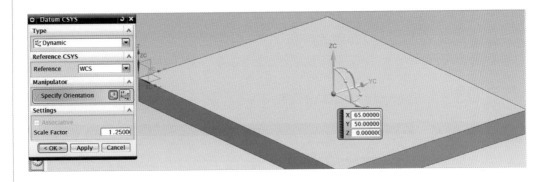

③ ▶▶ **Combined Projection(결합한 투영) 곡선 투영하기**

01 ≫ 그림처럼 '제2데이텀 좌표계' XY 평면에 스케치하여 구속 조건은 곡선상의 점으로 구속, 치수를 입력하고 원호를 대칭하여 옵셋 10을 한다.

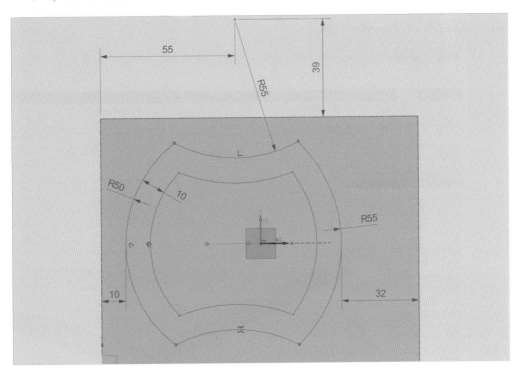

02 >> 그림처럼 '제2데이텀 좌표계' XZ 평면에 스케치하여 치수를 입력한다.

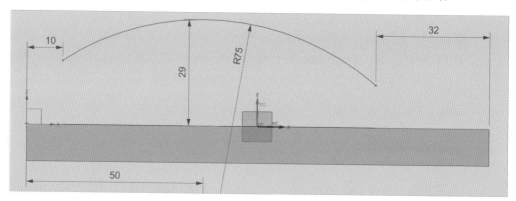

03 >> Curve → Derived Curve▼

04 >> Combined Projection(결합한 투영) → Curve 1 → Select Curve → Curve 2 → Select Curve → OK

Note 그림처럼 Combined Projection(결합한 투영)에서 Curve(곡선)를 각각 선택한다.

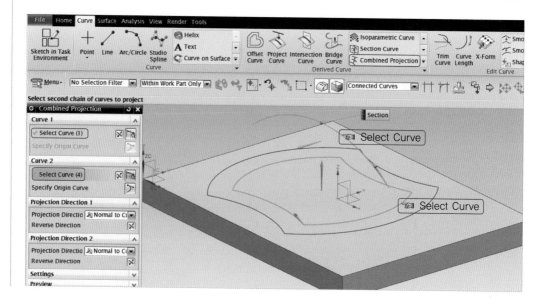

4 ▶▶ Ruled 및 N-sided Surface(N-변 곡면) 모델링하기

01 ≫ Surface → Surface → More▼ → Mesh Surface(메시 곡면) → ⬛Ruled → Section String 1 → Select Curve or Point → Section String 2 → Select Curve → Alignment → □Preserve Shape(□체크 해제) → Apply

Note Preserve Shape를 □체크 해제하고 Ruled를 각각 생성해야 Patch를 할 수 있다.

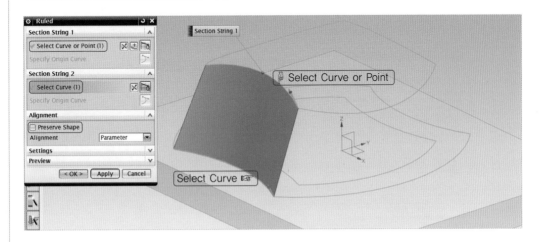

02 ≫ Surface → Surface → ⬛N-sided Surface(N-변 곡면) → Outer Loop → Select Curve → Settings → ☑Trim to Boundary(☑체크) → OK

Note N-sided Surface(N-변 곡면)로 곡면을 생성하여 경계를 ☑Trim to Boundary한다.

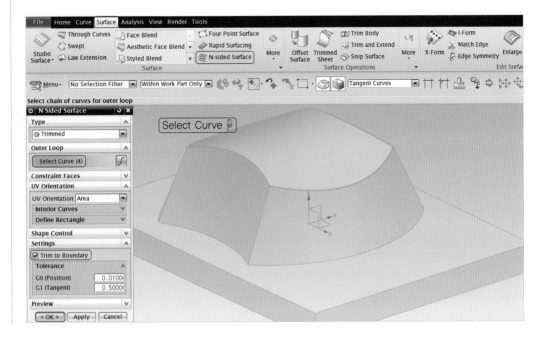

참조 Ruled 기능만으로 쉽게 할 수 있는 방법

1 Surface → Surface → More▼ → Mesh Surface(메시 곡면)) → ▨Ruled → Section String 1 → Select Curve or Point → Section String 2 → Select Curve → Alignment → ☑Preserve Shape(☑체크) → Apply

Note | ▨Ruled는 2개의 곡선을 선택할 수 있다. 그림처럼 곡선의 벡터 방향은 같은 방향으로 한다.

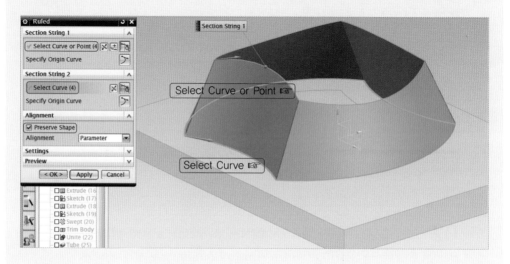

2 ▨Ruled → Section String 1 → Select Curve or Point → Section String 2 → Select Curve → Alignment → □Preserve Shape(□체크 해제) → OK

Note | ▨Ruled는 2개의 곡선을 선택할 수 있다. 그림처럼 Select Curve or Point를 1개 곡선으로 선택하고 Select Curve는 3개 곡선으로 선택하여 Ruled한다.

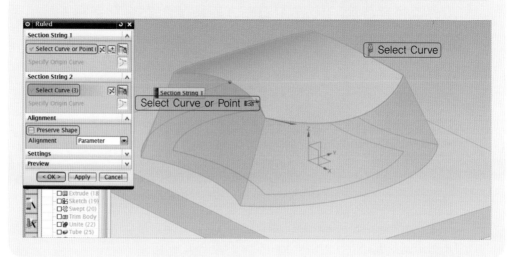

5 ▶▶ Sew(잇기) 모델링하기

01 ≫ Home → Feature → More▼ → Combine(결합) → 📖 Sew(잇기)

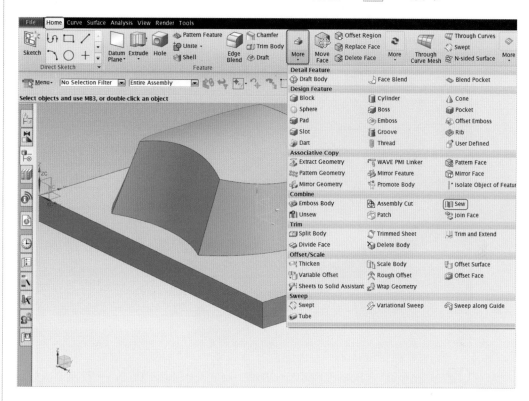

02 ≫ Type → Sheet → Target → Select Sheet Body → Tool → Select Sheet Body → OK

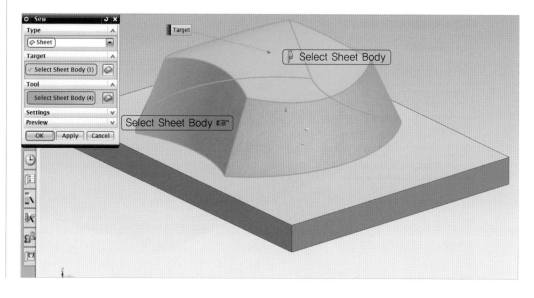

6 ▶▶ Patch(패치) 모델링

01 » Home → Feature → More▼ → Combine(결합) → 🗔Patch(패치)

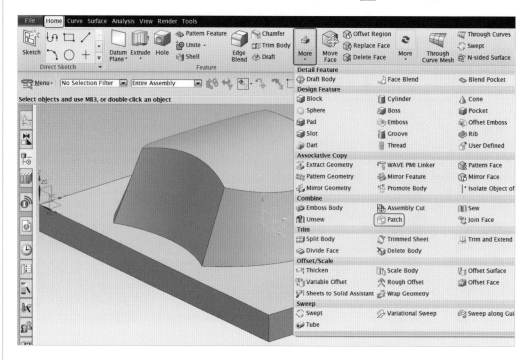

02 » Target → Select Body → Tool → Select Sheet Body → Tool Direction Face → Select Face → OK

> Note 그림처럼 🗔Patch(패치)에서 먼저 Target(타겟)으로 솔리드를 선택, Tool(툴) 시트를 선택하고 Tool Direction Face(패치 방향)를 솔리드 방향으로 선택한다.

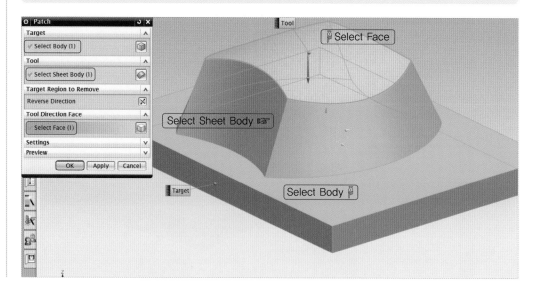

⑦ ▶▶ Offset Surface(옵셋 곡면) 모델링하기

Home → Feature → More▼ → Offset/Scale(옵셋/배율) → 🔲Offset Surface(옵셋
곡면) → Face to Offset → Select Face → Offset 3 → OK

Note 그림처럼 Face(면)를 ↓방향으로 Offset 3 한다.

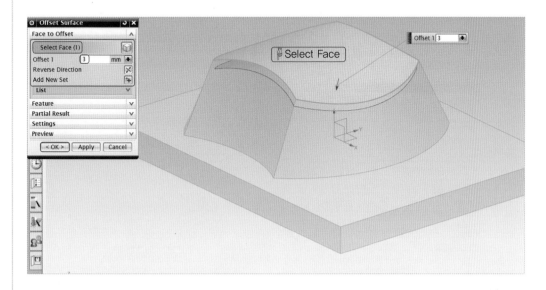

⑧ ▶▶ 돌출 모델링하기

01 ›› 그림처럼 '제2데이텀 좌표계' XY 평면에 스케치하여 치수를 입력하고 구속 조건
은 곡선상의 점으로 구속, 도면을 참조하여 Pattern Curve(패턴 곡선)한다.

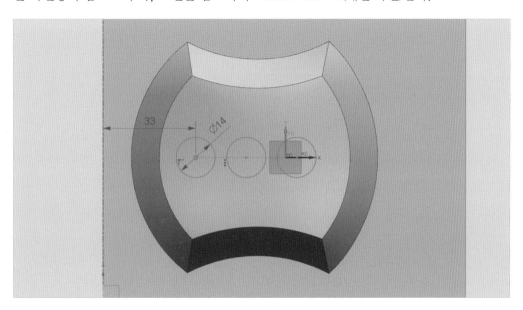

02 >> ▣Extrude(X) → Section → Select Curve → Limits →

Start : Until Selected(선택까지) → Select Object	→ Boolean → 🔲Subtract(빼기)
End : Value → Distance 30	

→ Select Body → OK

Note 돌출 시작점을 Start의 Until Selected(선택까지)에 Select Object부터 🔲Subtract(빼기)한다.

시트 바디 선택 → Ctrl+W → [Solid Bodies] ➕➖ 마이너스 선택 → 시트 바디 선택 → Ctrl+W → [Solid Bodies] ➕➖ 플러스 선택 → Close

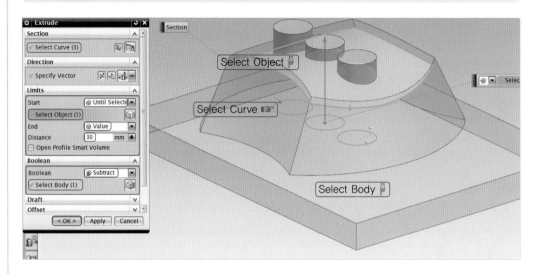

03 >> 그림처럼 '제2데이텀 좌표계' XY 평면에 스케치하여 구속 조건은 곡선상의 점, 중간점으로 구속, 치수를 입력한다.

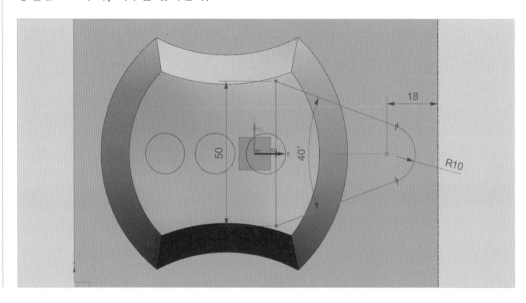

04 >> ▥ Extrude(돌출) → Section → Select Curve → Limits →

Start : Value → Distance 0	→ Boolean → None(없음) → Draft → From Start
End : Value → Distance 20	

Limit(시작 한계로부터) → Angle 15° → OK

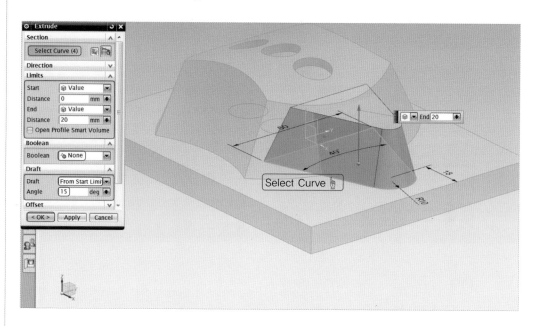

9 ▶▶ 바디 트리밍하기

01 >> 그림처럼 '제2데이텀 좌표계' XZ 평면에 교차 곡선, 점, 원호을 스케치하여 구속 조건은 곡선상의 점으로 구속, 치수를 입력한다.

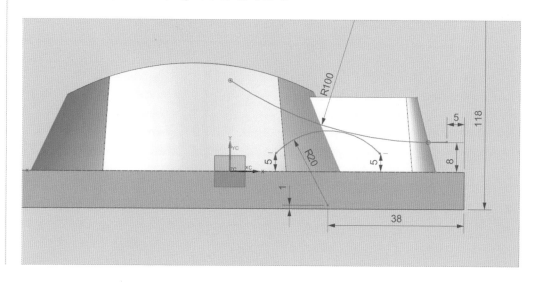

02 >> Surface → Surface → ◈Swept(스웹) → Sections → Select Curve → Guides → Select Curve(모서리) → OK

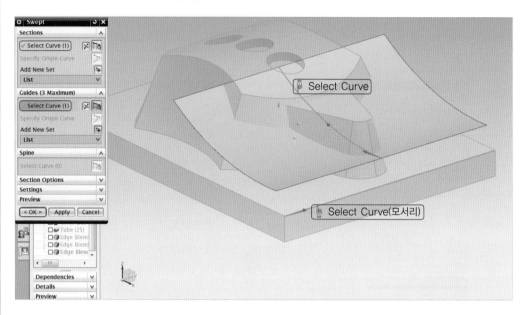

03 >> Home → Feature → ▭Trim Body(바디 트리밍) → Target → Select Body → Tool → Select Face or Plane → OK

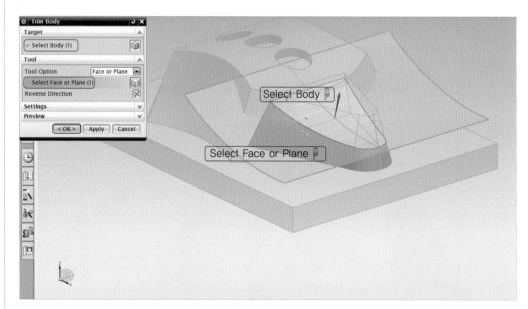

(10) ▶▶ 결합하기

Home → Feature → 🔷Unite(결합) → Target → Select Body → Tool → Select Body → OK

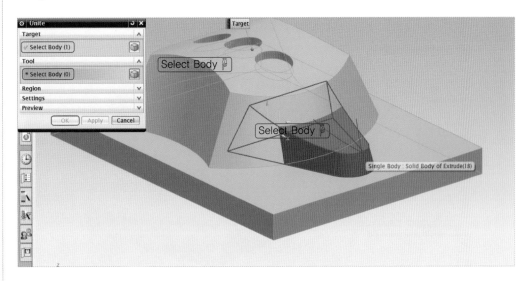

(11) ▶▶ Tube(튜브)하기

01 ≫ Surface → Surface → More▼ → Sweep(스웹) → Tube(튜브)

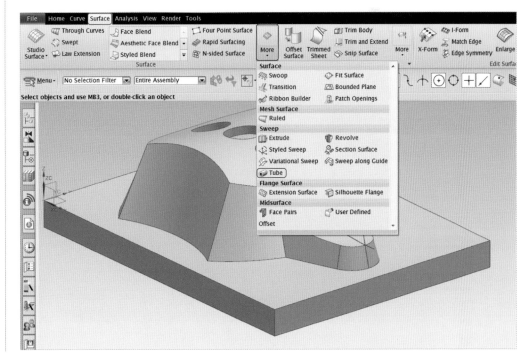

02 >> Tube(튜브) → Path → Select Curve → Cross Section → Outer Diameter(바깥지름) 10 → Inner Diameter(안지름) 0 → Boolean → 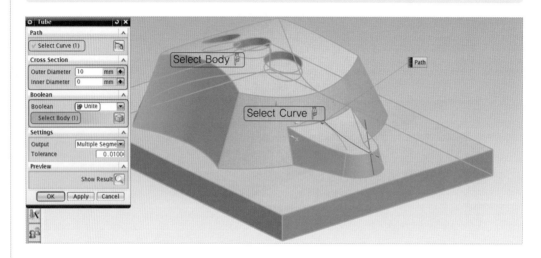Unite(결합) → Select Body → OK

> Note 옵션으로 바깥지름과 안지름을 지정하여 파이프를 생성하며, 안지름에 0을 입력하면 속이 찬 솔리드가 된다.

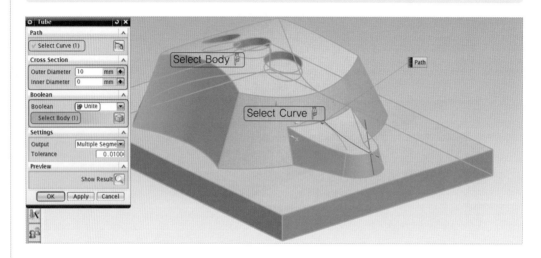

(12) ▶▶ Edge Blend(모서리 블렌드) 모델링하기

01 >> Home → Feature → Edge Blend(모서리 블렌드) → Edge to Blend → Select Edge → Radius 2 → Apply

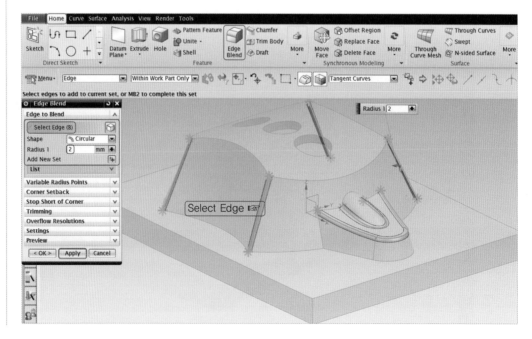

02 >> Edge to Blend → Select Edge → Radius 2 → Apply

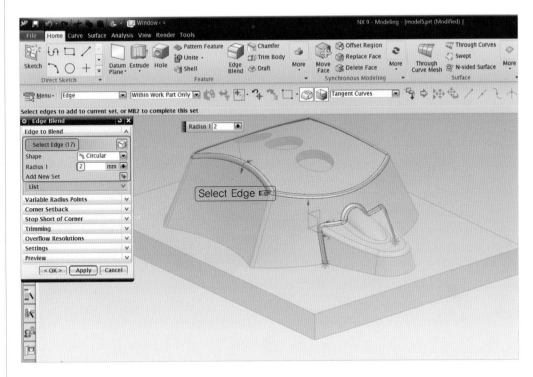

03 >> Edge to Blend → Select Edge → Radius 1 → OK

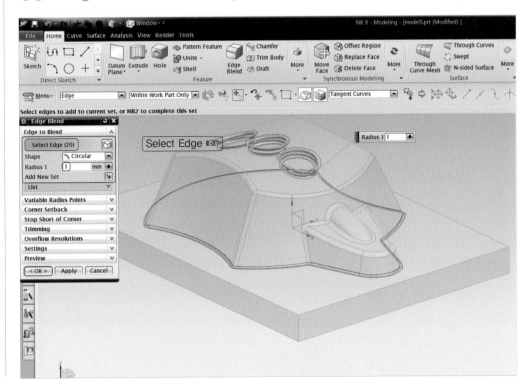

⑬ ▶▶ 완성된 모델링

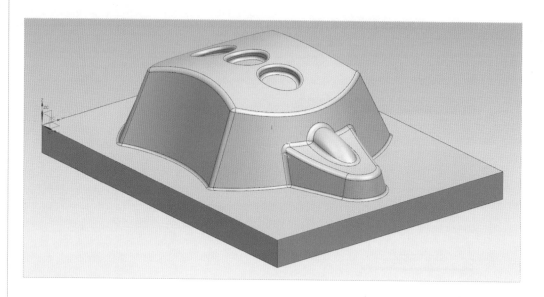

전화기 모델링 17

2D필렛(가)과 3D필렛(나)의 구분 예

(가)

(나)

도시되고 지시 없는 모든 필렛 R=1

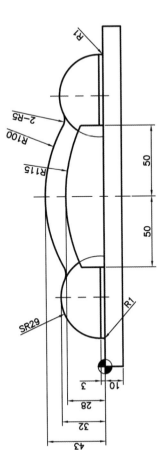

17 전화기 모델링 17

1 ▶▶ 베이스 블록 모델링하기

01 >> 그림처럼 XY 평면에 스케치하고 구속 조건은 동일 직선상으로 구속, 치수를 입력한다.

02 >> ⬛Extrude(돌출) → Section → Select Curve → Limits →

Start : Value → Distance 0
End : Value → Distance 10

→ OK

Note Curve(곡선)를 선택하고 벡터 방향을 아래쪽으로 ☒Reverse Direction(방향 반전)한다.

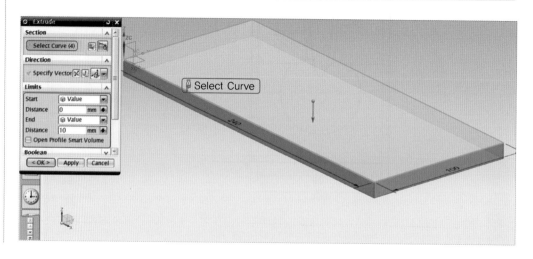

② ▶▶ 데이텀 좌표계 생성 '제2데이텀 좌표계'

Home → Feature → Datum Plane▼ → ⟪Datum CSYS(데이텀 좌표계) → Manipulator → Specify Orientation → Manipulator → Coordinates(좌표) → X 120 → Y 50 → Z 0 → OK

> **Note** 모델링할 때 편리성을 주기 위해 ⟪Datum CSYS의 명령어로 데이텀 좌표계를 생성한다.

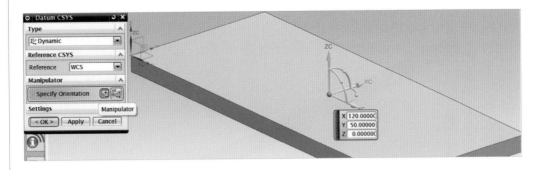

③ ▶▶ **Combined Projection(결합한 투영)하기**

01 ≫ 그림처럼 '제2데이텀 좌표계' XY 평면에 스케치하여 구속 조건은 중간점, 곡선상의 점으로 구속, 치수를 입력한다.

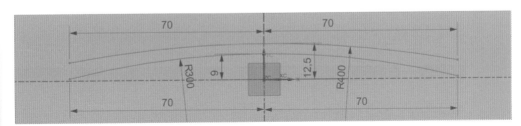

02 ≫ 그림처럼 '제2데이텀 좌표계' XZ 평면에 스케치하여 구속 조건은 중간점, 곡선상의 점으로 구속, 치수를 입력한다.

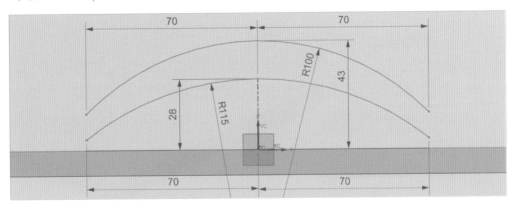

03 ›› Curve → Derived Curve▼

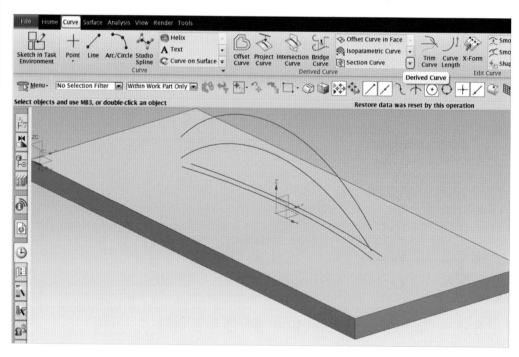

04 ›› 🏃Combined Projection(결합한 투영) → Curve 1 → Select Curve → Curve 2 → Select Curve → Apply

Note 그림처럼 🏃Combined Projection(결합한 투영)에서 Curve(곡선)를 각각 선택한다.

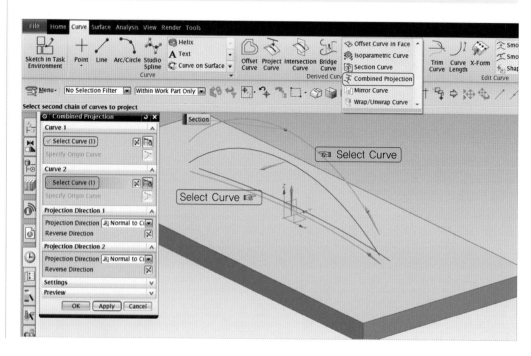

05 >> Curve 1 → Select Curve → Curve 2 → Select Curve → OK

Note 그림처럼 🖾Combined Projection(결합한 투영)에서 Curve(곡선)를 각각 선택한다.

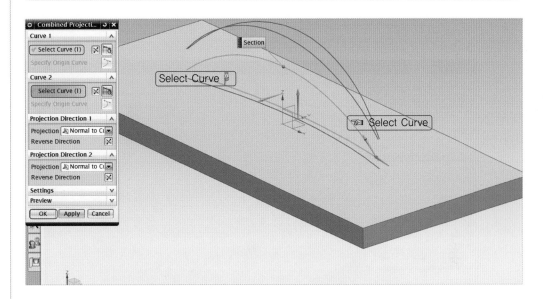

④ ▶▶ **Mirror Curve(대칭)하기**

01 >> Curve → Derived Curve▼

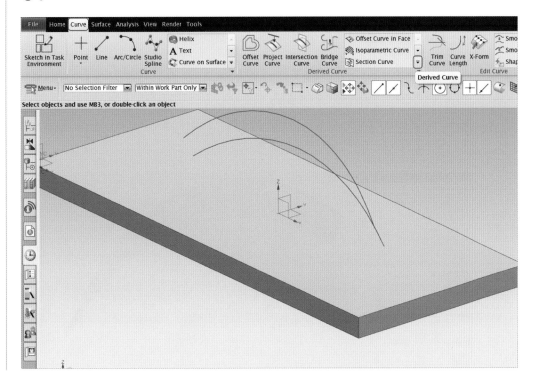

02 >> 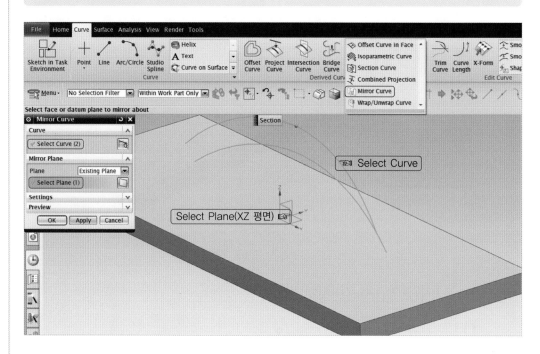Mirror Curve(대칭) → Curve → Select Curve → Mirror Plane → Select Plane(XZ 평면) → OK

Note 그림처럼 Mirror Curve(대칭)에서 Curve(곡선)를 선택하고, XZ 평면을 기준으로 Mirror Curve(대칭)한다.

⑤ ▶▶ Ruled 곡면 모델링하기

Surface → Surface → More▼ → Mesh Surface(메시 곡면) → Ruled → Section String 1 → Select Curve or Point → Section String 2 → Select Curve → Apply

Note Ruled는 2개의 곡선을 선택할 수 있다. 그림처럼 곡선의 벡터 방향은 같은 방향으로 한다. 같은 방법으로 나머지 Ruled를 3개 한다.

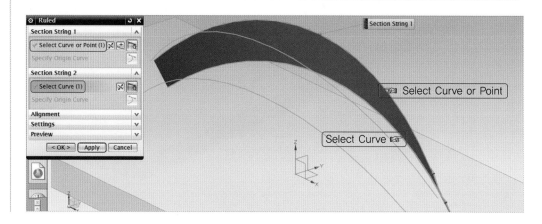

6 ▶▶ Bounded Plane(경계 평면) 모델링하기

01 ≫ Surface → Surface → More▼ → Surface(곡면) → 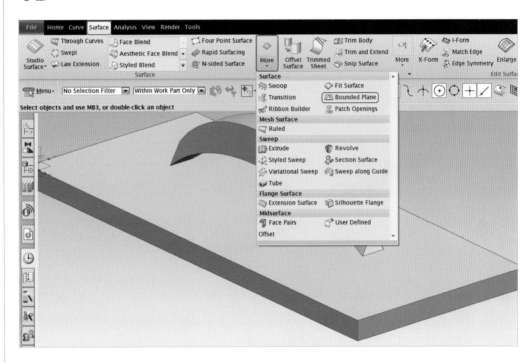 Bounded Plane(경계 평면)

02 ≫ Planar Section → Select Curve(시트 모서리) → OK

> Note   Curve를 하나하나 선택하면 에러가 발생하나 Curve를 모두 선택하여 닫힌 Curve가 되면 에러가 없어진다. 반대편에도 같은 방법으로 Bounded Plane(경계 평면)한다.

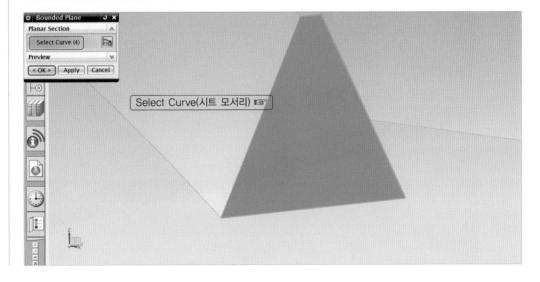

7 ▶▶ Sew(잇기) 모델링하기

01 >> Home → Feature → More▼ → Combine(결합) → 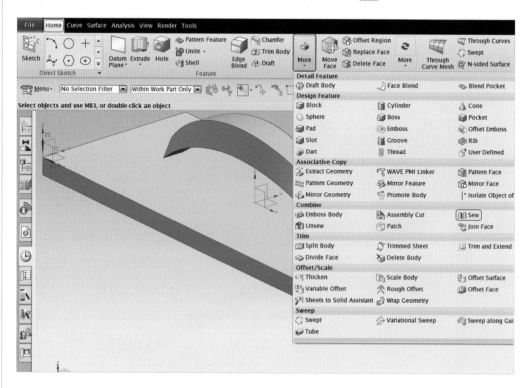Sew(잇기)

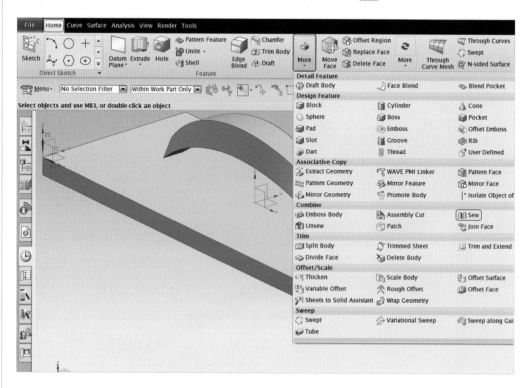

02 >> Type → Sheet → Target → Select Sheet Body → Tool → Select Sheet Body → OK

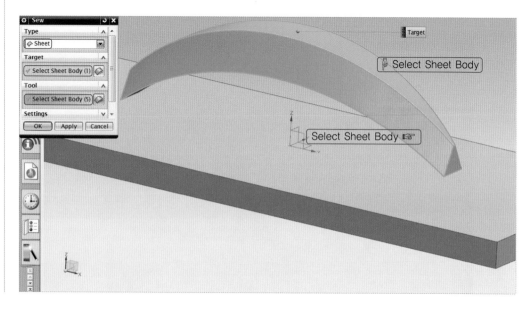

⑧ ▶▶ 원통 돌출 및 회전 모델링하기

01 >> 그림처럼 XY 평면에서 거리 3인 스케치 평면을 생성하고 스케치를 작성하여 구속 조건은 곡선상의 점으로 구속하고, 치수를 입력한다.

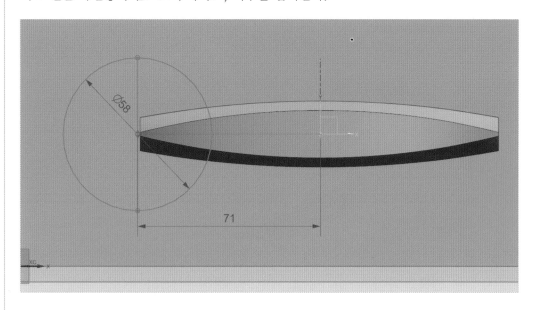

02 >> ▣Extrude(돌출) → Section → Select Curve → Limits →

Start : Value → Distance 0	→ Boolean → 🔘Unite(결합) → Select Body → OK
End : Value → Distance 3	

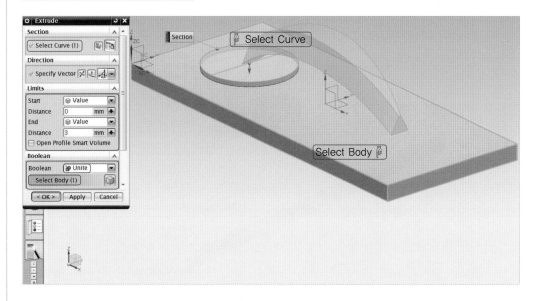

03 >> Revolve(회전) → Section → Select Curve → Axis → Specify Vector → Limits →

Start : Value → Angle 0
End : Value → Angle 180

→ Boolean → Unite(결합) → Select Body → OK

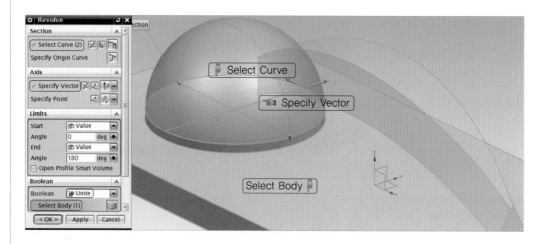

(9) ▶▶ 원통과 구 Mirror Feature(대칭 특징 형상)하기(대칭 복사)

01 >> Home → Feature → More▼ → Associative Copy(연관 복사) → Mirror Feature(대칭 특징 형상)

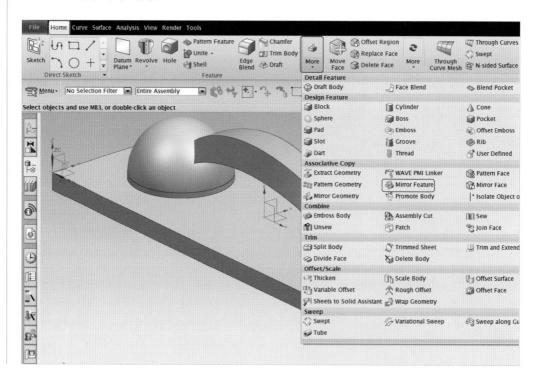

02 >> Features to Mirror → Select Feature → Mirror Plane → Plane → New Plane → Specify Plane('제2데이텀 좌표계' YZ) → OK

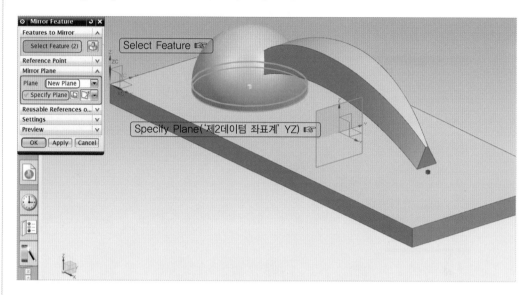

(10) ▶▶ Intersection Curve(교차 곡선) 그리기

그림처럼 '제2데이텀 좌표계' XZ평면 → Intersection Curve(교차 곡선) → Select Face → OK

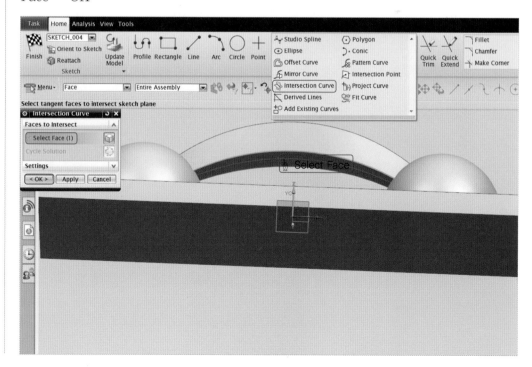

⑪ ▶▶ Swept(스웹) 모델링하기

Surface → Surface → 🔷Swept(스웹) → Sections → Select Curve → Guides → Select Curve(모서리) → OK

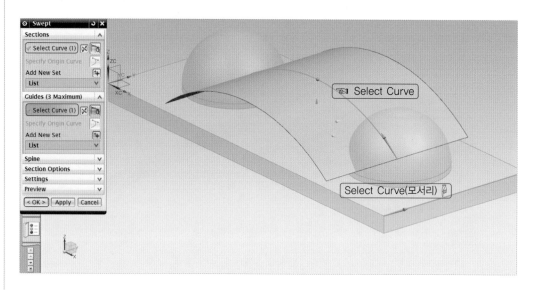

⑫ ▶▶ 돌출 모델링하기

01 ≫ 그림처럼 '제2데이텀 좌표계' XY 평면에 스케치하여 구속 조건은 중간점으로 구속, 치수를 입력한다.

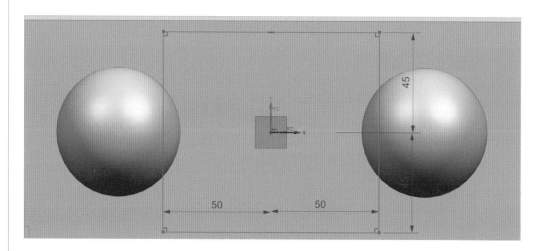

02 ›› 🔲Extrude(돌출) → Section → Select Curve → Limits →

| Start : Value → Distance 0 | → Boolean → 🔧Unite(결합) → |
| End : Until Selected(선택까지) → Select Object | |

Select Body → OK

> Note   End의 Until Selected를 사용하여 Select Object(옵셋 곡면)까지 돌출한다.

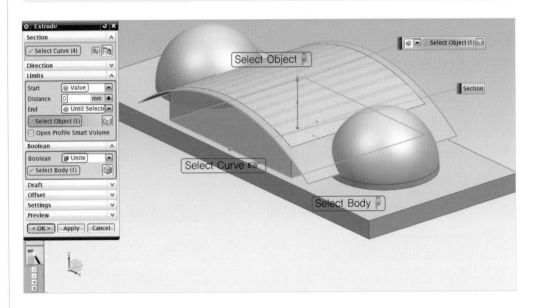

(13) ▶▶ 결합하기

Home → Feature → 🔧Unite(결합) → Target → Select Body → Tool → Select Body → OK

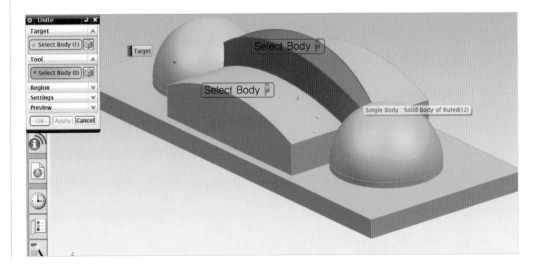

⑭ ▶▶ Edge Blend(모서리 블렌드) 모델링하기

01 ≫ Home → Feature → 🔲Edge Blend(모서리 블렌드) → Edge to Blend → Select Edge → Radius 3 → Apply

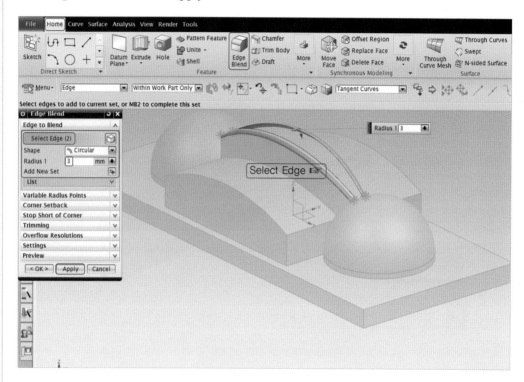

02 ≫ Edge to Blend → Select Edge → Radius 5 → Apply

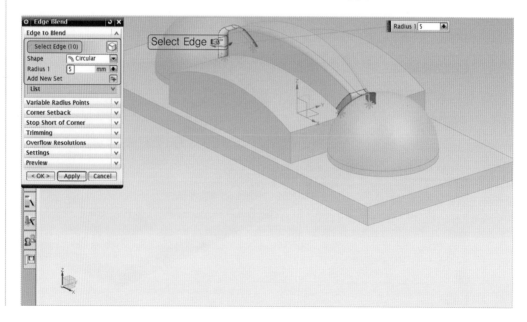

03 >> Edge to Blend → Select Edge → Radius 1 → Apply

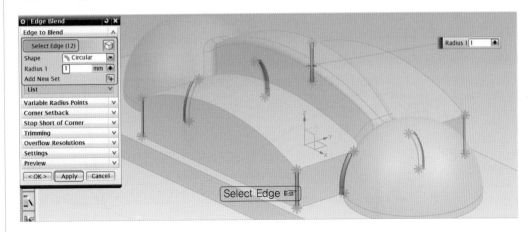

04 >> Edge to Blend → Select Edge → Radius 1 → OK

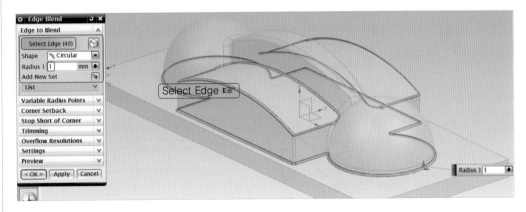

15 ▶▶ 완성된 모델링

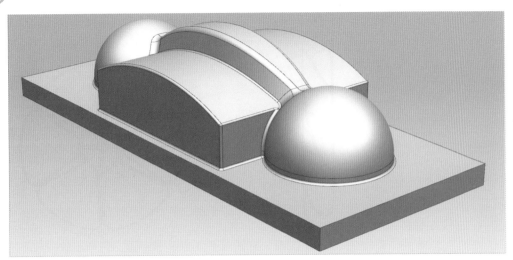

284 • NX 9.0

18 회전 날개 모델링 18

1 ▶▶ 돌출 모델링하기

01 ›› 그림처럼 XY 평면에 스케치하고 구속 조건은 일치 구속, 치수를 입력한다.

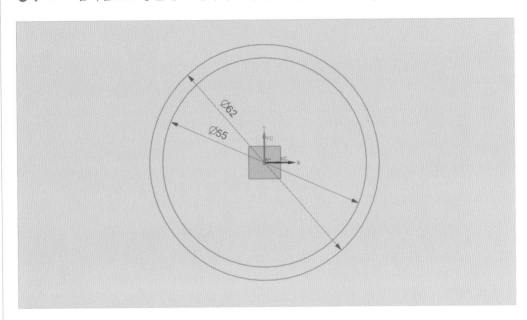

02 ›› 📖Extrude(돌출) → Section → Select Curve → Limits →

Start : Value → Distance −1 → OK

End : Value → Distance 41

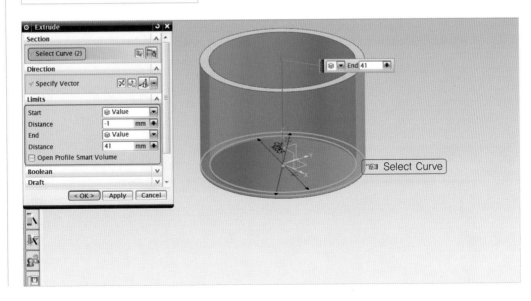

② ▶▶ 돌출 모델링하기

01 >> 그림처럼 XY 평면에 스케치하여 구속 조건은 동심원으로 구속하고, 치수를 입력한다.

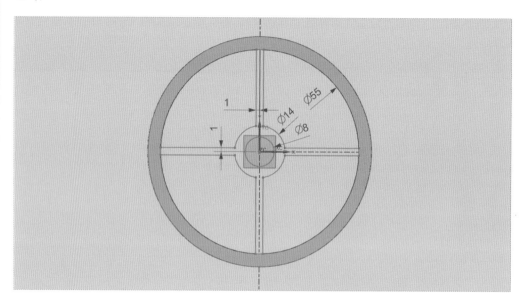

02 >> ▦Extrude(돌출) → Section → Select Curve → Limits →

| Start : Value → Distance 5 | → Boolean → ⬚Unite(결합) → Select Body → OK |
| End : Value → Distance 35 | |

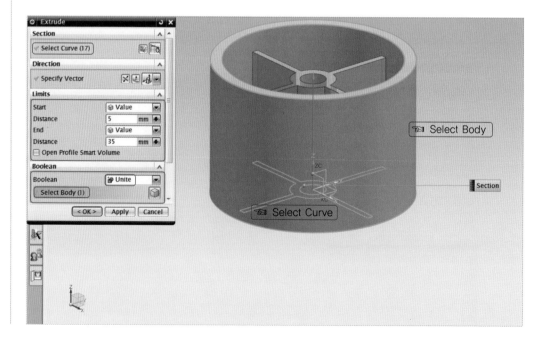

③ ▶▶ 원통 Sheet(시트) 모델링하기

01 ≫ 그림처럼 XY 평면에 스케치하여 구속 조건은 일치 구속하고, 치수를 입력한다.

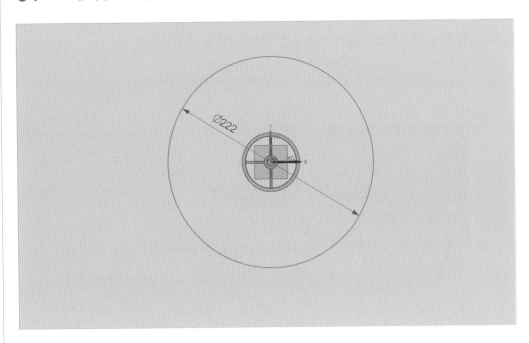

02 ≫ ◻Extrude(돌출) → Section → Select Curve → Limits →

Start : Value → Distance 0
End : Value → Distance 40

→ Settings → Body Type → Sheet(시트) → OK

Note ◻Extrude(돌출)는 솔리드와 시트를 생성할 수 있다.

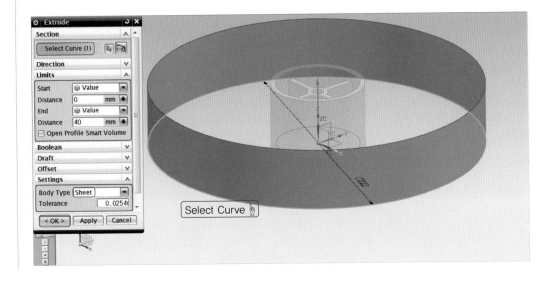

④ ▶▶ 회전 날개 모델링하기

❶ 스케치하기

01 >> 그림처럼 YZ 평면에서 거리 111인 스케치 평면을 생성하여 스케치하고 구속 조건은 원호 끝점과 X축 선상의 점으로 구속, 치수를 입력한다.

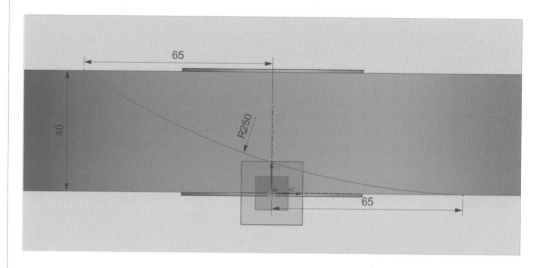

02 >> 그림처럼 YZ 평면에서 거리 31인 스케치 평면을 생성하여 스케치하고 구속 조건은 원호 끝점과 X축 선상의 점으로 구속, 치수를 입력한다.

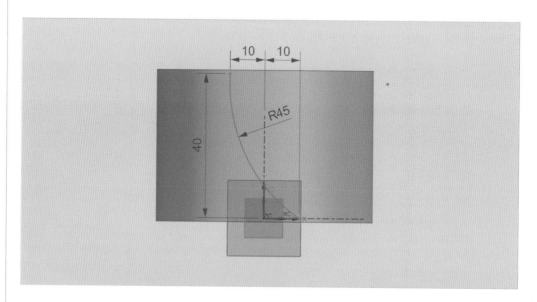

❷ Project Curve(투영)하기

01 >> Curve → Derived Curve → ⬚ Project Curve(투영) → Curves or Points to Project → Select Curve or Point → Objects to Project To → Select Object → Apply

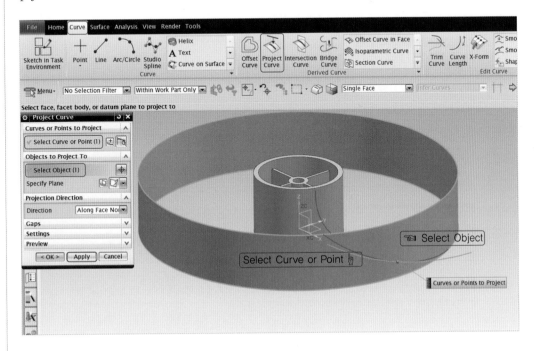

02 >> ⬚ Project Curve(투영) → Curves or Points to Project → Select Curve or Point → Objects to Project To → Select Object → OK

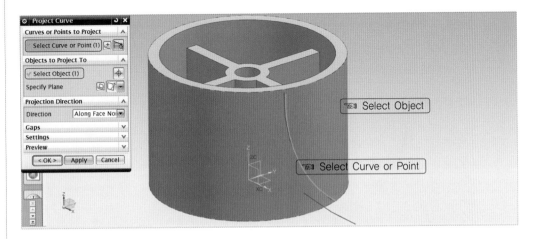

❸ Ruled 모델링하기

Surface → Surface → More▼ → Mesh Surface(메시 곡면) → 🔲Ruled → Section
String 1 → Select Curve or Point → Section String 2 → Select Curve → Apply

Note 🔲Ruled는 2개의 곡선을 선택할 수 있다. 그림처럼 곡선의 벡터 방향은 같은 방향으로
한다.

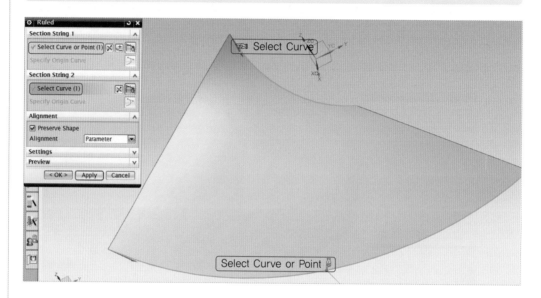

❹ Trim and Extend(트리밍 및 연장)하기(시트 연장)

01 >> Home → Feature → More▼ → Trim(트리밍) → 🔲Trim and Extend(트리밍
및 연장)

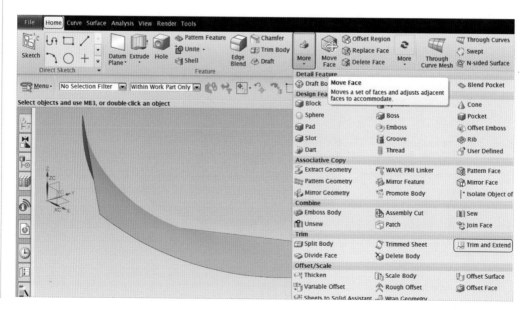

02 >> Edge to Move → Select Edge → Extension → Distance 3 → OK

Note 날개를 본체에 완전히 결합하기 위해 시트를 연장하여 본체에 묻히도록 한다.

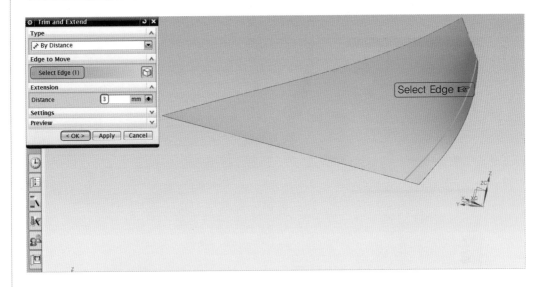

⑤ **Thicken(두께 주기)**

01 >> Home → Feature → More▼ → Offset/Scale(옵셋/배율) → Thicken(두께 주기)

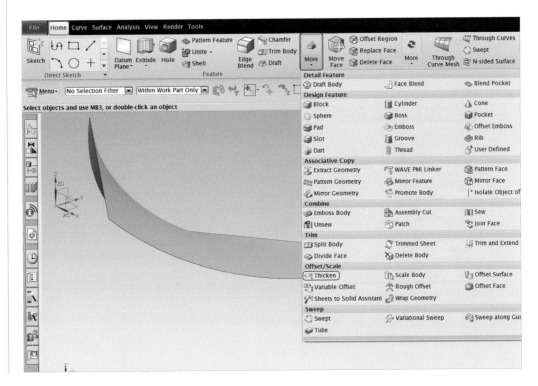

02 >> Face → Select Face → Thickness → Offset 1 : −1.25 → Offset 2 : 1.25 → OK

Note 시트(서피스)에 두께를 주어 솔리드로 만든다.

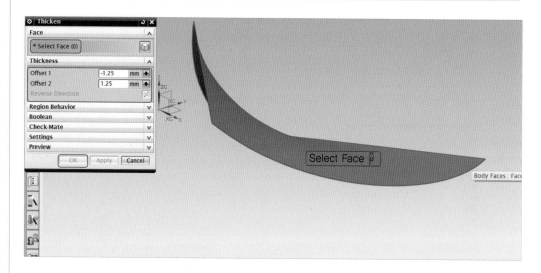

⑥ Edge Blend(모서리 블렌드) 모델링하기

Home → Feature → 🔳Edge Blend(모서리 블렌드) → Edge to Blend → Select Edge → Radius 15 → OK

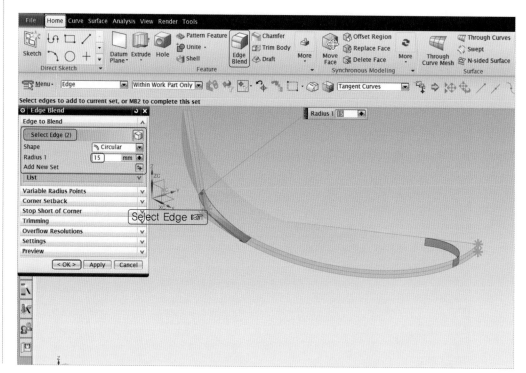

⑤ ▶▶ 인스턴스 지오메트리(회전 복사)하기

01 >> Home → Feature → More▼ → Associative Copy(연관 복사) → ▦Pattern Geometry(패턴 지오메트리)

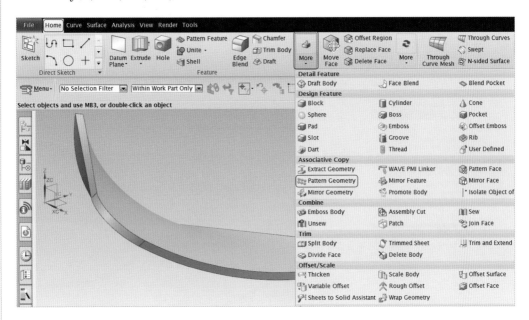

02 >> Geometry to Pattern → Select Object → Pattern Definition → Layout → Circular → Specify Vector(데이텀 Z축) → Angular Direction → Spacing → Count and Pitch Angle → Count 6 → Pitch Angle 360/6° → OK

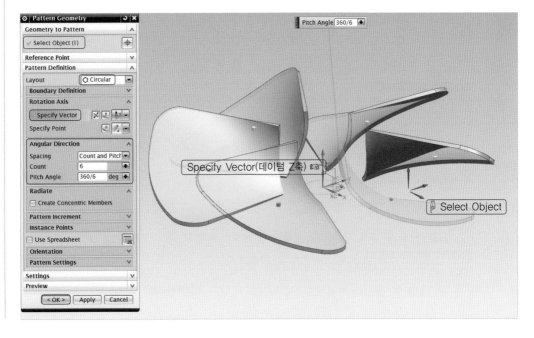

6 ▶▶ 결합하기

Home → Feature → 🔩Unite(결합) → Target → Select Body → Tool → Select Body → OK

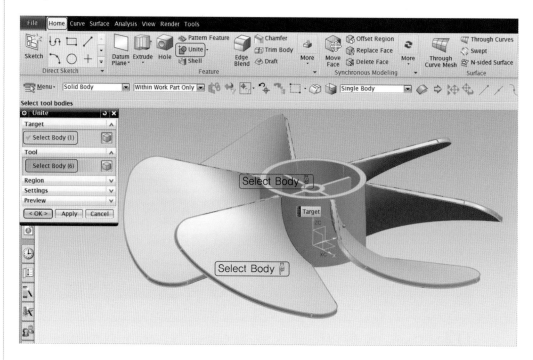

7 ▶▶ Edge Blend(모서리 블렌드) 모델링하기

01 >> Home → Feature → 🔩Edge Blend(모서리 블렌드) → Edge to Blend → Select Edge → Radius 1 → Apply

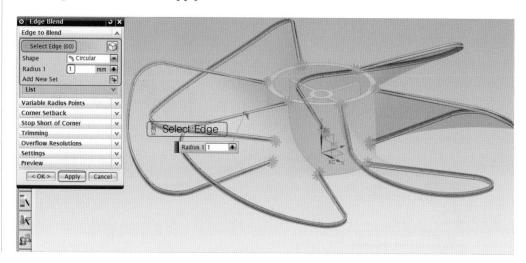

02 >> Edge to Blend → Select Edge → Radius 1 → OK

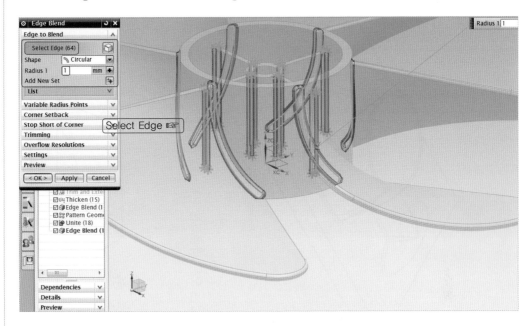

8 ▶▶ 완성된 모델링

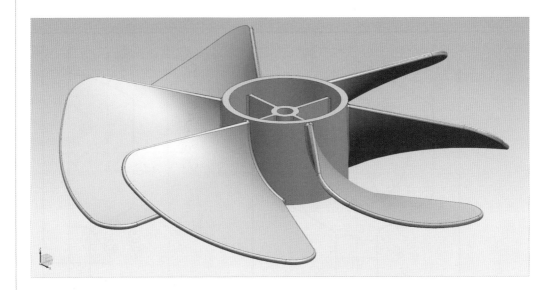

지시 없는 모든 라운드는 R1

19 스웹 모델링 19

① ▶▶ 베이스 블록 모델링하기

01 >> 그림처럼 XY 평면에 스케치하여 치수를 입력하고 구속 조건은 일치, 수평, 접점으로 구속, 치수를 입력한다. 원호를 참조로 변환한다.

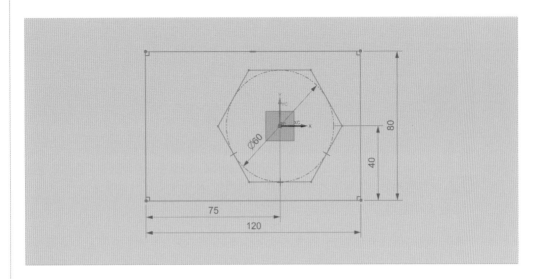

02 >> ⬜Extrude(돌출) → Section → Select Curve → Limits →

Start : Value → Distance 0 → OK
End : Value → Distance 10

Note Curve(곡선)를 선택하고 벡터 방향을 아래쪽으로 ☒Reverse Direction(방향 반전)한다.

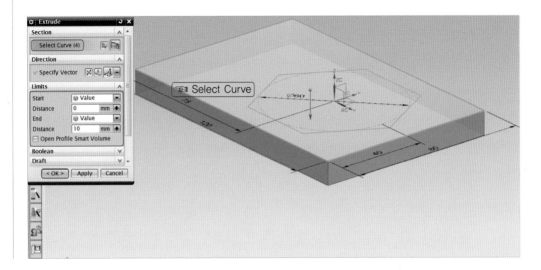

② ▶▶ Swept(스웹) 모델링하기

01 >> 그림처럼 XY에서 거리 25인 스케치 평면을 생성하여 스케치하고 구속 조건은 동심원 구속, 치수를 입력한다.

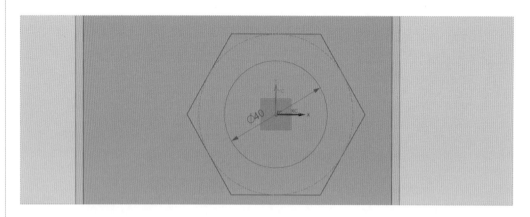

02 >> 그림처럼 YZ 평면에 교차점을 작도하여 교차점과 교차점에 원호 끝점을 연결하고 치수를 입력한다.

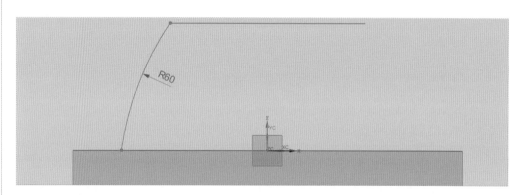

03 >> 그림처럼 XZ 평면에 교차점을 차점을 작도하여 교차점과 교차점에 원호 끝점을 연결하고 치수를 입력한다. Z축을 중심으로 Mirror(대칭 복사)한다.

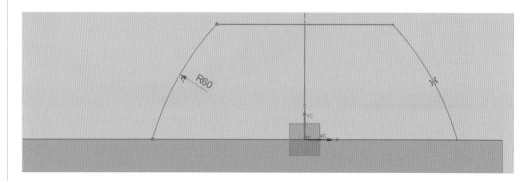

04 >> Surface → Surface → 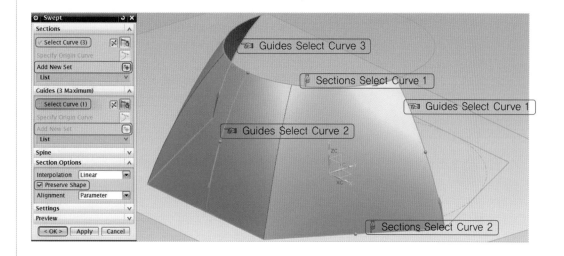Swept(스웹) → Sections → Select Curve 1 → Add New Set → Select Curve 2 → Guides → Select Curve 1 → Add New Set → Select Curve 2 → Add New Set → Select Curve 3 → Section Options → ☑Preserve Shape → OK

Note 그림처럼 단면 곡선(위, 아래) 2개를 선택하고, 가이드 곡선 3개를 선택하여 벡터 방향은 같은 방향으로 설정하고, Preserve Shape에 ☑체크한다.

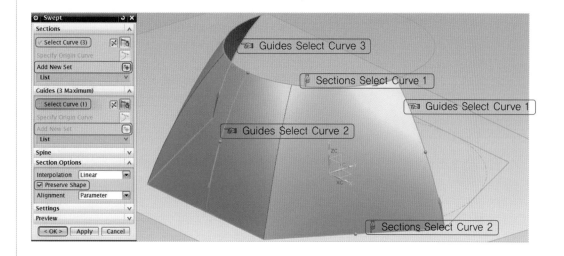

③ ▶▶Mirror Feature(대칭 특징 형상)하기(대칭 복사)

Home → Feature → More▼ → Associative Copy(연관 복사) → 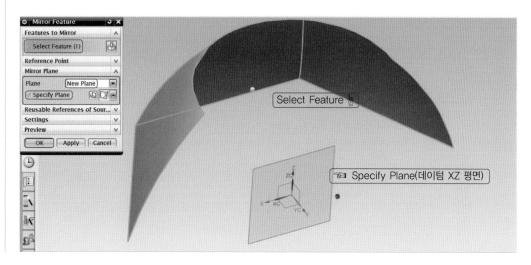Mirror Feature(대칭 특징 형상) → Features to Mirror → Select Feature → Mirror Plane → Plane → New Plane → Specify Plane(데이텀 XZ 평면) → OK

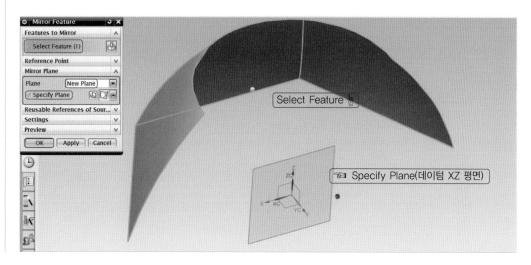

④ ▶▶ Bounded Plane(경계 평면) 모델링하기

Surface → Surface → More▼ → Surface(곡면) → 📖Bounded Plane(경계 평면) →
Planar Section → Select Curve(시트 모서리) 또는 곡선 → OK

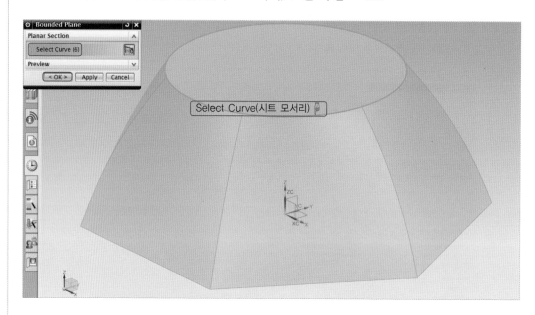

⑤ ▶▶ Sew(잇기) 모델링하기

Home → Feature → More▼ → Combine(결합) → ▥Sew(잇기) → Type → Sheet →
Target → Select Sheet Body → Tool → Select Sheet Body → OK

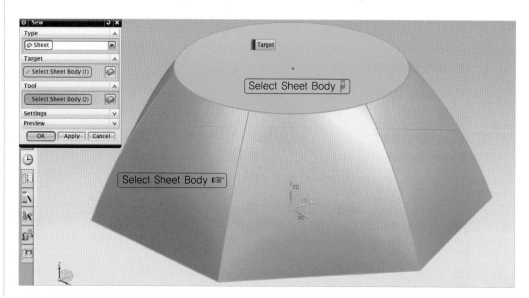

6 ▶▶ Patch(패치) 모델링하기

Home → Feature → More▼ → Combine(결합) → 🔲Patch(패치) → Target → Select Body → Tool → Select Sheet Body → Tool Direction Face → Select Face → OK

Note 그림처럼 🔲Patch(패치)에서 먼저 Target(타겟)으로 솔리드를 선택, Tool(툴) 시트를 선택하고 Tool Direction Face(패치 방향)를 솔리드 방향으로 선택한다.

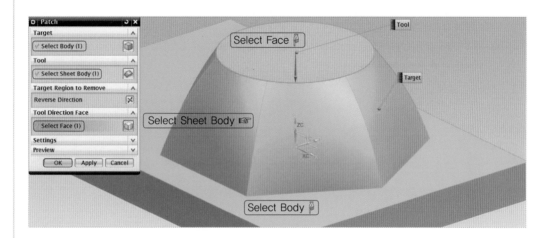

7 ▶▶ Sphere(구) 및 돌출 모델링하기

01 ≫ 그림처럼 XZ 평면에 스케치하여 구속 조건은 곡선상의 점으로 구속, 치수를 입력한다.

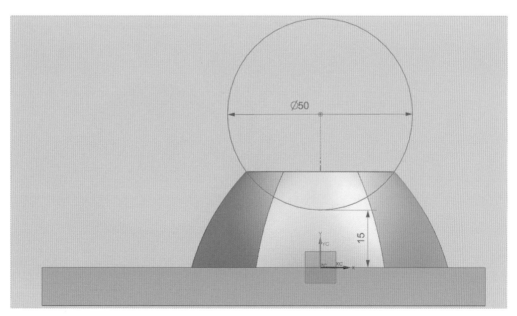

02 >> Home → Feature → More▼ → Design Feature(특징 형상 설계) → 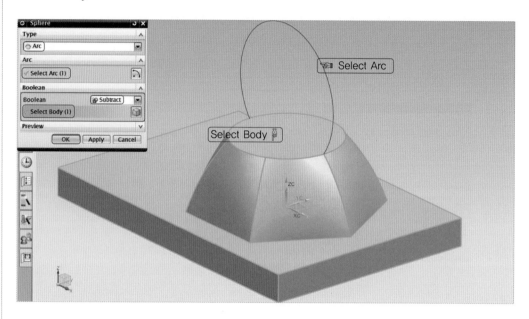 Sphere(구) → Type → Arc(원호) → Select Arc → Boolean → Subtract(빼기) → Select Body → OK

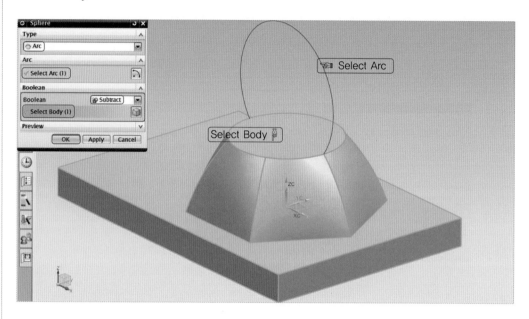

⑧ ▶▶ 회전 모델링하기

01 >> 그림처럼 XZ 평면에 스케치하여 구속 조건은 곡선상의 점으로 구속, 치수를 입력한다.

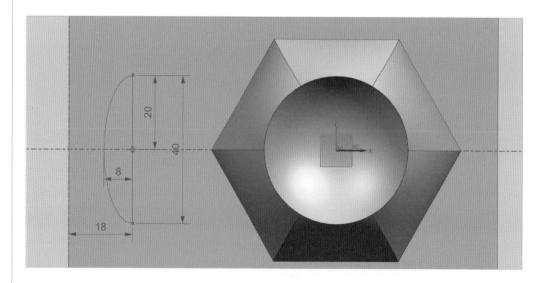

02 >> 📷Revolve(회전) → Section → Select Curve → Axis → Specify Vector → Limits

→ $\boxed{\begin{array}{l}\text{Start : Value} \rightarrow \text{Angle 0} \\ \text{End : Value} \rightarrow \text{Angle 180}\end{array}}$ → Boolean → 📷Unite(결합) → Select Body → OK

Note   Curve(곡선)를 선택하고 Y축을 지정한 후 📷Unite(결합)에서 바디를 선택한다.

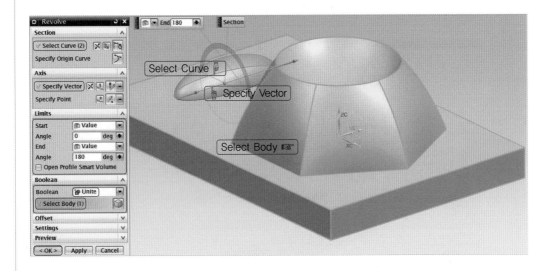

9 ▶▶ 돌출 모델링하기

01 >> 그림처럼 YZ 평면에 스케치하여 구속 조건은 곡선상의 점으로 구속, 치수를 입력한다.

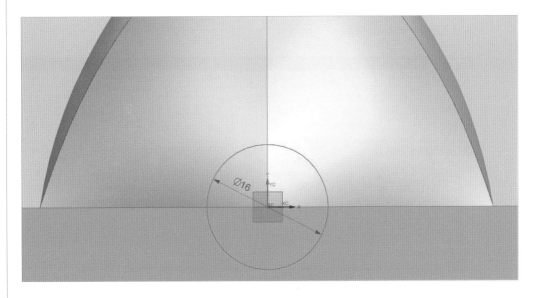

02 >> ▣Extrude(돌출) → Section → Select Curve → Limits →

| Start : Value → Distance 0 | → Boolean → ▣Unite(결합) → |
| End : Until Extended(연장까지) → Select Object | |

Select Body → OK

Note End의 Until Extended를 사용하여 Select Object까지 돌출한다.

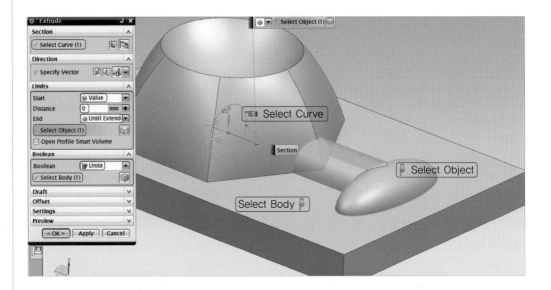

10 ▶▶ Edge Blend(모서리 블렌드) 모델링하기

01 >> Home → Feature → ▣Edge Blend(모서리 블렌드) → Edge to Blend → Se-
lect Edge → Radius 5 → Apply

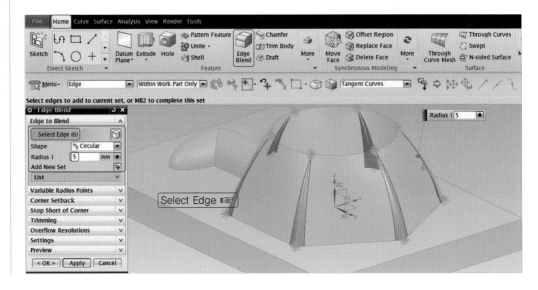

02 >> Edge to Blend → Select Edge → Radius 2 → Apply

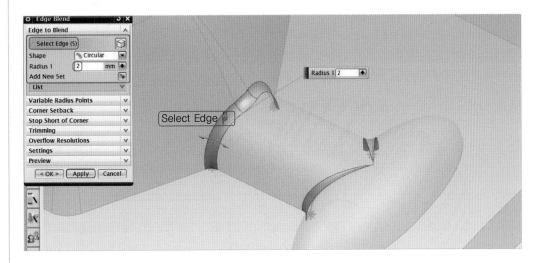

03 >> Edge to Blend → Select Edge → Radius 1 → OK

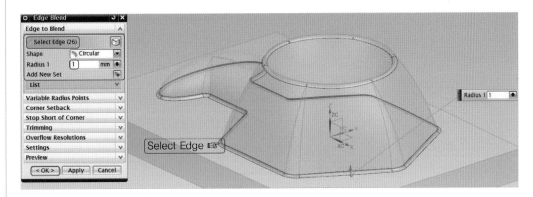

(11) ▶▶ **완성된 모델링**

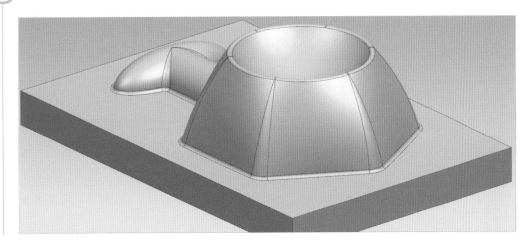

스퍼기어 요목표		표준
기어치형	치형	보통이
	모듈	2
공구	압력각	20°
잇수		36
피치원 지름		P.C.D∅72
전체 이 높이		4.5
다듬질 방법		호브절삭
정밀도		KS B 1405,5급

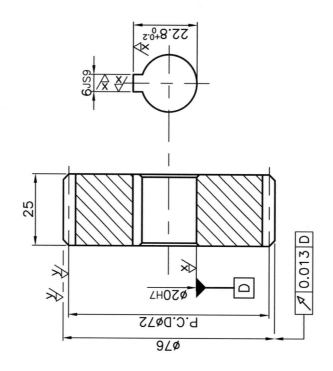

스퍼기어 모델링하기

1 ▶▶스케치하기

그림처럼 XZ 평면에 스케치하여 구속 조건은 일치, 동일 직선, 중간점으로 구속하고, 치수를 입력한다. 치형 원호를 Y축을 기준으로 대칭한다.

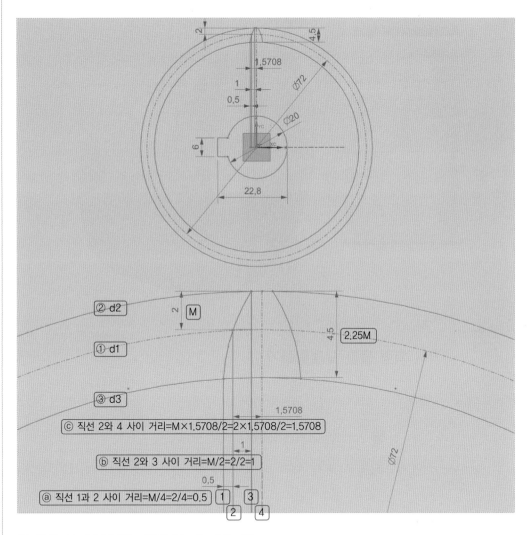

① 원호 d1=M(모듈)×Z(잇수)=2×36=72

② 원호 d2=원호 d1+M(모듈)×2=72+(2×2)=76

③ 원호 d3=원호 d2−(M(모듈)×2.25)×2=76−(2×2.25)×2=67

ⓐ 직선 1과 2 사이 거리=M/4=2/4=0.5

ⓑ 직선 2와 3 사이 거리=M/2=2/2=1

ⓒ 직선 2와 4 사이 거리=M×1.5708/2=2×1.5708/2=1.5708

② ▶▶ 원통 돌출 모델링하기

📖 Extrude(돌출) → Section → Select Curve → Limits →

| Start : Value → Distance 0 |
| End : Value → Distance 25 |

→ OK

Note 이뿌리 원통을 📖Extrude(돌출)한다.

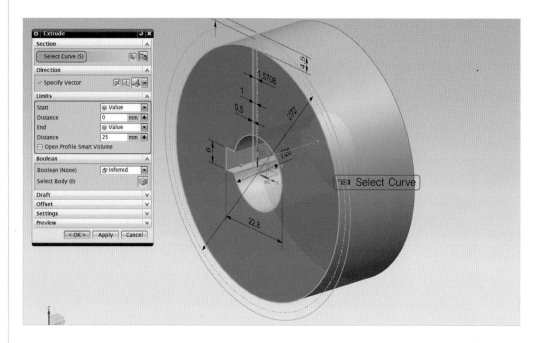

③ ▶▶ 기어 치형 돌출 모델링하기

📖 Extrude(돌출) → Section → Select Curve → Limits →

| Start : Value → Distance 0 |
| End : Value → Distance 25 |

→ Boolean → 🔂Unite(결합) → Select Body → OK

Note 기어 치형을 🔲Pattern Feature(패턴 특징 형상)하기 위해 🔂Unite(결합)를 선택하여 돌출한다.

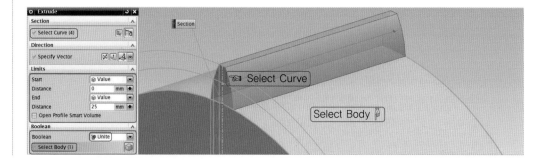

④ ▶▶ Chamfer(모따기) 모델링하기

01 ≫ Home → Feature → ◳Chamfer(모따기) → Edge → Select Edge → Offsets
→ | Cross Section → Symmetric(대칭) | → OK
| Distance 2 |

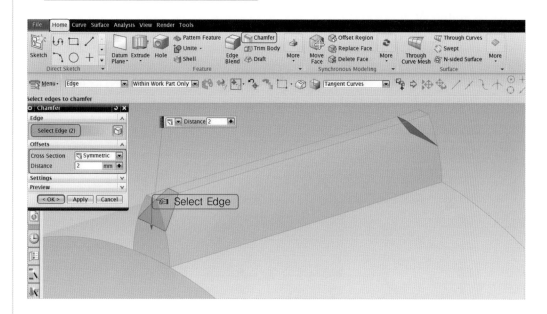

02 ≫ Edge → Select Edge → Offsets → | Cross Section → Symmetric(대칭) | → OK
| Distance 1 |

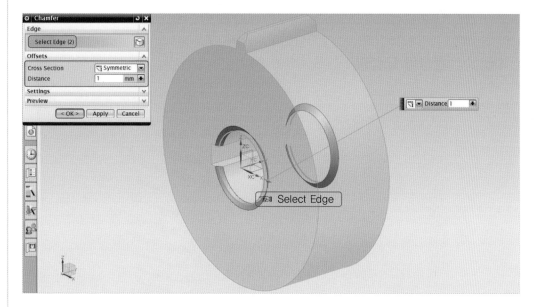

⑤ ▶▶ 기어 치형 회전 복사하기

Home → Feature → ◆Pattern Feature(패턴 특징 형상) → Feature to Pattern → Select Feature → Pattern Definition → Layout → Circular → Specify Vector(데이텀 Y축) → Angular Direction → Spacing → Count and Pitch Angle → Count 36 → Pitch Angle 10° → OK

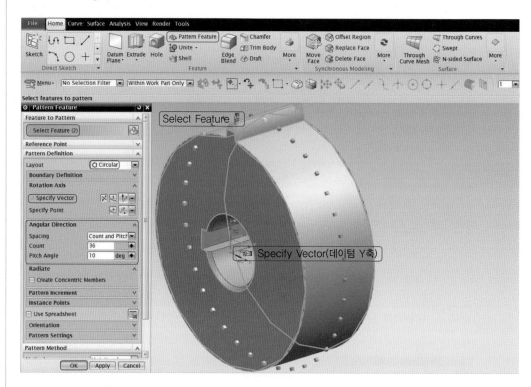

⑥ ▶▶ 완성된 모델링

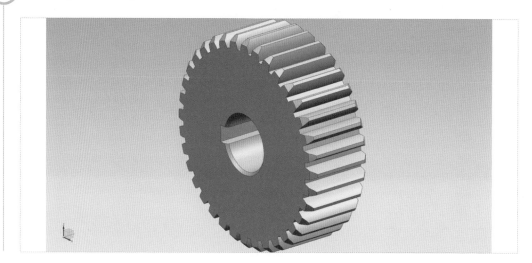

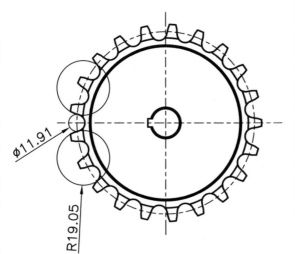

체인과 스프로킷 요목표		구분
종류	호칭	60
롤러체인	원주피치	19.05
	롤러외경	φ11.91
스프로킷	잇수	21
	피치원 지름	φ127.82
	이뿌리원 지름	φ115.91
	이뿌리 거리	115.55

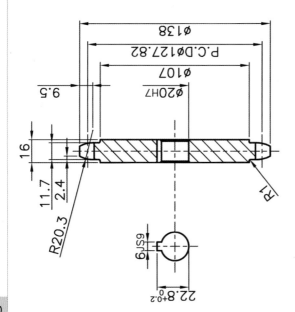

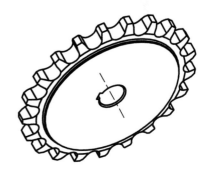

21 스프로킷 모델링하기

① ▶▶ 스케치하기

그림처럼 YZ 평면에 스케치하여 구속 조건은 동일 직선으로 구속하고, 치수를 입력하고 Z
축을 중심으로 대칭한다.

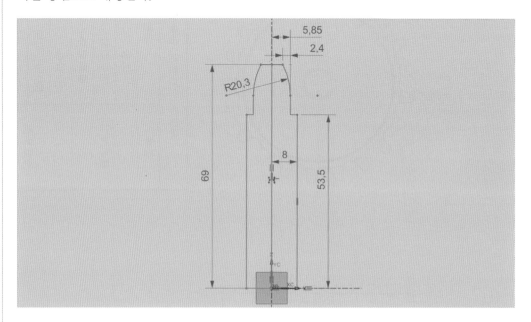

② ▶▶ 스케치하기

Revolve(회전) → Section → Select Curve → Axis → Specify Vector → Limits →

Start : Value → Angle 0 → OK
End : Value → Angle 360

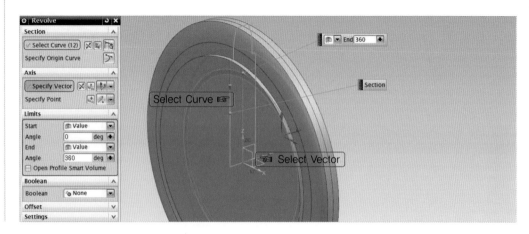

③ ▶▶ 스프로킷 치형 스케치하기

그림처럼 XZ 평면에 스케치하여 치수를 입력하고 구속 조건은 곡선상의 점으로 구속한다.
원호는 Z축을 중심으로 대칭한다.

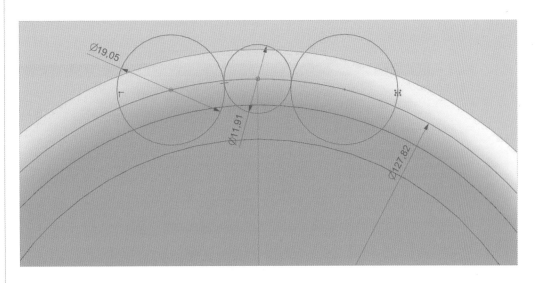

④ ▶▶ 스프로킷 치형 돌출 모델링하기

Extrude(돌출) → Section → Select Curve → Limits →

End : Symmetric Value(대칭값) → Boolean → Subtract(빼기) → Select Body → OK
Distance 8

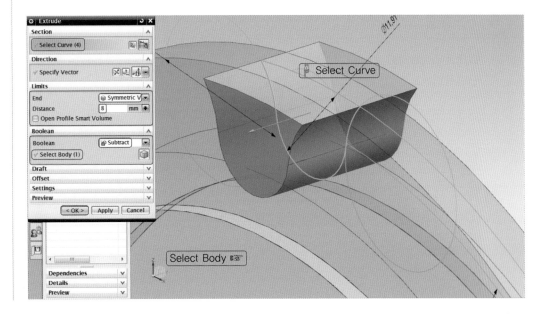

⑤ ▶▶ 스프로킷 치형 돌출 모델링하기

Home → Feature → Pattern Feature(패턴 특징 형상) → Feature to Pattern → Select Feature → Pattern Definition → Layout → Circular → Specify Vector(데이텀 Y축) → Angular Direction → Spacing → Count and Pitch Angle → Count 21 → Pitch Angle 360/21° → OK

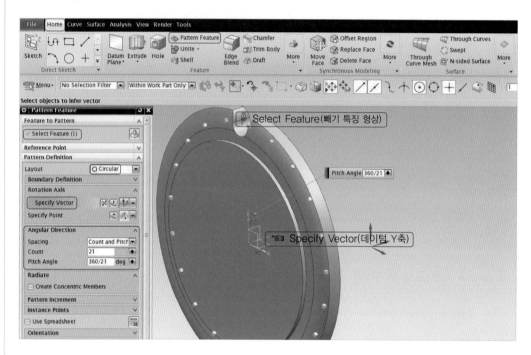

⑥ ▶▶ 돌출 모델링하기

01 ≫ 그림처럼 XZ 평면에 스케치하여 구속 조건은 일치, 중간점으로 구속하고 치수를 입력한다.

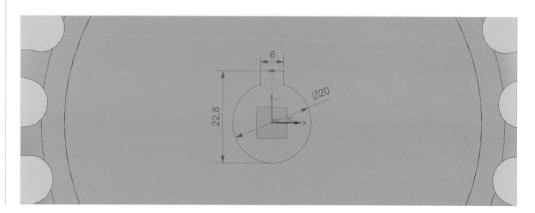

02 >> ▦Extrude(돌출) → Section → Select Curve → Limits →

End : Symmetric Value(대칭값)
Distance 8

→ Boolean → ◢Subtract(빼기) → Select Body

→ OK

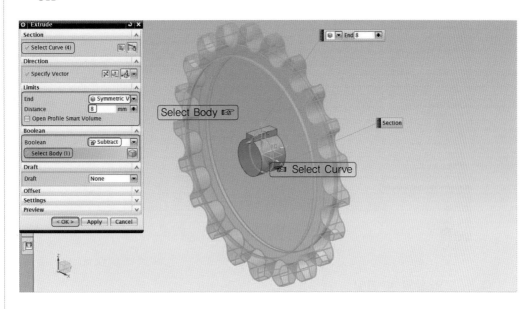

⑦ ▶▶ **Chamfer(모따기) 모델링하기**

Home → Feature → ◣Chamfer(모따기) → Edge → Select Edge → Offsets →

Cross Section : Symmetric(대칭)
Distance 1

→ OK

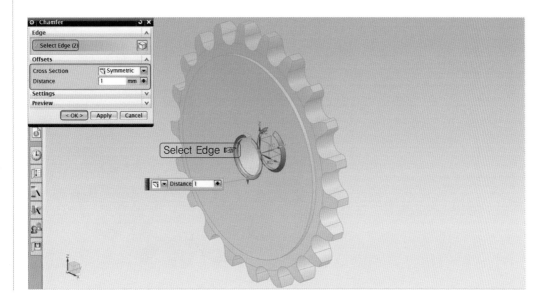

8 ▶▶ **모서리 블렌드(R) 모델링하기**

Home → Feature → 📦 Edge Blend(모서리 블렌드) → Edge to Blend → Select
Edge → Radius 1 → Apply

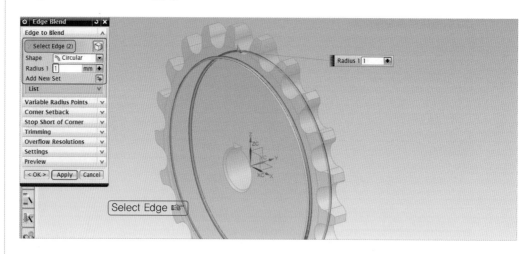

9 ▶▶ **완성된 모델링**

웜과 웜휠	
품번	4 5
치형기준단면	축직각
원주 피치	6.28
리드	12.56
줄수와 방향	2줄,우
모듈	2
압력각	20°
잇수	31 —
피치원 지름	Ø18 62
진행각	12.31°
다듬질 방법	호브절삭 연삭
정밀도	KS B 1405, 5급

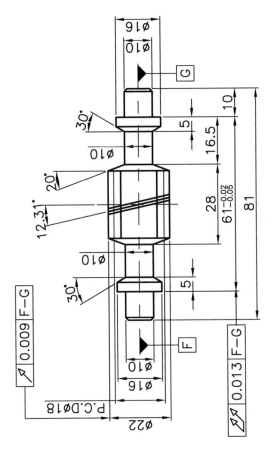

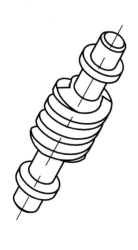

22 웜 축 모델링하기

1 ▶▶스케치하기

그림처럼 XY 평면에 스케치하여 구속 조건은 동일 직선으로 구속하여, 치수를 입력하고 Mirror Curve(대칭 곡선)에서 Y축을 중심으로 대칭한다.

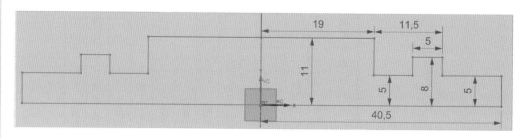

2 ▶▶회전 모델링하기

Revolve(회전) → Section → Select Curve → Axis → Specify Vector → Limits →

Start : Value → Angle 0	→ OK
End : Value → Angle 360	

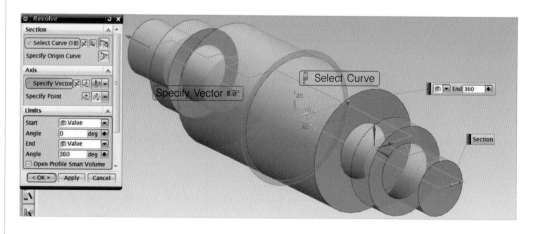

③ ▶▶ 원통에 곡선 감기

❶ 데이텀 평면 생성하기

01 >> Home → Feature → ☐ Datum Plane(데이텀 평면) → Type → Inferred(추정됨) → Objects to Define Plane → Select Object(XY 데이텀 평면)

Note 데이텀 평면 생성하기 Select Object(XY 데이텀 평면)를 선택한다.

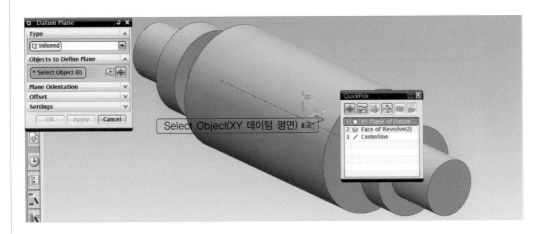

02 >> Objects to Define Plane → Select Object(원통 면)

Note 그림처럼 원통 면을 선택한다.

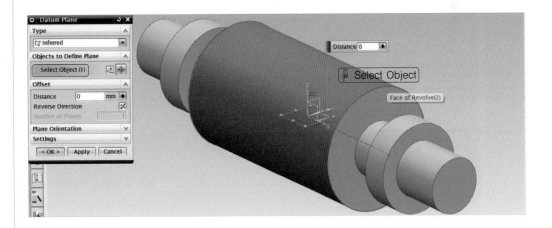

03 ›› Angle → Angle Option → Value → Angle −90° → OK

Note   Angle(각도)을 −90° 입력한다.

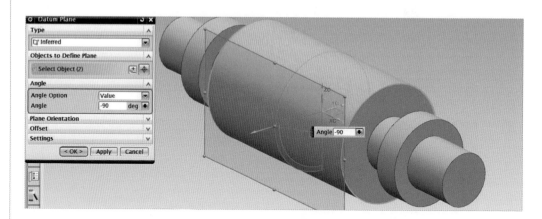

② 스케치하기

01 ›› Curve → ▦Sketch in Task Environment(타스크 환경의 스케치) → Type → On Plane → Sketch Plane → Plane Method → Inferred(추정됨) → Select Planar Face or Plane

Note   Sketch in Task Environment(타스크 환경의 스케치)에서 Select Planar Face or Plane 한다.

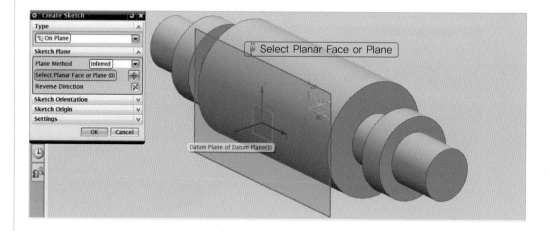

02 >> Sketch Origin → Specify Point(원주 선택) → OK

Note　그림처럼 원주를 선택하면 자동으로 원주 중심점이 선택된다.

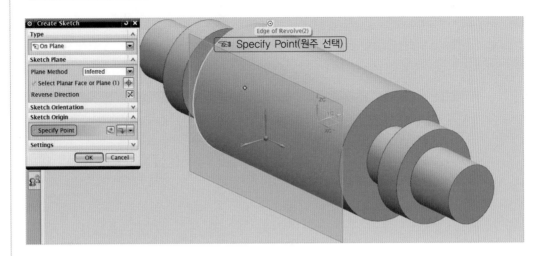

03 >> 그림처럼 스케치하고 구속 조건은 스케치 원점과 시작점 일치 구속하고 치수를 입력한다.

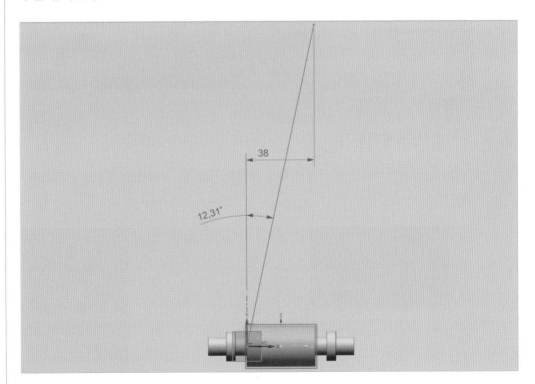

❸ 원통에 곡선 감기

Curve → Derived Curves▼ → Wrap/Unwrap Curve(곡선 감기/펴기) → Curve → Select Curve → Face → Select Face → Plane → Select Object → OK

Note 그림처럼 Wrap/Unwrap Curve(곡선 감기/펴기)에서 Curve(곡선)를 원통에 곡선 감기한다.

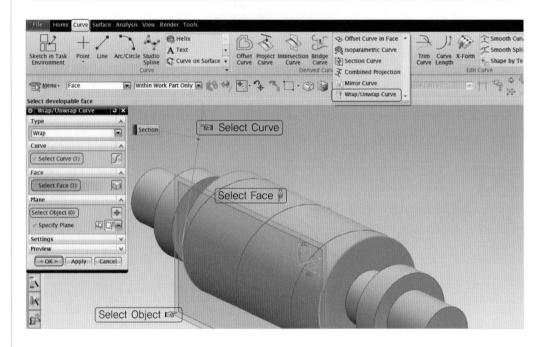

4 ▶▶ 치형 스케치하기

그림처럼 XY 평면에 스케치하고 구속 조건은 중간점, 곡선상의 점으로 구속하고 치수를 입력한다.

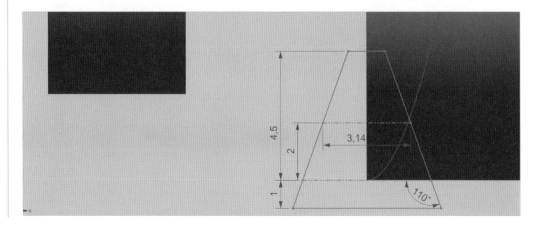

⑤ ▶▶Swept(스웹) 모델링하기

Surface → Surface → 🔷Swept(스웹) → Sections → Select Curve → Guides → Select Curve → Section Options → ☑Preserve Shape(☑체크) → Orientation → Vector Direction(벡터 방향) → Specify Vector(데이텀 X축) → OK

Note | 그림처럼 ☑Preserve Shape에 체크하고, Orientation(방향)에서 Vector Direction(벡터 방향)을 선택한다.

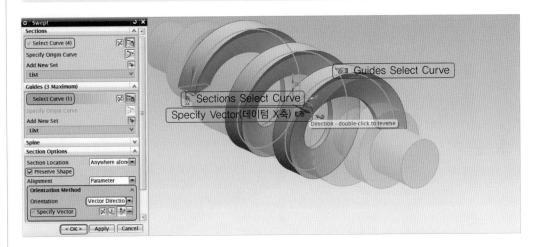

⑥ ▶▶Pattern Geometry(패턴 지오메트리)하기(회전 복사)

Home → Feature → More▼ → Associative Copy(연관 복사) → 🔲Pattern Geometry (패턴 지오메트리) → Geometry to Pattern → Select Object → Pattern Definition → Layout → Circular → Specify Vector(데이텀 X축) → Angular Direction → Spacing → Count and Pitch Angle → Count 2 → Pitch Angle 180° → OK

Note | 그림처럼 🔲Pattern Geometry(회전 복사)에서 180°로 회전 복사한다.

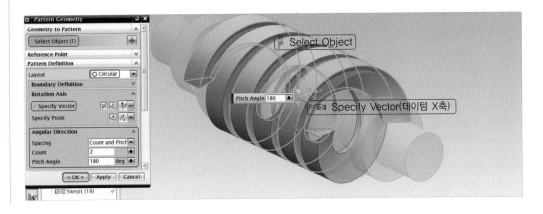

7 ▶▶ Move Face(면 이동)하기

Home → Synchronous Modeling(동기식 모델링) → ⬢Move Face(면 이동) → Face → Select Face → Transform → Distance 5 → Apply

Note   그림처럼 ⬢Move Face(면 이동)에서 반대쪽 면도 같은 방법으로 면 이동한다.

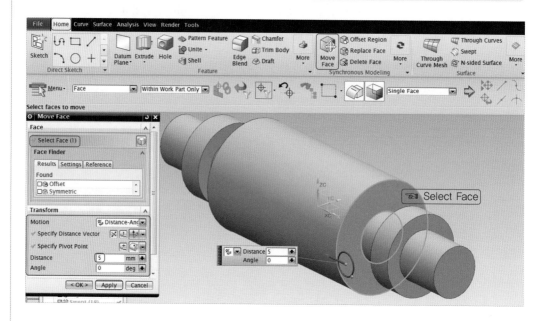

8 ▶▶ Chamfer(모따기) 모델링하기

01 ≫ Home → Feature → ◰Chamfer(모따기) → Edge → Select Edge → Offsets → Cross Section → Offset and Angle → Distance 6 → Angle 20 → Apply

Note   같은 방법으로 반대편도 모따기 모델링한다.
◰Chamfer(모따기)에서 Offset and Angle(옵셋 및 각도)로 모따기한다.

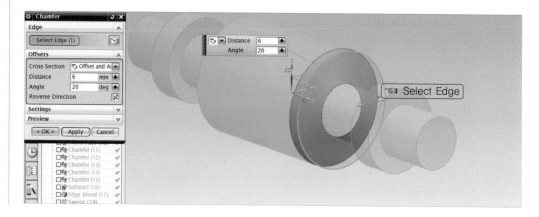

02 >> Edge → Select Edge → Offsets → Cross Section → Offset and Angle(옵셋 및 각도) → Distance 3 → Angle 30 → Apply

Note 같은 방법으로 반대편도 모따기 모델링한다.

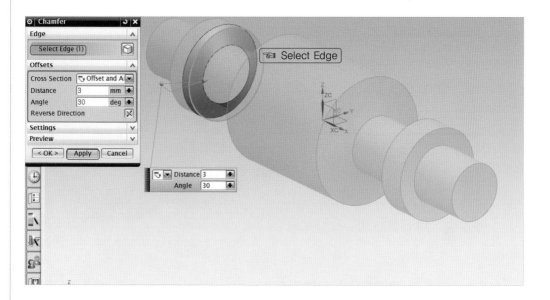

03 >> Edge → Select Edge → Offsets → Cross Section → Symmetric(대칭) → Distance 1 → OK

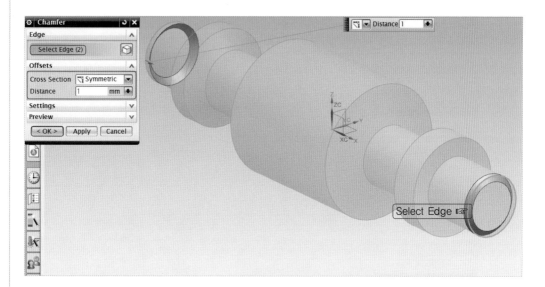

⑨ ▶▶ Subtract(빼기) 모델링하기

Home → Feature → 📷Subtract(빼기) → Target → Select Body → Tool → Select
Body → OK

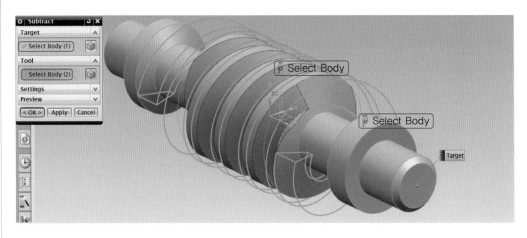

⑩ ▶▶ 모서리 블렌드(R) 모델링하기

Home → Feature → 🔲Edge Blend(모서리 블렌드) → Edge to Blend → Select Edge
→ Radius 0.5 → OK

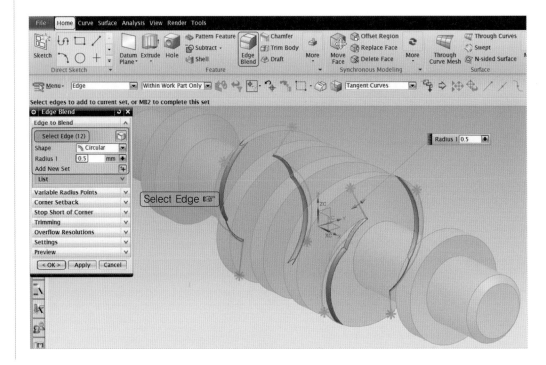

⑪ ▶▶ 완성된 모델링

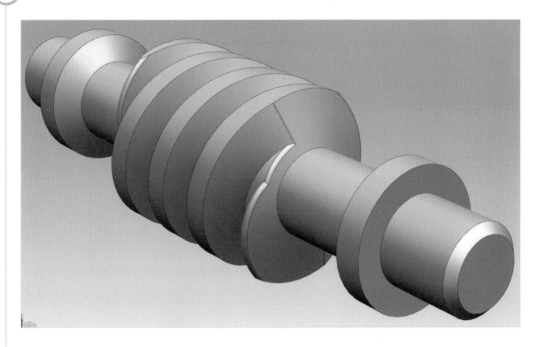

품번	4	5
원과 원휠		
치형기준단면		축직각
원주 피치		6.28
리드		12.56
줄수와 방향		2줄,우
모듈		2
압력각		20°
잇수		31
피치원 지름		Ø18
진행각		12.31°
다듬질 방법		호브절삭
정밀도	연삭	KS B 1405, 5급

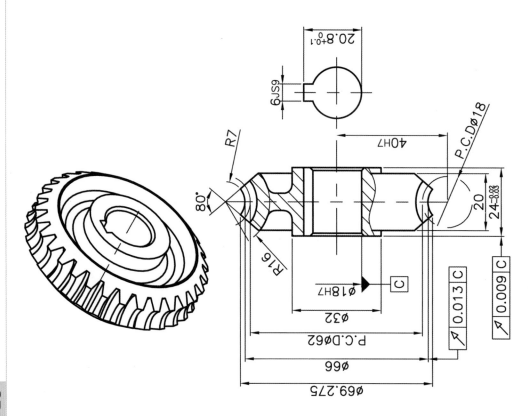

23 웜 휠 모델링하기

1 ▶▶ 스케치하기

그림처럼 XY 평면에 스케치하여 구속 조건은 일치, 곡선상의 점으로 구속하고 치수를 입력하여 Mirror Curve(대칭 곡선)에서 Y축을 중심으로 대칭한다.

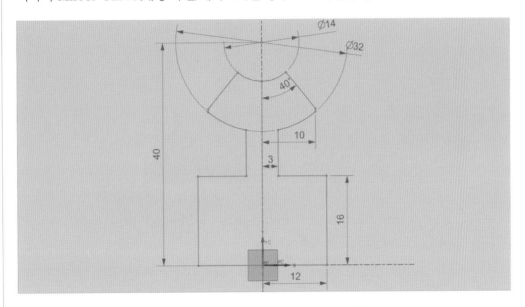

2 ▶▶ 회전 모델링하기

Revolve(회전) → Section → Select Curve → Axis → Specify Vector → Limits →

Start : Value → Angle 0   → OK
End : Value → Angle 360

③ ▶▶ Swept(스웹) 모델링하기

01 >> 그림처럼 XZ 평면에 스케치하여 구속 조건은 곡선상의 점으로 구속하고, 치수를 입력한다.

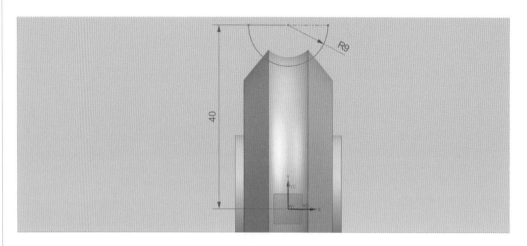

02 >> Create Sketch → Sketch Plane → Plane Method → Create Plane → Specify Plane(곡선 끝점 선택) → OK

> Note │ 그림처럼 Create Plane(새 스케치)으로 Specify Plane(곡선 끝점 선택)을 선택하여 스케치 면을 생성한다.

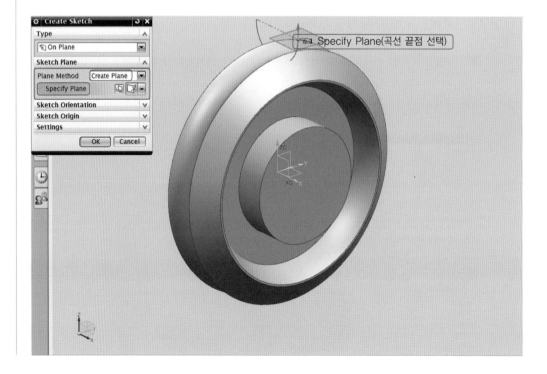

03 >> 그림처럼 평면에 스케치하고 구속 조건은 같은 길이, 중간점으로 구속하고 치수를 입력한다.

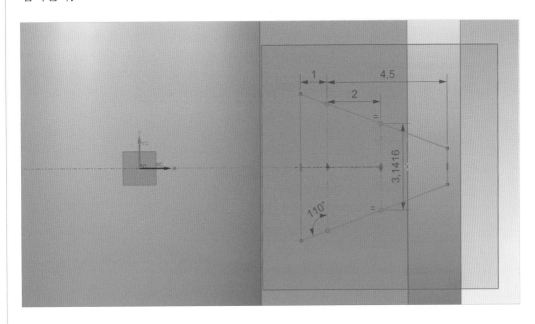

04 >> Surface → Surface → 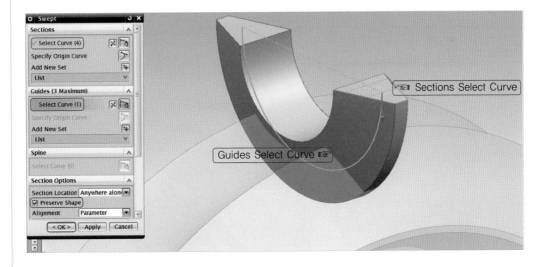Swept(스웹) → Sections → Select Curve → Guides → Select Curve → Section Options → ☑Preserve Shape(☑체크) → OK

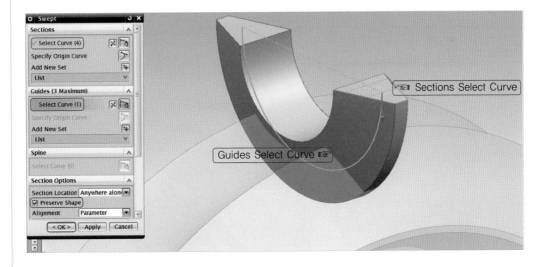

④ ▶▶Subtract(빼기) 모델링하기

Home → Feature → 🔘Subtract(빼기) → Target → Select Body → Tool → Select Body → OK

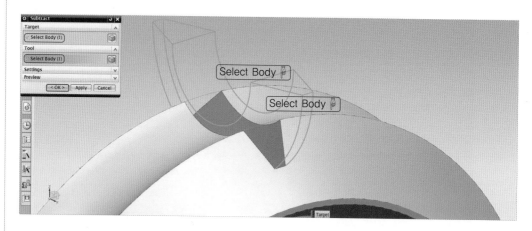

⑤ ▶▶기어 치형 회전 복사하기

Home → Feature → 🔲Pattern Feature(패턴 특징 형상) → Feature to Pattern → Select Feature(Subtract(빼기) 선택) → Pattern Definition → Layout → Circular → Specify Vector(데이텀 Y축) → Angular Direction → Spacing → Count and Pitch Angle → Count 31 → Pitch Angle 360/31° → OK

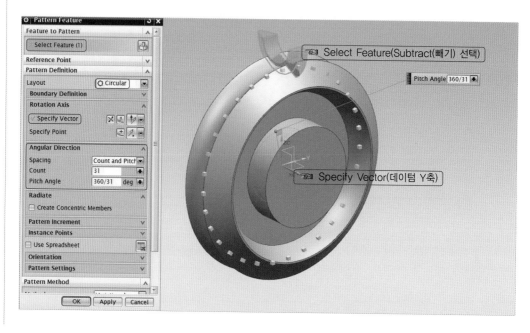

⑥ ▶▶ 돌출 모델링하기

01 ≫ 그림처럼 YZ 평면에 스케치하여 구속 조건은 일치, 중간점으로 구속하고, 치수를 입력한다.

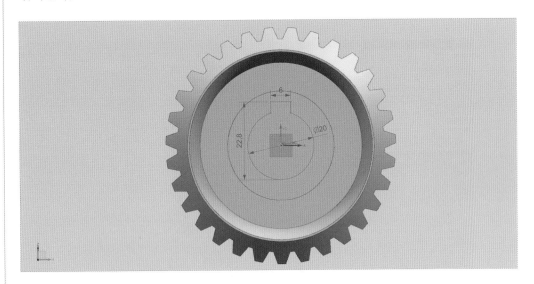

02 > Extrude(돌출) → Section → Select Curve → Limits →

End : Symmetric Value(대칭값) → Boolean → Subtract(빼기) → Select Body →
Distance 12

OK

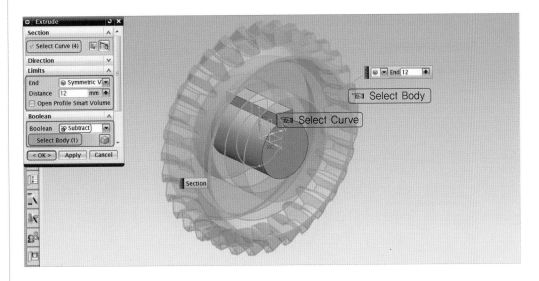

7   ▶ ▶ Chamfer(모따기) 모델링하기

Home → Feature → ▨ Chamfer(모따기) → Edge → Select Edge → Offsets →

| Cross Section → Symmetric(대칭) | → OK |
| Distance 1 |

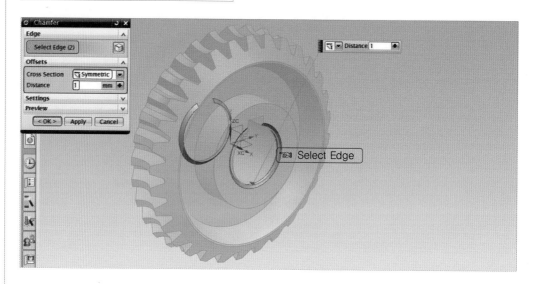

8   ▶ ▶ 모서리 블렌드(R) 모델링하기

Home → Feature → ▧ Edge Blend(모서리 블렌드) → Edge to Blend → Select Edge
→ Radius 3 → OK

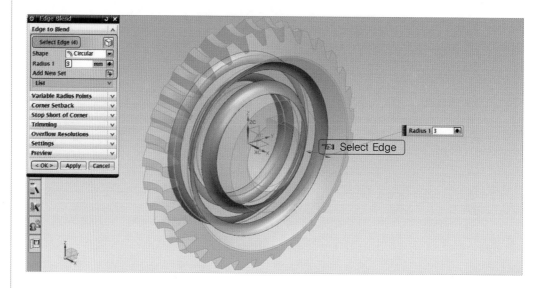

⑨ ▶▶ 완성된 모델링

헬리컬기어		A
기어치형		표준
기준래크	치형	보통이
	모듈	4
	압력각	20°
잇수		19
치형 기준면		치직각
비틀림각		26.7°
리드		531.39
방향		좌
피치원 지름		P.C.Dφ85.07
전체 이높이		9.40
다듬질 방법		호브절삭
정밀도		KS B 1405,5급

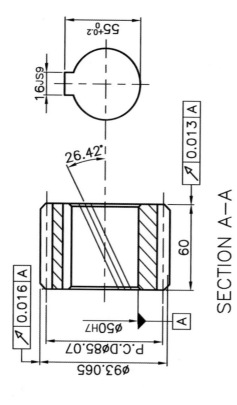

SECTION A-A

$55^{+0.2}_{0}$

16JS9

$\boxed{\nearrow\ 0.013\ |\ A}$

26.42°

60

$\boxed{\nearrow\ 0.016\ |\ A}$

φ50H7

P.C.Dφ85.07

φ93.065

$\boxed{A}$

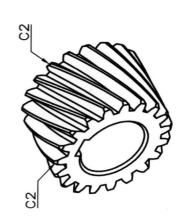

C2

C2

24 헬리컬기어 모델링하기

1 ▶▶ 스케치하기

그림처럼 XZ 평면에 스케치하여 구속 조건은 일치, 동일 직선, 중간점으로 구속하고, 치수를 입력한다. 치형 원호를 Y축을 기준으로 대칭한다.

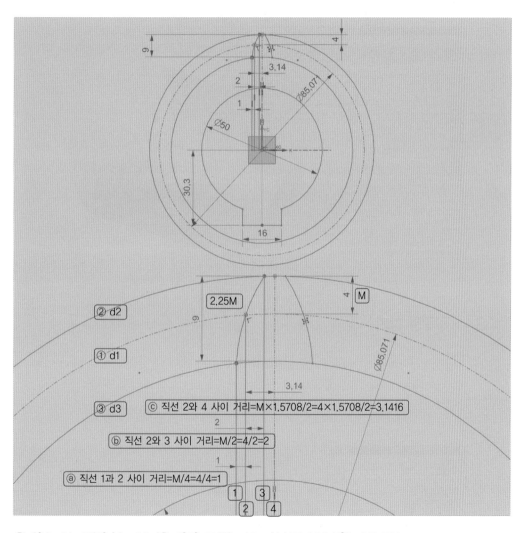

① 원호 d1=Z(잇수)×Ms(축 직각 모듈)=19×(4/COS26.7°)=85.071

② 원호 d2=원호 d1+M(모듈)×2=85.071+(4×2)=93.071

③ 원호 d3=원호 d2−(M(모듈)×2.25)×2=93.071−(4×2.25×2)=75.071

ⓐ 직선 1과 2 사이 거리=M/4=4/4=1

ⓑ 직선 2와 3 사이 거리=M/2=4/2=2

ⓒ 직선 2와 4 사이 거리=M×1.5708/2=4×1.5708/2=3.1416

2 ▶▶ 원통 돌출 모델링하기

▦Extrude(돌출) → Section → Select Curve → Limits →

Start : Value → Distance 0 → OK
End : Value → Distance 60

Note 이뿌리 원통을 ▦Extrude(돌출)한다.

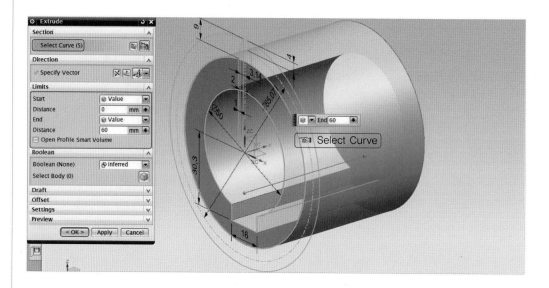

3 ▶▶ 곡선 감기

01 ≫ Home → Feature → ▢Datum Plane(데이텀 평면) → Type → Inferred(추정됨) → Objects to Define Plane → Select Object(XY 데이텀 평면)

Note 데이텀 평면 생성하기 Select Object(XY 데이텀 평면)를 선택한다.

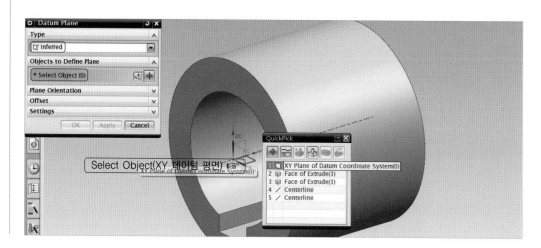

02 >> Objects to Define Plane → Select Object(원통 면)

Note 그림처럼 원통 면을 선택한다.

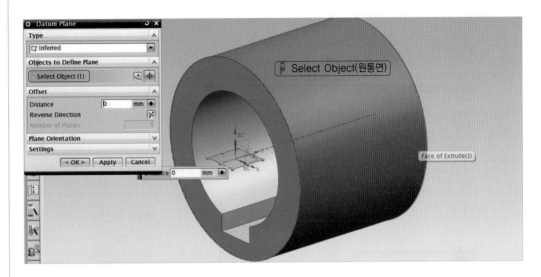

03 >> Angle → Angle Option → Value → Angle 0° → OK

Note Angle(각도)을 0° 입력한다.

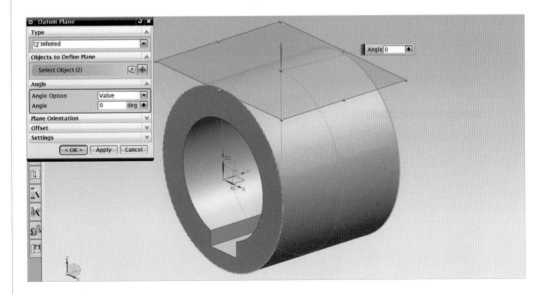

04 >> Curve → 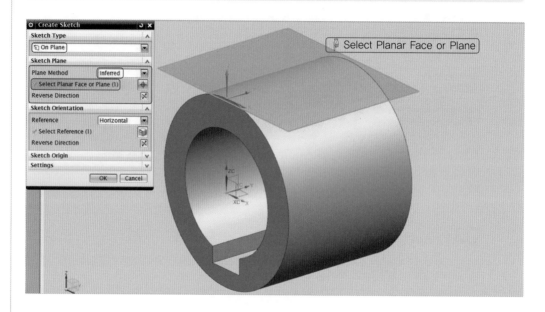Sketch in Task Environment(타스크 환경의 스케치) → Sketch Type → On Plane → Sketch Plane → Plane Method → Inferred(추정됨) → Select Planar Face or Plane

Note Sketch in Task Environment(타스크 환경의 스케치)에서 Select Planar Face or Plane한다.

05 >> Sketch Origin → Specify Point(원주 선택) → OK

Note 그림처럼 원주를 선택하면 자동으로 원주 중심점이 선택된다.

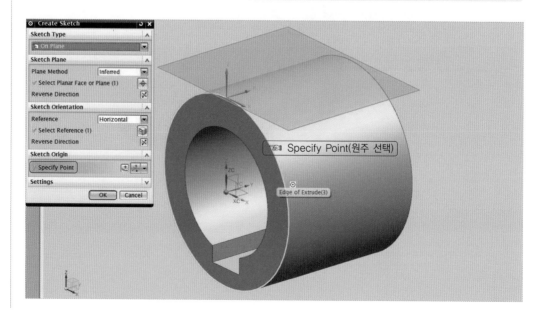

06 >> 그림처럼 스케치하고 구속 조건은 스케치 원점과 시작점 일치 구속하고 치수를 입력한다.

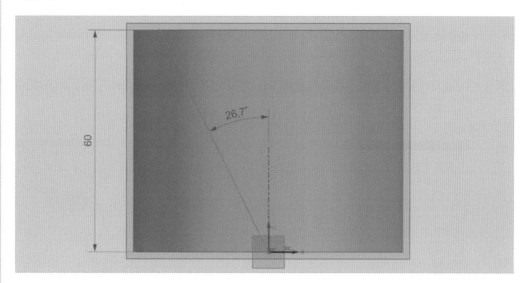

07 >> Curve → Derived Curves▼ → Wrap/Unwrap Curve(곡선 감기/펴기) → Curve → Select Curve → Face → Select Face → Plane → Select Object → OK

Note 그림처럼 Wrap/Unwrap Curve(곡선 감기/펴기)에서 Curve(곡선)를 원통에 곡선 감기한다.

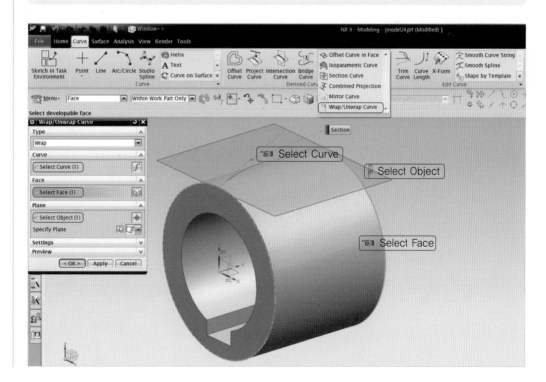

④ ▶▶ Swept(스웹) 모델링하기

Surface → Surface → 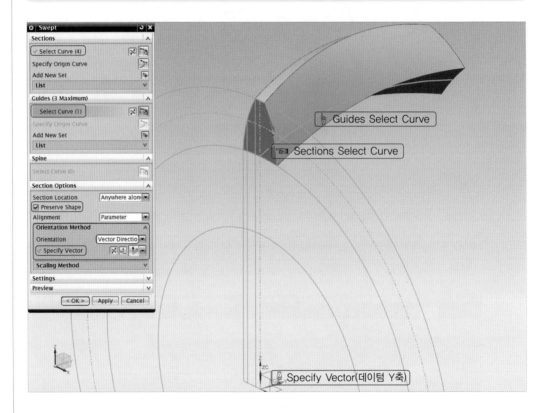Swept(스웹) → Sections → Select Curve → Guides → Select Curve → Section Options → ☑Preserve Shape(☑체크) → Orientation → Vector Direction(벡터 방향) → Specify Vector(데이텀 Y축) → OK

Note | 그림처럼 Swept(스웹)에서 Preserve Shape에 ☑체크하고, Orientation(방향)에서 Vector Direction(벡터 방향)을 선택한다.

⑤ ▶▶ Move Face(면 이동)하기

Home → Synchronous Modeling(동기식 모델링) → 🔲 Move Face(면 이동) → Face
→ Select Face → Transform → Distance 0.5 → OK

> Note 기어 치형을 원통에 완전한 결합을 위해 면을 연장하여 본체에 묻히도록 한다.

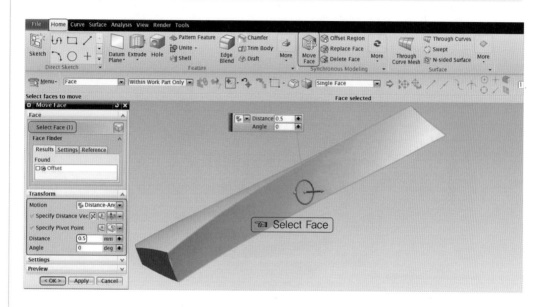

⑥ ▶▶ Chamfer(모따기)하기

Home → Feature → 🔲 Chamfer(모따기) → Edge → Select Edge → Offsets →

Cross Section → Symmetric(대칭)	→ OK
Distance 2	

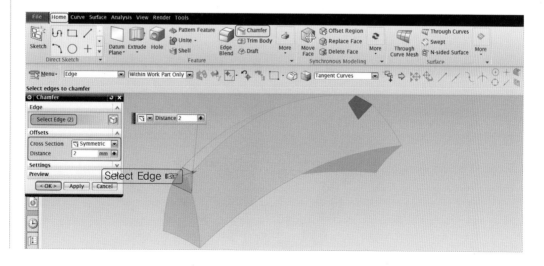

⑦ ▶▶Pattern Geometry(패턴 지오메트리)하기(회전 복사)

Home → Feature → More▼ → Associative Copy(연관 복사) → ▦Pattern Geometry(패턴 지오메트리) → Geometry to Pattern → Select Object → Pattern Definition → Layout → Circular → Specify Vector(데이텀 Y축) → Angular Direction → Spacing → Count and Pitch Angle → Count 19 → Pitch Angle 360/19° → OK

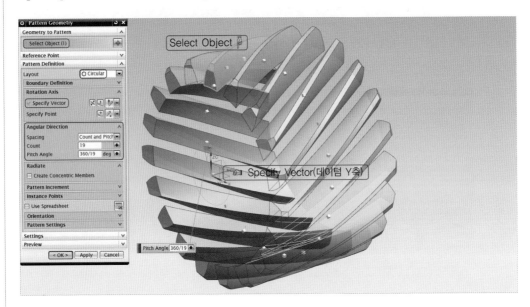

⑧ ▶▶결합하기

Home → Feature → ⬤Unite(결합) → Target → Select Body → Tool → Select Body → OK

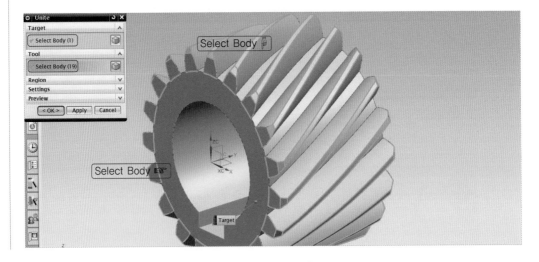

⑨ ▶▶ Chamfer(모따기)하기

Home → Feature → 🔲 Chamfer(모따기) → Edge → Select Edge → Offsets →

| Cross Section → Symmetric(대칭) | → OK |
| Distance 2 |

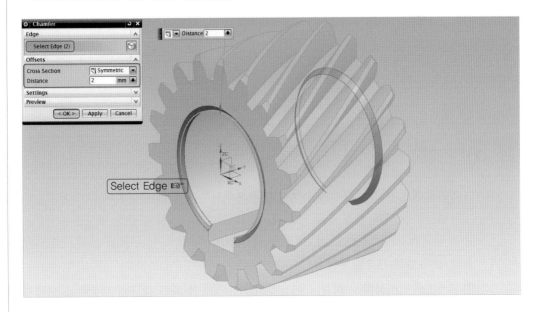

⑩ ▶▶ 완성된 모델링

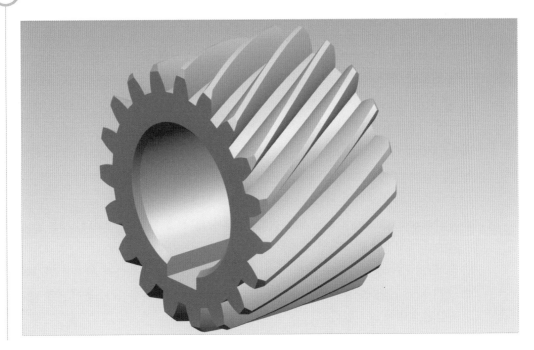

Chapter

05 분해 · 조립하기

1 Assembly

어셈블리 응용 프로그램은 어셈블리를 생성하는 도구를 제공한다.

어셈블리는 설계 작업에 있어 실제 작업하기 전에 모의 형상을 생성할 수 있다. 조립되는 부품들의 조립 상태, 거리, 각도 등을 측정할 수 있으며, 부품을 분해 · 조립하는 데 필요한 동작 등을 검증할 수 있다.

① Bottom-up(상향식 설계) : 어셈블리를 구성하기 위한 각각의 부품들을 모델링하여 라이브러리로 구축한 다음 각각의 부품들을 어셈블리에서 불러 조립하는 방식으로 어셈블리 하위 부품들이 선행된다는 점에서 상향식 설계(Bottom-up) 방법이라 한다.

② Top-down(하향식 설계) : 상향식 어셈블리로부터 필요한 부품들을 모델링하는 방식으로서, 이미 조립된 부품들로부터 필요한 정보를 추출하여 부품을 모델링하여 조립하는 방식으로 연관 설계가 간단하다. 여러 부품으로부터 필요한 요소들의 정보를 추출해야 하므로 약간 복잡해질 수 있다.

③ Add Component(컴포넌트 추가) : 디스크에 있는 파트 또는 로드된 파트를 선택하여 어셈블리에 컴포넌트를 추가한다.

④ Move Component(컴포넌트 이동) : 어셈블리 내에서 컴포넌트를 이동한다.

⑤ Assembly Components(어셈블리 구속 조건) : 어셈블리에서 각각의 부품 간의 구속 조건을 지정하여 다른 컴포넌트 위치를 지정한다.

⑥ New Explosion(새 전개) : 작업 뷰에서 새 전개 뷰를 생성한다. 새로운 분해에서 컴포넌트 위치를 변경하여 분해된 뷰를 생성할 수 있다.

⑦ Edit Explosion(분해 편집) : 현재 분해에서 선택된 어셈블리 위치를 변경한다.

⑧ Tracelines(추적선) : 분해에서 컴포넌트 추적선을 생성한다. 추적선을 컴포넌트가 조립된 위치에 표시한다.

2 Assembly(조립)하기

01 >> File → ☑ Assemblies(☑ 체크) → New(새로 만들기)

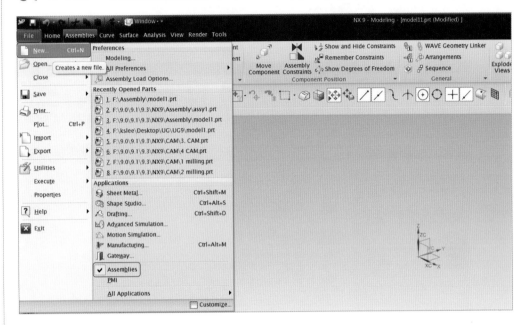

02 >> Assembly → 파일명 입력 → 파일 경로 지정

Note | 파일명과 경로는 영문과 아라비아 숫자만 사용할 수 있으며 한글은 사용할 수 없다.

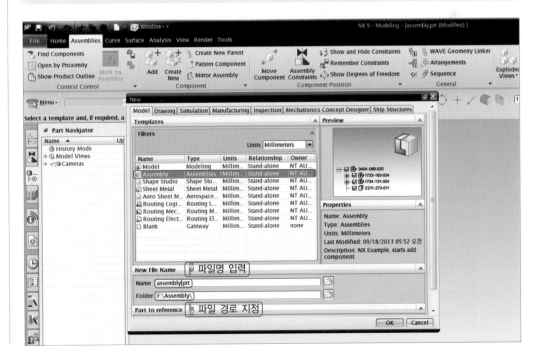

1 ▶▶ 1번 부품 고정하기

01 >> Assemblies → Component → 🔧 Add Component(컴포넌트 추가) → Open 클릭 → model1 선택 → OK

Note 부품을 하나씩 쌓아 가는 방식으로 Open에서 부품을 하나하나 불러 조립한다.

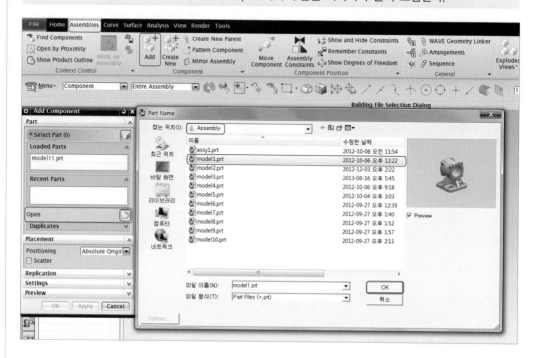

02 >> Placement → Positioning → Absolute Origin(절대 원점) → OK

Note 기준 부품은 절대 원점으로 이동하여 고정한다.

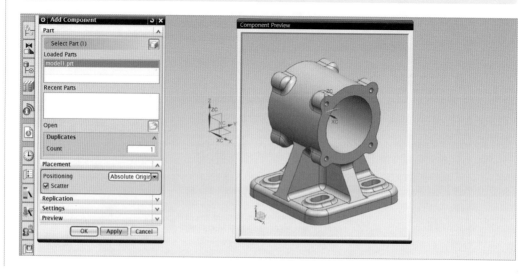

03 >> Assemblies → Component Position → 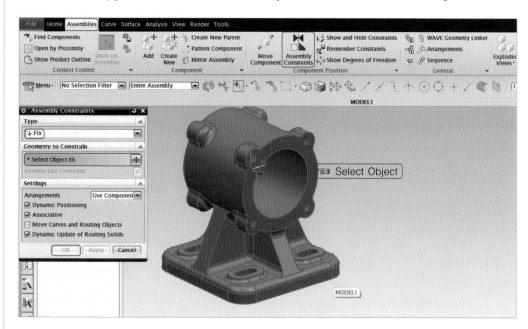Assembly Constraints(어셈블리 구속 조건) → Type → Fix(고정) → Geometry to Constrain → Select Object → OK

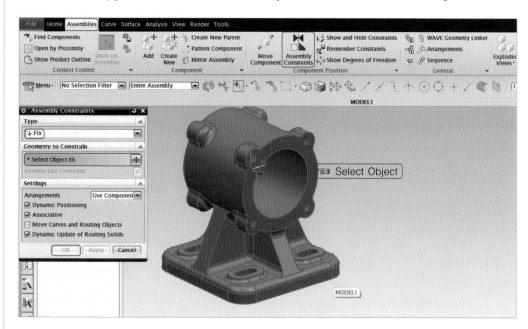

② ▶▶ 2번 부품 조립하기

01 >> Assemblies → Component → Add Component(컴포넌트 추가) → Open 클릭 → model2 선택 → OK

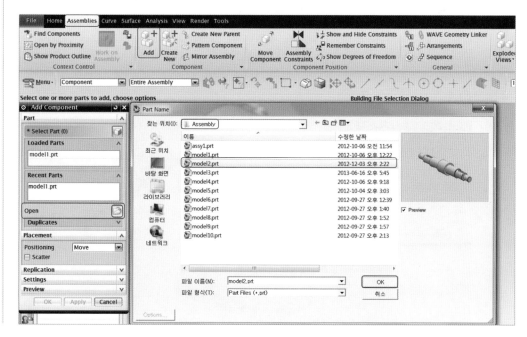

02 >> Placement → Positioning → Move(이동) → OK

Note 두 번째 부품부터는 Move(이동)로 배치하고 구속한다.

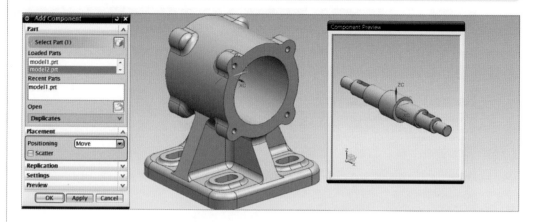

03 >> 좌표 → XYZ의 좌표를 입력하고 OK 버튼을 누르거나 이동할 위치를 마우스로 클릭한다.

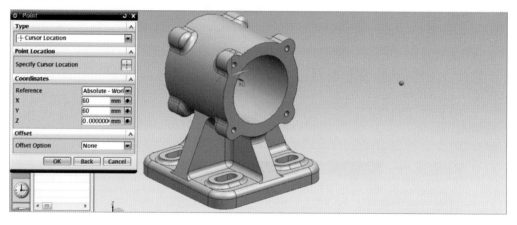

04 >> OK

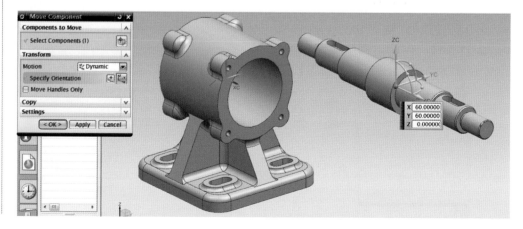

05 ›› Assemblies → Component Position → 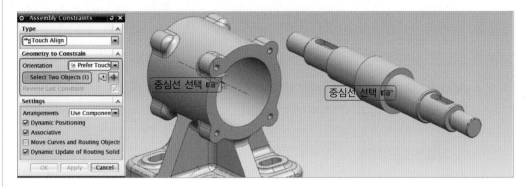 Assembly Constraints(어셈블리 구속 조건) → Type → Touch Align(접촉 정렬) → Geometry to Constrain → Orientation → Prefer Touch(접촉 선호) → Select Two Objects(두 개체(중심선) 선택)

> **Note** 이동할 개체를 먼저 선택한다.

06 ›› Type → Distance(거리) → Geometry to Constrain → Select Two Objects(두 개체(면) 선택)

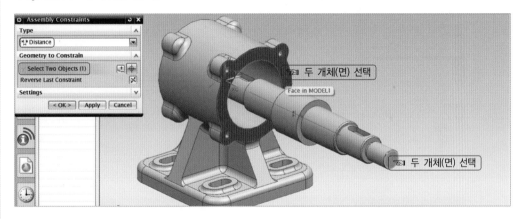

07 ›› Distance 48 → OK

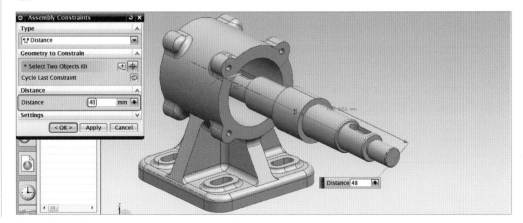

③ ▶▶ 6번 부품 조립하기

01 >> Assemblies → Component → 🔧 Add Component(컴포넌트 추가) → Open 클릭 → model6 선택 → OK

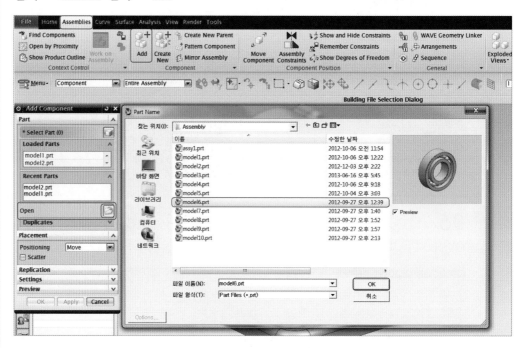

02 >> Duplicates → Count 2 → Placement → Positioning → Move(이동) → ☑ Scatter(☑체크) → OK

Note Scatter를 ☑체크하면 부품이 분산되어 배치된다.

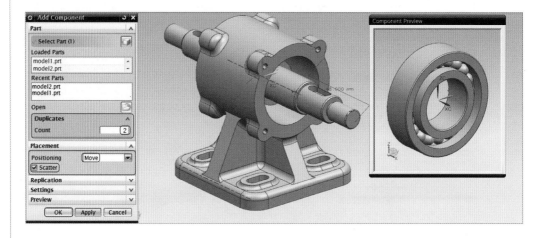

03 >> 좌표 → XYZ의 좌표를 입력하고 OK 하거나 이동할 위치를 마우스로 클릭한다.

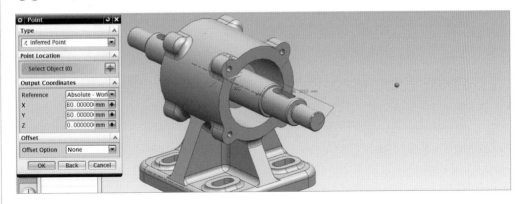

04 >> OK

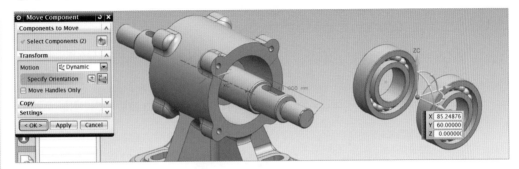

05 >> Assemblies → Component Position → 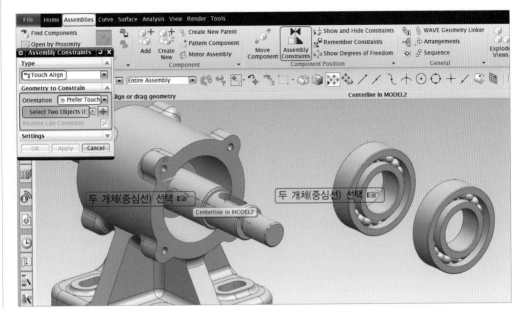Assembly Constraints(어셈블리 구속 조건) → Type → Touch Align(접촉 정렬) → Geometry to Constrain → Orientation → Prefer Touch(접촉 선호) → Select Two Objects(두 개체(중심선) 선택)

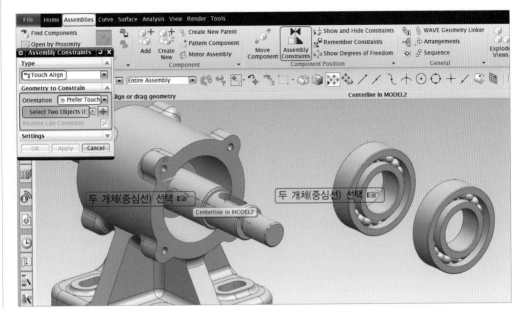

06 >> Orientation → Prefer Touch(접촉 선호) → Select Two Objects(개체(면) 선택)

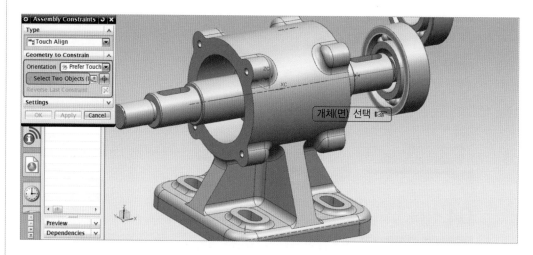

07 >> Orientation → Prefer Touch(접촉 선호) → Select Two Objects(개체(면) 선택)
→ OK

Note   방향은 최종 구속 조건으로 변환할 수 있다. 같은 방법으로 반대편 베어링을 조립한다.

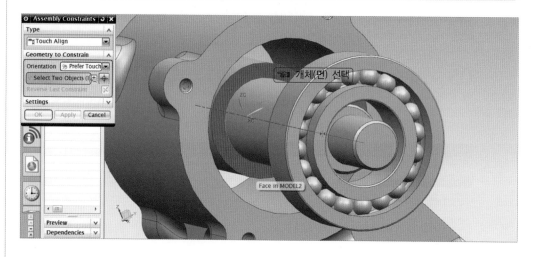

④ ▶▶ 커버와 오일실이 결합한 어셈블리 조립하기

01 ≫ Assemblies → Component → ⬚Add Component(컴포넌트 추가) → Open 클릭 → assy1 선택 → OK

> Note 커버와 오일실은 먼저 조립된 상태에서 본체에 조립한다.

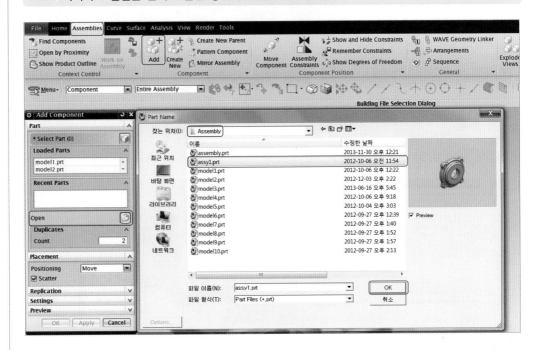

02 ≫ Duplicates → Count 2 → Placement → Positioning → Move(이동) → ☑ Scatter(☑체크) → OK

> Note Scatter를 ☑체크하면 부품이 분산되어 배치된다.

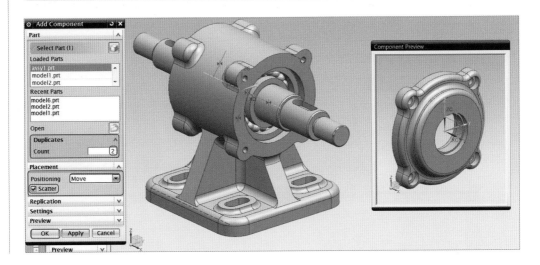

03 >> 좌표 → XYZ의 좌표를 입력하고 OK 버튼을 누르거나 이동할 위치를 마우스로 클릭한다.

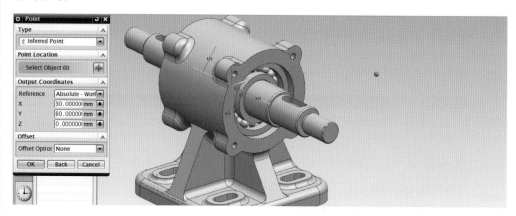

04 >> OK

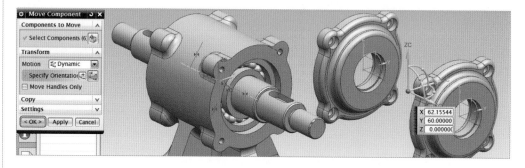

05 >> Assemblies → Component Position → 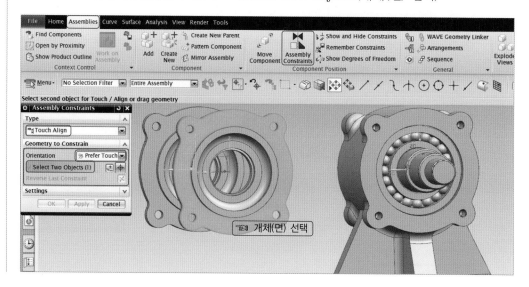Assembly Constraints(어셈블리 구속 조건) → Type → Touch Align(접촉 정렬) → Geometry to Constrain → Orientation → Prefer Touch(접촉 선호) → Select Two Objects(개체(면) 선택)

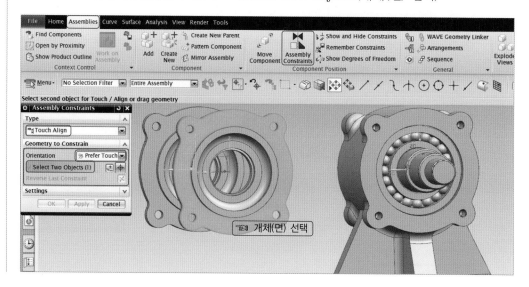

06 >> Orientation → Prefer Touch(접촉 선호) → Select Two Objects(개체(면) 선택)

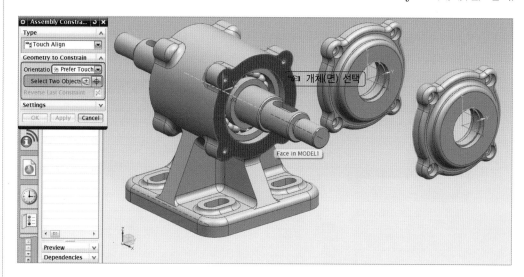

07 >> Orientation → Prefer Touch(접촉 선호) → Select Two Objects(두 개체(중심선) 선택)

Note   같은 방법으로 반대편에 오일실과 커버를 조립한다.

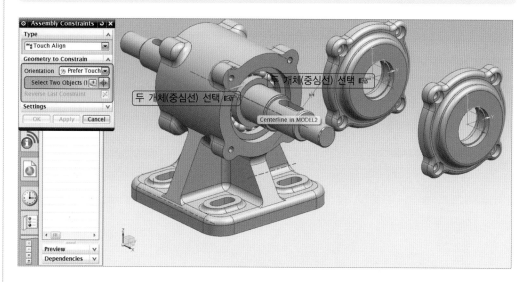

⑤ ▶▶ 8번 부품 조립하기

01 >> Assemblies → Component → 🔲 Add Component(컴포넌트 추가) → Open 클릭 → model8 선택 → OK

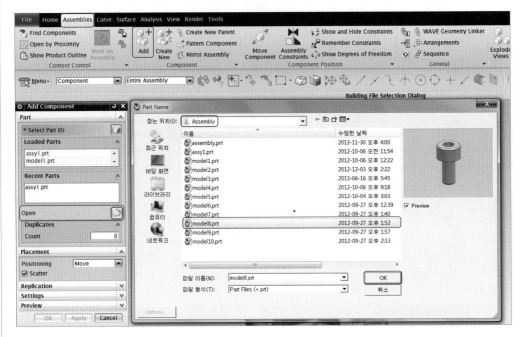

02 >> Duplicates → Count 8 → Placement → Positioning → Move(이동) → ☑ Scatter(☑체크) → OK

Note   Scatter를 ☑체크하면 볼트가 분산되어 배치된다.

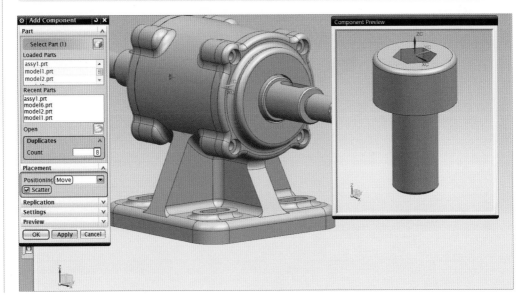

03 >> 좌표 → XYZ의 좌표를 입력하고 OK 버튼을 누르거나 이동할 위치를 마우스로 클릭한다.

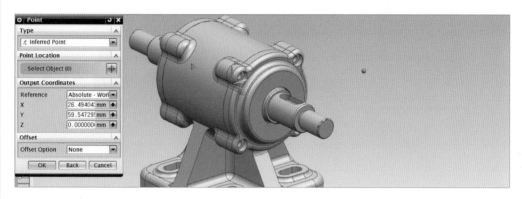

04 >> 볼을 클릭한 상태로 90° 회전한다. → OK

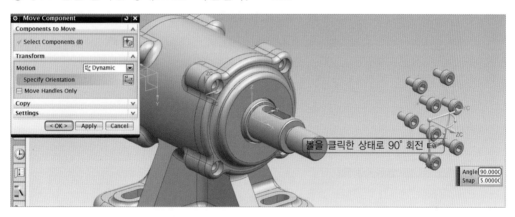

05 >> Assemblies → Component Position → 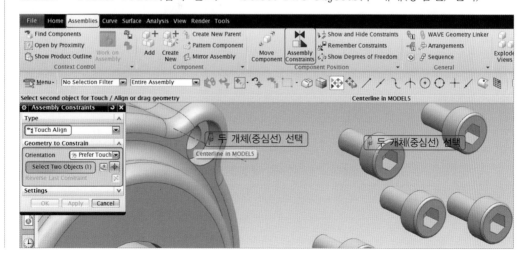Assembly Constraints(어셈블리 구속 조건) → Type → Touch Align(접촉 정렬) → Geometry to Constrain → Orientation → Prefer Touch(접촉 선호) → Select Two Objects(두 개체(중심선) 선택)

06 >> Orientation → Prefer Touch(접촉 선호) → Select Two Objects(개체(면) 선택)

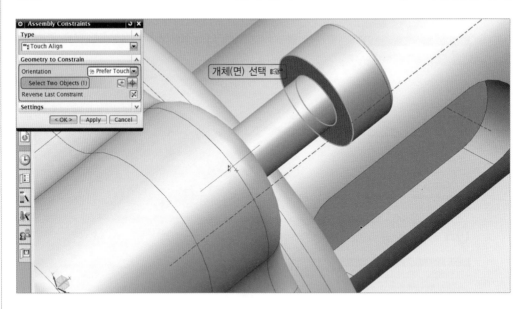

07 >> Orientation → Prefer Touch(접촉 선호) → Select Two Objects(개체(면) 선택)
→ OK

Note 같은 방법으로 볼트 7개를 조립한다.

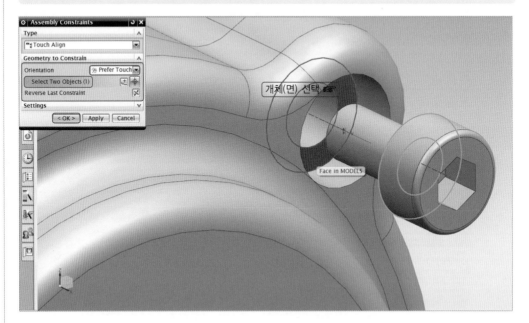

6 ▸▸ 9번 부품 조립하기

01 ≫ Assemblies → Component → ⬚ Add Component(컴포넌트 추가) → Open
클릭 → model9 선택 → OK

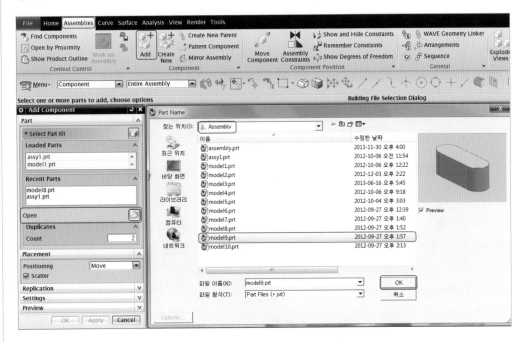

02 ≫ Duplicates → Count 2 → Placement → Positioning → Move(이동) → ☑
Scatter(☑체크) → OK

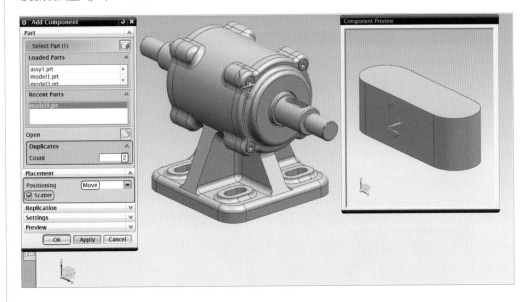

03 >> 좌표 → XYZ의 좌표를 입력하고 OK 버튼을 누르거나 이동할 위치를 마우스로 클릭한다.

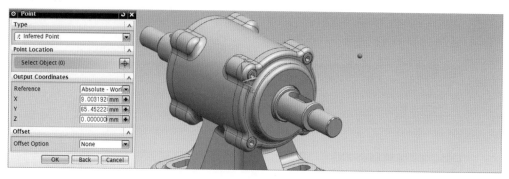

04 >> OK

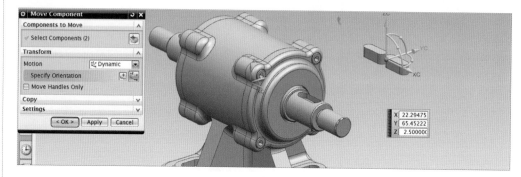

05 >> Assemblies → Component Position → 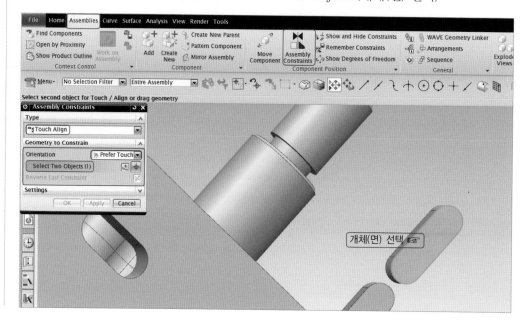Assembly Constraints(어셈블리 구속 조건) → Type → Touch Align(접촉 정렬) → Geometry to Constrain → Orientation → Prefer Touch(접촉 선호) → Select Two Objects(개체(면) 선택)

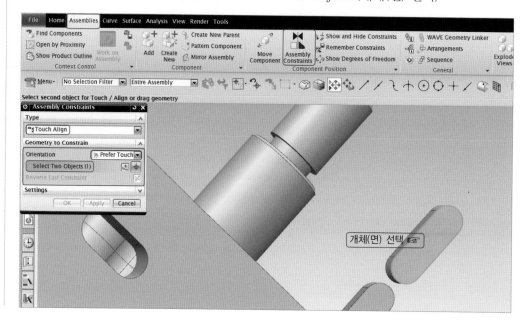

06 >> Orientation → Prefer Touch(접촉 선호) → Select Two Objects(개체(면) 선택)

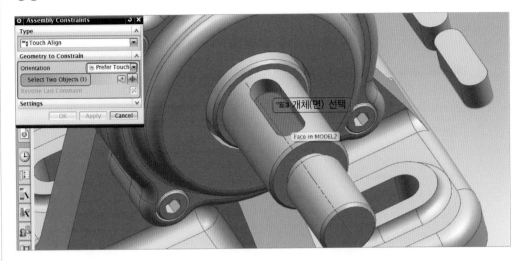

07 >> Orientation → Prefer Touch(접촉 선호) → Select Two Objects(개체(면) 선택)

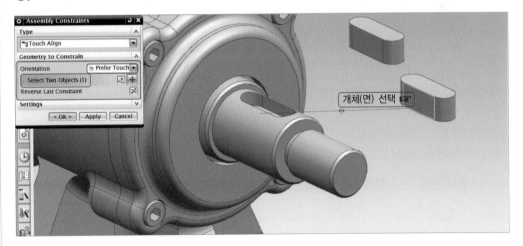

08 >> Orientation → Prefer Touch(접촉 선호) → Select Two Objects(개체(면) 선택)

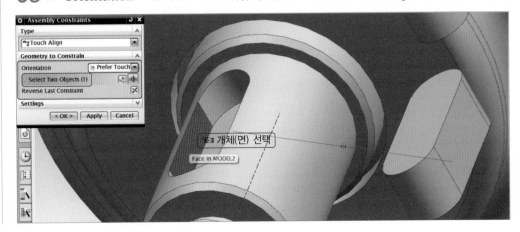

09 >> Orientation → Prefer Touch(접촉 선호) → Select Two Objects(두 개체(중심선) 선택)

Note 같은 방법으로 반대편에 키이를 조립한다.

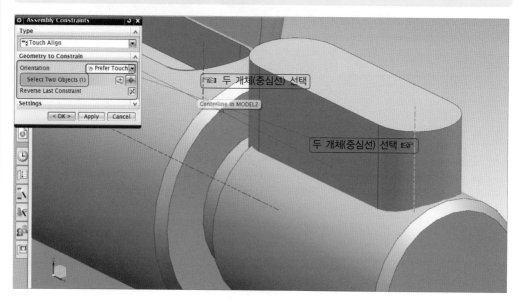

⑦ ▶▶ **4번 부품 조립하기**

01 >> Assemblies → Component → Add Component(컴포넌트 추가) → Open 클릭 → model4 선택 → OK

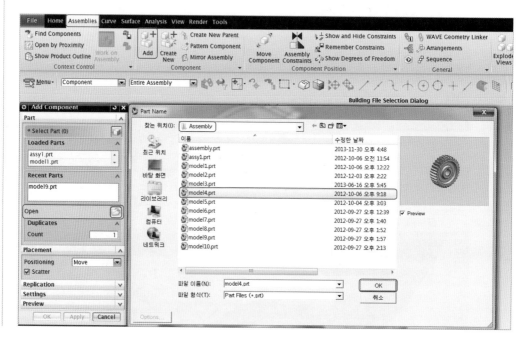

02 >> Placement → Positioning → Move(이동) → OK

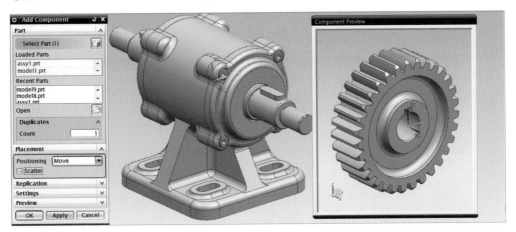

03 >> 좌표 → XYZ의 좌표를 입력하고 OK 버튼을 누르거나 이동할 위치를 마우스로 클릭한다.

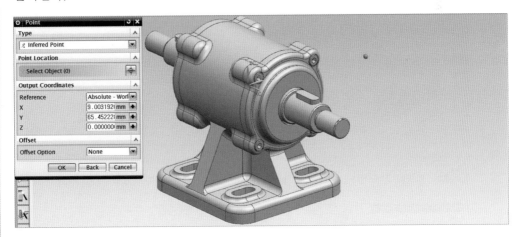

04 >> OK

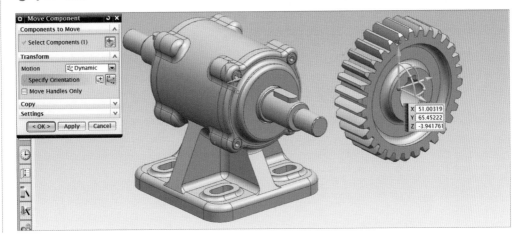

05 >> Assemblies → Component Position → Assembly Constraints(어셈블리 구속 조건) → Type → Touch Align(접촉 정렬) → Geometry to Constrain → Orientation → Prefer Touch(접촉 선호) → Select Two Objects(두 개체(중심선) 선택)

06 >> Orientation → Prefer Touch(접촉 선호) → Select Two Objects(개체(면) 선택)

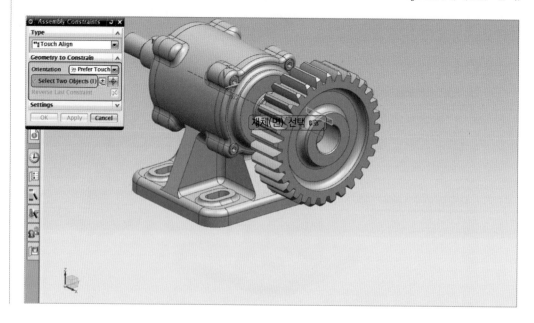

07 >> Orientation → Prefer Touch(접촉 선호) → Select Two Objects(개체(면) 선택)

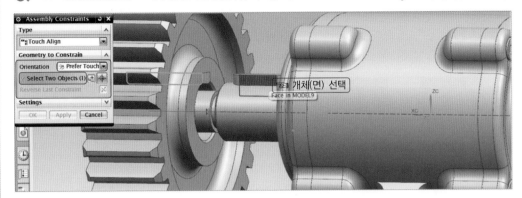

08 >> Orientation → Prefer Touch(접촉 선호) → Select Two Objects(개체(면) 선택)

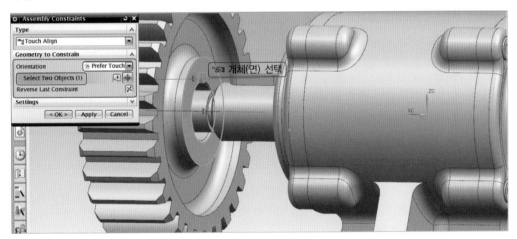

09 >> Orientation → Prefer Touch(접촉 선호) → Select Two Objects(개체(면) 선택)
→ OK

Note   같은 방법으로 반대편에 V-벨트 풀리를 조립한다.

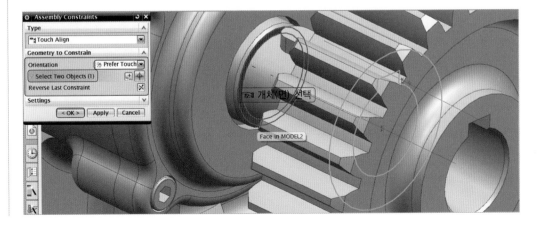

8 ▶▶ 10번 부품 조립하기

01 >> Assemblies → Component → 📑 Add Component(컴포넌트 추가) → Open 클릭 → model10 선택 → OK

02 >> Duplicates → Count 4 → Placement → Positioning → Move(이동) → ☑ Scatter(☑체크) → OK

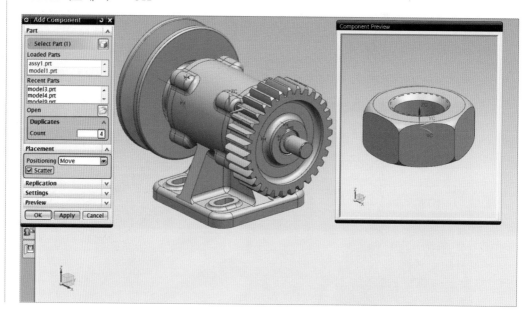

03 >> 좌표 → XYZ의 좌표를 입력하고 OK 버튼을 누르거나 이동할 위치를 마우스로 클릭한다.

04 >> OK

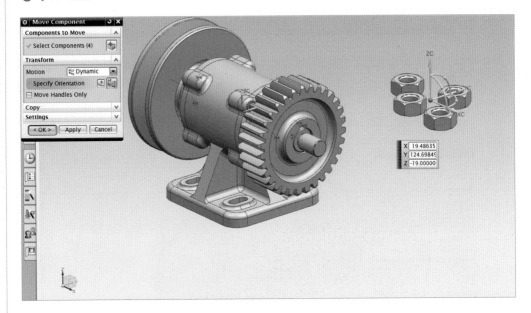

05 >> Assemblies → Component Position →  Assembly Constraints(어셈블리 구속 조건) → Type → Touch Align(접촉 정렬) → Geometry to Constrain → Orientation → Prefer Touch(접촉 선호) → Select Two Objects(두 개체(면) 선택)

06 >> Orientation → Prefer Touch(접촉 선호) → Select Two Objects(개체(중심선) 선택) → Apply

Note 같은 방법으로 너트 3개를 조립한다.

⑨ ▶▶ 완성된 어셈블리

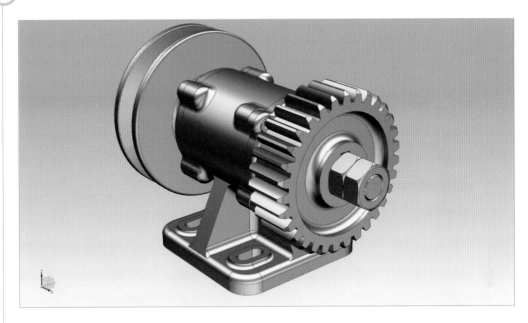

3 Assembly 절단하기

① ▶▶ 스케치하기

XY 평면에 스케치하고 구속 조건은 직선을 X축에 동일 직선으로 구속하고 치수를 입력한다.

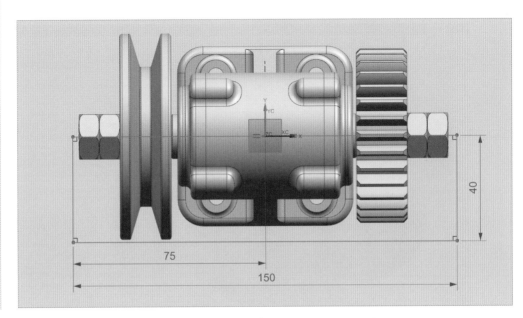

② ▷▷ 돌출 모델링하기

🗔 Extrude(돌출) → Section → Select Curve → Limits →

Start : Value → Distance 0	→ Boolean → None → OK
End : Value → Distance 40	

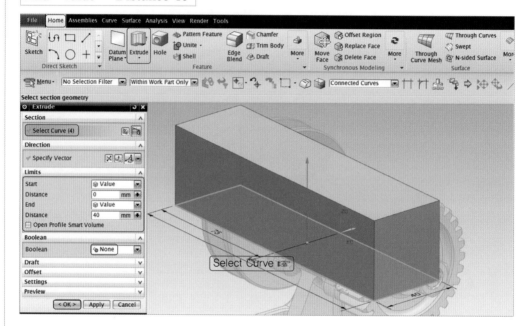

③ ▷▷ 어셈블리 절단하기

01 >> Home → More▼ → Combine → 🔘 Assembly Cut(어셈블리 절단)

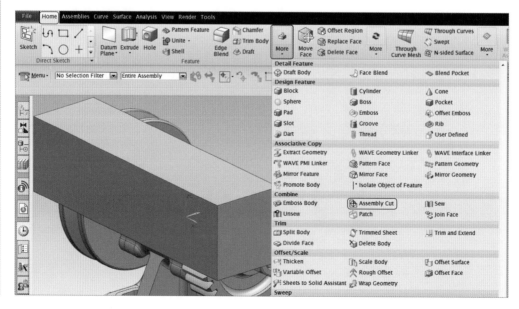

02 >> Target → Select Body → Tool → Select Body → OK

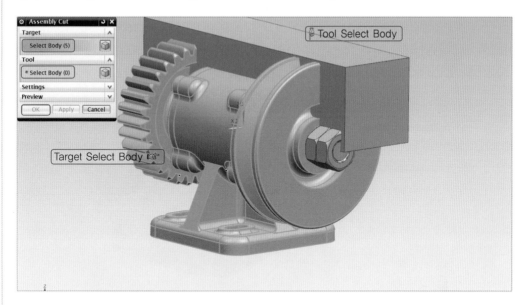

4 Exploded View(분해 전개)하기

01 >> Assemblies → Exploded Views → New Explosion(새 전개)

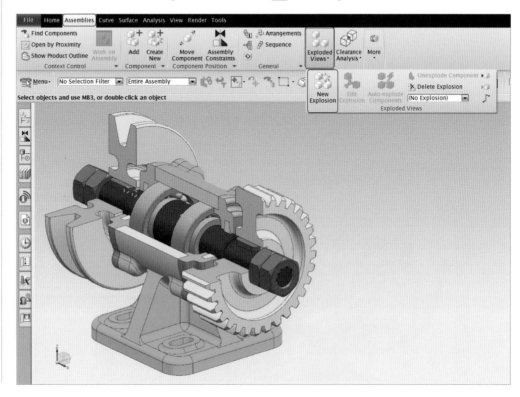

02 >> Name → Explosion 1 → OK

⊙ 분해 편집

(1) ▶▶ 너트 분해하기

01 >> Assemblies → Exploded Views → 🔧 Edit Explosion(분해 편집) → ⊙ Select Objects(⊙체크)

Note | ⊙ Select Objects를 체크하고 너트를 선택하여 전개한다.

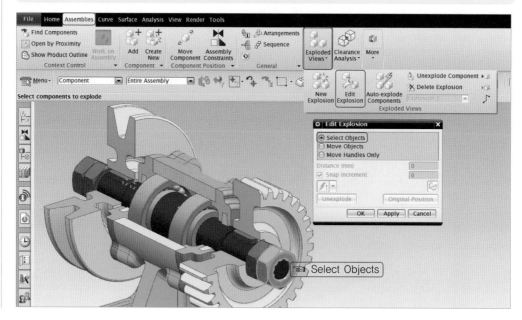

02 >> ⊙Move Objects(⊙체크) − 왼쪽 마우스 버튼으로 축 핸들을 클릭한 상태로 이동

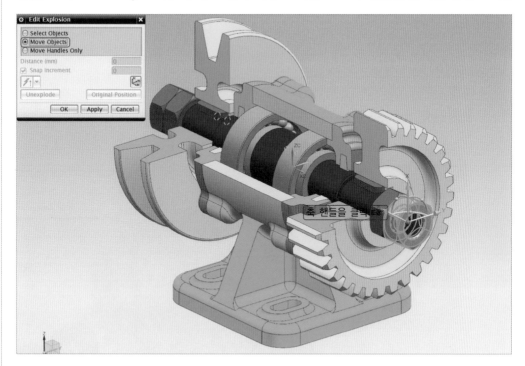

03 >> OK

Note   같은 방법으로 너트 3개를 분해한다.

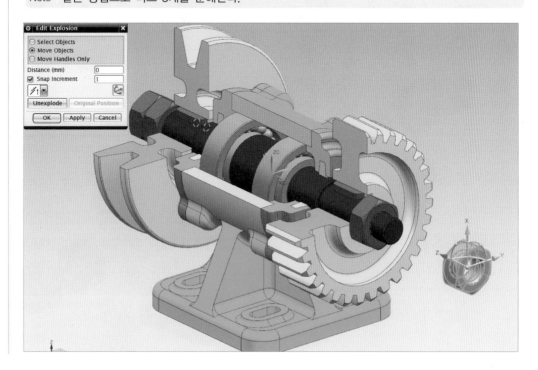

② ▶▶ 기어 분해하기

01 >> Assemblies → Exploded Views → 🖱 Edit Explosion(분해 편집) → ⦿ Select Objects(⦿ 체크)

Note ⦿ Select Objects를 체크하고 기어를 선택하여 전개한다.

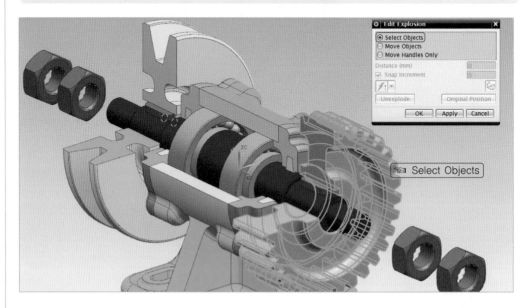

02 >> ⦿ Move Objects(⦿ 체크) – 왼쪽 마우스 버튼으로 축 핸들을 클릭한 상태로 이동

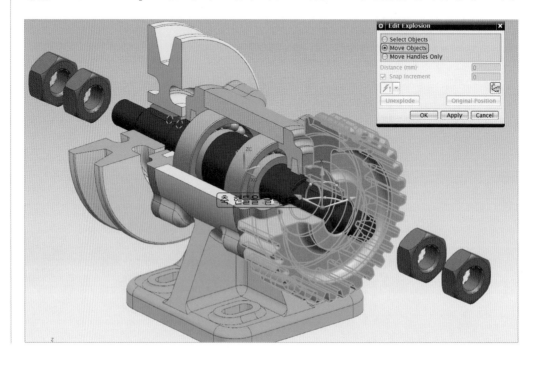

03 >> OK

Note 같은 방법으로 V-벨트 풀리를 분해한다.

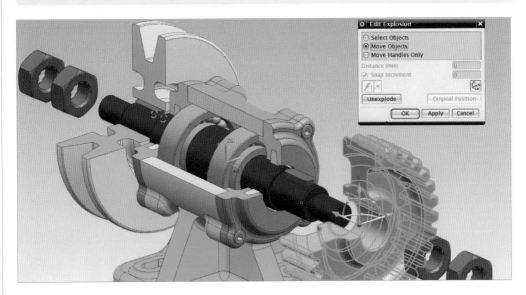

③ ▶▶ 키이(개체) 분해하기

01 >> Assemblies → Exploded Views → Edit Explosion(분해 편집) → ⊙ Select Objects(⊙ 체크)

Note ⊙ Select Objects를 체크하고 키이를 선택하여 전개한다.

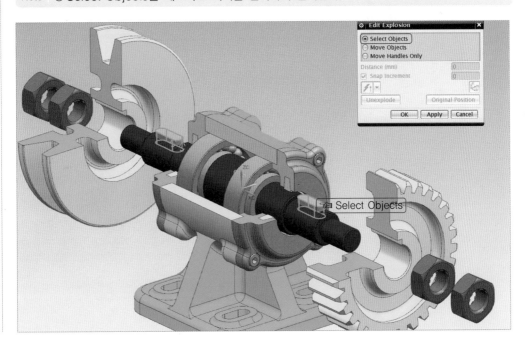

02 >> ⦿ Move Objects(⦿ 체크) – 마우스로 축 핸들을 클릭한 상태로 이동

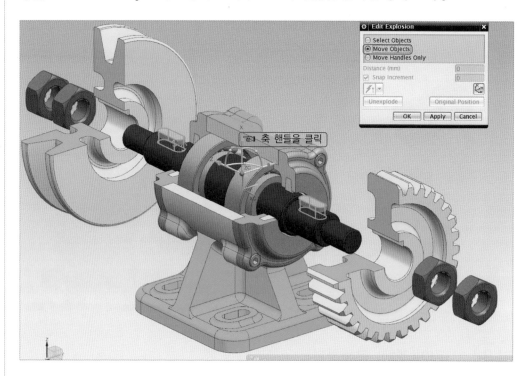

03 >> OK

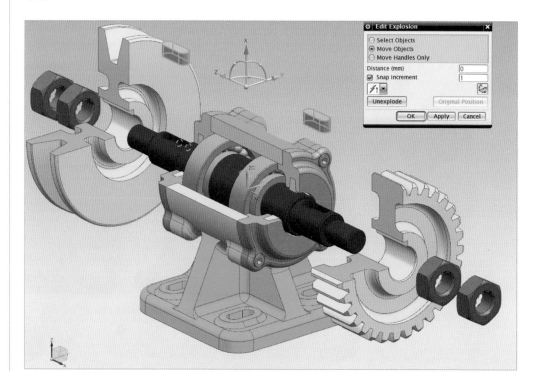

④ ▶▶ 볼트 분해하기

01 ≫ Assemblies → Exploded Views → 🔧 Edit Explosion(분해 편집) → ⊙ Select Objects(⊙ 체크)

Note ⊙ Select Objects를 체크하고 볼트를 선택하여 전개한다.

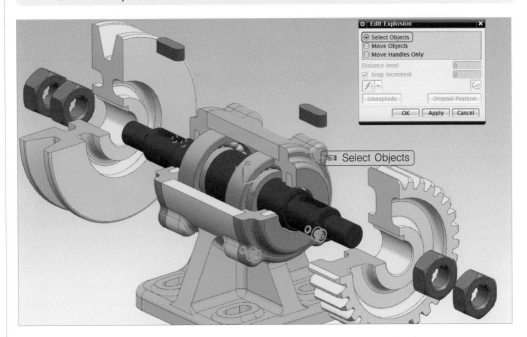

02 ≫ ⊙ Move Objects(⊙ 체크) - 마우스로 축 핸들을 클릭한 상태로 이동

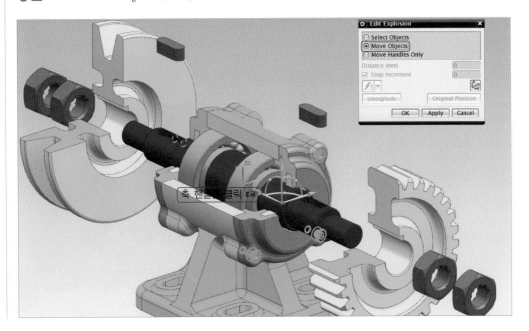

03 >> OK

Note 같은 방법으로 반대편 볼트를 분해한다.

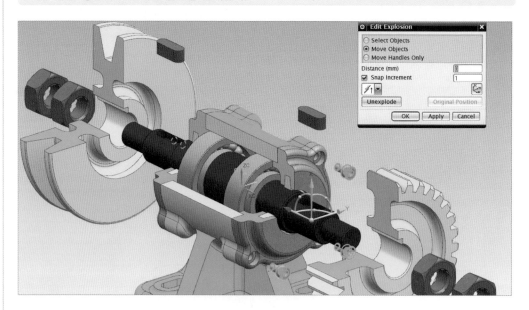

5 ▶▶ 커버 분해하기

01 >> Assemblies → Exploded Views → 🔧 Edit Explosion(분해 편집) → ⦿ Select Objects(⦿ 체크)

Note ⦿ Select Objects를 체크하고 커버 및 오일실을 선택하여 전개한다.

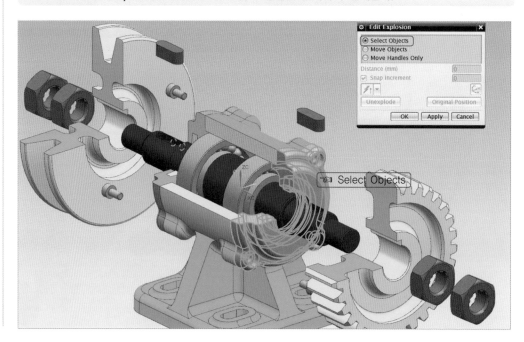

02 >> ⊙ Move Objects(⊙ 체크) – 마우스로 축 핸들을 클릭한 상태로 이동

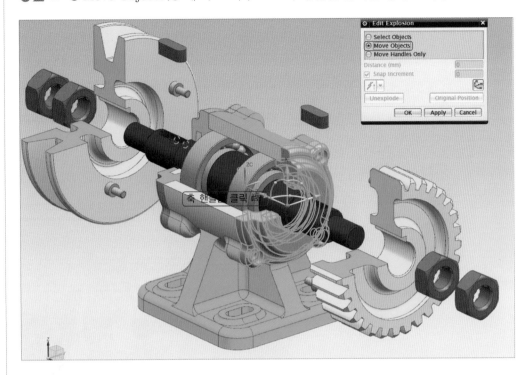

03 >> OK

Note 같은 방법으로 반대편 커버를 분해한다.

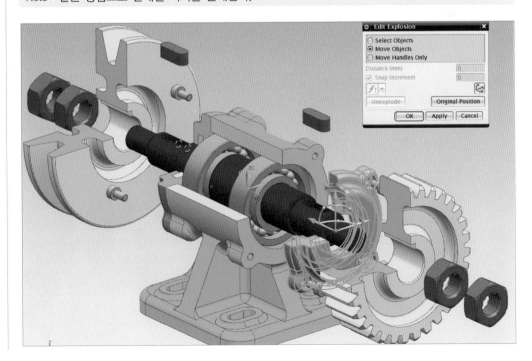

6 ▶▶ 베어링 분해하기

01 ›› Assemblies → Exploded Views → 📊 Edit Explosion(분해 편집) → ⦿Select Objects(⦿ 체크)

Note ⦿Select Objects를 체크하고 베어링을 선택하여 전개한다.

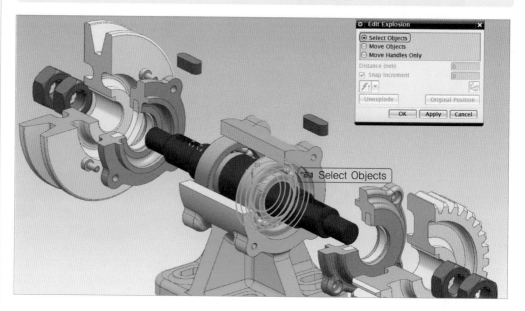

02 ›› ⦿ Move Objects(⦿ 체크) – 마우스로 축 핸들을 클릭한 상태로 이동

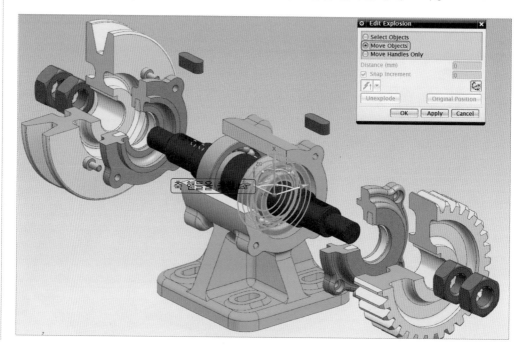

03 >>OK

Note 같은 방법으로 반대편 베어링을 분해한다.

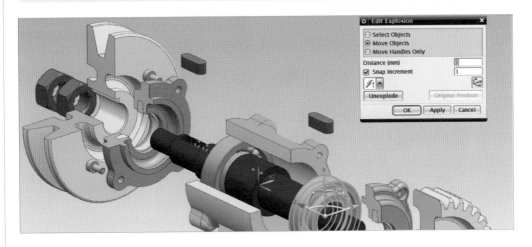

⊙ 추적선

① ▶▶ 축 추적선

Assemblies → Exploded Views → ♪ Tracelines(추적선) → Start → Specify Point
→ End → Specify Point → Apply

Note 추적선 좌표 축을 더블 클릭하면 방향이 변환된다.

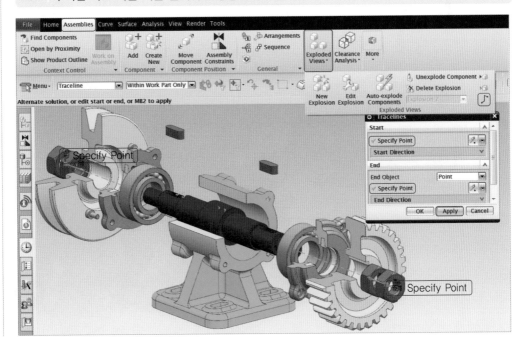

② ▶▶ 볼트 추적선

♩Tracelines(추적선) → Start → Specify Point → End → Specify Point → Apply

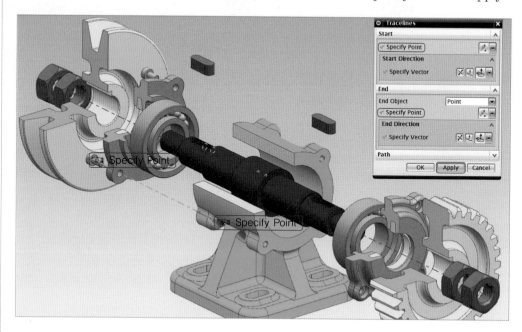

③ ▶▶ 키이 추적선

♩Tracelines(추적선) → Start → Specify Point → End → Specify Point → Apply

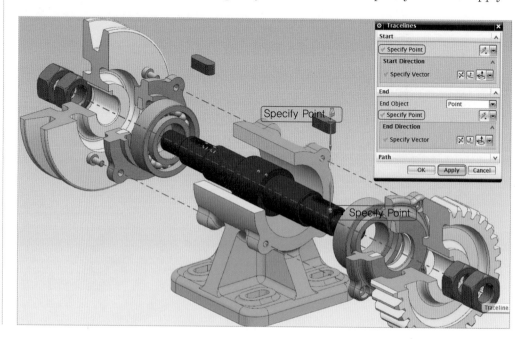

4   ▶▶ 완성된 추적선

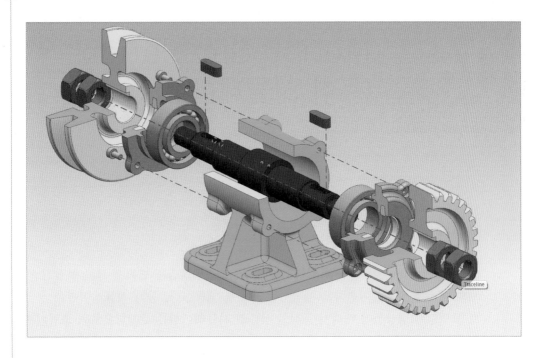

C.h.a.p.t.e.r

06

Motion Simulation
(동작 시뮬레이션)

---

1 ## Motion Simulation

   Motion Simulation(동작 시뮬레이션) 응용 프로그램은 변위가 크고 복잡한 기계 시스템의 동작을 시뮬레이션하고 계산하는 도구를 제공한다. 동작 시뮬레이션은 정적인 상태로 모델링된 형상들에 대해서 동적인 상태의 시뮬레이션을 수행함으로써 조립된 형상이나 모델링된 부품들의 구동(Simulation) 과정을 통하여 각 부품 간의 동작으로 발생하는 각 부품 간의 간섭(Interference), 구조, 동작의 문제점 및 설계 오류 등을 분석하여 발생할 수 있는 여러 가지 문제점들을 파악하여 수정 및 보완할 수 있는 CAE(Computer Aided Engineering) 과정이다.

2 ## Geneva Gear 시뮬레이션

01 >> File → 🏠 Motion Simulation(동작 시뮬레이션)

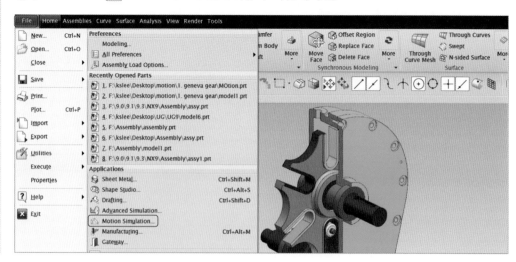

02 >> Geneva Gear Assembly 클릭 → MB3 클릭 → New Simulation(새 시뮬레이션)

Note   Motion Navigator에서 어셈블리 파일을 선택하여 MB3를 클릭하면 New Simulation(새 시뮬레이션)이 생성된다.

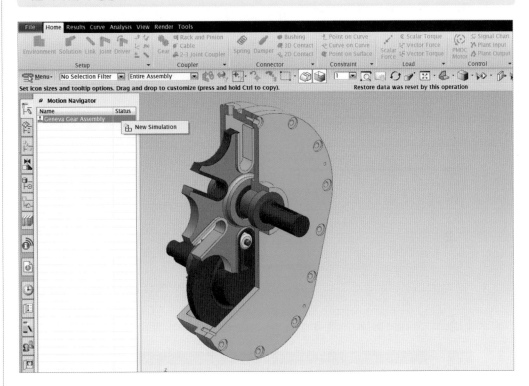

03 >> Analysis Type → ⦿ Dynamics(동역학) → OK

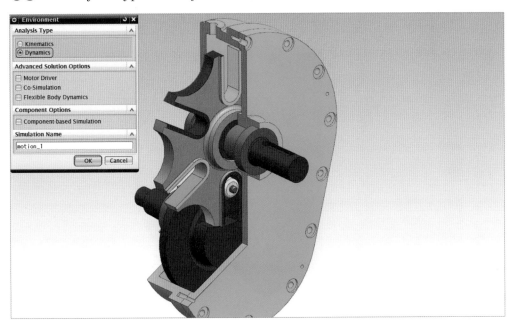

04 >> Cancel

Note | OK하면 Joint가 자동으로 생성되는데, 여기에서는 Cancel하여 Joint를 수동으로 생성한다.

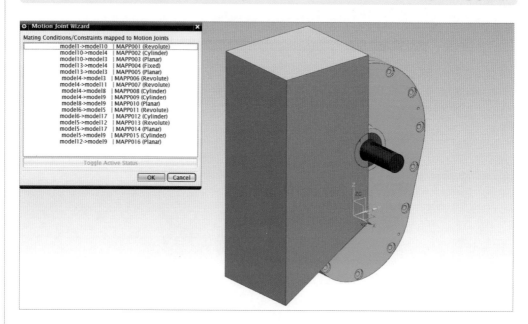

05 >> Solid Body → 개체 선택 → Ctrl+B(어셈블리 절단 블록 숨기기)

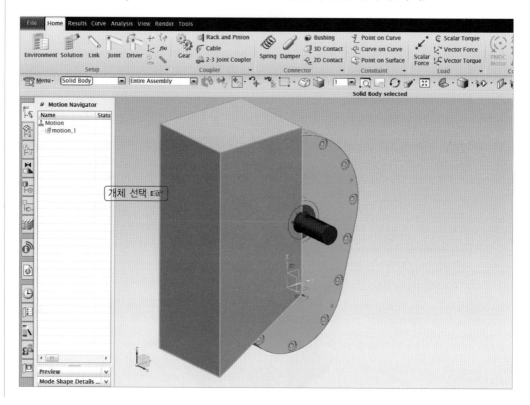

06 >> Home → Setup → ↖Link(링크) → Link Objects → Select Object → Mass Properties Option → Automatic(자동) → Settings → ☑Fix the Link(☑체크) → Apply

Note 본체, 커버, 부시, 축 커버를 링크한다.

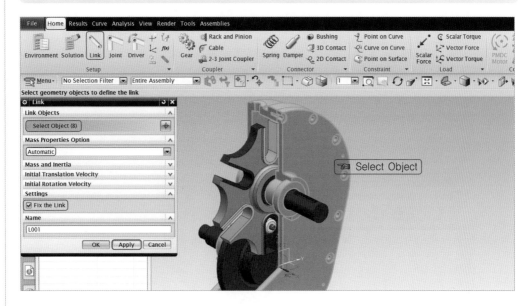

07 >> ↖Link(링크) → Link Objects → Select Object → Mass Properties Option → Automatic(자동) → Settings → ☐Fix the Link(☐체크 해제) → Apply

Note 분할 축, 핀, 링을 링크한다.

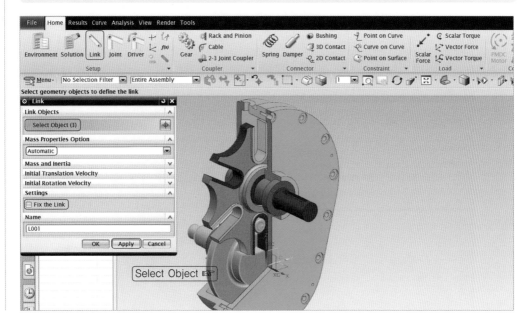

08 >> ✏️Link(링크) → Link Objects → Select Object → Mass Properties Option
→ Automatic(자동) → Settings → □Fix the Link(□체크 해제) → OK

Note | 제노바 기어, 축, 키이를 링크한다.

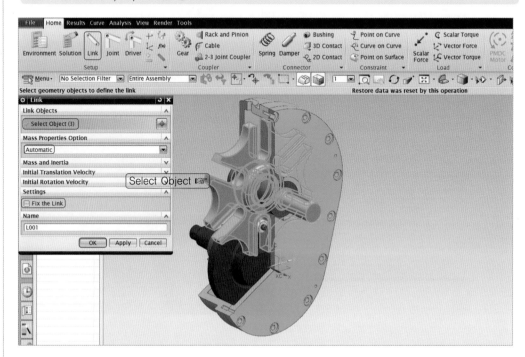

09 >> Home → Connector → 🔧3D Contact(3D 접촉) → Action → Select Body

Note | 제노바 기어를 선택한다.

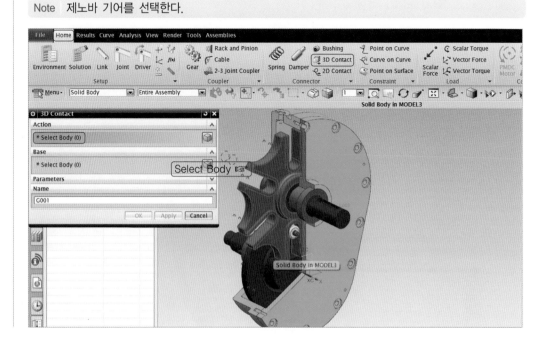

10 >> Base → Select Body → OK

Note 분할 축, 링을 선택한다.

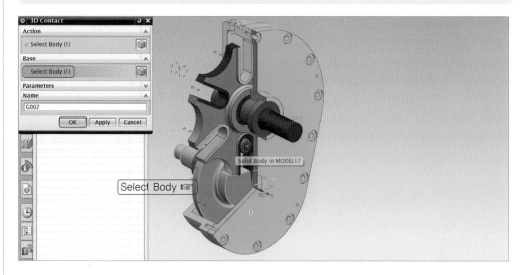

11 >> Home → Setup → 📌 Joint(조인트) → Definition → Type → Revolute(회전) → Action → Select Link(모서리)

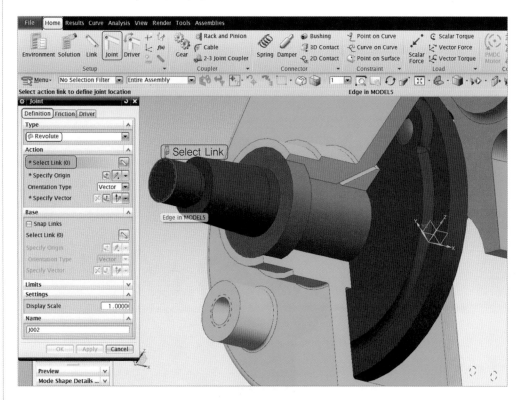

12 >> Driver → Rotation → Constant(일정) → Initial Displacement(초기 변위) 0 → Initial Velocity(초기 속도) 360 → Acceleration(가속도) 0 → Apply

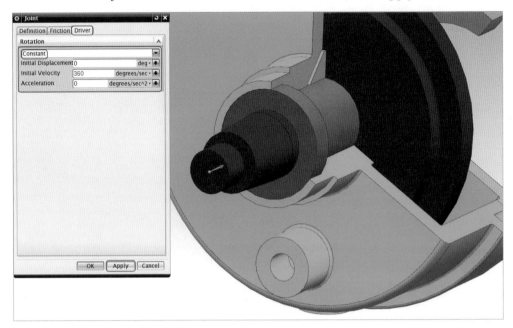

13 >> Definition → Type → Revolute(회전) → Action → Select Link(모서리)

14 >> Driver → Rotation → None(없음) → OK

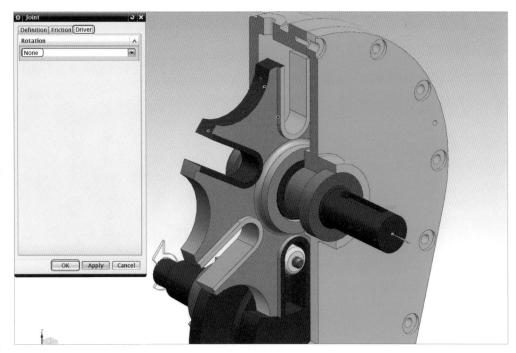

15 >> Home → Setup → Solution(솔루션) → Solution Option → Solution Type → Normal Run(정상 실행) → Analysis Type → Kinematics/Dynamics(운동학/동역학) → Time 10 → Steps 50 → OK

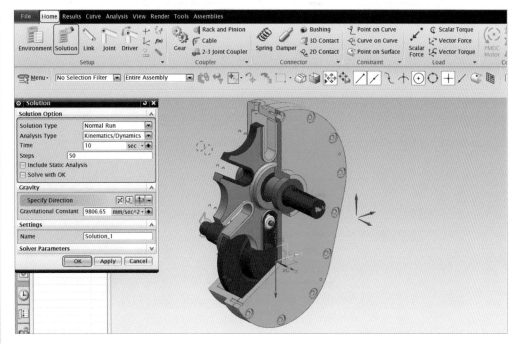

16 >> Home → Analysis → ▤ Solve(해석)

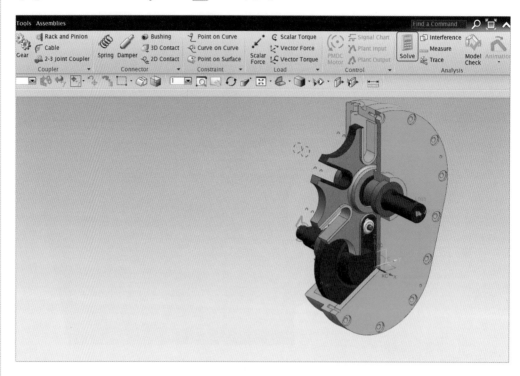

17 >> Home → Analysis → 🖼 Animation(애니메이션) → Play

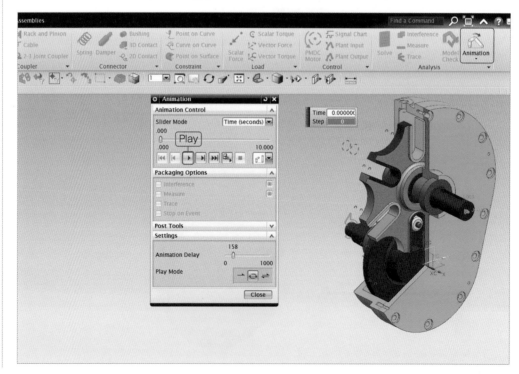

3 ## Eccentric drive 시뮬레이션

01 >> File → 🔺 Motion Simulation(동작 시뮬레이션)

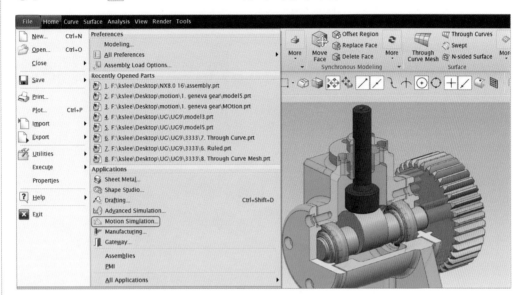

02 >> Eccentric drive Assembly 클릭 → MB3 클릭 → New Simulation(새 시뮬레이션)

Note Motion Navigator에서 어셈블리 파일을 선택하여 MB3를 클릭하면 New Simulation(새 시뮬레이션)이 생성된다.

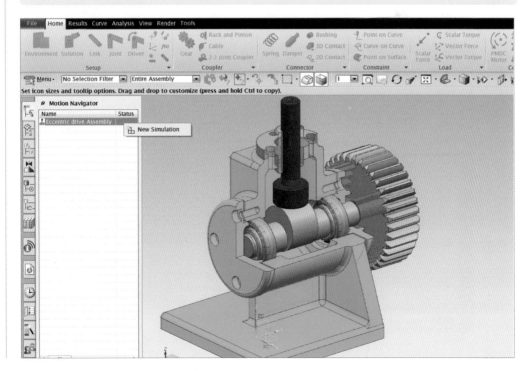

03 >> Analysis Type → ⊙ Dynamics(동역학) → OK

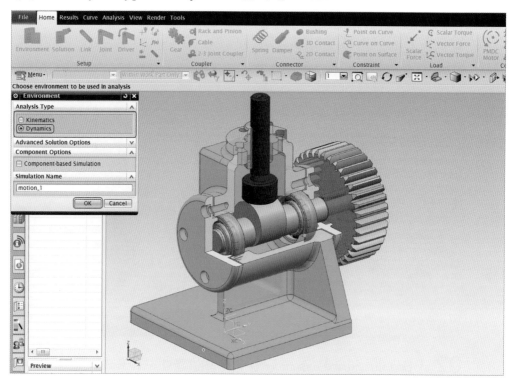

04 >> Cancel

Note OK하면 Joint가 자동으로 생성되는데, 여기에서는 Cancel하여 Joint를 수동으로 생성한다.

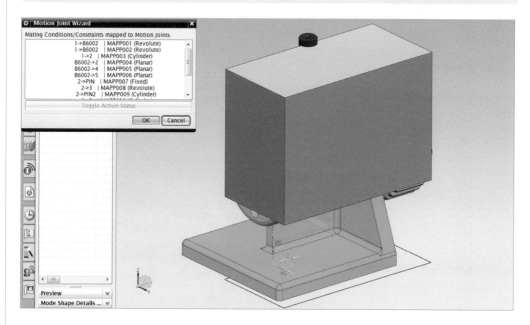

05 >> Solid Body → 개체 선택 → Ctrl+B(어셈블리 절단 블록 숨기기)

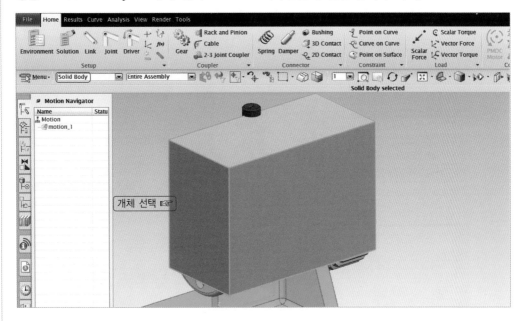

06 >> Home → Setup → 🖉Link(링크) → Link Objects → Select Object → Mass Properties Option → Automatic(자동) → Settings → ☑Fix the Link(☑체크) → Apply

Note 본체, 커버, 베어링 외륜, 슬라이더 부시를 링크한다.

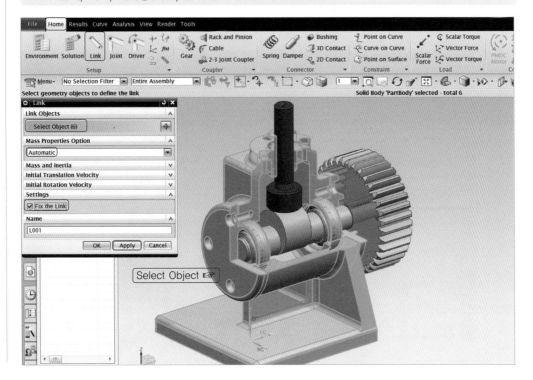

07 >> Link(링크) → Link Objects → Select Object → Mass Properties Option → Automatic(자동) → Settings → □Fix the Link(□체크 해제) → Apply

Note 편심 축, 베어링(내륜과 볼), 기어, 와셔, 볼트를 링크한다.

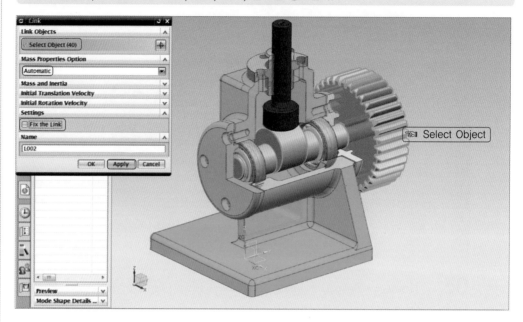

08 >> Link(링크) → Link Objects → Select Object → Mass Properties Option → Automatic(자동) → Settings → □Fix the Link(□체크 해제) → OK

Note 슬라이더를 링크한다.

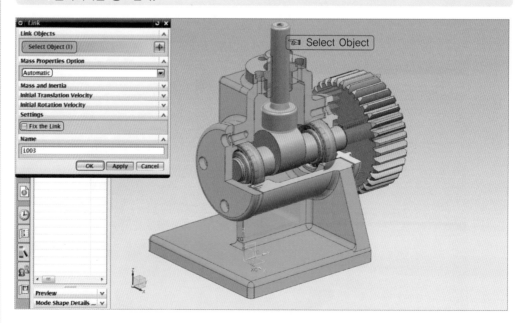

09 >> Home → Setup → 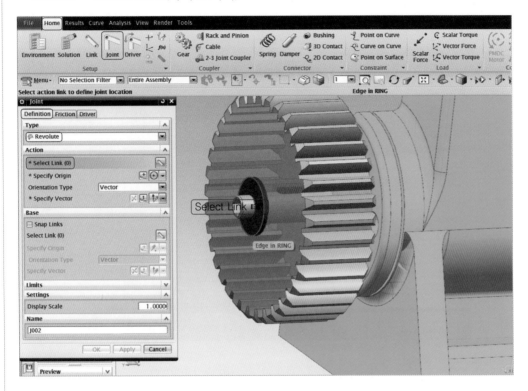Joint(조인트) → Definition → Type → Revolute(회전)
→ Action → Select Link(와셔 모서리)

10 >> Driver → Rotation → Constant(일정) → Initial Displacement(초기 변위) 0
→ Initial Velocity(초기 속도) 360 → Acceleration(가속도) 0 → Apply

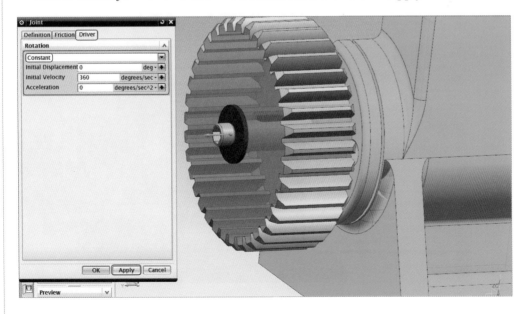

11 >> Home → Setup → 🔧Joint(조인트) → Definition → Type → Slider(슬라이더)
→ Action → Select Link(모서리)

Note Select Link는 5번 부품(슬라이더)의 원통 모서리를 선택한다.

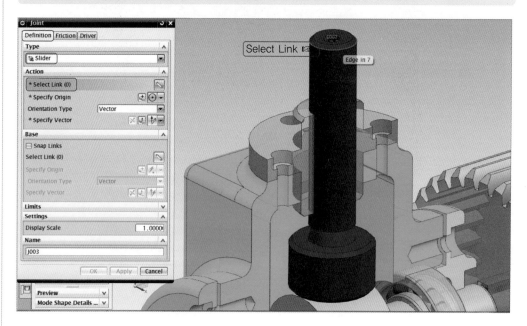

12 >> Base → Select Link(모서리) → OK

Note Select Link는 부시의 원통 모서리를 선택한다.

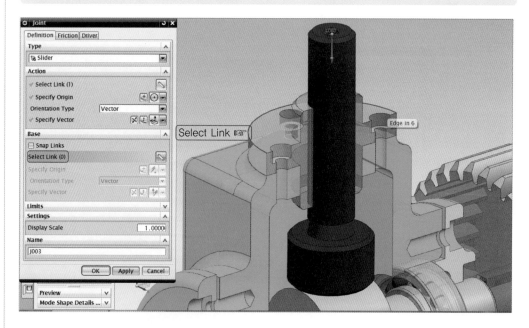

13 >> Home → Connector → 🗂3D Contact(3D 접촉) → Action → Select Body(슬라이더)

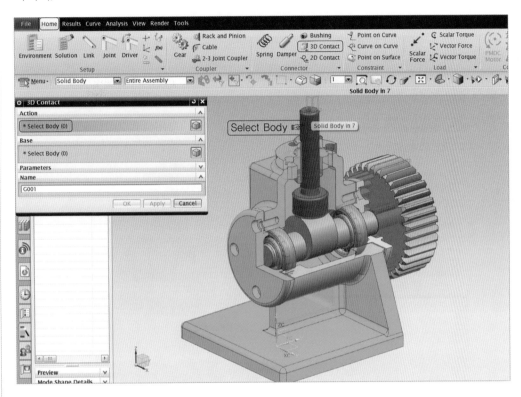

14 >> Base → Select Body(편심 축) → OK

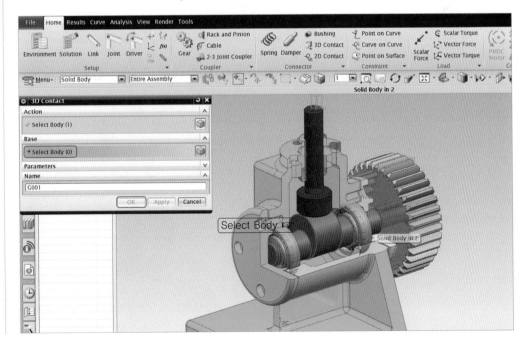

15 >> Home → Setup → Solution(솔루션) → Solution Option → Solution Type → Normal Run(정상 실행) → Analysis Type → Kinematics/Dynamics(운동학/동역학) → Time 10 → Steps 50 → OK

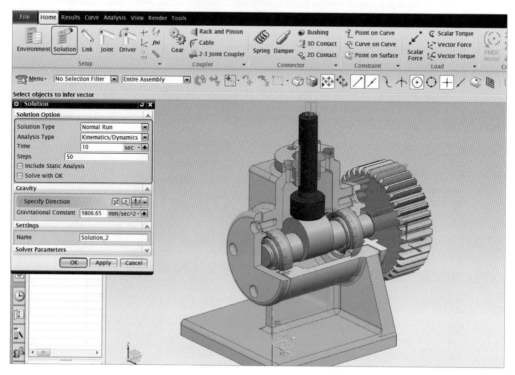

16 >> Home → Analysis → Solve(해석)

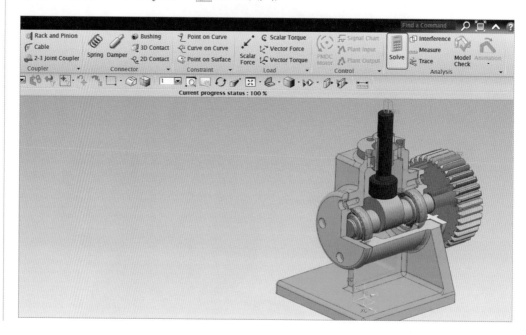

17 >> Home → Analysis →  Animation(애니메이션) → Play

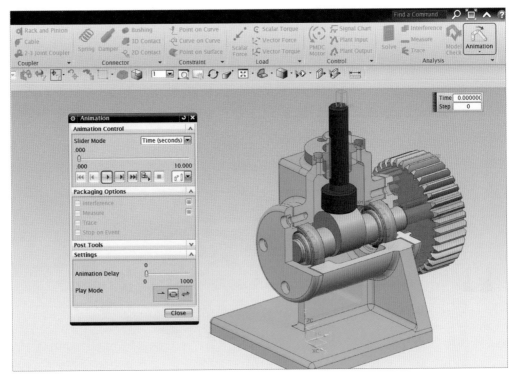

Multi Spindle Drill Head 시뮬레이션

01 >> File → 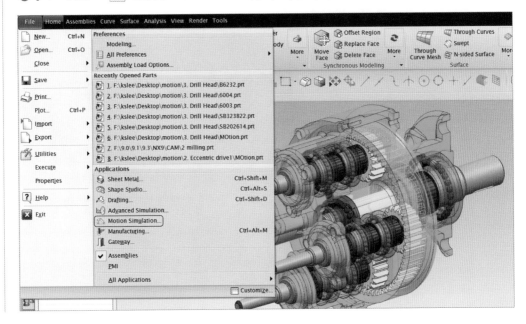 Motion Simulation(동작 시뮬레이션)

02 ›› Multi Spindle Drill Head Assembly 클릭 → MB3 클릭 → New Simulation (새 시뮬레이션)

> Note | Motion Navigator에서 어셈블리 파일을 선택하여 MB3를 클릭하면 New Simulation(새 시뮬레이션)이 생성된다.

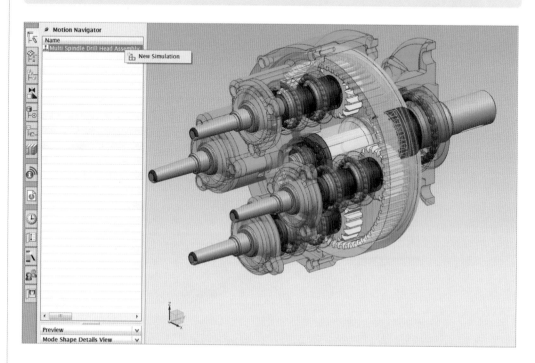

03 ›› Analysis Type → ⊙ Dynamics(동역학) → OK

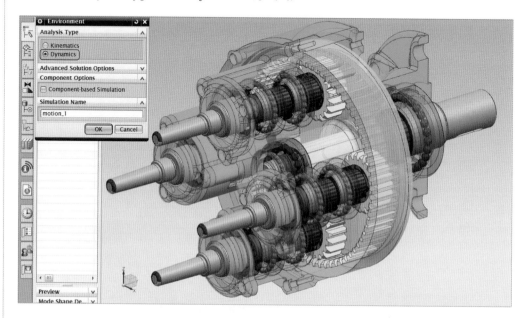

04 >> Cancel

Note   OK하면 Joint가 자동으로 생성되는데, 여기에서는 Cancel하여 Joint를 수동으로 생성한다.

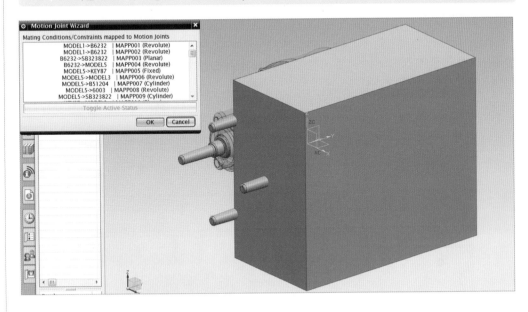

05 >> Solid Body → 개체 선택 → Ctrl+B(어셈블리 절단 블록 숨기기)

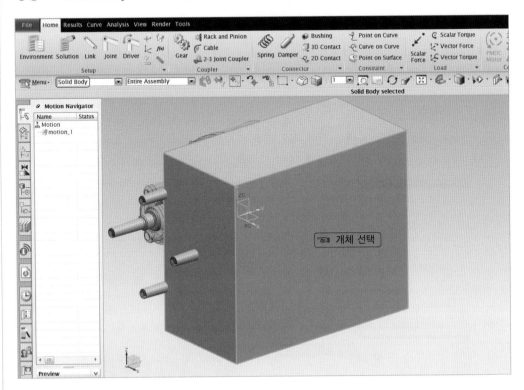

06 >> Home → Setup → ✎Link(링크) → Link Objects → Select Object → Mass Properties Option → Automatic(자동) → Settings → ☑Fix the Link(☑체크) → Apply

Note | 헤드 하우징, 스핀들 하우징, 볼 베어링 외륜, 드러스트 베어링(볼 제외), 커버를 링크한다. 링크에 직접 필요한 부분을 남기고 나머지를 숨기기하면 선택하기 쉽다.

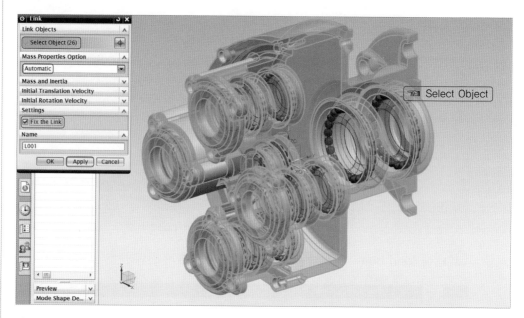

07 >> Home → Setup → ✎Link(링크) → Link Objects → Select Object → Mass Properties Option → Automatic(자동) → Settings → ☐Fix the Link(☐체크 해제) → Apply

Note | 메인 축, 키이, 내접 기어, 메인 축의 부시, 베어링(내륜과 볼), 드러스트 베어링의 볼을 링크한다.

08 >> Home → Setup → ✎Link(링크) → Link Objects → Select Object → Mass Properties Option → Automatic(자동) → Settings → □Fix the Lin(□체크 해제) → Apply

> Note 스핀들, 키이, 기어, 부시, 베어링(내륜과 볼), 드러스트의 베어링 볼을 링크한다. 같은 방법으로 나머지 스핀들도 링크한다.

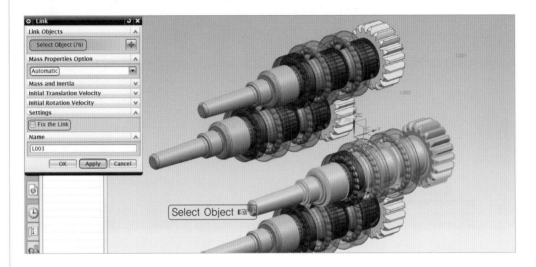

09 >> Home → Setup → 🔧Joint(조인트) → Definition → Type → Revolute(회전) → Action → Select Link(모서리)

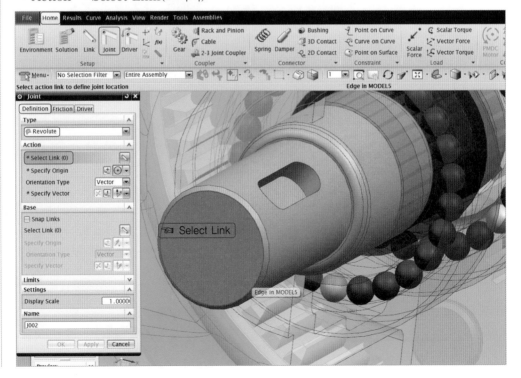

10 >> Driver → Rotation → Constant(일정) → Initial Displacement(초기 변위) 0
→ Initial Velocity(초기 속도) 360 → Acceleration(가속도) 0 → Apply

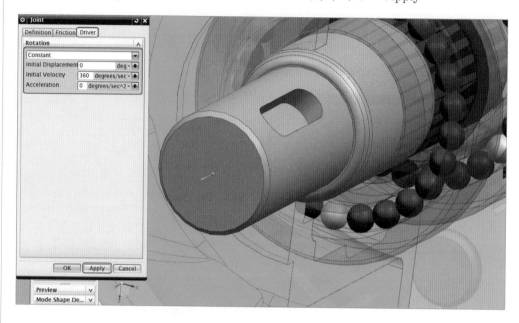

11 >> Home → Setup → 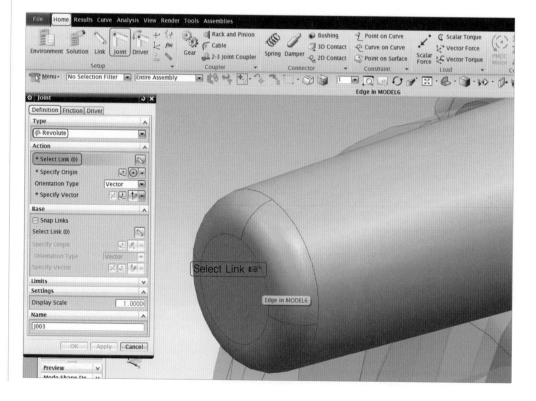 Joint(조인트) → Definition → Type → Revolute(회전)
→ Action → Select Link(모서리)

12 >> Driver → Rotation → None(없음) → Apply

Note 같은 방법으로 나머지 스핀들을 조인한다.

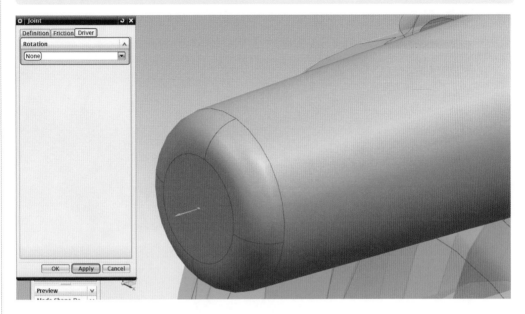

13 >> Home → Coupler → Gear(기어) → First Joint → Select Joint

Note 조인트 선택이 잘 안 될 경우, 천천히 마우스를 조인트 부분에서 움직이면 조인트가 선택된다.

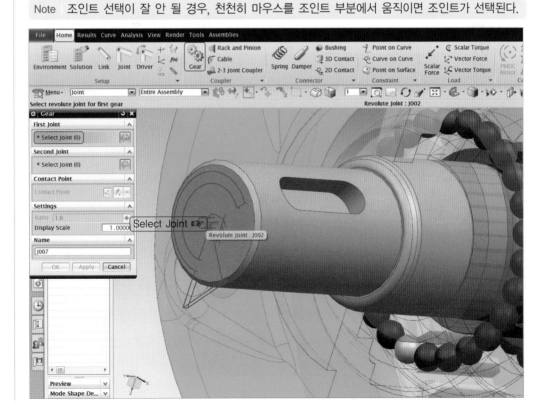

14 >> Second Joint → Select Joint → Settings → Display Scale 69/19 → Apply

Note | 기어 비율은 주동축 기어 잇수/종동축 기어 잇수를 입력한다. 같은 방법으로 나머지 기어 비율을 조인트와 연계한다.

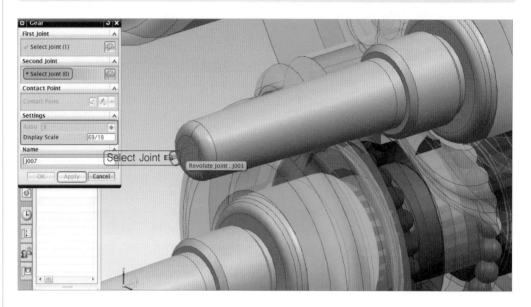

15 >> Home → Setup → Solution(솔루션) → Solution Option → Solution Type → Normal Run(정상 실행) → Analysis Type → Kinematics/Dynamics(운동학/동역학) → Time 10 → Steps 50 → OK

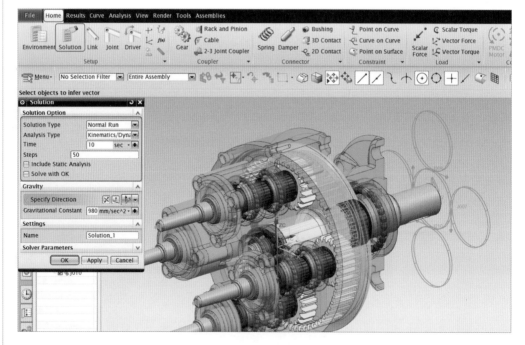

16 >> Home → Analysis → ▦ Solve(해석)

17 >> Home → Analysis → 🖾 Animation(애니메이션) → Play

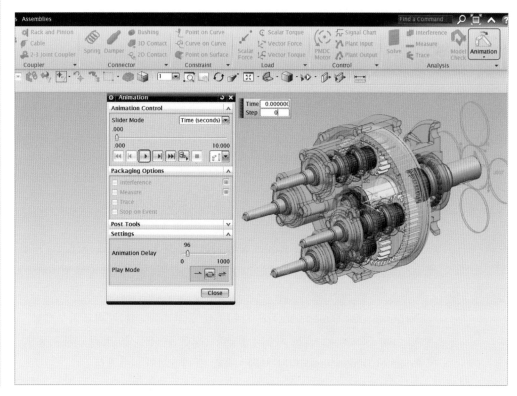

C.h.a.p.t.e.r

07 Drafting 작업하기

1 Drafting

NX Drafting 응용 프로그램은 설계 모델의 도면을 생성하고 관리하는 도구를 제공한다. Drafting 응용 프로그램에서 생성된 도면은 모델링에 연관되며, 모델링에 대한 변경된 사항은 도면에 자동으로 반영된다. 연관성을 통해 모델링을 변경할 수 있으며, 모델링이 완성된 후 응용 프로그램에서 Drafting을 선택하여 기능을 수행할 수 있다.

① ⬚ New Sheet(새 시트) : 새 도면 시트를 생성하며, 도면의 크기를 재설정할 수 있다.

② ⬚ Base View(기존 뷰) : 도면 시트에 모델링 기준 뷰를 생성한다.

③ ⬚ Detail View(상세 뷰) : 도면 확대도를 생성한다.

④ ⬚ Section View(단면 뷰) : 온 단면도를 생성한다.

⑤ ⬚ Half Section View(반 단면 뷰) : 반 단면도를 생성한다.

⑥ ⬚ Revolved Section View(회전 단면 뷰) : 회전 단면도를 생성한다.

⑦ ⬚ Break-out Section View(분할 단면 뷰) : 부분 단면도를 생성한다.

⑧ Dimension(치수)

- ⬚ Inferred Dimension(추정 치수) : 치수 유형을 추정하여 치수 생성

- ⬚ Horizontal Dimension(수평 치수) : 두 점 사이의 수평 치수 생성

- ⬚ Vertical Dimension(수직 치수) : 두 점 사이의 수직 치수 생성

- ⬚ Parallel Dimension(평행 치수) : 두 점 사이의 평행 치수를 생성하며, 두 점 사이의 최단 거리로 표시

- ⬚ Perpendicular Dimension(직교 치수) : 선, 중심선, 점 사이의 직교 치수 생성

- ⬚ Angular Dimension(각도 치수) : 평행하지 않은 두 직선 사이의 각도 치수 생성

- ⬚ Chamfer Dimension(모따기 치수) : 각도 45°인 모따기 치수 생성

- 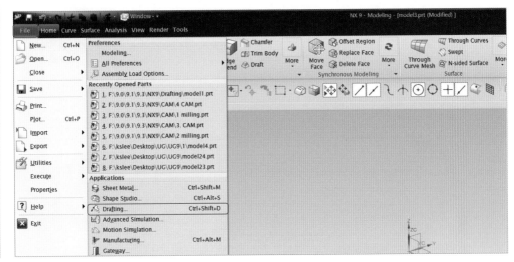 Cylindrical Dimension(원통형 치수) : 원통 치수를 생성 또는 두 지점 사이의 직선 거리를 ⌀로 표시

- Hole Dimension(구멍 치수) : 원통 치수를 하나의 지시선으로 표시

- Diameter Dimension(지름 치수) : 원통 치수를 지시선으로 표시, 화살표는 양쪽 화살표

- Radius Dimension(반지름 치수) : 원호를 가리키는 화살표로 된 반지름 치수 생성

- Radius to Center Dimension(중심 반지름 치수) : 원호를 가리키는 화살표로 된 반지름 치수 생성, 화살표로 치수 보조선을 원호 중심까지 그린다.

- Folded Radius Dimension(꺾인 반지름 치수) : 원호 반지름이 커서 도면 영역을 벗어나는 원통에 추가하는 꺾인 지시선 반지름 치수

- Arc Length Dimension(원호 길이 치수) : 원호 둘레 거리를 측정하는 원호 길이 치수

⑨ **A** Annotation(주석)

- **A** Note(노트) : Text 생성 및 문자를 편집한다.

- Feature Control Frame(형상 제어 프레임) : 단일행, 복수행 또는 복합 특징 형상 제어 프레임으로 형상 공차를 생성한다.

- Datum Feature Symbol(데이텀 형상 심볼) : 데이텀 특징 형상 심볼을 생성한다.

- Balloon(풍선 도움말) : 풍선(부품 번호) 도움말 심볼을 생성한다.

- √ Surface Finish Symbol(표면 다듬질 심볼) : 거칠기, 처리 또는 코팅, 패턴, 가공 허용치, 파동 정도 등 곡면 매개 변수를 지정하는 표면 다듬질 심볼을 생성한다.

2 Drafting 환경 조성하기

① ▶▶ Drafting 시작하기

File → Drafting

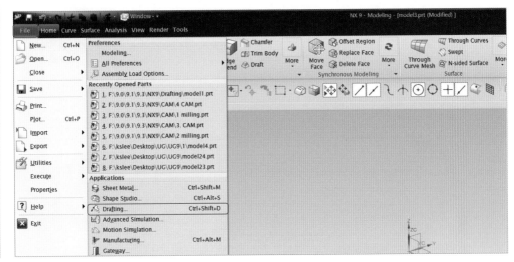

② ▶▶ 제도 용지 설정하기

Home → ▦ New Sheet(시트) → Size → ◉Standard Size → A2 420×594(제도 용지)
→ Settings → Units → ◉Millimeters → OK

> Note 제도 용지를 선택한다.

③ ▶▶ 환경 설정하기

01 ≫ Home → Menu → Preferences(환경 설정) → Drafting

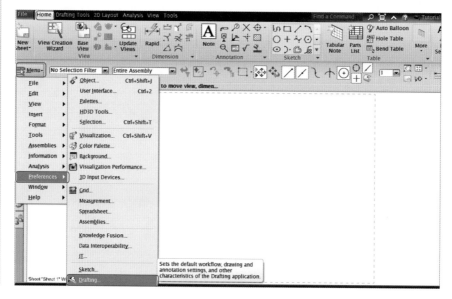

02 >> Dimension → Text → Units(단위) → Units → Millimeters → Decimal Delimiter → • Period

Note 콤마를 선택한다.

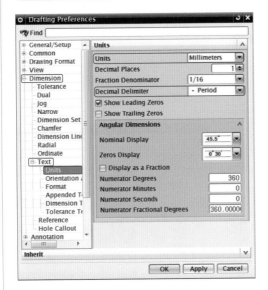

03 >> Dimension → Text → Appended Text(부가 텍스트) → Scope → □Apply to Entire Dimension(□체크 해제) → Format → 노란색 → A Arial Unicode Ms → Height 3.15 → Text Gap Factor 0.1

Note 특수 문자 ∅ 등을 말한다.

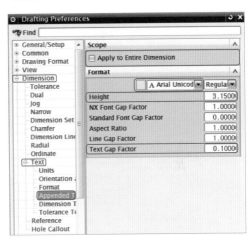

04 >> Dimension → Text → Dimension Text(치수 텍스트) → Scope → □ Apply to Entire Dimension(□체크 해제) → Format → 노란색 → A Arial Unicode Ms → Height 3.15 → Dimension Line Gap Factor 0.2

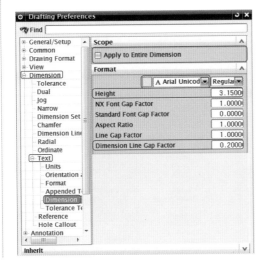

05 >> Dimension → Text → Tolerance Text(공차 텍스트) → Scope → □ Apply to Entire Dimension(□체크 해제) → Format → 빨간색 → A Arial Unicode Ms → Height 2.0 → Line Gap Factor 0.1 → Text Gap Factor 0.5

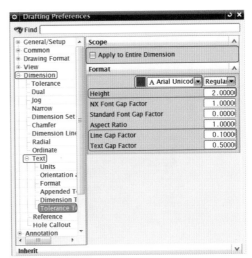

06 ›› Common → Lettering(글자 쓰기) → Text Parameters(텍스트 매개 변수) → 노란색 → A Arial Unicode Ms → Height 3.15

Note 일반 텍스트 문자를 말한다.

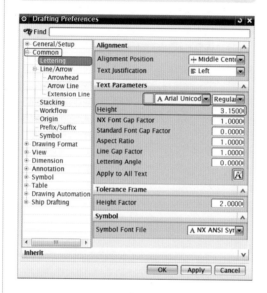

07 ›› Common → Line/Arrow → Arrowhead(화살촉) → Leader and Dimension Side 1 → Type → ← Filled Arrow → 빨간색 → 실선 0.18 → Dimension Side 2 → Type → ← Filled Arrow → 빨간색 → 실선 0.18 → Format → Length 3 → Angle 19

Note 치수선, 치수 보조선, 화살표는 흰색 또는 빨간색

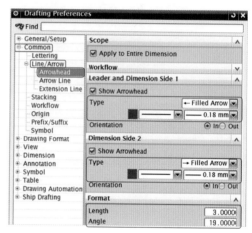

08 ›› Common → Line/Arrow → Arrow Line(화살표 선) → Leader and Arrow Line Side 1 → 빨간색 → 실선 0.18 → Arrow Line Side 2 → 빨간색 → 실선 0.18

Note 치수선, 치수 보조선, 화살표는 흰색 또는 빨간색

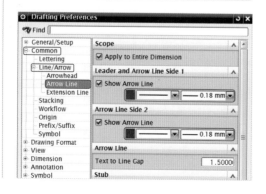

09 ›› Common → Line/Arrow → Extension Line(치수 보조선) → Flag Leader or Side 1 → 빨간색 → 실선 0.18 → Side 2 → 빨간색 → 실선 0.18

Note 치수선, 치수 보조선, 화살표는 흰색 또는 빨간색

10 ›› View → Workflow → Alignment → ☑Associative(☑체크)

Note 추출된 모서리를 ☑체크하면 정렬을 유지하도록 투영 뷰와 부모 뷰 사이 뷰 생성 마법사에 의해 생성된 뷰 사이에 연관 정렬을 생성한다.

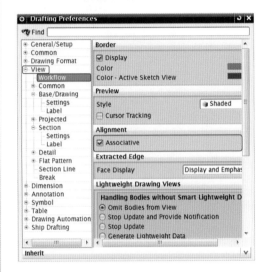

11 ›› View → Common → Visible Line(외형선) → Format → 녹색 → 실선 0.35

Note 외형선(굵은 실선)의 굵기는 0.4~0.8이며 기능사는 0.5, 산업기사는 0.35 굵기로 주어진다.

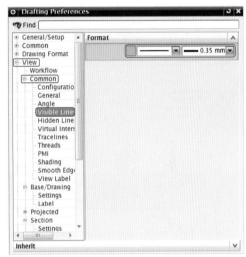

12 ›› View → Common → Smooth Edges(모서리 다듬기) → Format → □ Show Smooth Edges(□체크 해제)

Note 모서리 끄기를 해야 도면의 외형선만 나타난다.

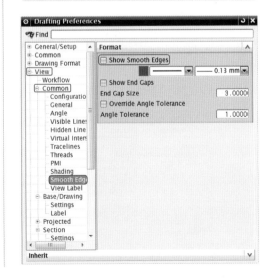

13 ›› View → Section Line(단면선) → Format → 빨간색 → 일점 쇄선 0.18 → Arrowhead → Style → ←Filled → Length 5 → Angle 30 → Arrow Line → Arrow Length 10 → Border to Arrow Distance 12 → Overhang 2.5 → Line Length 17.5

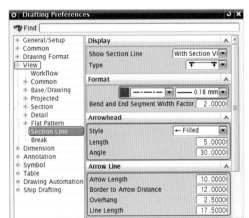

14 >> Annotation → GDT(형상 공차) → Format → 빨간색 → 실선 0.18

Note 형상 공차 기호

15 >> Annotation → Balloon(풍선 도움말) → Format → 녹색 → 실선 0.35 → Size → Diameter 12

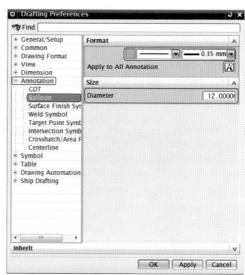

16 >> Annotation → Surface Finish Symbol(표면 다듬질) → Format → 녹색 → 실선 0.35

Note 표면 다듬질 기호와 풍선 도움말 기호는 같이 사용될 경우에는 외형선과 같은 녹색이며, 투상도면(부품도)에 사용될 경우에는 흰색 또는 빨간색으로 3/5 크기이다.

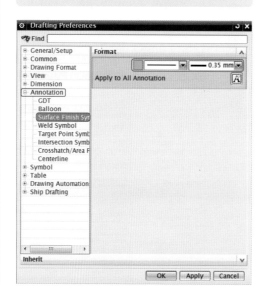

17 >> Annotation → Crosshatch/Area Fill(해칭) → Crosshatch → Distance 2 → Angle 45° → Format → Color → 흰색 → Width 0.18

Note 해칭선은 흰색 또는 빨간색으로 선의 굵기는 0.1~0.3을 사용한다.

18 >> Annotation → Centerline(중심선) → Format → Color → 빨간색 → Width → 실선 0.18

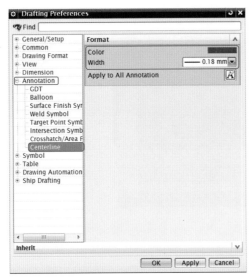

기계설계 산업기사 · 전산응용 기계제도 기능사 실기

◉ 투상하기

① ▸▸ **1번(본체) 부품 불러오기**

01 >> Home → View → Base View(기존 뷰) → Open → 찾는 위치(Drafting) → model1.prt(본체) → OK

02 >> Model View → Model View to Use → Front(정면도) → 정면도 위치에서 클릭

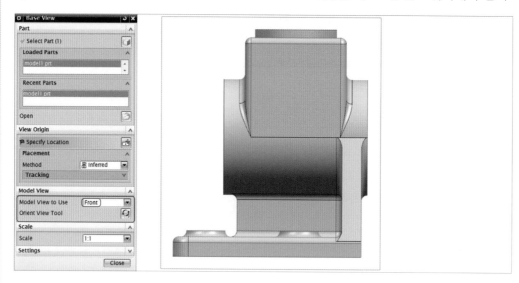

03 >> 저면도 위치에서 클릭

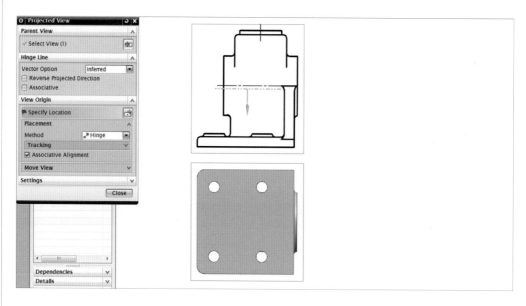

04 >> 좌측면도 위치에서 클릭

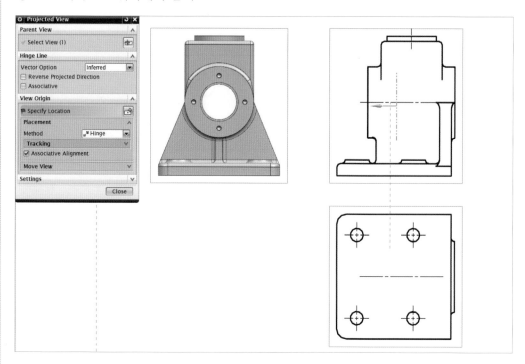

2 >> 생략도 투상하기

① 부분 단면하기

01 >> 저면도 뷰 경계를 클릭 → Active Sketch View(활성 스케치 뷰) 클릭

Note   Drafting의 스케치는 Limits 내에서 할 수 있다. 또한, 뷰 내에서 스케치하고자 할 때에는 뷰 경계를 선택하여 Active Sketch View(활성 스케치 뷰)를 클릭하면 그 뷰에서 스케치가 활성화된다.

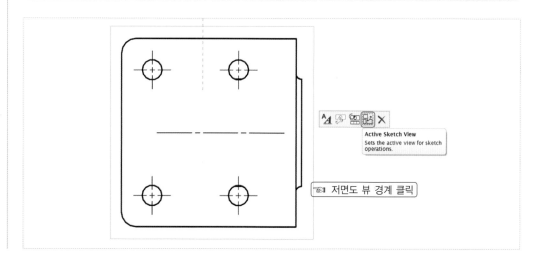

02 >> Home → Sketch → Rectangle(▢) → 2점으로 직사각형 스케치

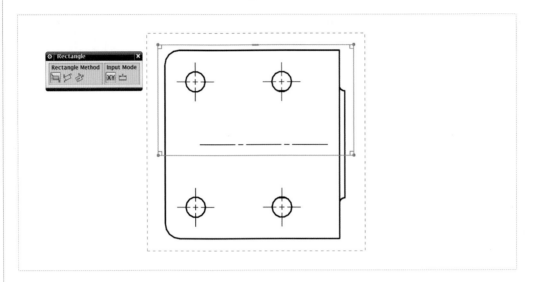

03 >> Home → Sketch → Geometric Constraints(구속 조건) → Constraint → Point on Curve → Geometry to Constrain → Select Object to Constrain → Select Object to Constrain to

Note 원호 중심점과 직선의 곡선상의 점으로 구속한다.

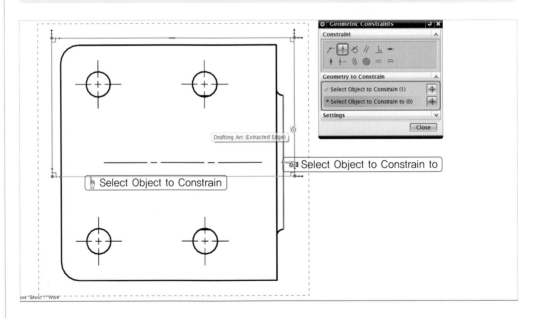

04 ›› Home → View → Break Out( ) → Select View

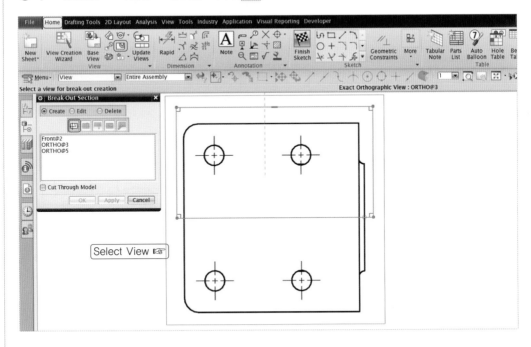

05 ›› Indicate Base Point

Note 기준점을 지정한다. 기준점은 부분 단면하고자 한 위치를 지정한다.

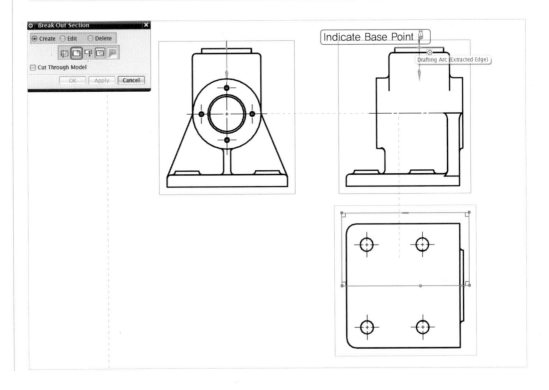

06 >> Indicate Extrusion Vector

Note | 벡터 방향을 보고 변경 또는 지정할 수 있다.

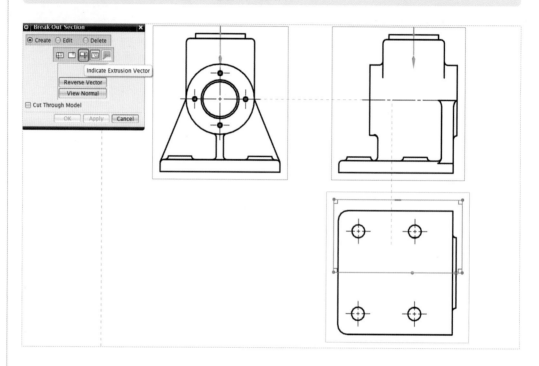

07 >> Select Curves → Apply

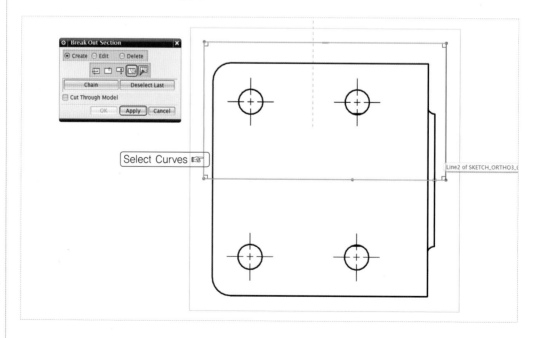

❷ 뷰 종속 편집하기

01 >> 저면도 뷰 클릭 → View Dependent Edit(종속 뷰 편집)

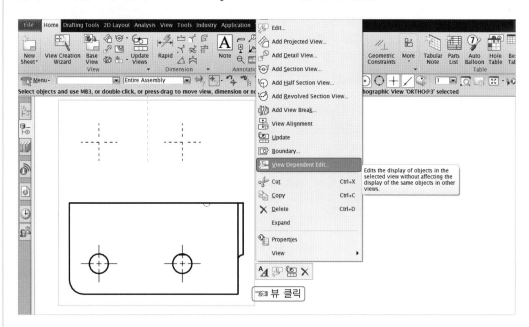

02 >> Add Edits → Erase Objects

Note   Erase하고자 한 선을 선택하여 편집한다.

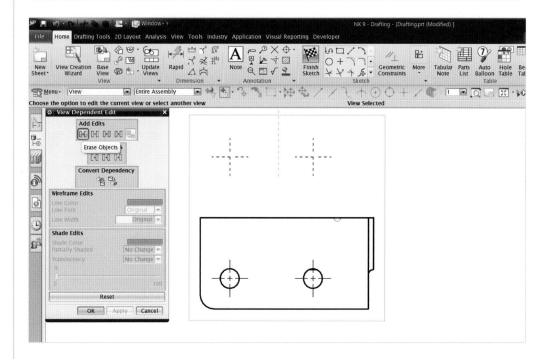

03 >> Select Objects → OK

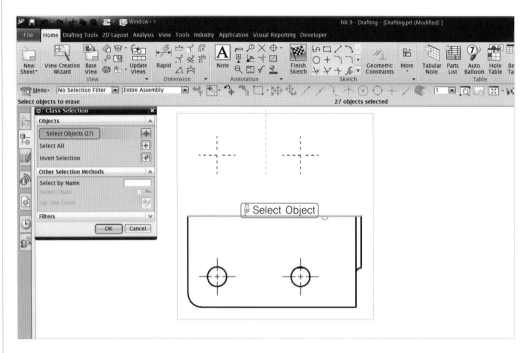

❸ 대칭선 투상하기

Home → Annotation → ╫Symmetrical Centerline(대칭 중심선) → Type → Start and End → Start → Select Object → End → Select Object → Settings → Dimensions → Gap 2.0 → Offset 2.0 → Extension 6 → Style → Color → 빨간색 → Width → 0.18 → OK

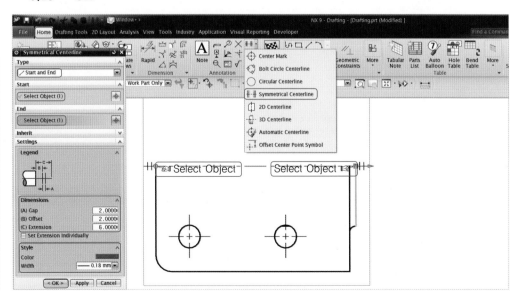

❹ 원호 중심선 투상하기

Home → Annotation → ⊕ Center Mark(중심선) → Location → Select Object → Settings → Dimensions → Gap 1.0 → Center Cross 1.0 → Extension 2.0 → Style → Color → 빨간색 → Width → 0.18 → OK

Note 원의 중심선의 간격은 1, 십자선은 1, 연장선은 2로 한다.

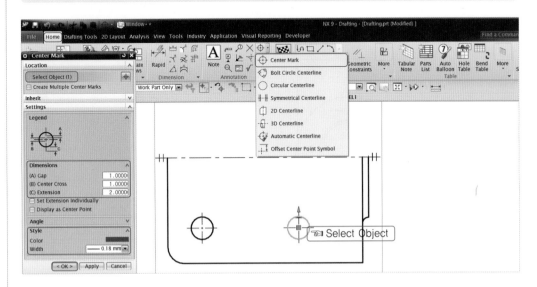

③ ▶▶ 부분 단면도 투상하기(정면도)

01 ≫ 정면도 뷰 경계 선택 MB3 → Active Sketch View(활성 스케치 뷰) 클릭

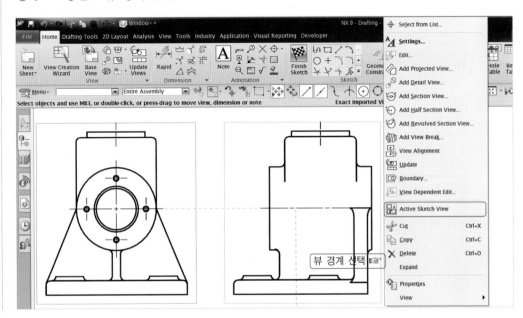

02 >> Home → Sketch → Rectangle(▢) → 2점으로 직사각형 스케치

03 >> Home → Sketch → ◩ Geometric Constraints(구속 조건) → Constraint → Point On Curve → Geometry to Constrain → Select Object to Constrain → Select Object to Constrain to

Note 곡선의 끝점과 직선의 곡선상의 점으로 구속한다.

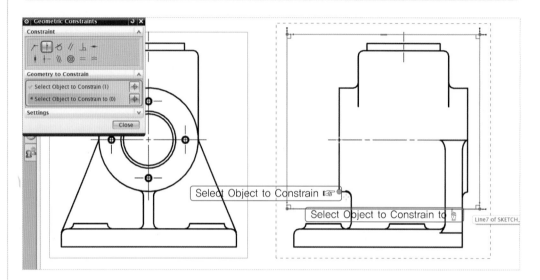

04 >> Home → View → ◪ Break Out(분할 단면 뷰) → Select View

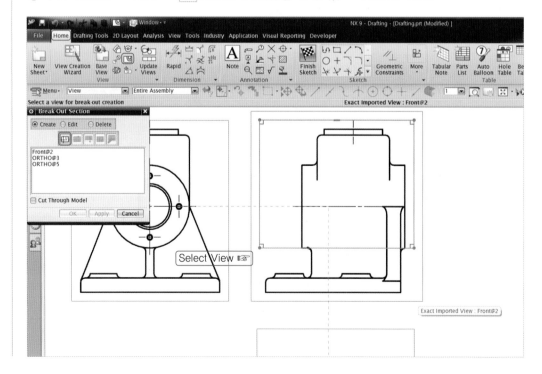

05 >> Indicate Base Point

Note 기준점을 지정한다. 기준점은 부분 단면하고자 한 위치를 지정한다.

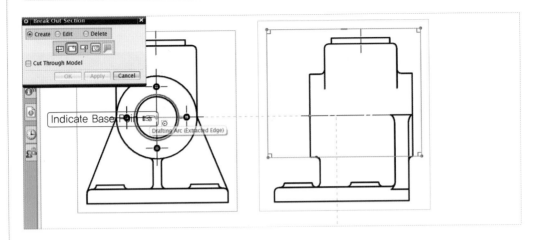

06 >> Indicate Extrusion Vector

Note 벡터 방향을 보고 변경 또는 지정할 수 있다.

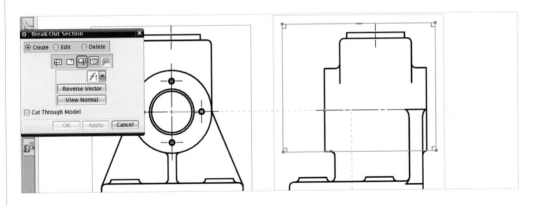

07 >> Select Curves → Apply

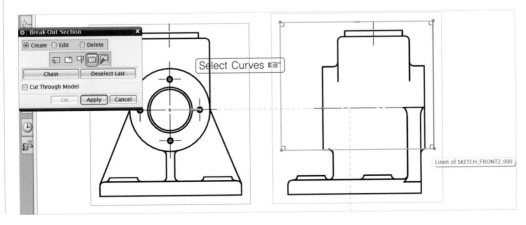

4 ▶▶ 부분 단면도 투상하기(볼트 구멍)

01 ≫ Active Sketch View(활성 스케치 뷰)가 정면도에 활성화되어 있으므로 스케치에서 Rectangle(□)로 직사각형을 스케치한다.

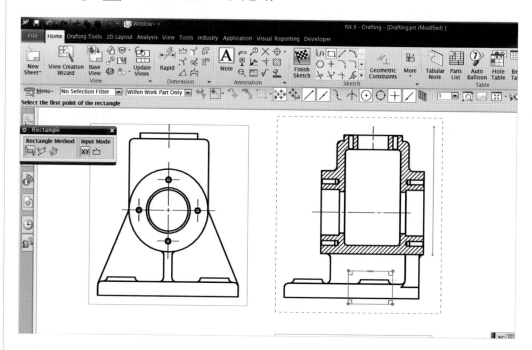

02 ≫ Home → View → ⊌Break Out(분할 단면 뷰) → Select View

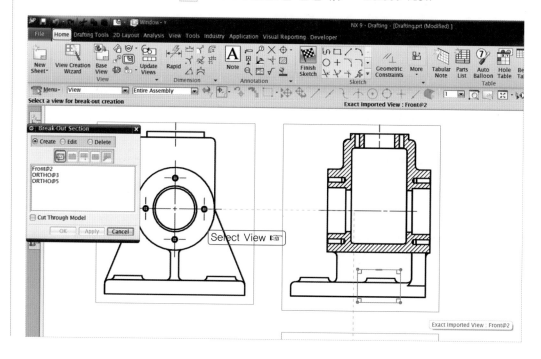

03 >> Indicate Base Point

Note 기준점을 지정한다. 기준점은 부분 단면하고자 한 위치를 지정한다.

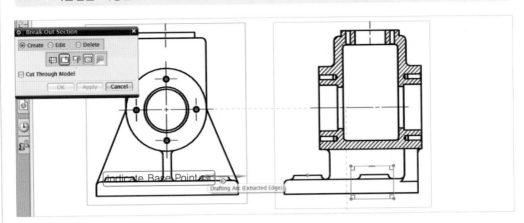

04 >> Indicate Extrusion Vector

Note 벡터 방향을 보고 변경 또는 지정할 수 있다.

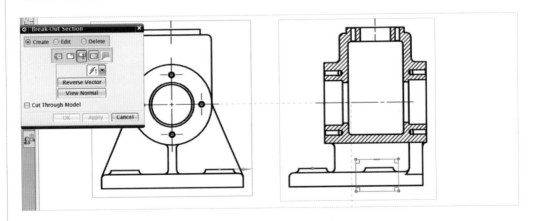

05 >> Select Curves → Apply

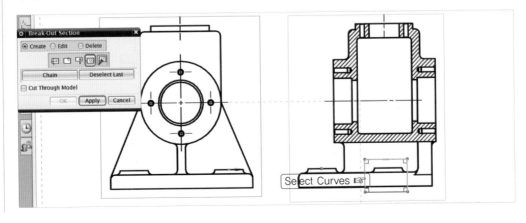

5 ▶▶ 곡선(직선, 파단선(스플라인)) 스케치 및 종속 뷰 편집하기

01 ≫ 뷰 선택 MB3 → View Dependent Edit

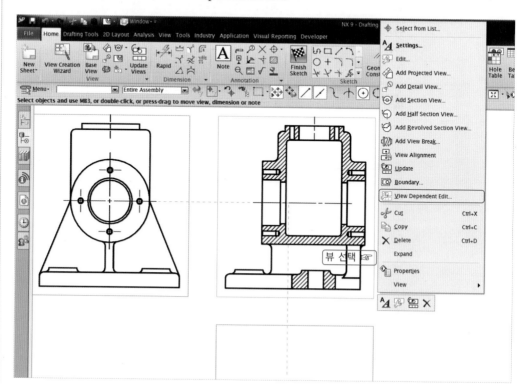

02 ≫ Add Edits → Erase Objects

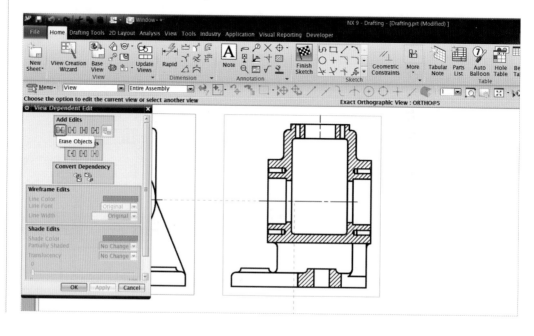

03 ›› Select Objects → OK

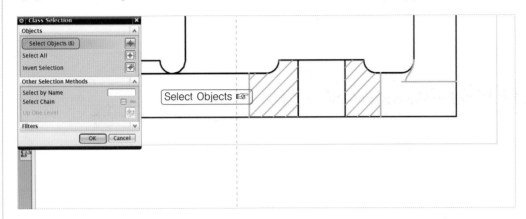

04 ›› Home → Sketch에서 직선과 스플라인 곡선을 스케치한다.

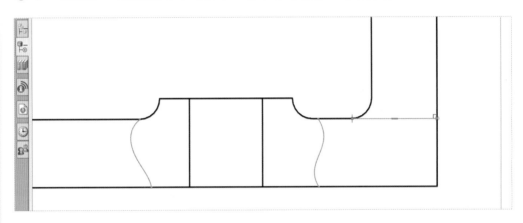

05 ›› Ctrl+J → Class Selection → Objects → Select Objects → OK

Note 곡선을 선택하여 선의 폭과 색상을 설정한다. 절단선은 0.1~0.3

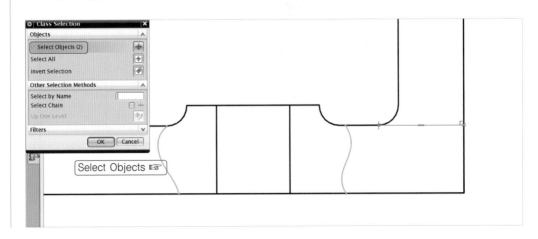

06 >> General → Color → 빨간색 → Line Font → 실선 → Width → 0.18 → OK

Note │ 절단선은 가는 실선으로, Color로는 흰색 또는 빨간색을 사용한다.

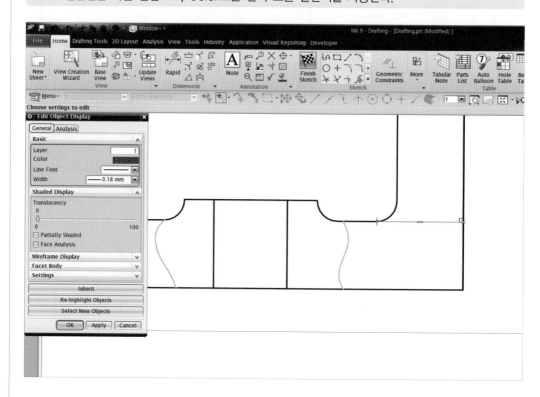

07 >> Ctrl+J → Class Selection → Objects → Select Objects → OK

Note │ 곡선을 선택하여 선의 폭과 색상을 설정한다. 외형선은 0.4~0.8(기사 0.35, 기능사 0.5)

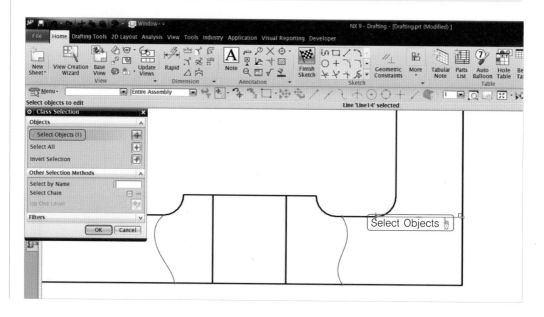

08 >> General → Color → 녹색 → Line Font → 실선 → Width → 0.35 → OK

Note 외형선은 굵은 실선으로, Color로는 녹색을 사용한다.

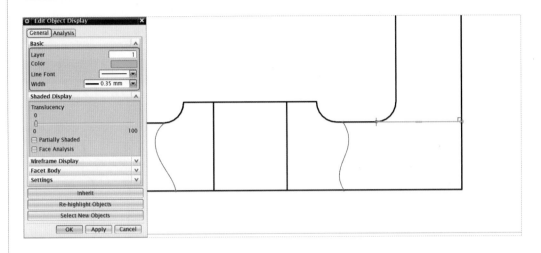

6 ▸▸ 해칭 및 2D 중심선 작성하기

01 >> Home → Annotation → Crosshatch(해칭) → Specify Interior Location → Distance 2.0 → Angle 45° → Color → 흰색 → Width → 0.18 → OK

Note 해칭선은 가는 실선으로 흰색 또는 빨간색을 사용한다. 해칭선은 0.1~0.3

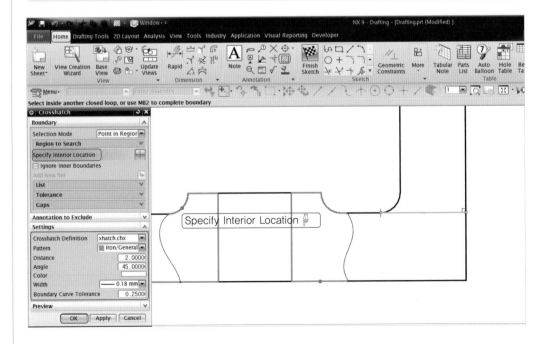

02 >> Home → Annotation → 🔲2D Centerline(2D 중심선) → Type → From Curves → Side 1 → Select Object → Side 2 → Select Object → Settings → Dimensions → Gap 1.0 → Dash 1.0 → Extension 2.0 → Style → Color → 빨간색 → Width → 0.18 → OK

> Note 2D Centerline(2D 중심선)은 간격이 1, 대시 1, 연장선은 2로 한다.

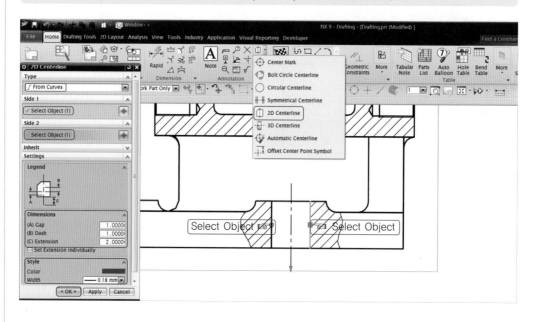

7 ▶▶ 부분 단면도 투상하기(좌측면도)

좌측면도 뷰 경계 선택 MB3 → Active Sketch View(활성 스케치 뷰) 클릭 → Rectangle(🔲) → 2점으로 직사각형 스케치하고 원호 접점을 구속한다.

> Note 부분 단면 투상을 한다.

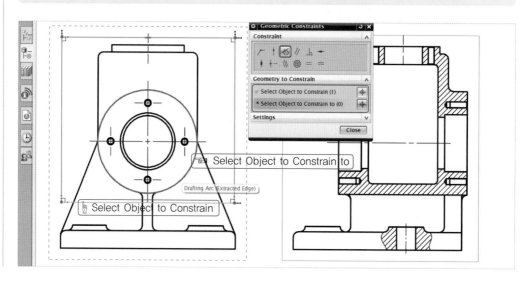

8 ▶▶ 생략도 투상하기(좌측면도)

01 ≫ 좌측면도 뷰 경계 선택 MB3 → Active Sketch View(활성 스케치 뷰) 클릭 → Rectangle(▢) → 2점으로 직사각형 스케치하고 원호 중심점과 직선의 곡선상의 점으로 구속한다.

Note 부분 단면도를 투상하여 종속 뷰를 편집한다.

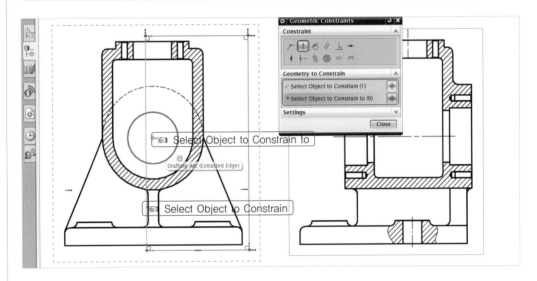

02 ≫ Home → Annotation → ╫ Symmetrical Centerline(대창 중심선) → Type → Start and End → Start → Select Object → End → Select Object → Dimensions → Gap 2.0 → Offset 2.0 → Extension 6 → Style → Color → 빨간색 → Width → 0.18 → OK

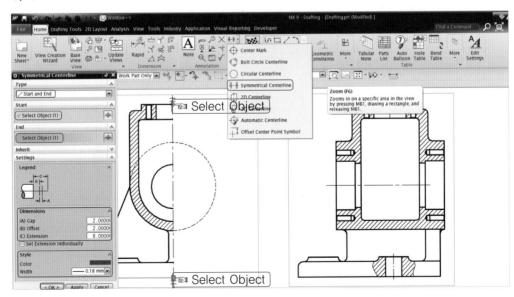

9 ▶▶ 회전 단면도 작도하기

01 ≫ 좌측면도 뷰 경계를 클릭하여 MB3 → Active Sketch View(활성 스케치 뷰)를 클릭하여 그림처럼 스케치하여 구속 조건은 직선과 직선의 동일 직선상으로 구속한다.

> Note 뷰 경계를 선택하여 Active Sketch View(활성 스케치 뷰)를 클릭하면 뷰에서 스케치가 활성화된다. 치수는 숨기기, 절단선은 흰색 또는 빨간색 0.1~0.3이다.

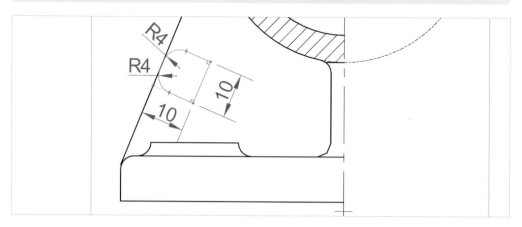

02 ≫ Home → Annotation → Crosshatch(해칭) → Specify Interior Location → Distance 2.0 → Angle 30° → Color → 흰색 → Width → 0.18 → OK

> Note 해칭선은 가는 실선으로 흰색 또는 빨간색을 사용한다. 해칭선은 0.1~0.3
> R4 2개와 10을 선택하여 Ctrl+B로 숨기기한다.

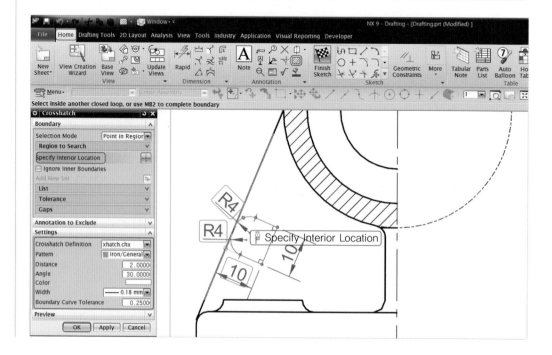

(10) ▶▶ **2번(편심축) 부품 불러오기**

01 ›› Home → View → 🖼Base View(기존 뷰) → Open → 찾는 위치(Drafting) →
model2.prt(편심축) → OK

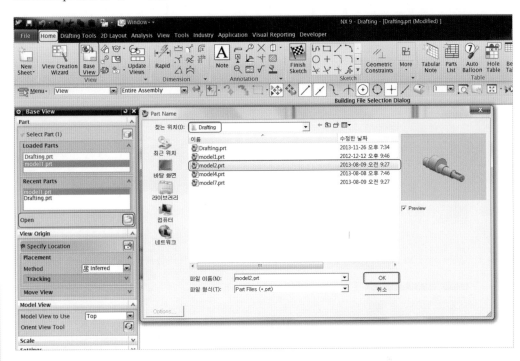

02 ›› Model View → Model View to Use → Top(평면도) → 평면도 위치에서 클릭

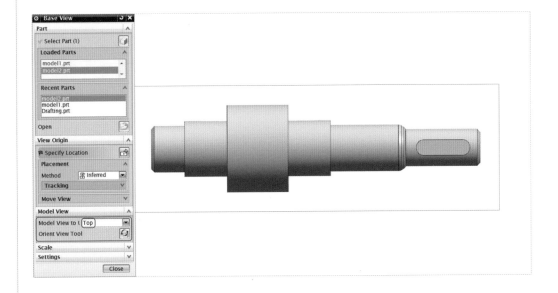

03 >> 정면도 위치에서 클릭

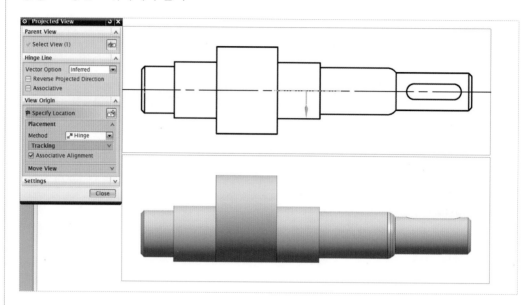

04 >> Parent View(부모 뷰) → Select View(뷰 선택) → 좌측면도 위치에서 클릭

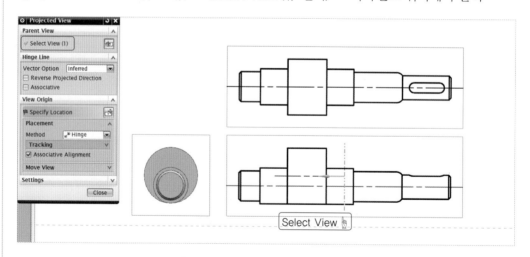

⑪ ▶▶ 뷰 경계 바꾸기

01 ›› 평면도 뷰 경계를 선택하고 MB3 → Boundary(경계)

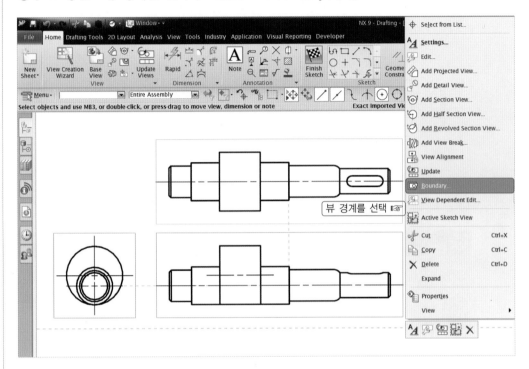

02 ›› Manual Rectangle(수동 직사각형)

Note 남기고자 하는 부분을 사각형으로 두 점을 클릭하고 개체(중심선) 감추기를 한다.

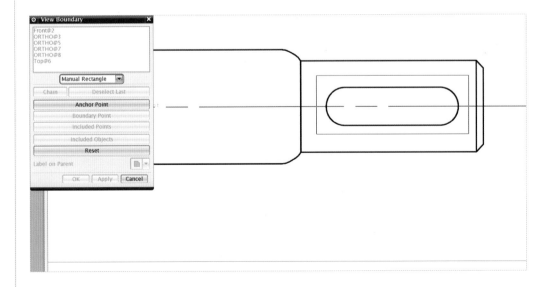

12 ▶▶ 부분 단면도 작성하기

01 ≫ 정면도 뷰 경계를 선택 → Active Sketch View(활성 스케치 뷰) 클릭

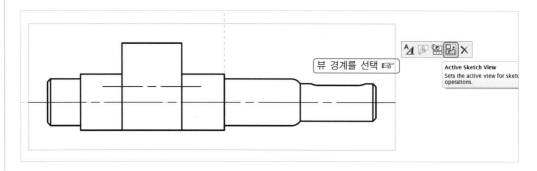

02 ≫ 스플라인으로 그림과 같이 스케치한다.

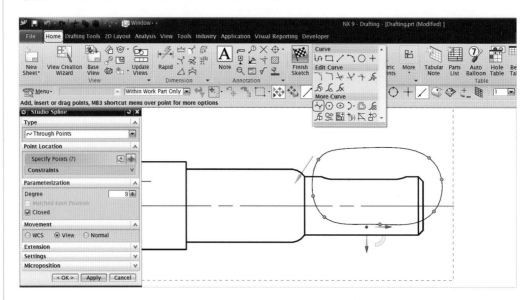

03 ≫ Insert → View → Section → Break Out( ) → Select View

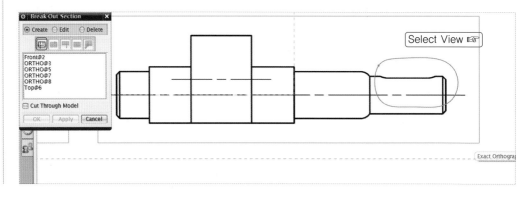

04 >> Indicate Base Point

Note 기준점을 지정한다. 기준점은 부분 단면하고자 한 위치(원의 중심점)를 지정한다.

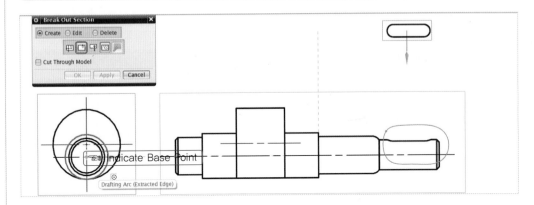

05 >> Indicate Extrusion Vector

Note 벡터 방향을 보고 변경 또는 지정할 수 있다.

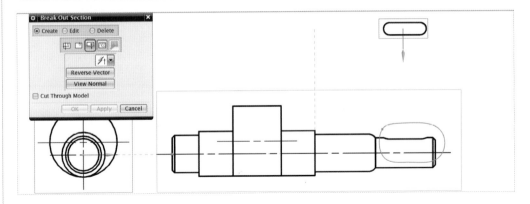

06 >> Select Curves → Apply

Note Select Curves를 선택하여 Apply하고 절단선을 종속 뷰 편집으로 삭제하고 절단선을 스플라인을 스케치하여 가는 실선으로 설정한다.

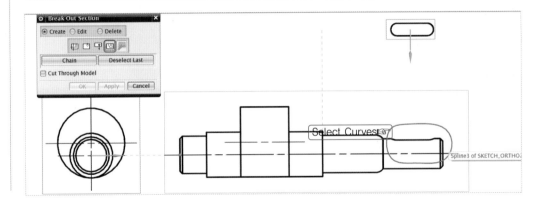

⑬ ▶▶ 4번(커버) 부품 불러오기

01 >> Home → View → 🖼️Base View(기존 뷰) → Open → 찾는 위치(Drafting) → model4.prt(커버) → OK

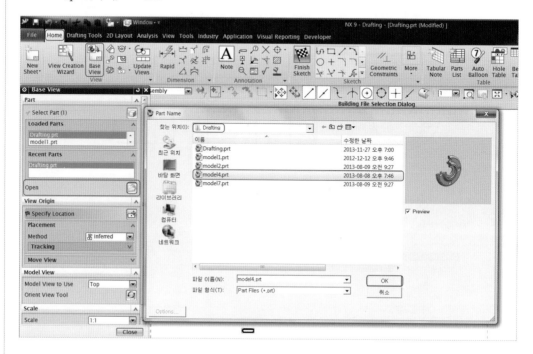

02 >> Model View → Model View to Use → Right(우측면도) → 우측면도 위치에서 클릭

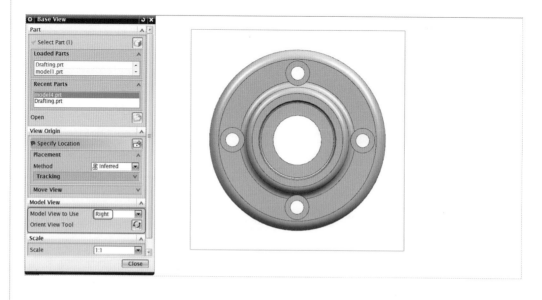

(14) ▶▶ 단면도 투상하기

01 ≫ Home → View → ⊙ Section View(단면 뷰) → 측면도 뷰를 선택하고 커버 중심점 선택 → 단면도 위치 지정

Note Section View(단면도)는 측면도(Select View)를 선택하고 단면하고자 하는 위치(커버 중심점)를 지정하여 단면도를 작도한다.

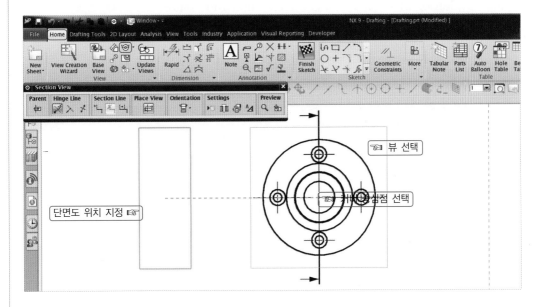

02 ≫ Home → Sketch → Point → Specify Point

Note 우측면도 생략도를 작도한다. 대칭 중심선의 시작점과 끝점을 선택하기 위해 Active Sketch View를 활성화하여 사분점에 점 2개를 스케치하여 대칭 중심선을 작도한다.

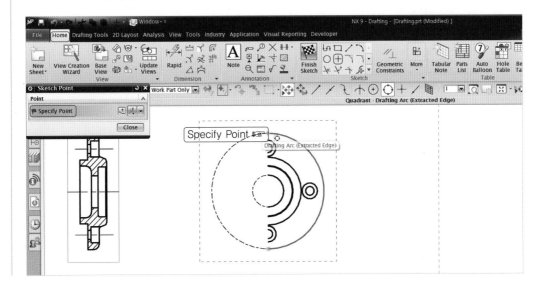

(15) ▶▶ 볼트 중심선 투상하기

Home → Annotation → ◎Bolt Circle Centerline(볼트 중심선) → Type → Center Point → Placement → Select Object(원호 중심) → □Full Circle(□체크 해제) → Placement → Select Object 1(볼트 중심) → Placement → Select Object 2(볼트 중심) → Placement → Select Object 3(볼트 중심) → Settings → Dimensions → Gap 1.0 → Center Cross 1.0 → ☑Set Extension Individually(☑체크) → Style → Color → 빨간색 → Width → 0.18 → OK

Note Bolt Circle Centerline(◎볼트 중심선)은 간격이 1, 대시 1, 연장선은 개별적으로 연장 설정에 ☑체크하고 먼저 원의 중심을 선택하여 볼트 구멍을 하나하나 선택한다.

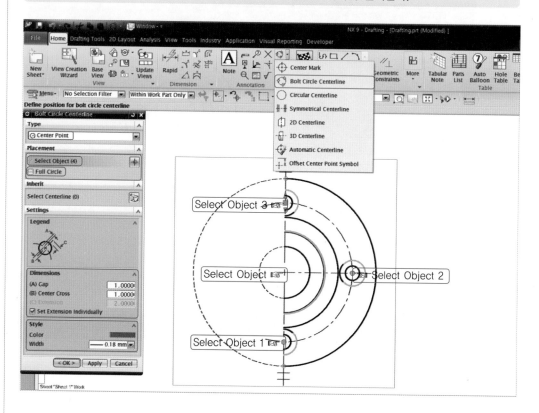

16 ▶▶ 확대도 투상하기

01 ≫ Home → View → 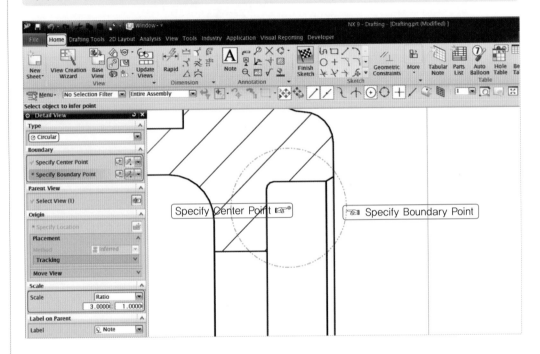Detail View(상세 뷰) → Type → Circular → Boundary
→ Specify Center Point → Specify Boundary Point → Scale → Ratio 3:1

> **Note** 확대(상세)도는 주요부를 명확히 투상하고자 할 때 사용이라는 투상법으로 문자 및 척도를 기재하고 치수 기재는 실제 치수로 기재한다.

02 ≫ 위치 지정

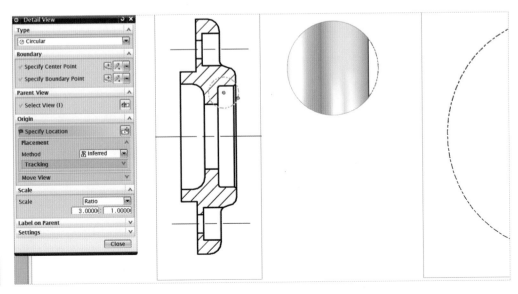

17 ▶▶ 4번(슬라이더) 부품 불러오기

01 >> Home → View → 🖼Base View(기존 뷰) → Open → 찾는 위치(Drafting) →
model7.prt(슬라이더) → OK

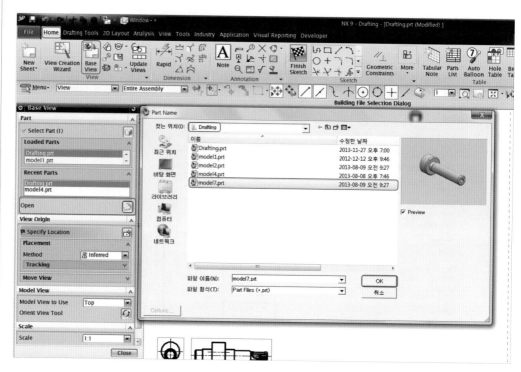

02 >> Model View → Model View to Use → Top(평면도) → 정면도 위치에서 클릭

Note 우측 나사 부분을 부분 단면한다.

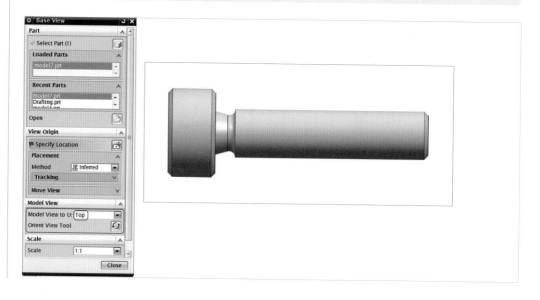

18 ▶▶ 뷰 경계 표시 숨기기

Home → Menu → Preferences(환경 설정) → Drafting → View → Workflow →
Border → □Display(□체크 해제) → OK

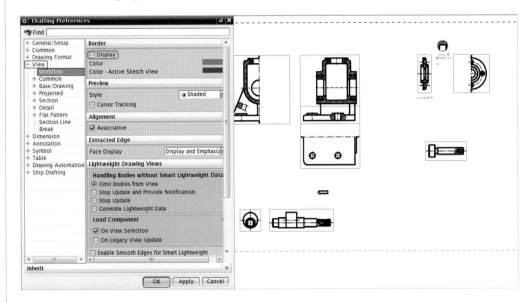

◉ 급속 치수 작성하기

1 ▶▶ 급속 치수 작성하기

Home → Dimension → ⚡Rapid Dimension(추정됨) → 직선과 직선 선택

Note 같은 방법으로 급속 치수 모두 입력

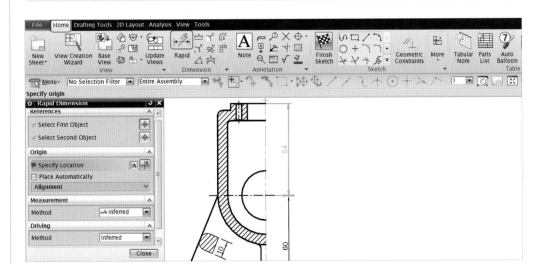

② ▸▸ 원통형 치수 작성하기

Home → Dimension → ⚡Rapid Dimension(급속 치수) → Measurement → Men-thod → ⊡Cylindrical(원통형) → 원의 선과 선 선택

> Note 같은 방법으로 원통형 치수를 모두 입력

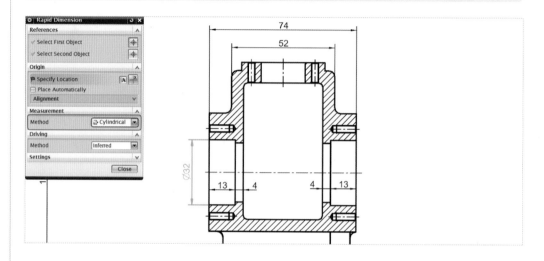

③ ▸▸ 반지름 치수 작성하기

Home → Dimension → ⟨⟩Radius Dimension(반지름) → 원호 선택

> Note 반지름 치수에는 ⟨⟩Radius Dimension(반지름 치수), ⟨⟩Radius to Center Dimension (중심 반지름 치수), ⟨⟩Folded Radius Dimension(꺾인 반지름 치수)의 3가지 방법으로 기재할 수 있다.

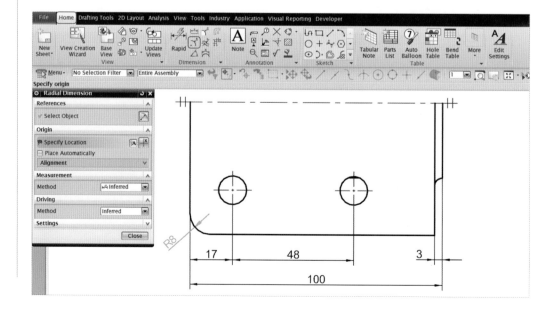

④ ▶▶ 각도 치수 작성하기

Home → Dimension → ◩Angular Dimension(각도) → 그림과 같이 선과 선 선택

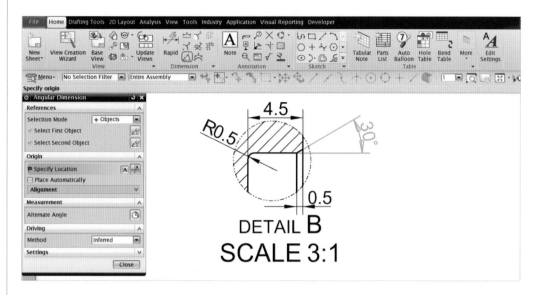

⑤ ▶▶ 반 치수 작성하기

01 ≫ 치수 102를 선택하고 MB3 → ⊿Settings(설정값)

> Note 반 치수는 먼저 치수를 기재하고 Dimension에서 치수 보조선과 화살표 아이콘을 끄기한다.

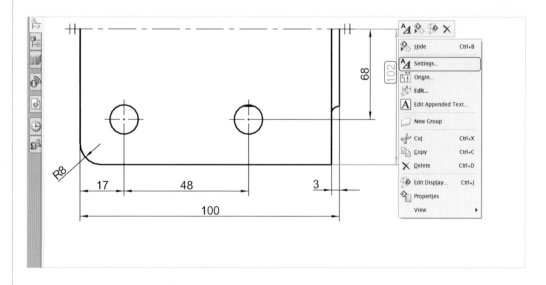

02 >> Line/Arrow → Arrow Line(화살표 선) → Scope → □Apply to Entire Dimension(□체크 해제) → Arrow Line Side 1 → □Show Arrow Line(□체크 해제)

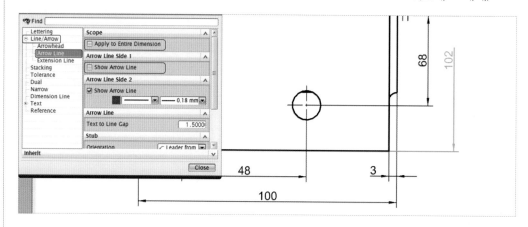

03 >> Line/Arrow → Extension Line(치수 보조선) → Scope → □Apply to Entire Dimension(□체크 해제) → Side 1 → □Show Extension Line(□체크 해제)

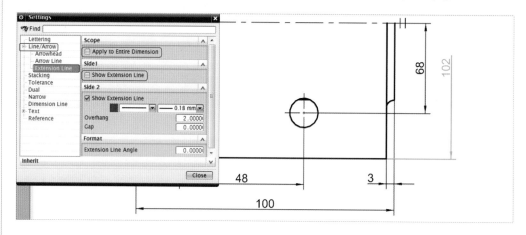

⑥ ▶▶ **치수 편집하기**

01 >> 치수(⌀32)를 선택 → A̲A Settings(설정값) 클릭

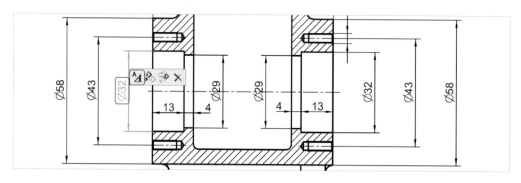

02 ›› Text → Format(형식) → Format → ☑Override Dimension Text(☑체크) → 🅐Launches main Text Edit

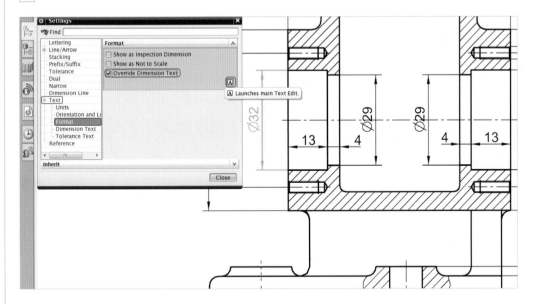

03 ›› 커서를 32 치수 뒤에 놓고 H7 입력 = 32H7

Note 같은 방법으로 치수를 편집한다.

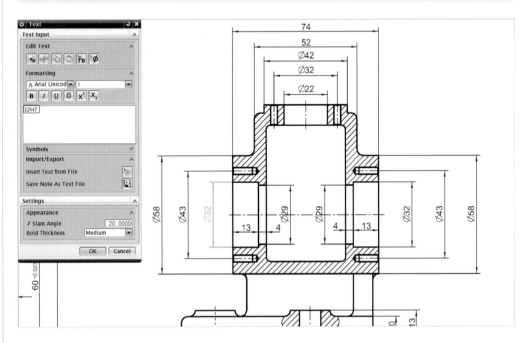

◉ 공차, 형상 공차, 심볼 작성하기

1 ▸▸ 데이텀 작성하기

Home → Annotation → 🄰Datum Feature Symbol(데이텀 형상 심볼) → Alignment
→ Auto Alignment → Associative(연관) → Leader → Select Terminating Object
→ 🖼 → Type → Datum → Datum Identifier → Letter → A → 위치 지정

Note │ 기하 공차를 기재하려는 부품에 정확한 기하학적 기준을 잡는 것을 데이텀이라 한다. 점, 직
선, 중심축, 평면, 원통 면 등에 잡는다.

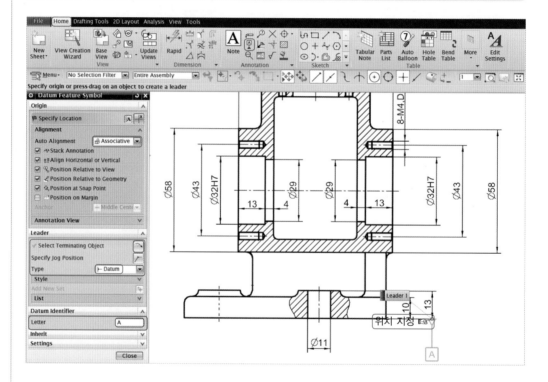

(2) ▶▶ **형상 공차 작성하기**

Home → Annotation → ⊟Feature Control Frame(형상 제어 프레임) → Alignment
→ Auto Alignment → Associative(연관) → Leader → Select Terminating Object
→ ⬛ → Type → ↘ Plain → Frame → Characteristic → //Parallelism(평행도) →
Frame Style → Single Frame(단일 프레임) → Tolerance → ∅ → 0.013 → Primary
Datum Reference → A → 위치 지정

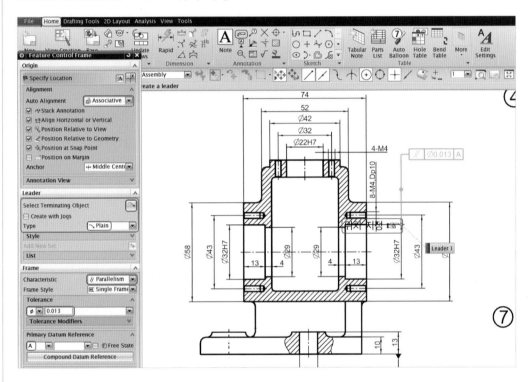

(3) ▶▶ **공차 치수 편집하기**

01 ≫ 치수(60) 더블 클릭 → ±.05 → 0.023 → ✓ 3

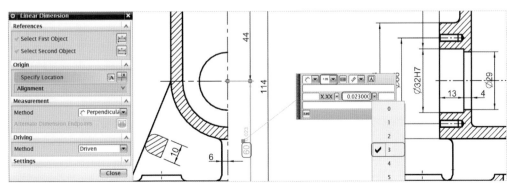

02 >> 치수(4) 더블 클릭 → [+.05 -.02] → [0.030000 0.010000] → [✓ 3]

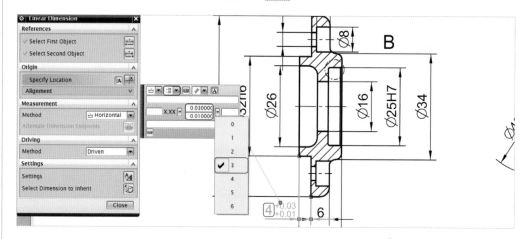

④ ▶▶ **지시선 작성하기**

Home → Annotation → **A**Note(노트) → Alignment → Auto Alignment → Associative(연관) → Leader → Select Terminating Object → [▶] → Type → [⟍ Plain] → Formatting → KS A ISO 6411-B 2.5/8 → Settings → Text Alignment → [⟋] (위쪽 아래 최대 연장) → 위치 지정

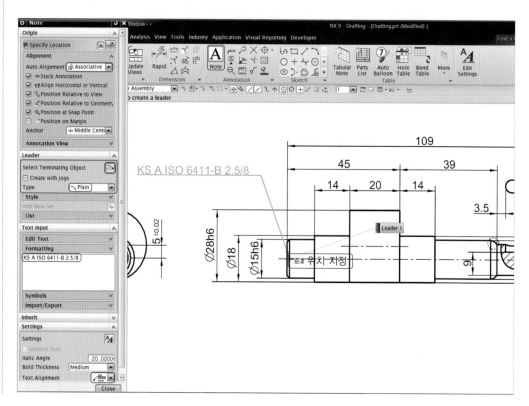

⑤ ▶▶ 부품 번호 작성하기

01 ≫ Home → Annotation → 🔘Balloon(풍선 도움말) → Type → Circle → Alignment → Auto Alignment → Off → Text 1 → Settings → Size(식별 심볼 크기) 12 → 🄰Settings(설정값)을 클릭하여 아래와 같이 설정하고 → 위치 지정

Note 부품 식별 심볼 원의 지름은 10~12, 문자 크기는 7~10 정도로 사용한다.

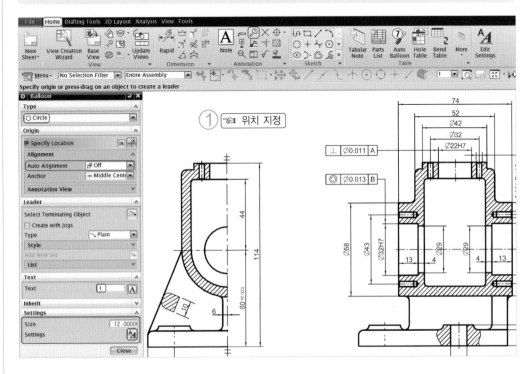

02 ≫ Lettering → Text Parameters → 노란색 → Height 8.0 → Close

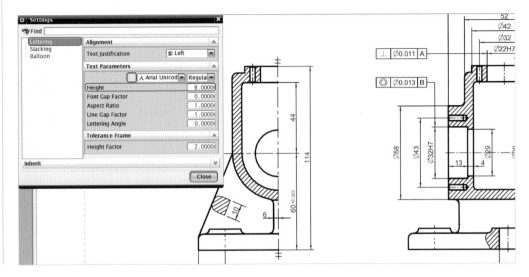

6 ▶▶ 표면 거칠기 기호 작성하기

01 >> Home → Annotation → √ Surface Finish Symbol(표면 다듬질 심볼) → Alignment → Auto Alignment → Off → Attributes → Material Removal → √ Material Removal Required(재료 제거가 필요함) → Lower Text → w(소문자) → Lay Symbol → ,(콤마) → Settings → Parentheses → Left → 위치 지정

> Note ❶ 부품 식별 번호와 함께 사용하는 표면 거칠기 기호는 외형선과 같은 녹색을 사용하며, 선의 굵기는 외형선과 같은 0.4~0.7mm를 사용한다.
> ❷ 부품의 다듬질 면에 사용하는 표면 거칠기 기호는 흰색이나 빨간색을 사용하며, 선의 굵기는 0.1~0.25mm를 사용한다. 기호의 크기는 3/5 정도이다.

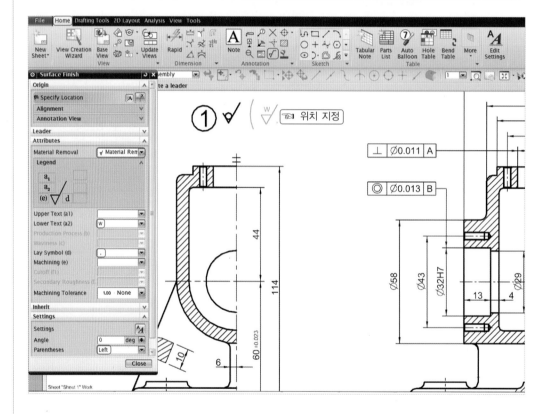

02 >> Home → Annotation → √ Surface Finish Symbol(표면 다듬질 심볼) → Alignment → Auto Alignment → Off → Attributes → √ Material Removal → Material Removal Required(재료 제거가 필요함) → Lower Text → y(소문자) → Settings → Angle 0° → Parentheses → None → A Settings(설정값)을 클릭하여 아래와 같이 설정하고 → 위치 지정

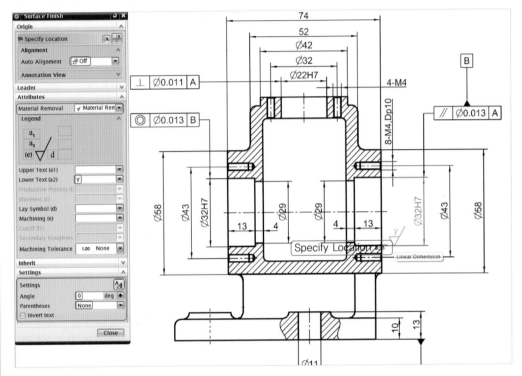

03 >> Lettering → Text Parameters → 노란색 → Height 2.0

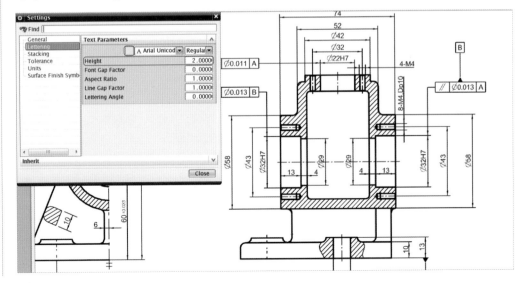

04 >> Surface Finish Symbol → Format → 빨간색 또는 흰색 실선 0.18 → OK

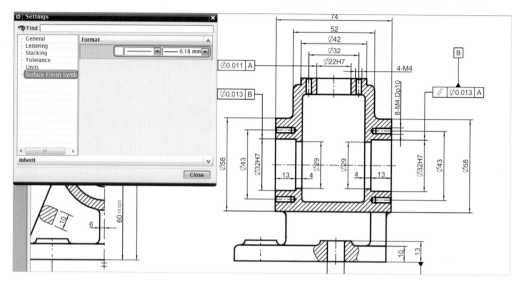

7 ▶▶ **주서 작성하기**

Home → Annotation → **A**Note(노트) → Alignment → Auto Alignment → Off → Formatting → 주서 입력 → 위치 지정

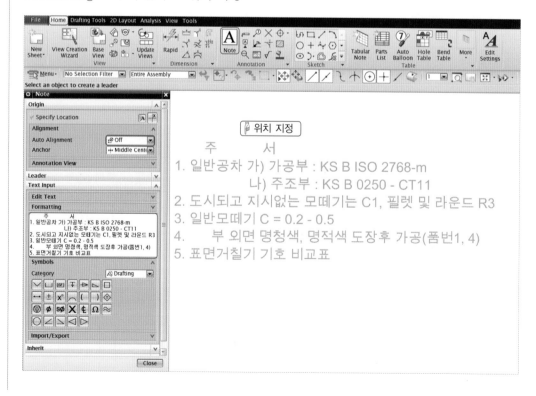

주   서
1. 일반공차 가) 가공부 : KS B ISO 2768-m
　　　　　　나) 주조부 : KS B 0250 - CT11
2. 도시되고 지시없는 모떼기는 C1, 필렛 및 라운드 R3
3. 일반모떼기 C = 0.2 - 0.5
4. 　　부 외면 명청색, 명적색 도장후 가공(품번1, 4)
5. 표면거칠기 기호 비교표

◉ 표제란과 부품란 작성하기

01 ›› 테두리 선을 스케치하고 옵셋으로 표제란과 부품란을 스케치한다.

Note 표제란에 사선을 작도하고 노트(**A**)로 텍스트 입력에서 작품명을 입력하고 사선 중간점에 클릭한다. 같은 방법으로 표제란을 완성한다.

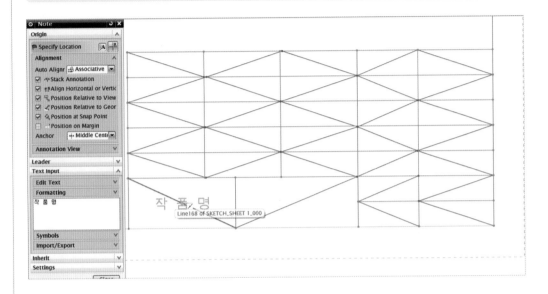

02 ›› 선 선택 → Ctrl+J → General → Basic → Color → 하늘색 → Line Font → 실선 → Width 0.35 → OK

Note 전산응용 기계제도 기능사 선의 굵기는 0.5, 기계설계 산업기사 선의 굵기는 0.35이다.

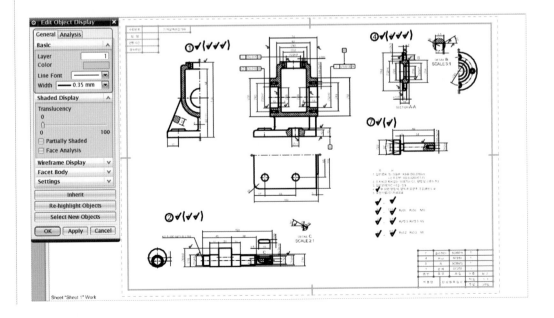

03 >> 선 선택 → Ctrl+J → General → Basic → Color → 녹색 → Line Font → 실선 → Width 0.35 → OK

Note 표제란과 부품란 좌측 선은 외형선과 같이 사용하고, 표제란과 부품란 사이의 경계선은 노란색 선을 사용하며 선의 굵기는 0.25~0.4를 사용한다.

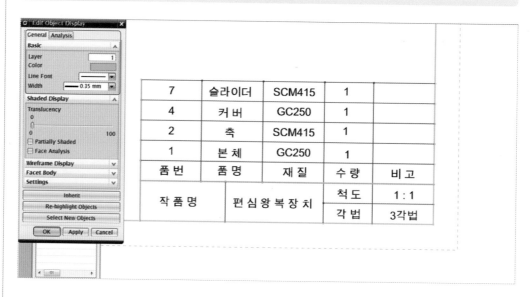

7	슬라이더	SCM415	1	
4	커 버	GC250	1	
2	축	SCM415	1	
1	본 체	GC250	1	
품 번	품 명	재 질	수 량	비 고
작 품 명	편심왕복장치		척 도	1 : 1
			각 법	3각법

04 >> 선 선택 → Ctrl+J → General → Basic → Color → 빨간색 → Line Font → 실선 → Width 0.18 → OK

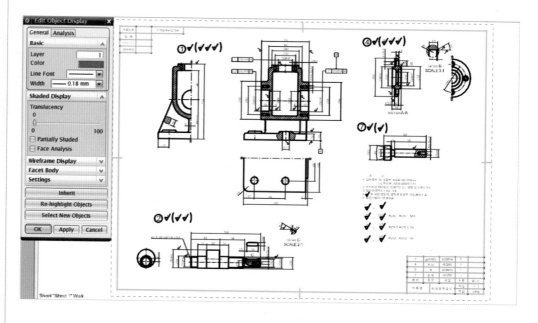

⊙ 색상 설정하기

01 ≫ Home → Menu → Preferences(환경 설정) → Visualization

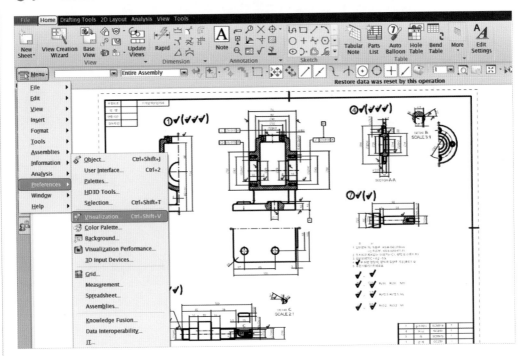

02 ≫ Color/Font → Drawing Part Settings → □Monochrome Display(□ 체크 해 제) → OK

Note 도면의 색상을 활성화한다.

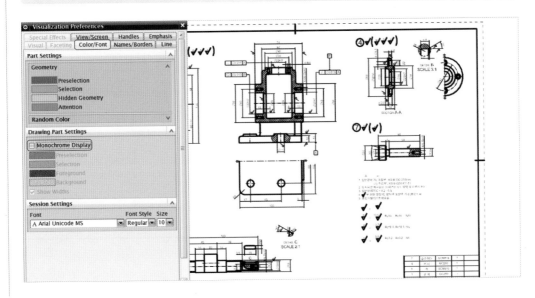

03 >> Home → Menu → Preferences(환경 설정) → Background

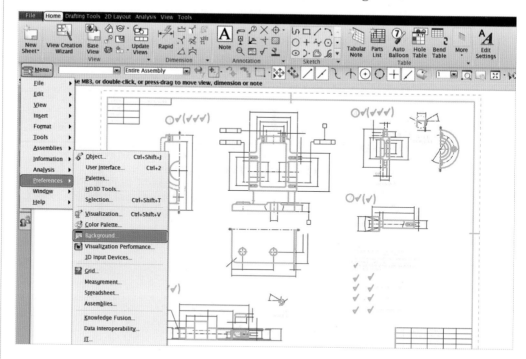

04 >> 기본색 → 검정색 → 확인

Note │ Graphic Window(그래픽 윈도) 배경을 검정색으로 설정한다.

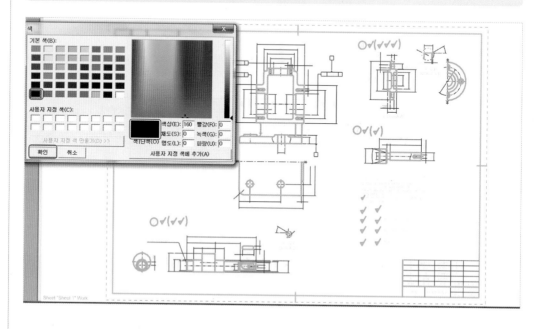

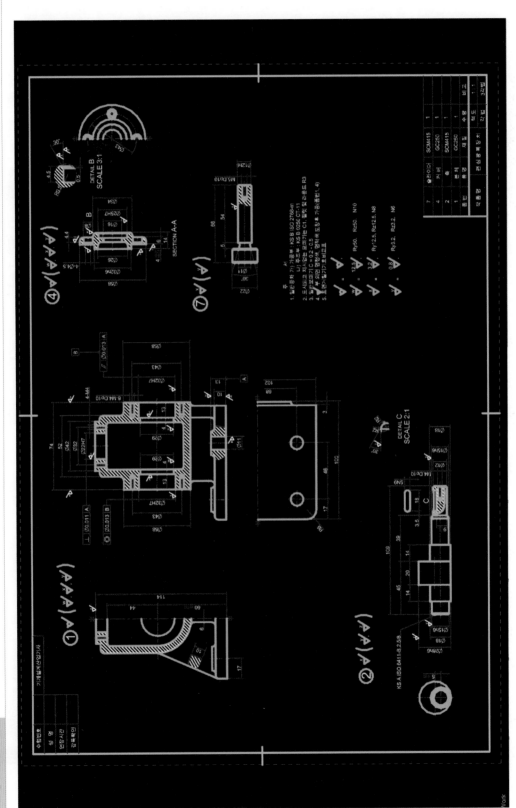

완성된 2D 도면

4 출력하기

01 >> File → Print

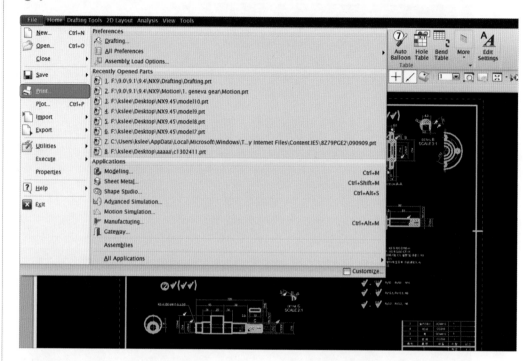

02 >> Source → Sheet 1 A2 → Printer → 프린터 선택 → Properties → Ready

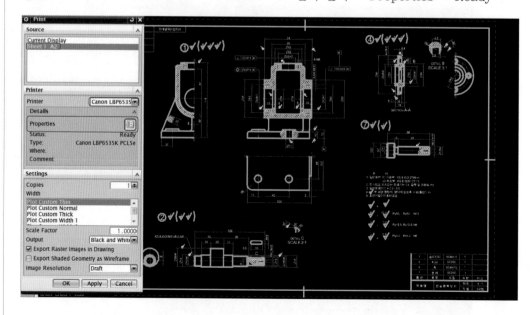

03 >> 레이아웃 → 방향 → 가로

04 >> 용지 설정 → 문서 크기 → A3

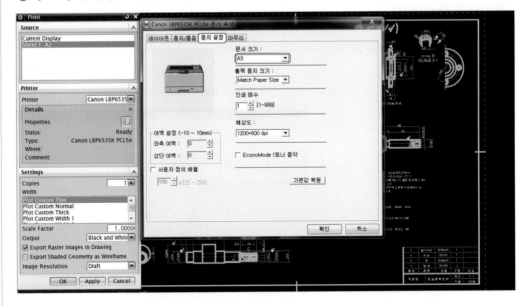

05 >> Settings → Copies 1 → Output → Black and White → OK

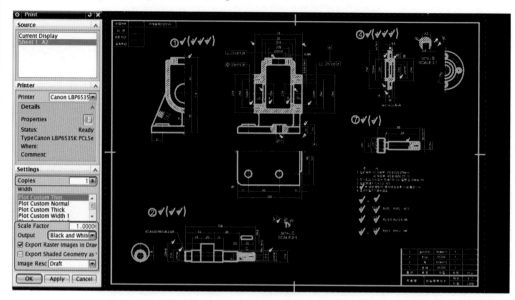

---

5 | 3D Drafting

---

1 ▶▶ 질량 측정하기

01 >> Home → Menu → Analysis → Units g-cm → g-cm

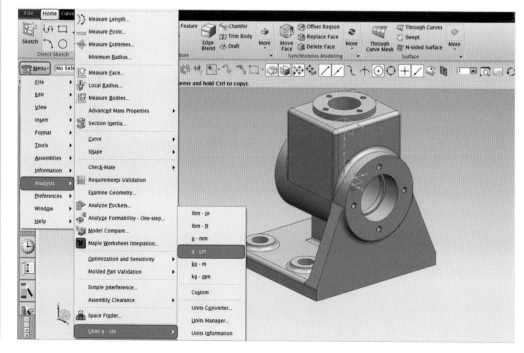

02 >> Home → Menu → Edit → Feature → Solid Density

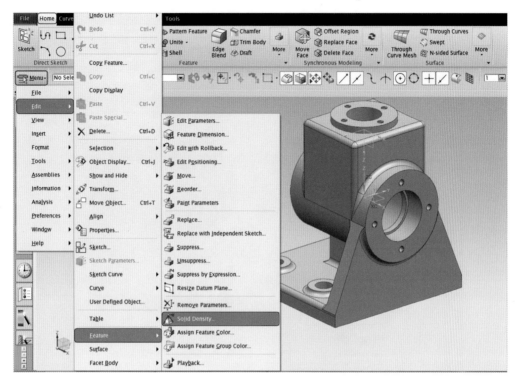

03 >> Body → Select Object → Density → Solid Density → 7.85 → Units → Grams–Centimeters → OK

Note 비중은 재질에 따라 차이가 있으며 여기서는 비중을 7.85로 계산한다.

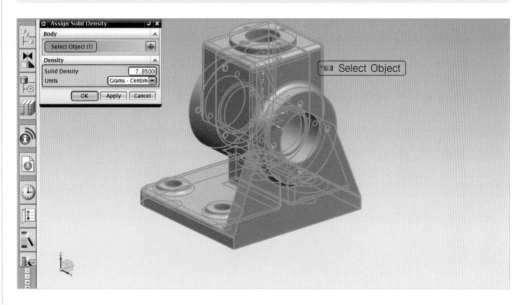

04 >> Home → Menu → Analysis → Measure Bodies

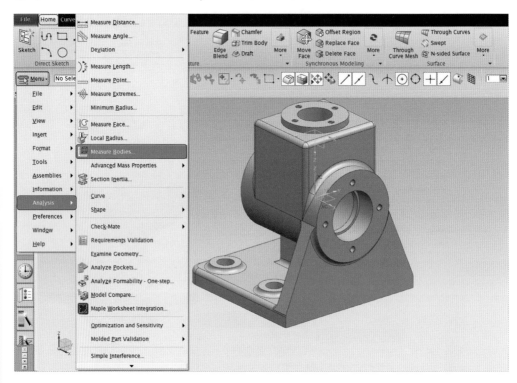

05 >> Objects → Select Bodies → Mass 2114.1982g

Note | 같은 방법으로 2, 4, 7번 부품의 무게를 측정한다.

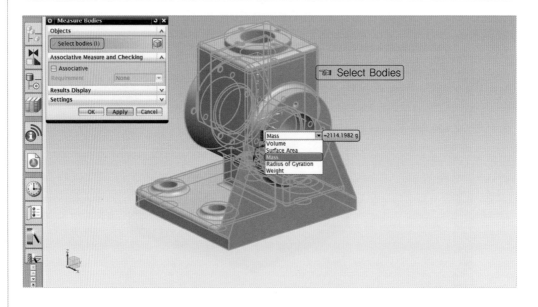

② ▶▶ SECTION OF TFR-TRI(작업) 생성하기

01 ≫ File → ☑PMI(☑체크)

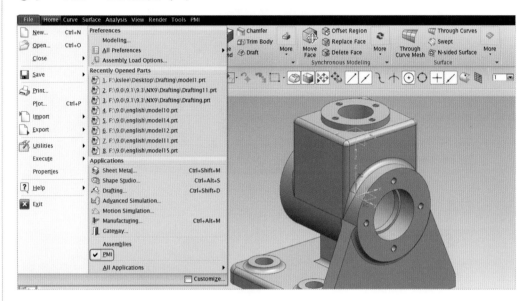

02 ≫ Home → Menu → PMI → Section → Section View

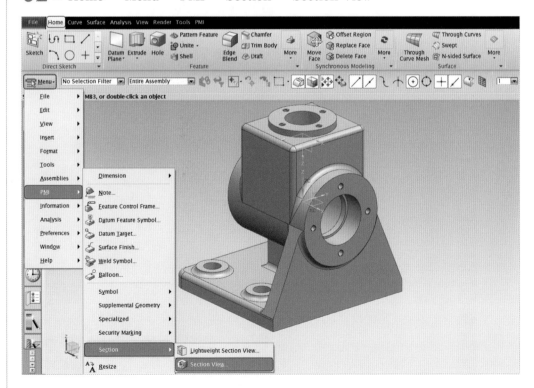

03 >> Cutter → Section → Sketch Section

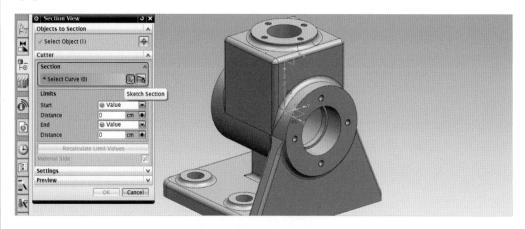

04 >> XY 평면 선택 → OK

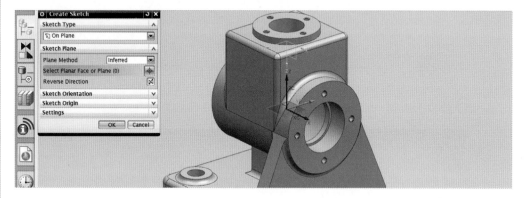

05 >> 그림처럼 스케치한다.

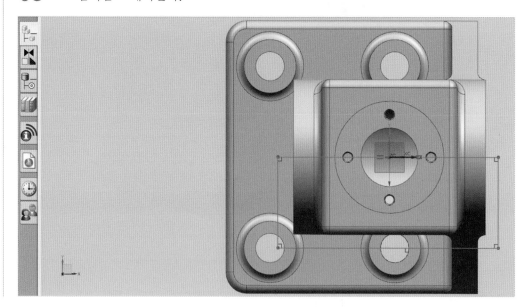

06 ›› Cutter → Limits → | Start : Value → Distance 0cm | → OK
| End : Value → Distance 5.5cm |

Note 단위는 cm로 되어 있다.

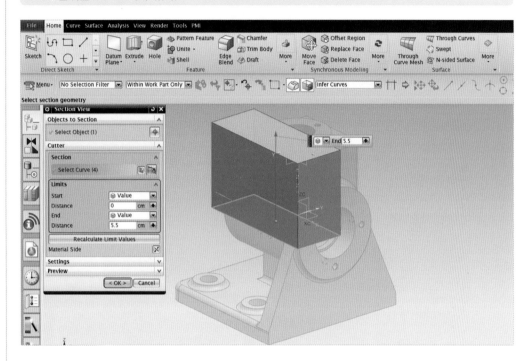

07 ›› 완성된 단면 뷰 같은 방법으로 4번 부품을 단면 뷰한다.

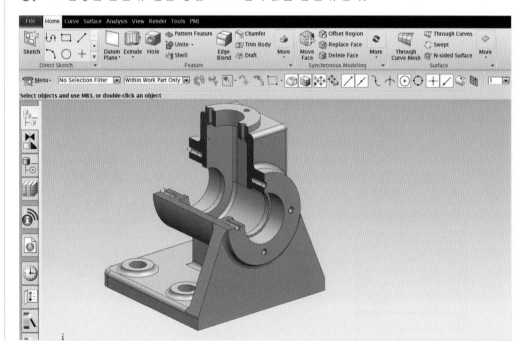

3 ▶▶ 3D Drafting

01 >> Home → View → 🖼️Base View(기존 뷰) → Open → 찾는 위치(Drafting) → model1.prt(본체) → OK

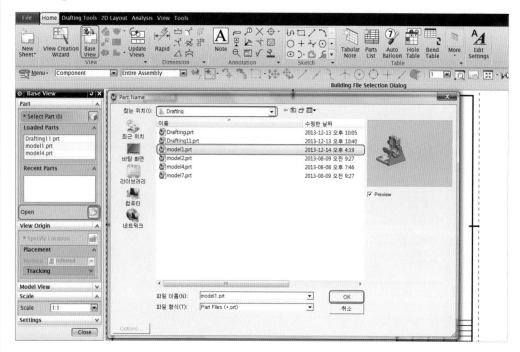

02 >> Model View → Model View to Use → SECTION OF TRIMETRIC → 위치 지정

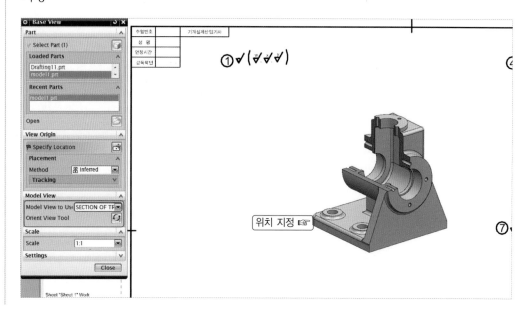

03 >> Model View → Model View to Use → SECTION OF TRIMETRIC → Orient View Tool

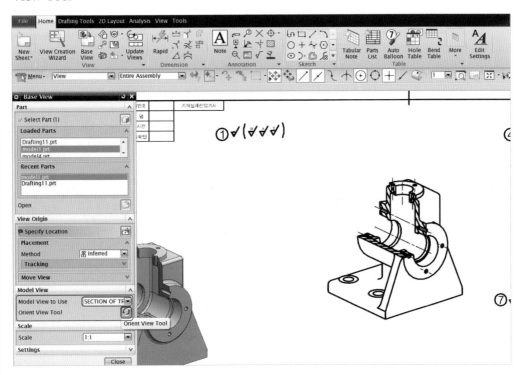

04 >> 벡터 지정(Z축) → Angle → 90° → Enter → OK

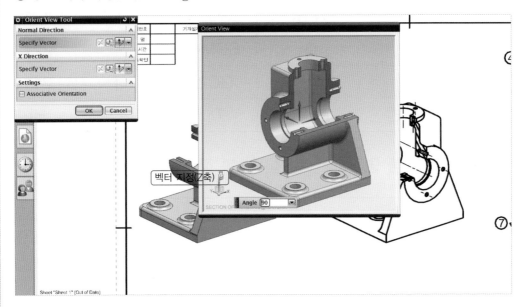

05 >> 그림처럼 위치 지정

Note | 같은 방법으로 2, 4, 7번 부품을 3D 투상한다.

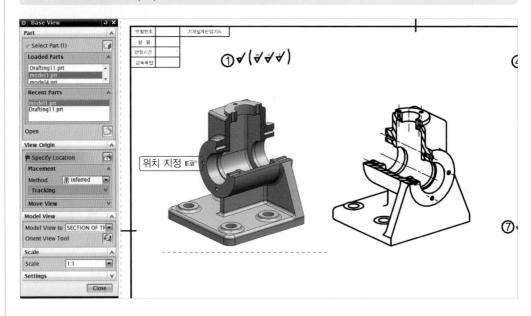

06 >> 부품란의 비고란에 제품의 질량을 입력한다.

7	슬라이더	SCM415	1	80.18
4	커 버	GC250	1	121.06
2	축	SCM415	1	221.27
1	본 체	GC250	1	2114.1
품 번	품 명	재 질	수 량	비 고
작 품 명	편 심 왕 복 장 치		척 도	1 : 1
			각 법	3각법

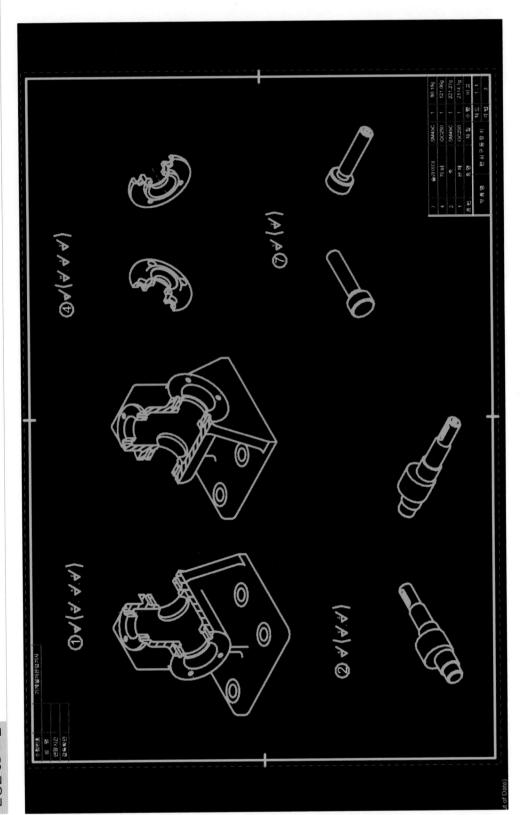

완성된 3D 도면

C.h.a.p.t.e.r

'08 CAM 가공하기

Manufacturing

NX CAM 응용 프로그램은 밀링, 드릴링, 선삭, 와이어 EDM 공구 경로 등을 대화형으로 프로그램하고 포스트 프로세스하는 도구를 제공한다.

CAM 가공은 모델링에서 작업된 형상을 이용하여 다양한 가공 작업을 설정하여 여러 가지 가공을 하는 방법이다.

① Geometry(지오메트리) 생성 : 새 지오메트리 그룹을 생성, 지오메트리의 그룹 개체는 오퍼레이션 탐색기의 지오메트리 뷰에 표시된다.

② Tool(공구) 생성 : 현재 오퍼레이션에 사용할 공구를 생성하고 다른 오퍼레이션 탐색기의 기계 공구 뷰에 배치한다. 작업자가 공정에 맞게 공구를 설정, 추가할 수 있으며 설정된 공구를 선택할 수 있다.

③ Operation(오퍼레이션) 생성 : 다양한 모델링 형상에 따라 가공 방법을 설정하여 여러 가지 작업 공정에 맞추어 가공 방법을 선택하여 NC 데이터를 생성한다.

④ New Method(생성 방법) : 오퍼레이션에 사용할 새 방법 그룹을 생성하고 다른 오퍼레이션에서도 사용할 수 있도록 오퍼레이션 탐색기의 가공 방법 뷰에 배치할 수 있다. 황삭, 중삭, 정삭, 잔삭 등을 구별하여 가공 변수를 설정한다.

⑤ Generate(공구 경로 생성) : Tool Path를 생성한다.

⑥ Cutting Parameters(절삭 매개 변수) : 절삭 오퍼레이션 하위 유형에 공통적인 설정을 제어할 수 있다. 절삭 매개 변수에서 공차, 커터 간격 각도, 최소 간격, 윤곽선 유형, 절삭 구속 조건, 절삭 제어 등이 포함된다. 파트 재료에 절삭을 연결하는 옵션을 설정할 수 있다.

⑦ Non Cutting Moves(비절삭 이동) : 절삭 이동 전후 사이에 공구 위치를 설정하는 이동을 지정한다.

⑧ 🔧 Feeds and Speeds(이송 및 속도) : 스핀들 속도 및 이송을 지정한다.

⑨ 🔨 Verify(공구 경로 검증) : 선택한 공구 경로를 검증하고 커터 동작과 재료의 절삭을 표시한다.

2 컴퓨터응용밀링 기능사 실기 I

① ▶▶ Manufacturing하기

01 ≫ File → Manufacturing

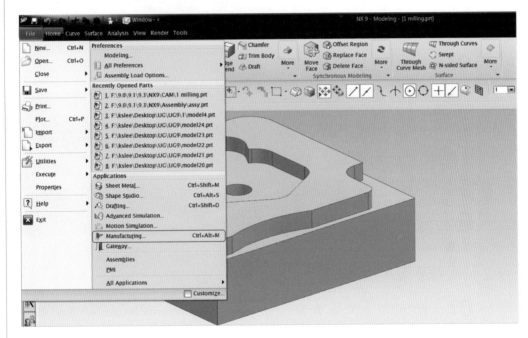

02 ≫ CAM Session Configuration → cam_general → CAM Setup To Create → drill → OK

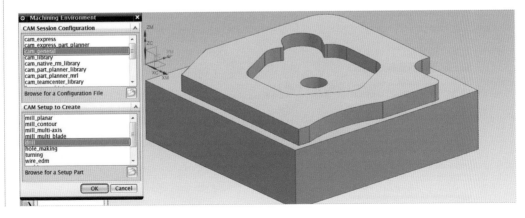

03 >> Operation Navigator Machine Tool 창에 MB3 → Geometry View

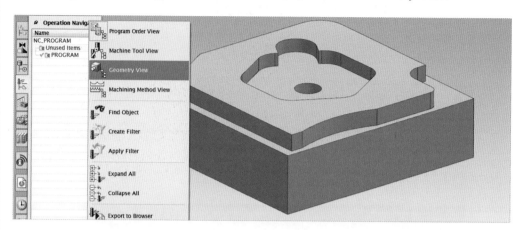

04 >> MCS_MILL 펼치기

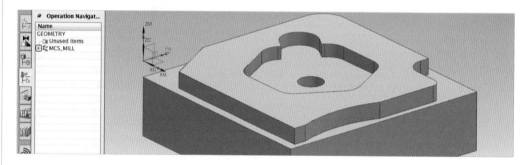

② ▶▶ 가공 좌표 설정하기

01 >> MCS_MILL 더블 클릭 → Machine Coordinate System → Specify MCS → CSYS Dialog

Note 가공 좌표는 모델링 원점과 별도로 작업자가 원하는 위치를 지정할 수 있다.

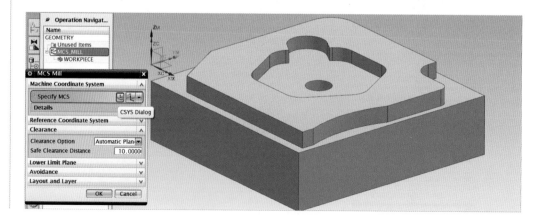

02 >> OK

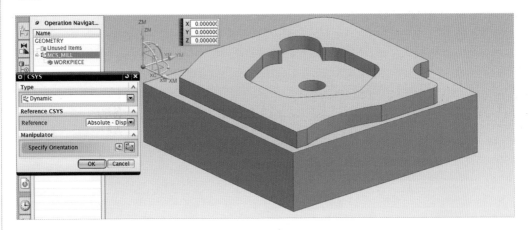

03 >> Clearance → Clearance Option → Automatic Plane → Safe Clearance Distance 10 → OK

Note 이번 NC 데이터에서 안전 높이는 공작물 윗면에서 10mm 높게 설정한다.

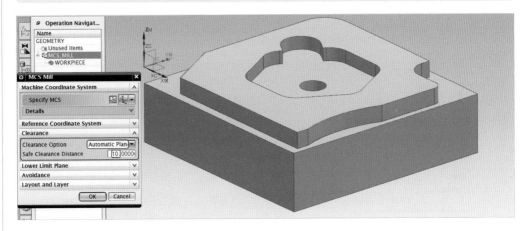

③ ▶▶ **파트 지정하기**

01 >> WORKPIECE 더블 클릭 → Geometry → Specify Part → Select or Edit the Part Geometry

> Note 가공할 모델링을 선택한다.

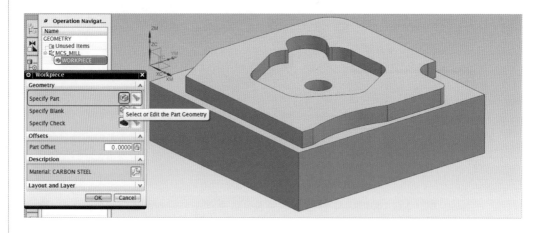

02 >> Geometry → Select Object → OK

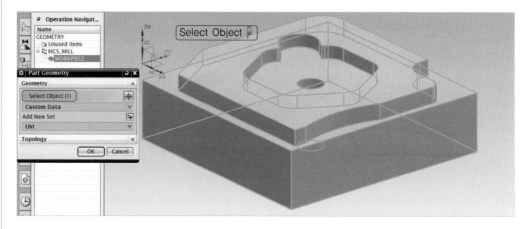

④ ▶▶ 블랭크 지정(소재 지정)하기

01 >> Geometry → Specify Blank → Select or Edit the Blank Geometry

Note   가공할 소재를 Bounding Block(경계 블록)으로 지정한다.

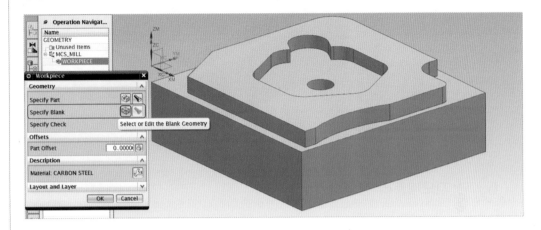

02 >> Type → Bounding Block(경계 블록) → OK

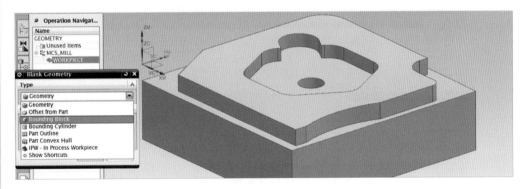

03 >> OK

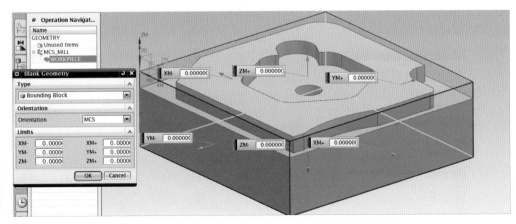

04 >> OK

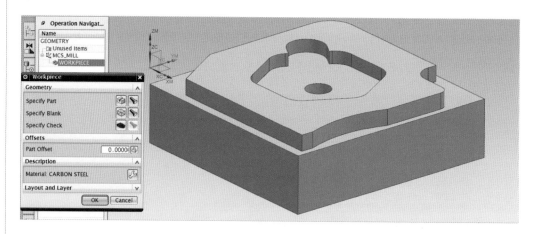

(5) ▶▶ 지오메트리 생성하기

01 >> Home → Insert → 🔲 Create Geometry(지오메트리) → Type → drill → Geometry Subtype → DRILL_GEOM → Location → Geometry → WORKPIECE → OK

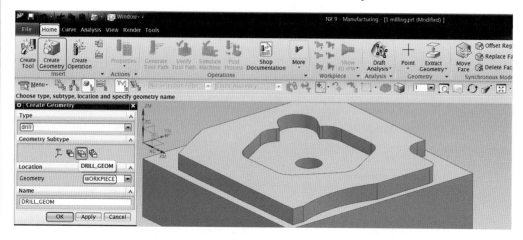

02 >> Geometry → Specify Holes → Select or Edit the Holes Geometry

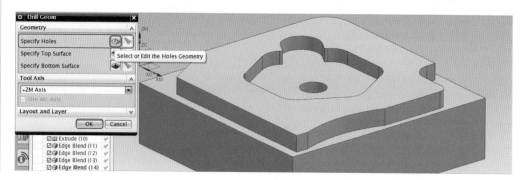

03 >> Select

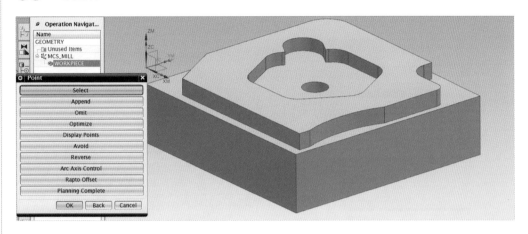

04 >> 구멍 선택 → OK

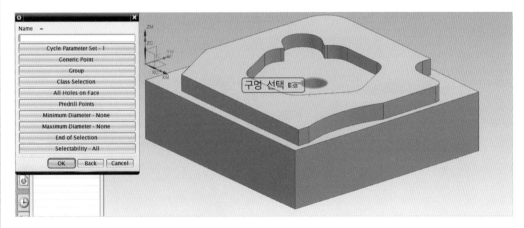

05 >> OK

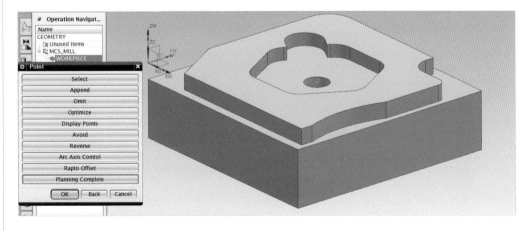

06 >> Geometry → Specify Top Surface → Select or Edit the Part Surface Geometry

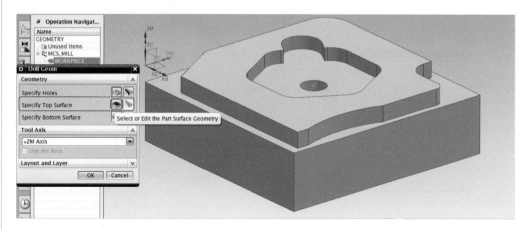

07 >> Top Surface → Top Surface Option → Face(면) → Select Face → OK

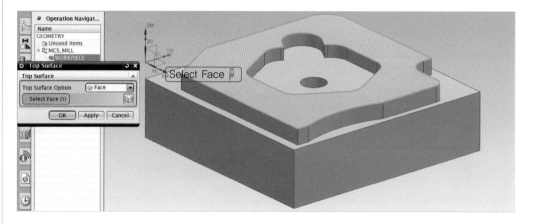

08 >> Geometry → Specify Bottom Surface → Select or Edit the Bottom Surface Geometry

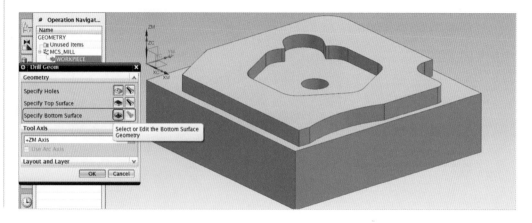

09 >> Bottom Surface → Bottom Surface Option → Face(면) → Select Face → OK

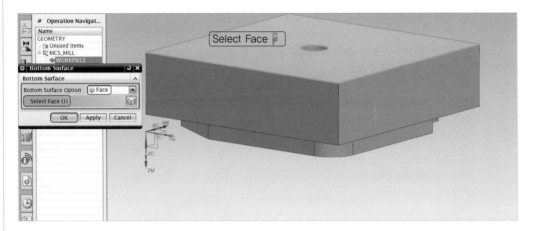

10 >> OK

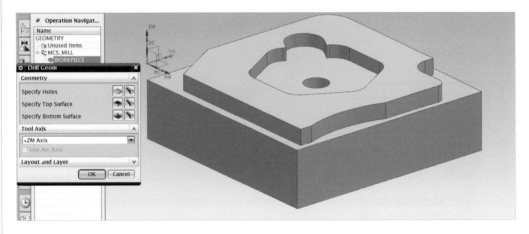

(6) ▶▶ 공구 생성하기

❶ 1번 공구(센터 드릴 ∅3) 생성하기

01 ≫ Home → Insert → 🔧 Create Tool(공구) → Type → drill → Tool Subtype → DRILLING_TOOL(🔩) → Name → CDRILLING_3 → OK

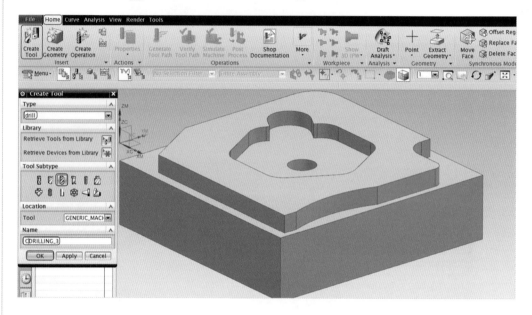

02 ≫ Tool → Dimensions → (D) Diameter 3 → Numbers → Tool Number 1 → Adjust Register 1 → OK

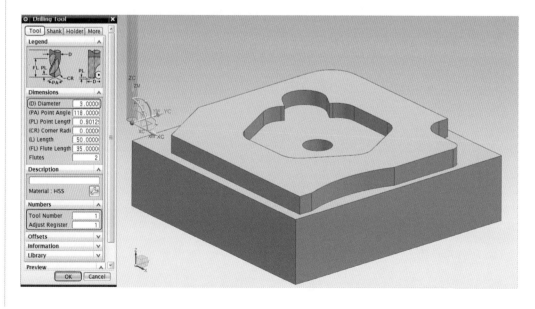

❷ 2번 공구(드릴 ⌀8.0) 생성하기

01 ≫ Home → Insert → Create Tool(공구) → Type → drill → Tool Subtype → DRILLING_TOOL() → Name → DRILLING_8 → OK

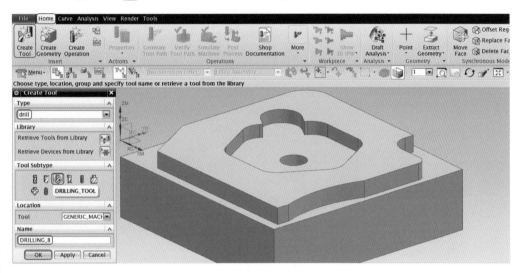

02 ≫ Tool → Dimensions → (D) Diameter 8 → Numbers → Tool Number 2 → Adjust Register 2 → OK

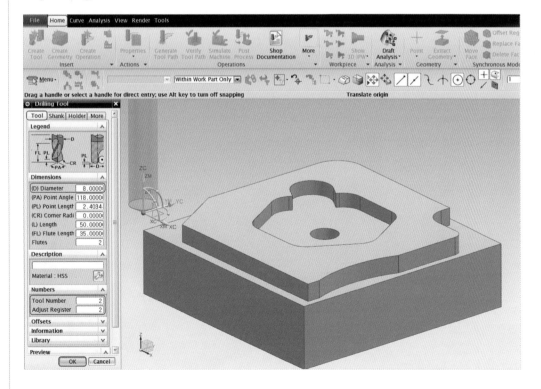

❸ 3번 공구(엔드밀 ∅10) 생성하기

01 >> Home → Insert → 🔧Create Tool(공구) → Type → mill_contour → Tool Subtype → MILL(🔧) → Name → FEM_10 → OK

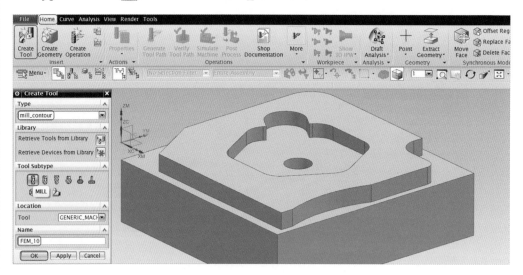

02 >> Tool → Dimensions → (D) Diameter 10 → Numbers → Tool Number 3 → Adjust Register 3 → OK

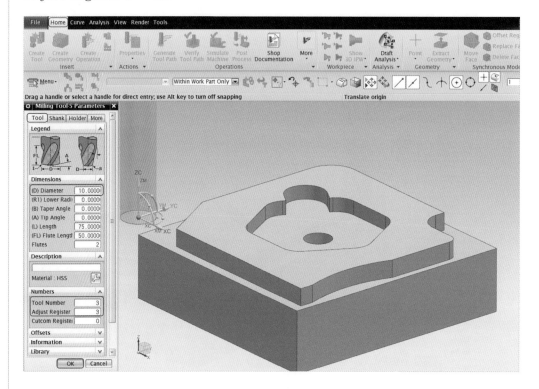

⑦ ▶▶ 오퍼레이션 생성하기

① 센터 드릴 오퍼레이션 생성하기(G81)

01 >> Home → Insert → 🖰 Create Operation(오퍼레이션) → Type → drill → Operation Subtype → DRILLING(🖰) → Location → Program : PROGRAM → Tool : CDRILLING_3(Drilling Tool) → Geometry : DRILL_GEOM → Method : DRILL_METHOD → OK

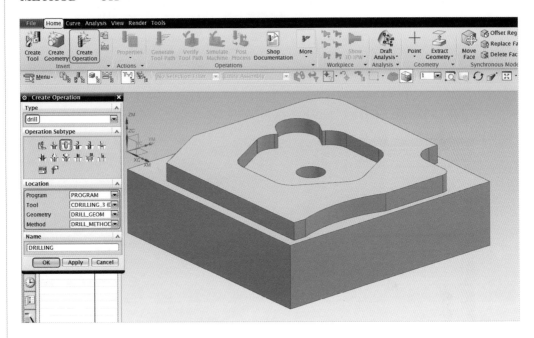

02 >> Cycle Type → Edit Parameters(매개 변수 편집)

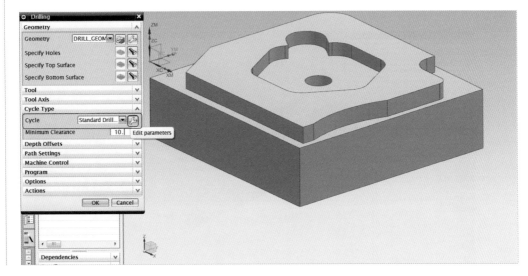

03 >> OK

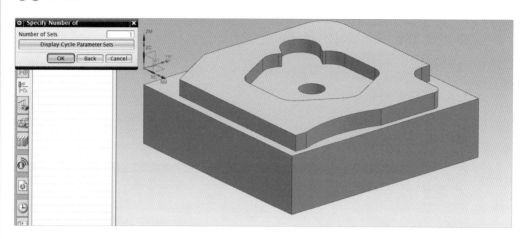

04 >> Depth – Model Depth

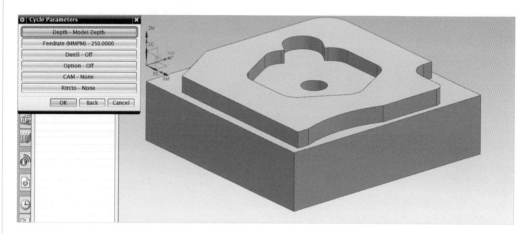

05 >> Tool Tip Depth(공구 팁 깊이)

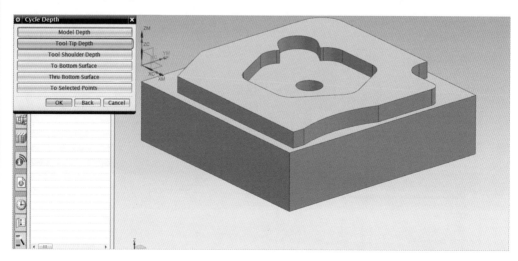

06 >> Depth 3.0 → OK

Note 이번 NC 데이터에서 센터 드릴 구멍 깊이는 3mm로 설정한다.

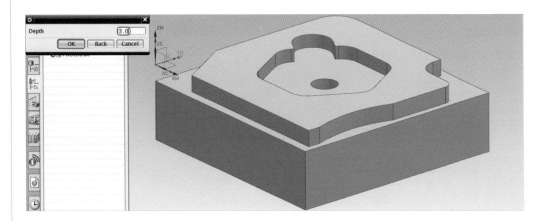

07 >> OK

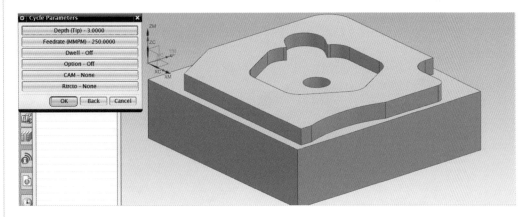

08 >> Cycle Type → Minimum Clearance(공구 급속 이송 높이) : 10.0 → Path Settings → Feeds and Speeds

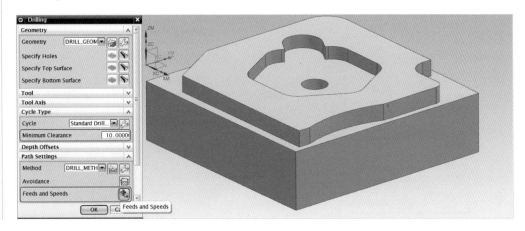

09 >> Spindle Speed → □Spindle Speed(rpm) 2000 → Feed Rates → Cut(절삭이송) 120 → OK

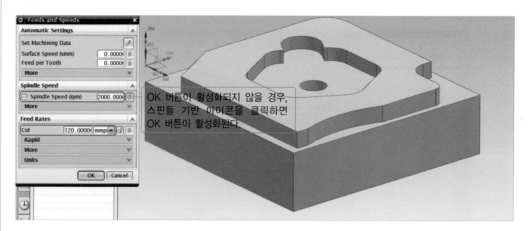

OK 버튼이 활성화되지 않을 경우, 스핀들 기반 아이콘을 클릭하면 OK 버튼이 활성화된다.

10 >> Action → Generate(생성)

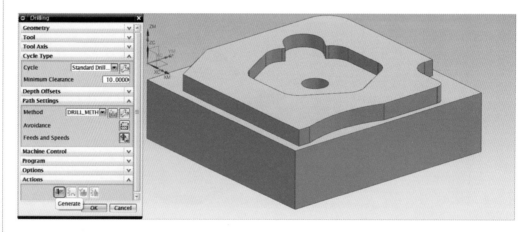

11 >> OK

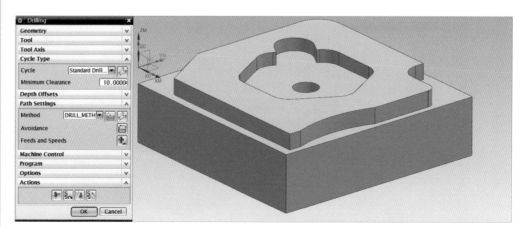

❷ 드릴링 오퍼레이션 생성하기(G73)

01 ≫ Home → Insert → 📄Create Operation(오퍼레이션) → Type → drill → Operation Subtype → BREAKCHIP_DRILLING(📄) → Location → Program : PROGRAM → Tool : DRILLING_8(Drilling Tool) → Geometry : DRILL_GEOM → Method : DRILL_METHOD → OK

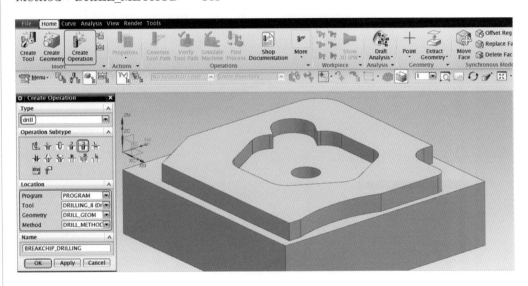

02 ≫ Cycle Type → Edit Parameters(매개 변수 편집)

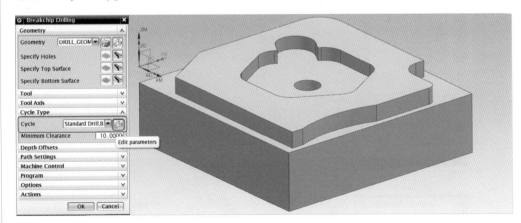

03 ≫ OK

04 >> Depth – Model Depth

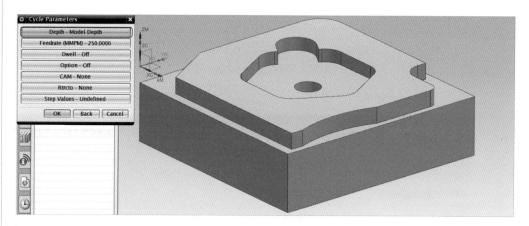

05 >> Tool Tip Depth(공구 팁 깊이)

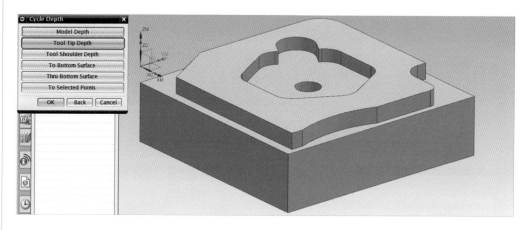

06 >> Depth 27.0 → OK

Note | 드릴 구멍 깊이 27mm=모델링 높이+0.3d(드릴 지름)~드릴 반지름으로 설정한다.

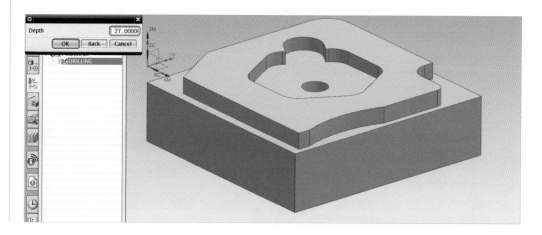

07 » Step Values – Undefined

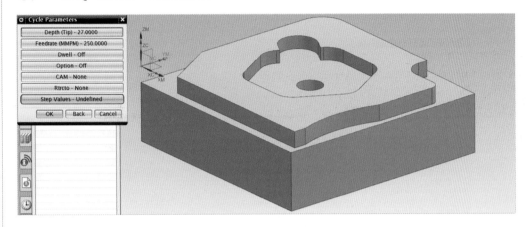

08 » Step #1 5.0 → OK

Note   이번 NC 데이터에서 드릴 전진 스텝값은 5mm로 설정한다.

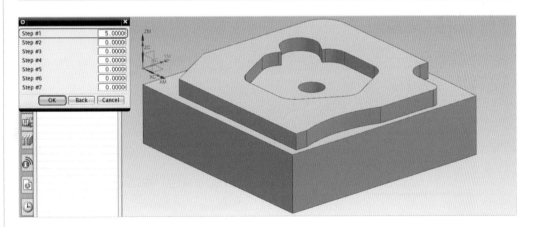

09 » OK

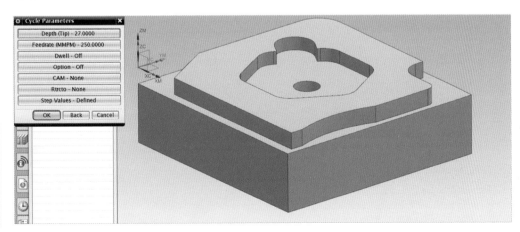

10 >> Cycle Type → Minimum Clearance(공구 급속 이송 높이) 10.0 → Path Settings → Feeds and Speeds

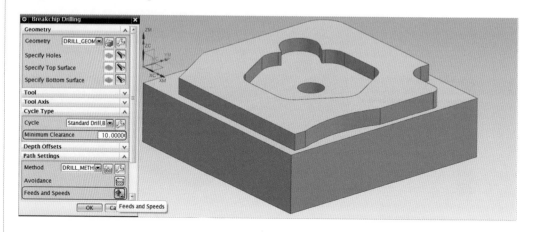

11 >> Spindle Speed → □Spindle Speed(rpm) 1000 → Feed Rates → Cut(절삭 이송) 120 → OK

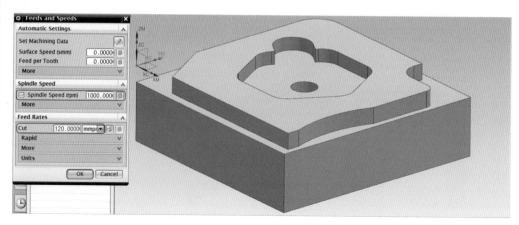

12 >> Actions → Generate(생성) → OK

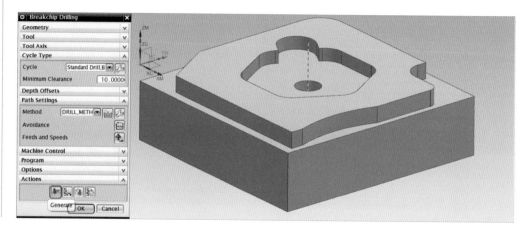

❸ FACE MILLING 오퍼레이션 생성하기

01 >> Home → Insert → 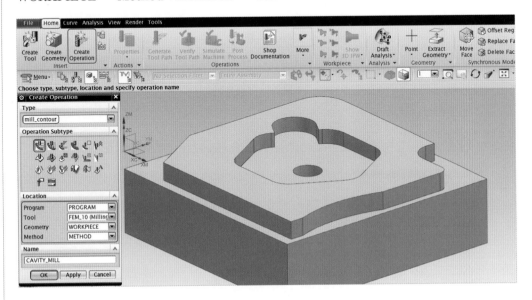 Create Operation(오퍼레이션) → Type → mill_contour → Operation Subtype → CAVITY_MILL(캐비티 밀링) → Location → Program : PROGRAM → Tool : FEM_10(Milling Tool-5 Parmeters) → Geometry : WORKPIECE → Method : METHOD → OK

02 >> Path Settings → Cut Pattern : Follow Periphery(외곽 따르기) → Stepover : Constant(일정) → Maximum Distance : 5.0mm → Common Depth Per Cut : Constant(일정) → Maximum Distance : 6.0mm → Cut Levels

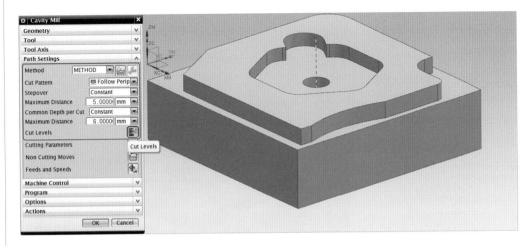

03 >> Ranges → Range Type → Automatic → Cut Levels → Only at Range(범위 아래만) → OK

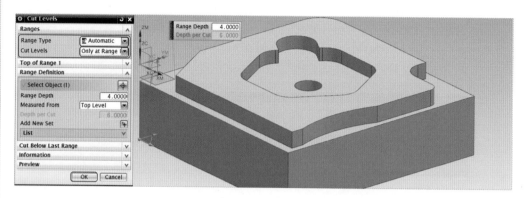

04 >> Path Settings → Cutting Parameters(절삭 매개 변수)

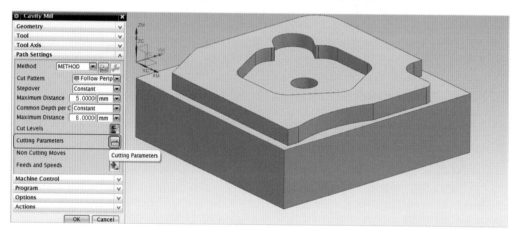

05 >> Strategy → Cutting → Cut Direction : Climb Cut(하향 절삭) → Cut Order : Depth First(깊이를 우선) → Pattern Direction : Inward(안쪽) → ☑Island Clean-up(☑체크) → OK

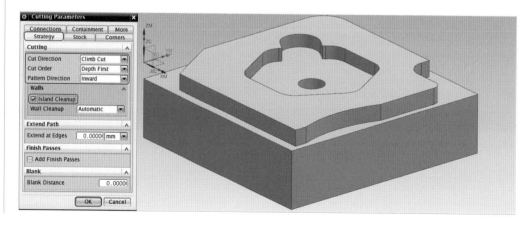

06 >> Stock → □Use Floor Same As Side(□체크 해제) → Part Side Stock 0.5 → OK

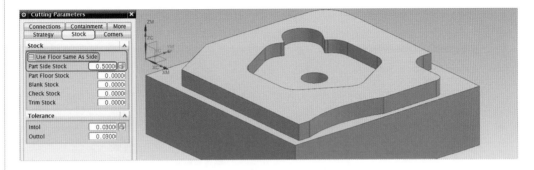

07 >> Path Settings → Non Cutting Moves(비절삭 이동)

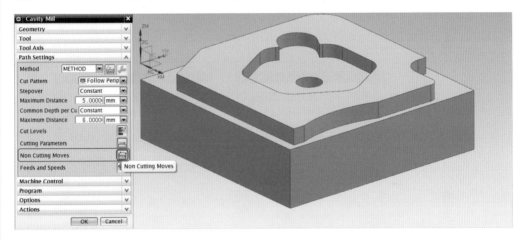

08 >> Engage → Closed Area → Engage Type → Plunge(플런지) → Height 10 → Open Area → Engage Type → Linear → Height 10

Note Height 10은 Z 10점에서부터 G01로 절삭 이송된다.

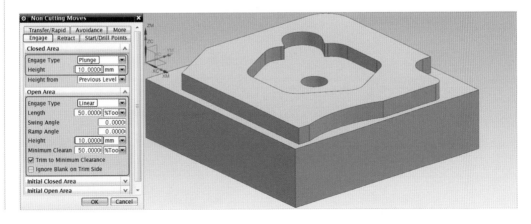

09 >> Start/Drill Points → Region Start Points → Specify Point → Pre-Drill Points → Specify Point → OK

Note 영역 시작점과 사전 드릴 점은 점 다이얼로그를 선택하여 아래 좌푯값을 각각 입력한다.

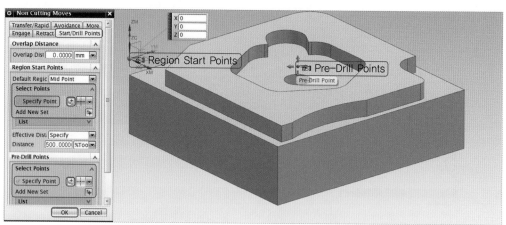

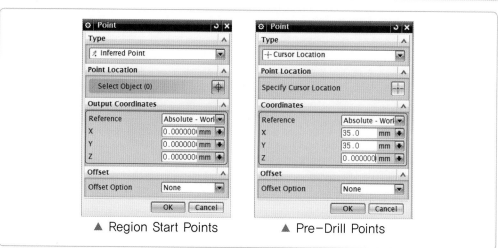

▲ Region Start Points   ▲ Pre-Drill Points

10 >> Path Settings → Feeds and Speeds

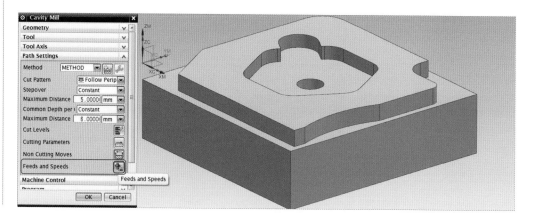

11 ≫ Spindle Speed → □Spindle Speed(rpm) 1000 → Feed Rates → Cut(절삭이송) 90 → OK

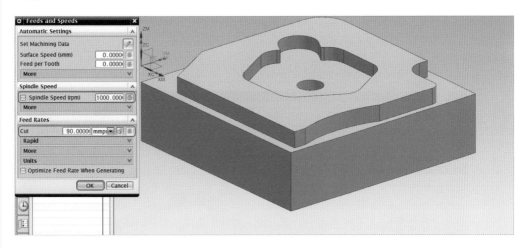

12 ≫ Actions → Generate(생성) → OK

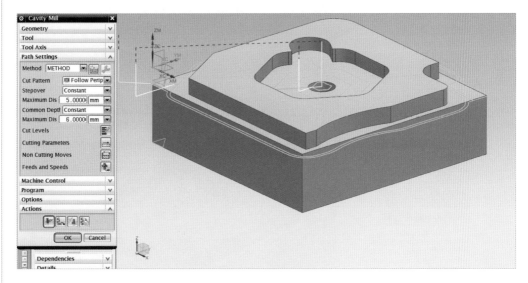

❹ FACE MILLING 오퍼레이션 생성하기(정삭)

01 >> Home → Insert → 📄Create Operation(오퍼레이션) → Type → mill_con-tour → Operation Subtype → 🐾FLOWCUT_SINGLE(플로컷 단일) → Location → Program : PROGRAM → Tool : FEM_10(Milling Tool-5 Parmeters) → Geometry : WORKPIECE → Method : METHOD → OK

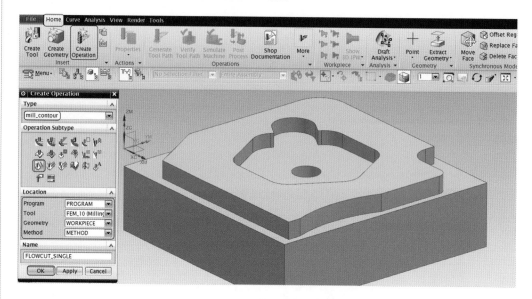

02 >> Path Settings → Cutting Parameters(절삭 매개 변수)

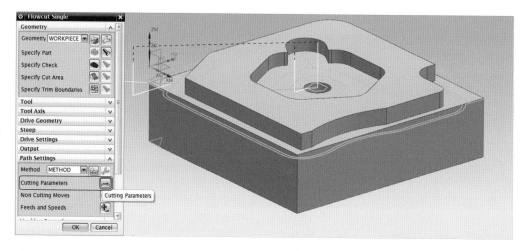

03 » Stock → Part Stock 0 → OK

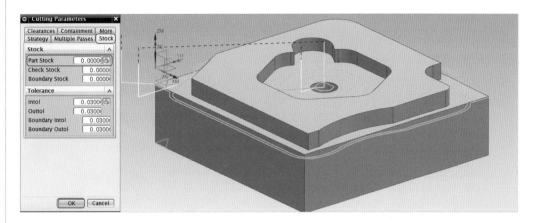

04 » Path Settings → Feeds and Speeds

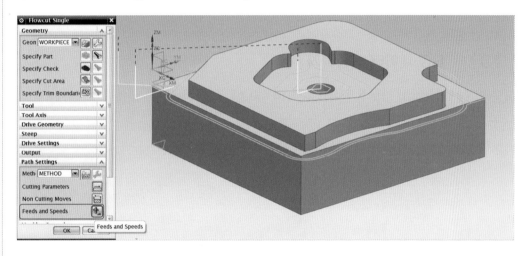

05 » Spindle Speed → □Spindle Speed(rpm) 2000 → Feed Rates → Cut(절삭이송) 90 → OK

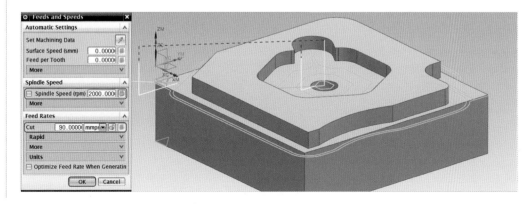

06 >> Actions → Generate(생성) → OK

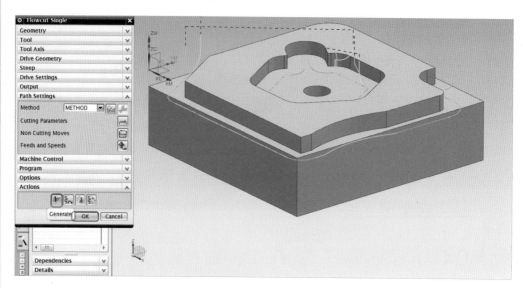

⑧ ▶▶ NC 데이터 생성하기

01 >> DRILLING, BREAKCHIP_DRILLING, CAVITY_MILL, FLOWCUT_SINGLE
을 선택하여 MB3 → Post Process

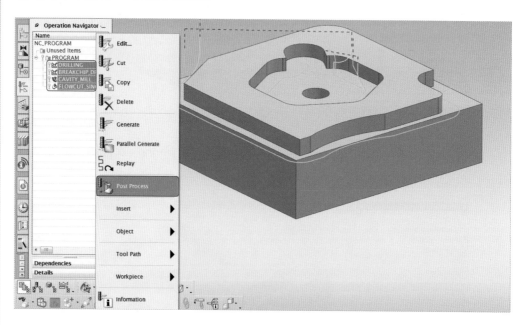

02 >> Postprocessor → MILL_3_AXLS → Output File → 파일 경로 입력 → File Extension : NC → Settings → Units → Metric/PART → OK

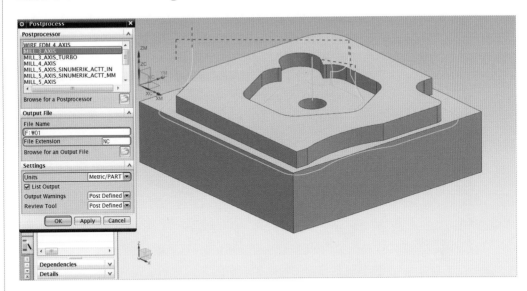

03 >> OK

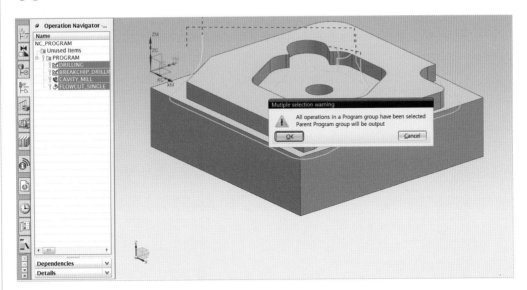

04 ≫ OK

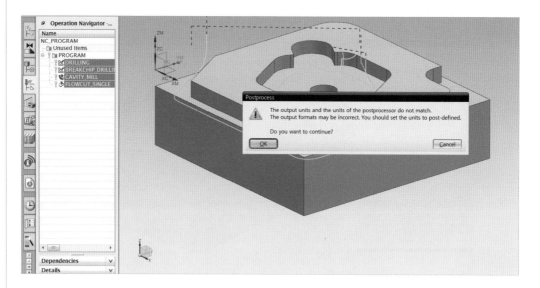

05 ≫ NC 데이터 수정. N0010 G40 G17 G90 G71에서 G71을 삭제하고 <u>G49 G80 G00</u>을 입력한다.

Note 공구경·길이 보정, 고정 사이클 취소 기능과 절대 좌표, XY 평면, 급송 이송 기능을 입력한다. N0045 G54 M08 워크 좌표계 설정과 절삭유를 ON한다.

```
File  Edit
=================================================
Information listing created by :  kslee
Date                   :  2013-08-05 오후 4:37:36
Current work part      :  F:\9999999\CAM\1 milling.prt
Node name              :  leeks
=================================================
%
N0010 G40 G17 G90 G71
N0020 G91 G28 Z0.0
N0030 T01 M06
N0040 T02
N0050 G00 G90 X35. Y35. S2000 M03
N0060 G43 Z10. H01
N0070 G81 Z-3. R10. F120.
N0080 G80
N0090 G91 G28 Z0.0
N0100 T02 M06
N0110 T03
N0120 G00 G90 X35. Y35. S1000 M03
N0130 G43 Z10. H02
N0140 G73 Z-27. R10. F120. Q5.
N0150 G80
N0160 G91 G28 Z0.0
N0170 T03 M06
N0180 T01
N0190 G00 G90 X-7.2777 Y-6.8543 S1000 M03
N0200 G43 Z10. H03
N0210 Z5.
N0220 G01 Z-5. F90. M08
N0230 X-.362 Y-.341
N0240 G02 X-.4975 Y.0004 I.3625 J.3414
N0250 G01 Y13.4834
N0260 X-2.6292 Y17.1756
N0270 G02 X-3.5 Y20.4256 I5.6292 J3.25
N0280 G01 Y59.
N0290 G02 X-.4975 Y67.835 I14.5 J0.0
N0300 G01 Y69.9996
N0310 G02 X.0005 Y70.4975 I.498 J0.0
N0320 G01 X2.165
```

```
File  Edit
=================================================
Information listing created by :  kslee
Date                   :  2013-08-05 오후 4:37:36
Current work part      :  F:\9999999\CAM\1 milling.prt
Node name              :  leeks
=================================================
%
N0010 G00 G40 G49 G80 G90 G17
N0020 G91 G28 Z0.0
N0030 T01 M06
N0040 T02
N0045 G54 M08
N0050 G00 G90 X35. Y35. S2000 M03
N0060 G43 Z10. H01
N0070 G81 Z-3. R10. F120.
N0080 G80
N0090 G91 G28 Z0.0
N0100 T02 M06
N0110 T03
N0120 G00 G90 X35. Y35. S1000 M03
N0130 G43 Z10. H02
N0140 G73 Z-27. R10. F120. Q5.
N0150 G80
N0160 G91 G28 Z0.0
N0170 T03 M06
N0180 T01
N0190 G00 G90 X-7.2777 Y-6.8543 S1000 M03
N0200 G43 Z10. H03
N0210 Z5.
N0220 G01 Z-5. F90. M08
N0230 X-.362 Y-.341
N0240 G02 X-.4975 Y.0004 I.3625 J.3414
N0250 G01 Y13.4834
N0260 X-2.6292 Y17.1756
N0270 G02 X-3.5 Y20.4256 I5.6292 J3.25
N0280 G01 Y59.
N0290 G02 X-.4975 Y67.835 I14.5 J0.0
N0300 G01 Y69.9996
N0310 G02 X.0005 Y70.4975 I.498 J0.0
```

9 ▶▶ 공구 경로 검증하기

01 >> DRILLING, BREAKCHIP_DRILLING, CAVITY_MILL, FLOWCUT_SINGLE 을 선택하여 MB3 → Tool Path → Verify(▦)

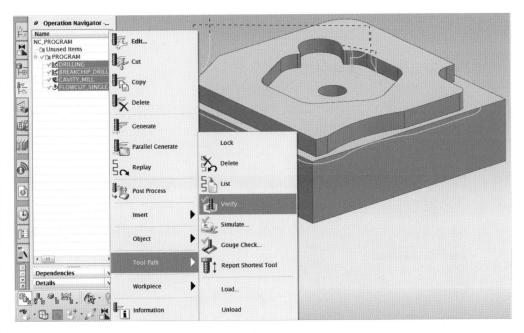

02 >> 2D Dynamic → Play → OK

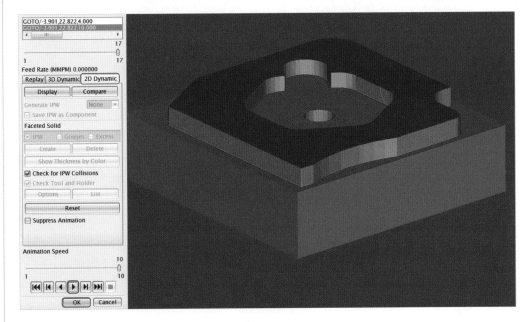

3 **컴퓨터응용밀링 기능사 실기 Ⅱ**

Manufacturing, 가공 좌표계 설정, 파트(모델링) 지정, 블랭크(소재) 지정은 컴퓨터응용밀링 기능사 실기 Ⅰ과 방법이 같아 생략한다.

또한, 이후 공정은 공구 설정과 오퍼레이션 생성을 같이 하도록 하겠다.

1 ▶▶ **지오메트리 생성하기**

01 ≫ Home → Insert → Create Geometry(지오메트리) → Type → drill → Geometry Subtype → DRILL_GEOM → Location → Geometry → WORKPIECE → OK

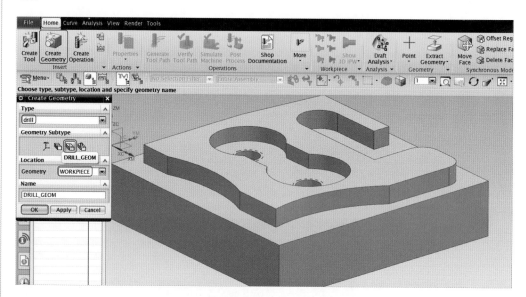

02 ≫ Geometry → Specify Holes → Select or Edit the Holes Geometry

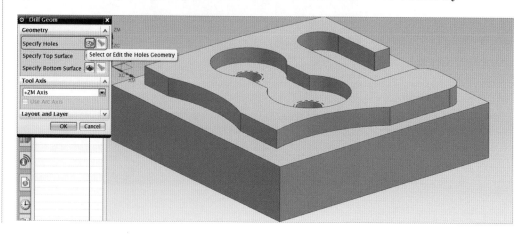

03 >> Select

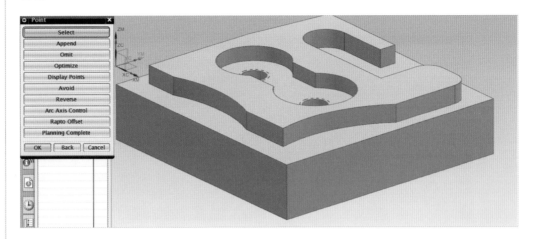

04 >> 구멍 선택 → OK

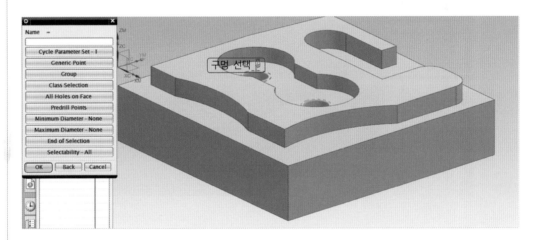

05 >> OK

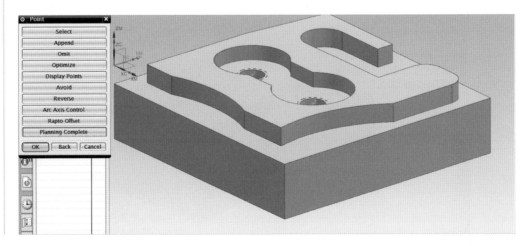

06 >> Geometry → Specify Top Surface → Select or Edit the Part Surface Geometry

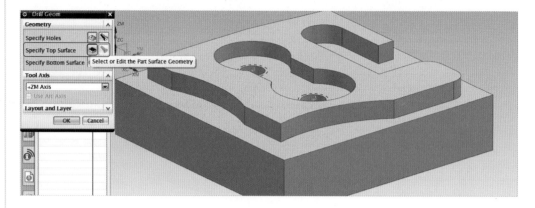

07 >> Top Surface → Top Surface Option → Face(면) → Select Face → OK

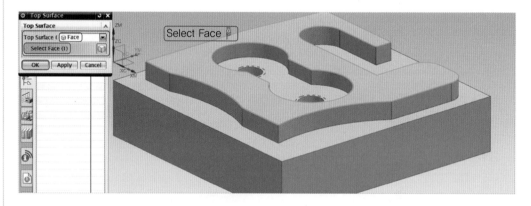

08 >> Geometry → Specify Bottom Surface → Select or Edit the Bottom Surface Geometry

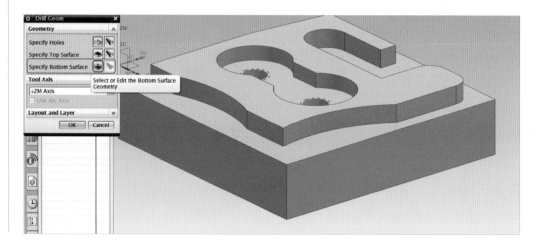

09 ≫ Bottom Surface → Bottom Surface Option → Face(면) → Select Face → OK

10 ≫ OK

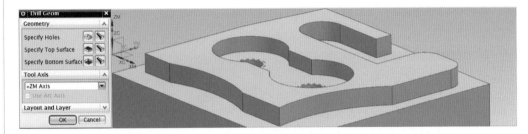

---

② ▶▶ **센터 드릴 오퍼레이션 생성하기(G81)**

01 ≫ Home → Insert → Create Operation(오퍼레이션) → Type → drill → Operation Subtype → DRILLING( ) → Location → Program : PROGRAM → Tool : NONE → Geometry : DRILL_GEOM → Method : DRILL_METHOD → OK

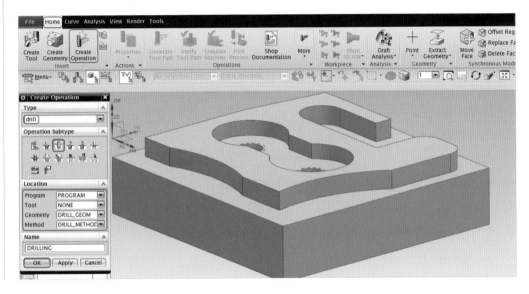

02 >> Tool → Tool(공구) → 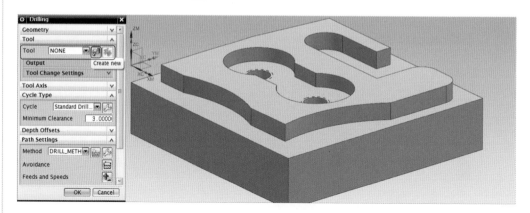 Create new

03 >> Type → drill → Tool Subtype → DRILLING_TOOL(🖉) → Name → CDRILL_3 → OK

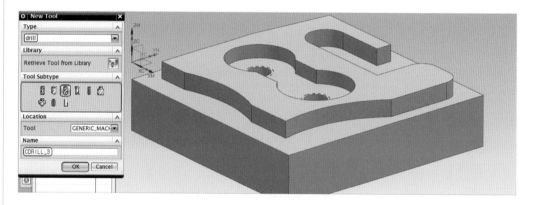

04 >> Tool → Dimensions → (D) Diameter 3 → Numbers → Tool Number 1 → Adjust Register 1 → OK

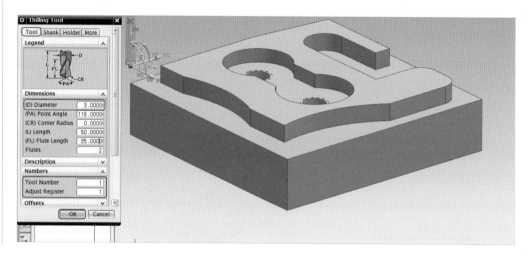

05 >> Cycle Type → Edit Parameters(매개 변수 편집)

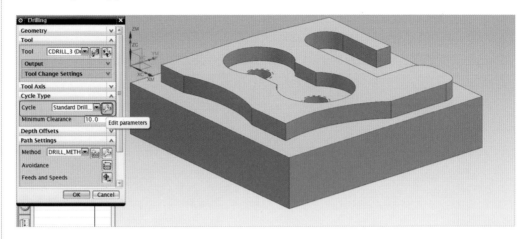

06 >> OK

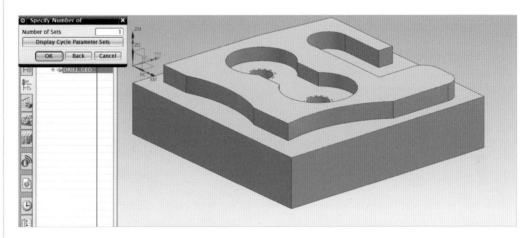

07 >> Depth-Model Depth

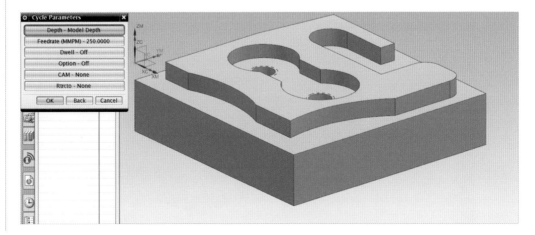

08 ›› Tool Tip Depth(공구 팁 깊이)

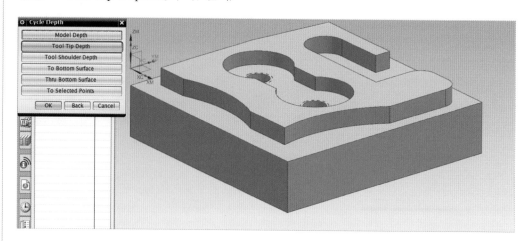

09 ›› Depth 3.0 → OK

> Note 이번 NC 데이터에서 센터 드릴 구멍 깊이는 3mm로 설정한다.

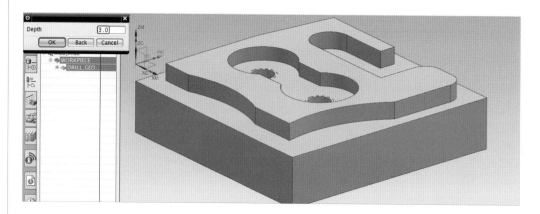

10 ›› OK

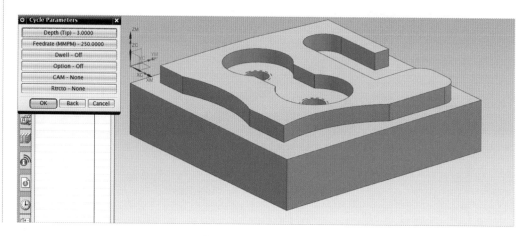

11 ≫ Cycle Type → Minimum Clearance(공구 급속 이송 높이) 10.0 → Path Settings → Feeds and Speeds

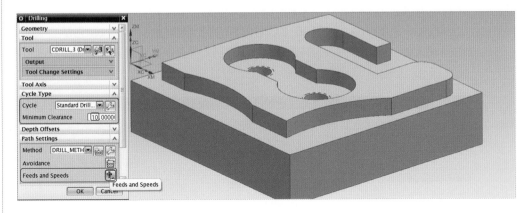

12 ≫ Spindle Speed → □Spindle Speed(rpm) 2000 → Feed Rates → Cut(절삭 이송) 120 → OK

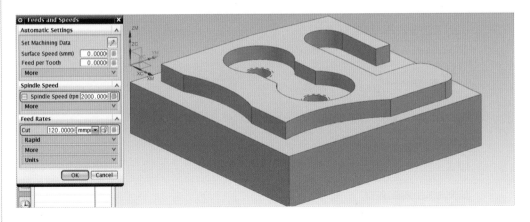

13 ≫ Actions → Generate(생성) → OK

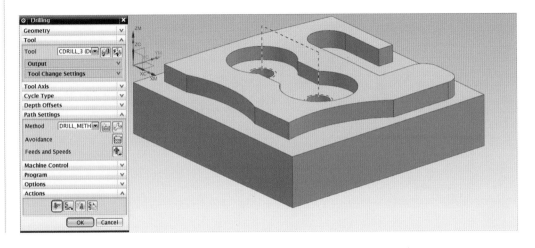

(3) ▶▶ 드릴링 오퍼레이션 생성하기(G73)

01 >> Home → Insert → Create Operation(오퍼레이션) → Type → drill → Operation Subtype → BREAKCHIP_DRILLING() → Location → Program : PROGRAM → Tool : NONE → Geometry : DRILL_GEOM → Method : DRILL_ METHOD → OK

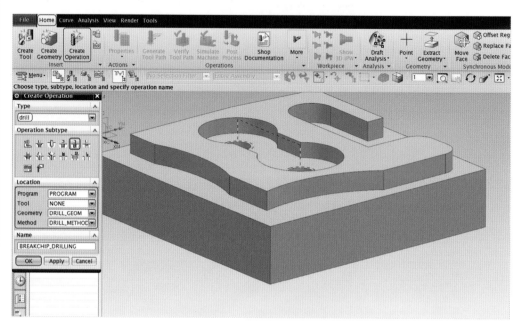

02 >> Tool → Tool(공구) → Create new

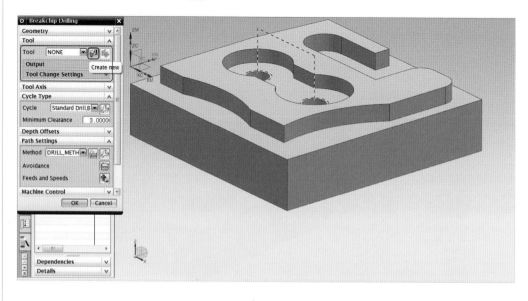

03 >> Type → drill → Tool Subtype → DRILLING_TOOL(🔩) → Name → DRILL_6.7 → OK

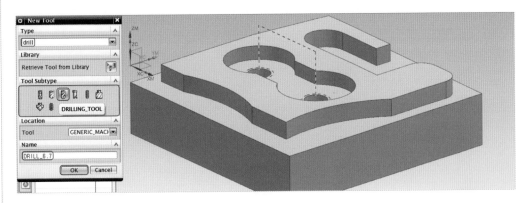

04 >> Tool → Dimensions → (D) Diameter 6.7 → Numbers → Tool Number 2 → Adjust Register 2 → OK

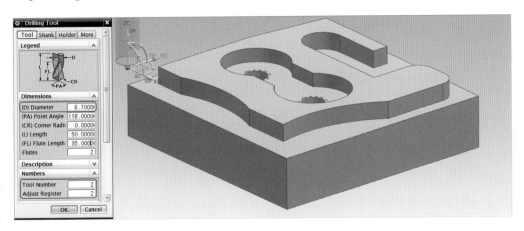

05 >> Cycle Type → Edit Parameters(매개 변수 편집)

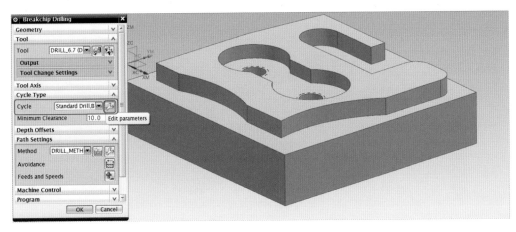

06 >> OK

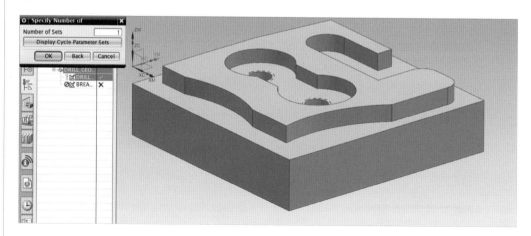

07 >> Depth-Model Depth

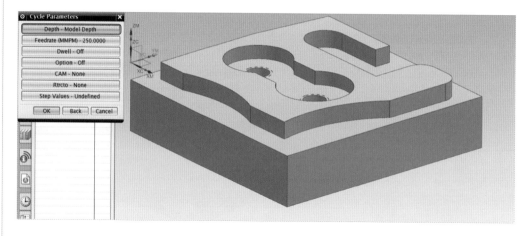

08 >> Tool Tip Depth(공구 팁 깊이)

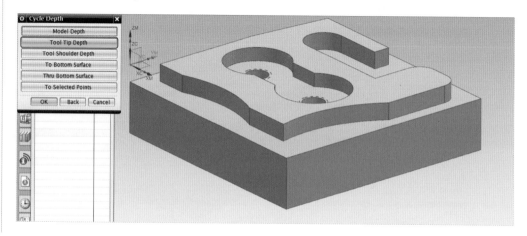

09 >> Depth 24.0 → OK

Note 드릴 구멍 깊이 24mm=모델링 높이+0.3d(드릴 지름)~드릴 반지름으로 설정한다.

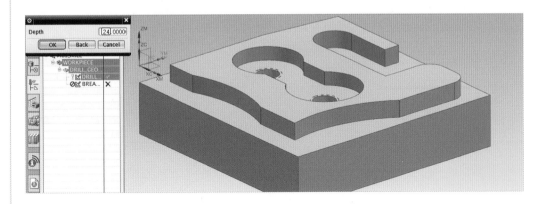

10 >> Step 값-미정의

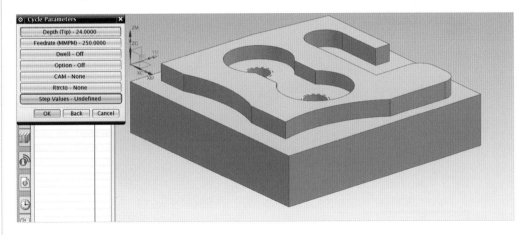

11 >> Step #1 5.0 → OK

Note 이번 NC 데이터에서 드릴 전진 스텝값은 5mm로 설정한다.

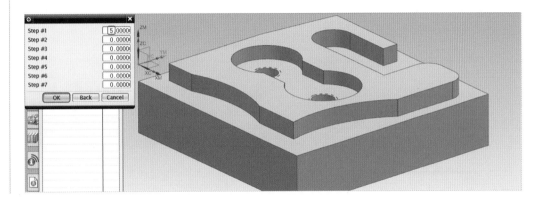

12 >> OK

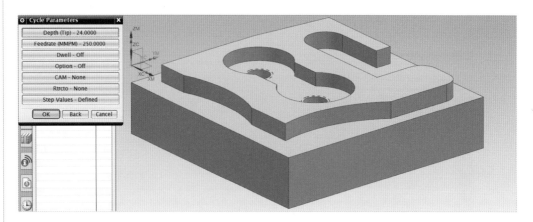

13 >> Cycle Type → Minimum Clearance(공구 급속 이송 높이) 10.0 → Path Settings → Feeds and Speeds

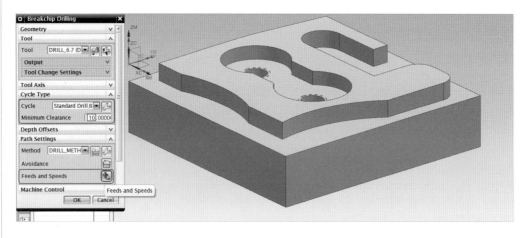

14 >> Spindle Speed → □Spindle Speed(rpm) 1000 → Feed Rates → Cut(절삭 이송) 120 → OK

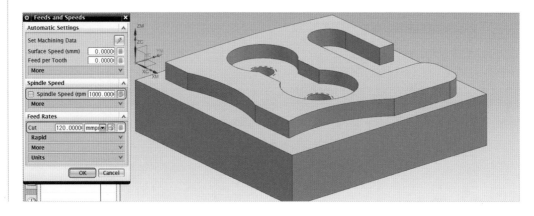

15 >> Actions → Generate(생성) → OK

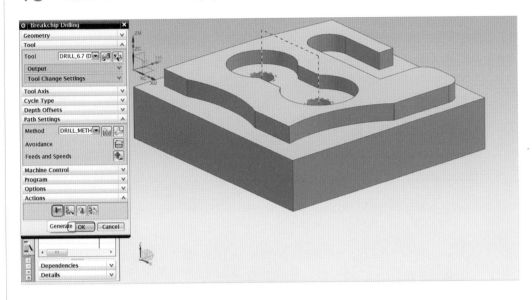

④ ▶▶ **나사(탭) 오퍼레이션 생성하기(G84)**

01 >> Home → Insert → ⬚Create Operation(오퍼레이션) → Type → drill → Operation Subtype → TAPPING(⬚) → Location → Program : PROGRAM → Tool : NONE → Geometry : DRILL_GEOM → Method : DRILL_METHOD → OK

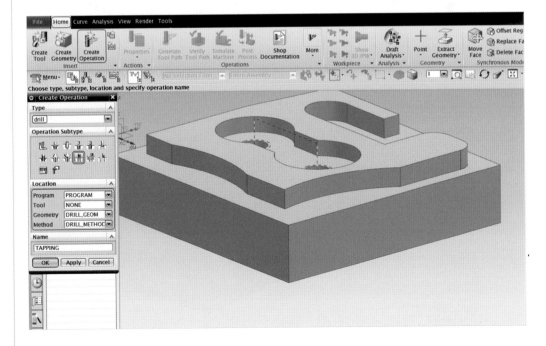

02 >> Tool → Tool(공구) → 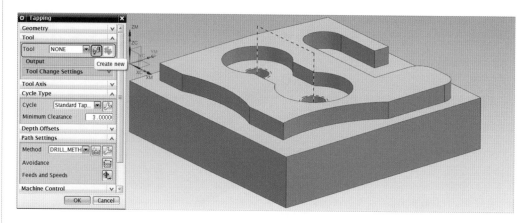 Create new

03 >> Type → drill → Tool Subtype → TAP(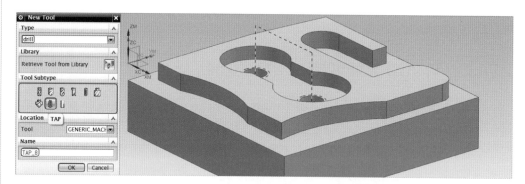) → Name → TAP_8 → OK

04 >> Tool → Dimensions → (D) Diameter 8 → (P) Pitch 1.25 → Numbers → Tool Number 3 → Adjust Register 3 → OK

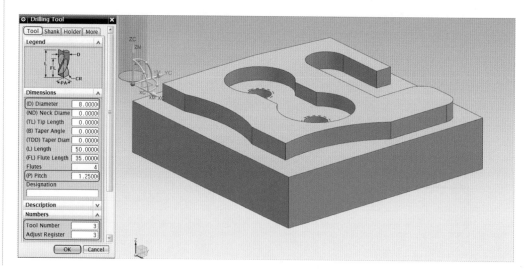

05 ≫ Cycle Type → Edit Parameters(매개 변수 편집)

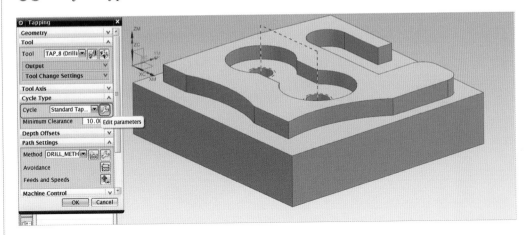

06 ≫ OK

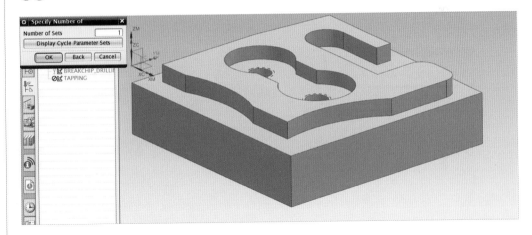

07 ≫ Depth(Tip)-0.0000

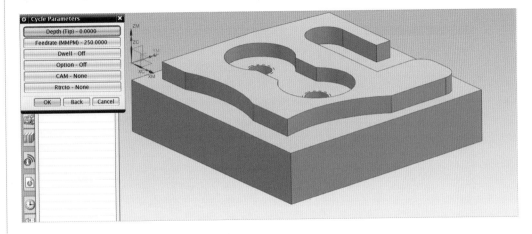

08 >> Tool Tip Depth(공구 팁 깊이)

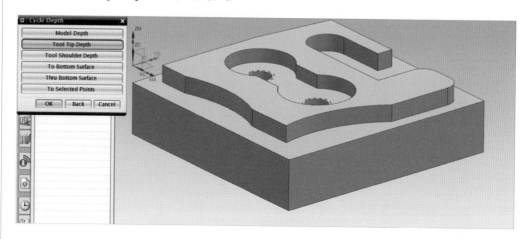

09 >> Depth 23.0 → OK

> Note   Tool Tip Depth(공구 팁 깊이) 23mm=모델링 높이+불안전 나사부로 설정한다.

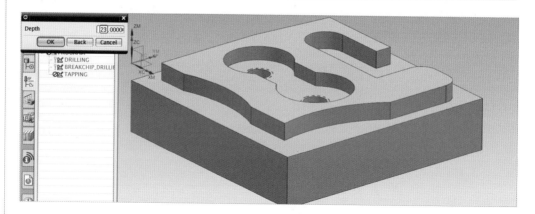

10 >> OK

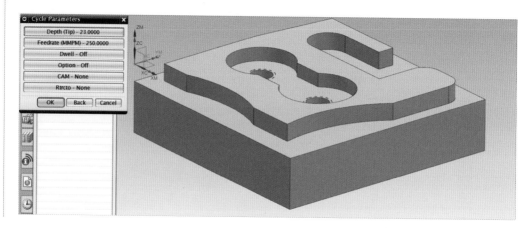

11 >> Cycle Type → Minimum Clearance(공구 급속 이송 높이) 10.0 → Path Settings → Feeds and Speeds

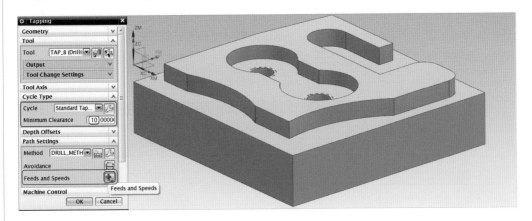

12 >> Spindle Speed → □Spindle Speed(rpm) 380 → Feed Rates → Cut(절삭이송) 570 → OK

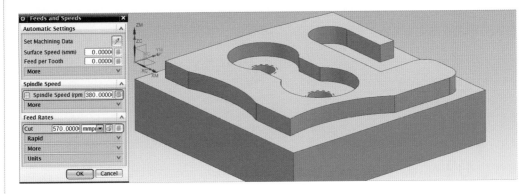

13 >> Actions → Generate(생성) → OK

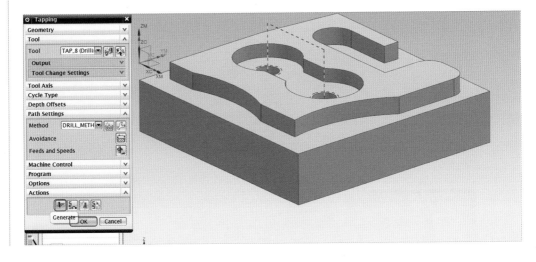

⑤ ▶▶ FACE MILLING 오퍼레이션 생성하기

01 ≫ Home → Insert → ◢Create Operation(오퍼레이션) → Type → mill_con-
tour → Operation Subtype → ◢CAVITY_MILL(캐비티 밀링) → Location → Pro-
gram : PROGRAM → Tool : NONE → Geometry : WORKPIECE → Method :
METHOD → OK

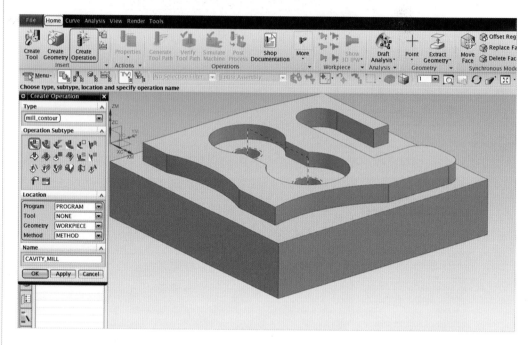

02 ≫ Tool → Tool(공구) → ◢Create new

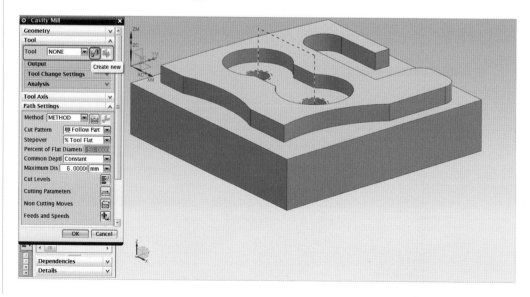

03 >> Type → mill_contour → Tool Subtype → MILL(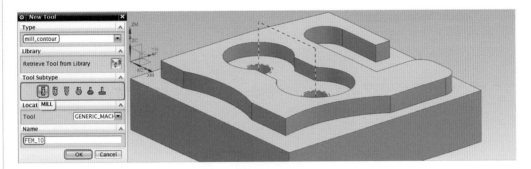) → Name → FEM_10 → OK

04 >> Tool → Dimensions → (D) Diameter 10 → Numbers → Tool Number 4 → Adjust Register 4 → OK

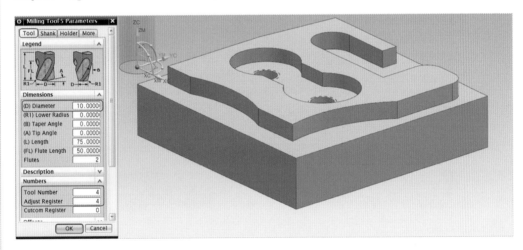

05 >> Path Settings → Cut Pattern : Follow Periphery(외곽 따르기) → Stepover : Constant(일정) → Maximum Distance : 4.0mm → Common Depth Per Cut : Constant(일정) → Maximum Distance : 6.0mm → Cut Levels

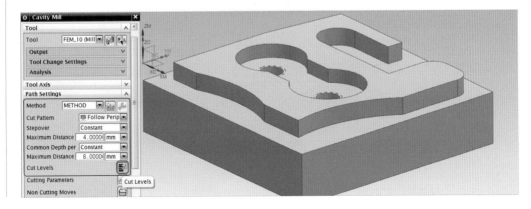

06 >> Ranges → Range Type → Automatic → Cut Levels → Only at Range(범위 아래만) → OK

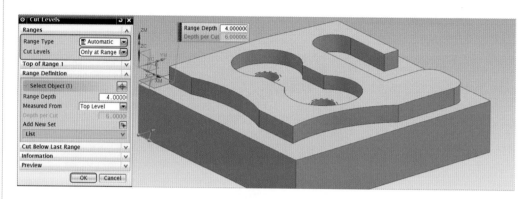

07 >> Path Settings → Cutting Parameters(절삭 매개 변수)

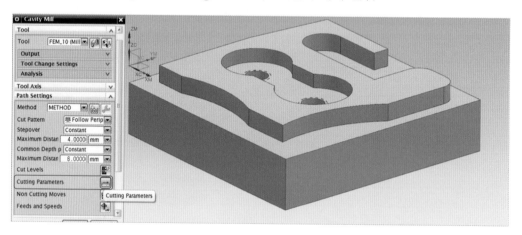

08 >> Strategy → Cutting → Cut Direction : Climb Cut(하향 절삭) → Cut Order : Depth First(깊이를 우선) → Patten Direction : Inward(안쪽) → ☑Island Clean-up(☑체크)

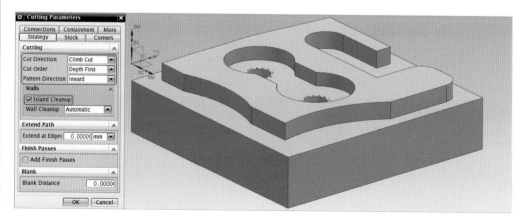

09 ›› Stock → □Use Floor Same As Side(□체크 해제) → Part Side Stock 0.5 →
OK

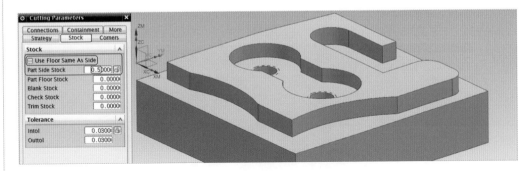

10 ›› Path Settings → Non Cutting Moves(비절삭 이동)

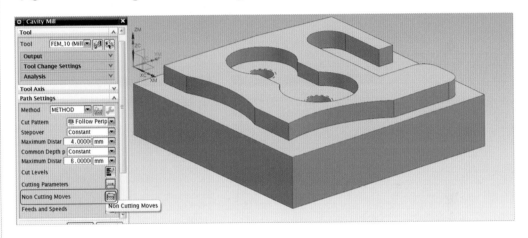

11 ›› Engage → Closed Area → Engage Type → Plunge(플런지) → Height 10 →
Open Area → Engage Type → Linear → Height 10

Note　Height 10은 Z 10점에서부터 G01로 절삭 이송된다.

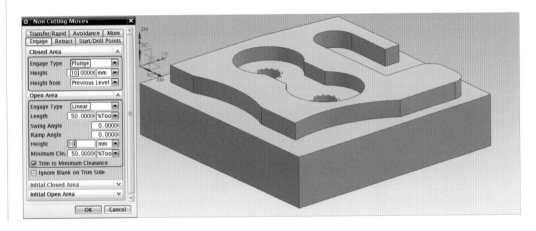

12 >> Start/Drill Points → Region Start Points → Specify Point → Pre-Drill
Points → Specify Point → OK

Note 영역 시작점과 사전 드릴 점은 점 다이얼로그를 선택하여 아래 좌푯값을 각각 입력한다.

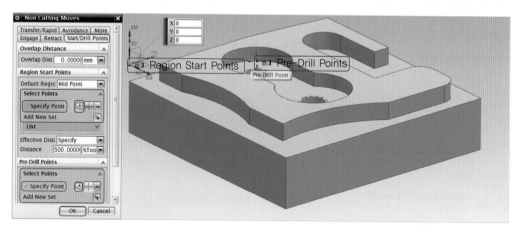

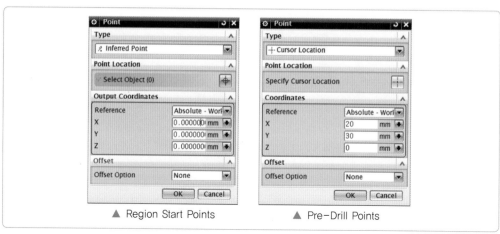

▲ Region Start Points   ▲ Pre-Drill Points

13 >> Path Settings → Feeds and Speeds

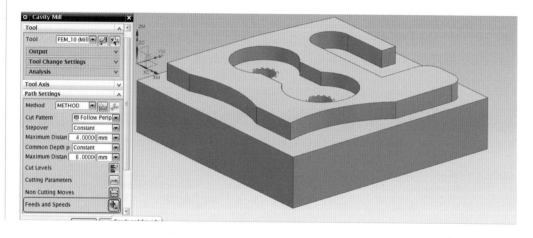

14 >> Spindle Speed → □Spindle Speed(rpm) 1100 → Feed Rates → Cut(절삭이송) 90 → OK

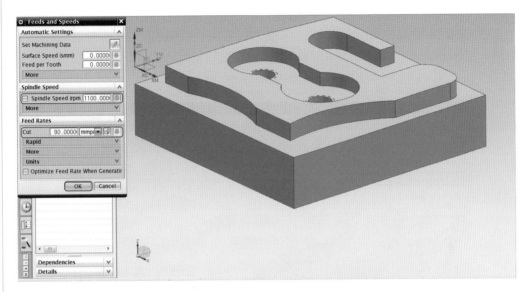

15 >> Actions → Generate(생성) → OK

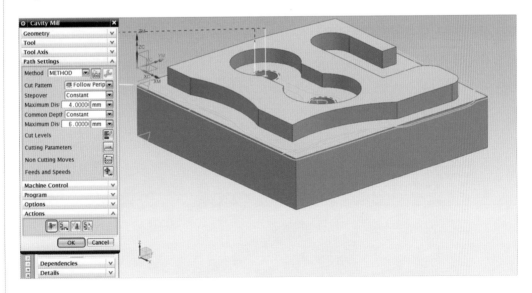

6 ▶▶ 플로컷 단일(FLOWCUT_SINGLE) 오퍼레이션 생성하기(정삭)

01 ≫ Home → Insert → Create Operation(오퍼레이션) → Type → mill_contour → Operation Subtype → FLOWCUT_SINGLE(플로컷 단일) → Location → Program : PROGRAM → Tool : FEM_10(Milling Tool-5 Parameters) → Geometry : WORKPIECE → Method : METHOD → OK

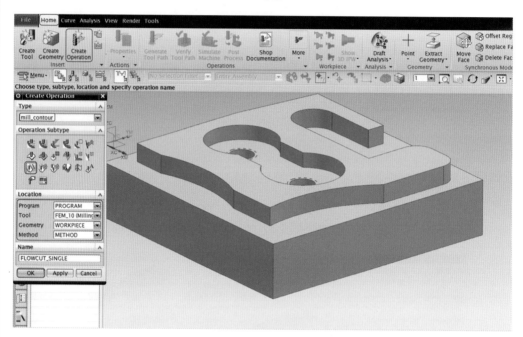

02 ≫ Path Settings → Cutting Parameters(절삭 매개 변수)

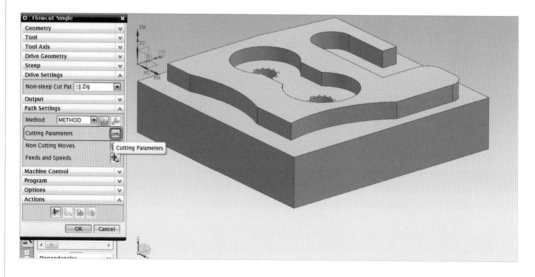

03 >> Stock → Part Stock 0 → OK

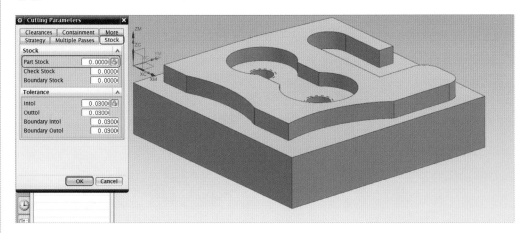

04 >> Path Settings → Feeds and Speeds

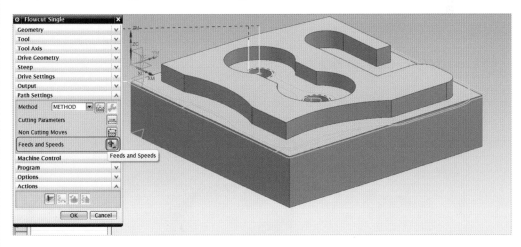

05 >> Spindle Speed → □Spindle Speed(rpm) 2000 → Feed Rates → Cut(절삭이송) 90 → OK

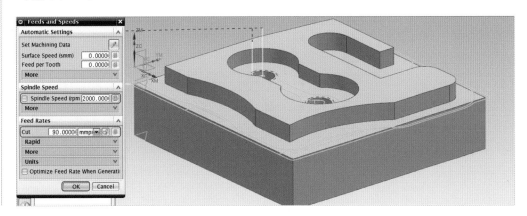

06 >> Actions → Generate(생성) → OK

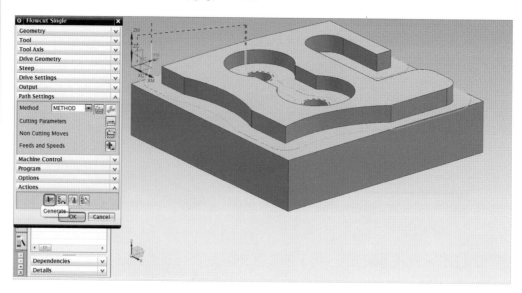

⑦ ▶▶ NC 데이터 생성하기

01 >> DRILLING, BREAKCHIP_DRILLING, TAPPING, CAVITY_MILL, FIOW-CUT_SINGLE을 선택하여 MB3 → Post Process

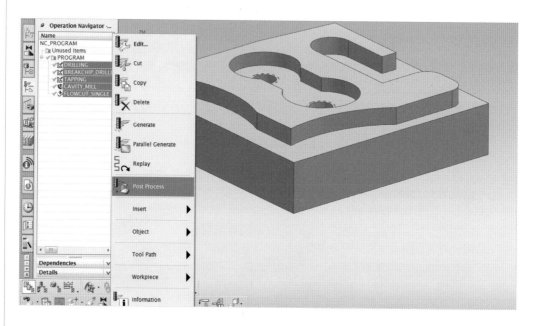

02 >> Postprocessor → MILL_3_AXIS → Output File → 파일 경로 및 파일명 입력
→ File Extension : NC → Settings → Units → Metric/PART → OK

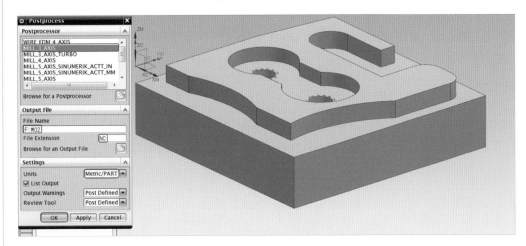

03 >> OK

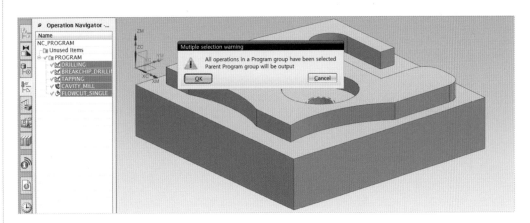

04 >> OK

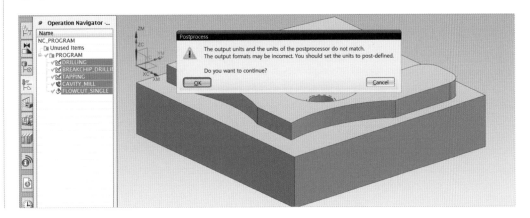

05 >> NC 데이터 수정. N0010 G40 G17 G90 G71에서 G71을 삭제하고 <u>G49 G80 G00</u>을 입력한다.

> Note 공구경 → 길이 보정, 고정 사이클 취소 기능과 절대 좌표, XY 평면, 급송 이송 기능을 입력한다. N0045 G54 M08 워크 좌표계 설정과 절삭유를 ON한다.

```
File  Edit
===========================================
Information listing created by :  kslee
Date                        :  2013-08-06 오후 1:55:42
Current work part           :  F:\9999999\CAM\2 milling.pr
Node name                   :  leeks
===========================================
%
N0010 G40 G17 G90 G71
N0020 G91 G28 Z0.0
N0030 T01 M06
N0040 T02
N0050 G00 G90 X20. Y30. S2000 M03
N0060 G43 Z10. H01
N0070 G81 Z-3. R10. F120.
N0080 X45.
N0090 G80
N0100 G91 G28 Z0.0
N0110 T02 M06
N0120 T03
N0130 G00 G90 X20. Y30. S1000 M03
N0140 G43 Z10. H02
N0150 G73 Z-24. R10. F120. Q5.
N0160 X45.
N0170 G80
N0180 G91 G28 Z0.0
N0190 T03 M06
N0200 T04
N0210 G00 G90 X20. Y30. S380 M03
N0220 G43 Z10. H03
N0230 G84 Z-23. R10. F570.
N0240 X45.
N0250 G80
N0260 G91 G28 Z0.0
N0270 T04 M06
N0280 T01
N0290 G00 G90 X-7.0708 Y-7.068 S1100 M03
N0300 G43 Z10. H04
N0310 Z5.
N0320 G01 Z-5. F90. M08
N0330 X-.7056 Y-.7053
N0340 G02 X-.9976 Y0.0 I.7056 J.7053
N0350 G01 Y5.0716
N0360 G02 X-1.3 Y7. I5.9976 J1.9284
N0370 G01 Y40.
N0380 G02 X-1.2551 Y40.7506 I6.3 J0.0
N0390 G01 X-.9976 Y42.8965
N0400 Y70.
```

```
File  Edit
===========================================
Information listing created by :  kslee
Date                        :  2013-08-06 오후 1:55:42
Current work part           :  F:\9999999\CAM\2 milling.pr
Node name                   :  leeks
===========================================
%
N0010 G40 G17 G90  G49 G80 G00
N0020 G91 G28 Z0.0
N0030 T01 M06
N0040 T02
N0045 G54 M08
N0050 G00 G90 X20. Y30. S2000 M03
N0060 G43 Z10. H01
N0070 G81 Z-3. R10. F120.
N0080 X45.
N0090 G80
N0100 G91 G28 Z0.0
N0110 T02 M06
N0120 T03
N0130 G00 G90 X20. Y30. S1000 M03
N0140 G43 Z10. H02
N0150 G73 Z-24. R10. F120. Q5.
N0160 X45.
N0170 G80
N0180 G91 G28 Z0.0
N0190 T03 M06
N0200 T04
N0210 G00 G90 X20. Y30. S380 M03
N0220 G43 Z10. H03
N0230 G84 Z-23. R10. F570.
N0240 X45.
N0250 G80
N0260 G91 G28 Z0.0
N0270 T04 M06
N0280 T01
N0290 G00 G90 X-7.0708 Y-7.068 S1100 M03
N0300 G43 Z10. H04
N0310 Z5.
N0320 G01 Z-5. F90. M08
N0330 X-.7056 Y-.7053
N0340 G02 X-.9976 Y0.0 I.7056 J.7053
N0350 G01 Y5.0716
N0360 G02 X-1.3 Y7. I5.9976 J1.9284
N0370 G01 Y40.
N0380 G02 X-1.2551 Y40.7506 I6.3 J0.0
N0390 G01 X-.9976 Y42.8965
```

4 **컴퓨터응용가공 산업기사 실기 I**

1 ▶▶ **Manufacturing하기**

01 >> File → Manufacturing

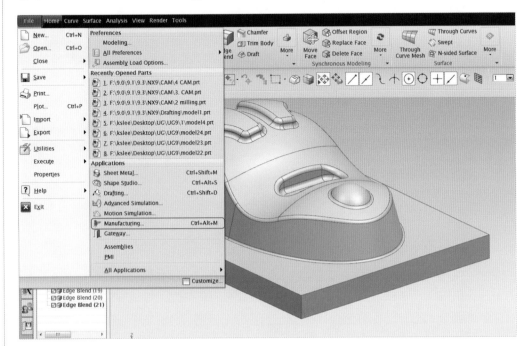

02 >> CAM Session Configuration → cam_general → CAM Setup to Create → mill_contour → OK

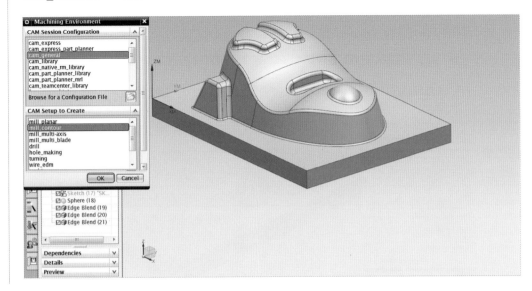

03 >> Operation Navigator Machine Tool 창에 MB3 → Geometry View

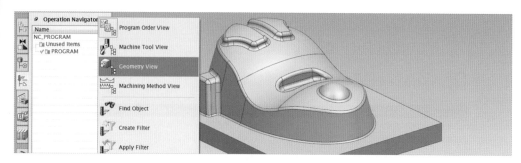

04 >> MCS_MILL 펼치기

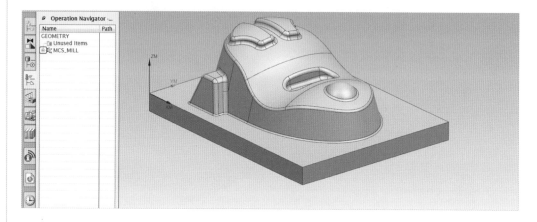

② ▸▸ 가공 좌표 설정하기

01 >> MCS_MILL 더블 클릭 → Machine Coordinate System → Specify MCS → CSYS Dialog

Note | 가공 좌표는 모델링 원점과 별도로 원하는 위치에 지정할 수 있다.

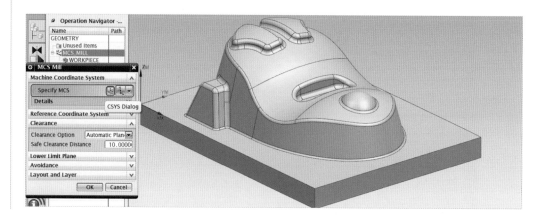

02 >> OK

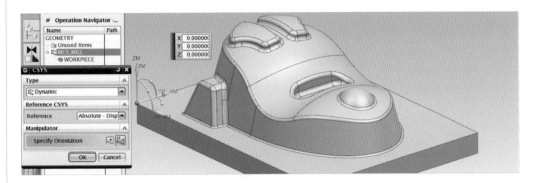

03 >> Clearance → Clearance Option → Plane(평면) → Specify Plane → Distance 50 → OK

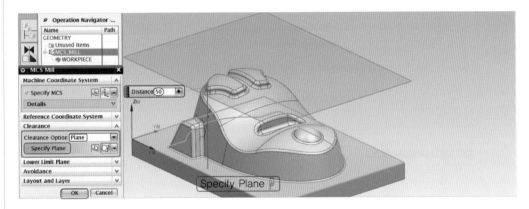

(3) ▶▶ WORKPIECE 편집하기

❶ 파트 지정(가공물 지정)

01 >> WORKPIECE 더블 클릭 → Geometry → Specify Part → Select or Edit the Part Geometry

Note 가공할 모델링을 선택한다.

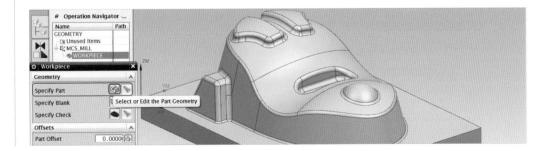

02 >> Geometry → Select Object → OK

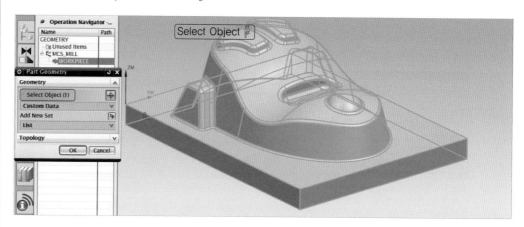

❷ 블랭크 지정(소재 지정)하기

01 >> Geometry → Specify Blank → Select or Edit the Blank Geometry

Note 가공할 소재를 Bounding Block(경계 블록)으로 지정한다.

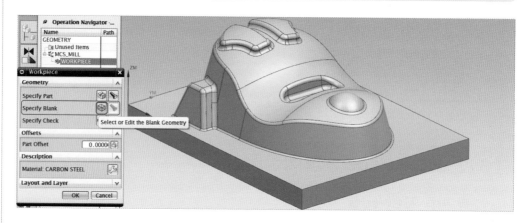

02 >> Type → Bounding Block(경계 블록) → OK

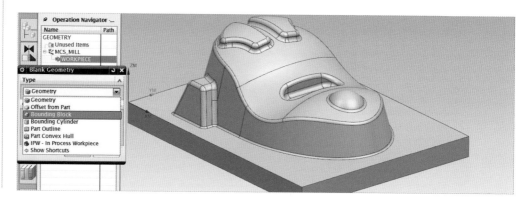

03 >> Limits → ZM 10.0 → OK

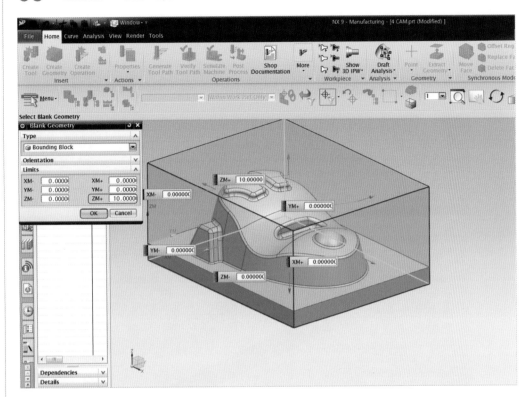

04 >> OK

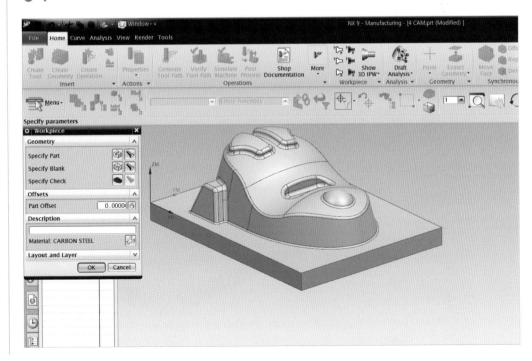

④ ▶▶ 공구 생성하기

❶ 1번 공구(엔드밀 ∅12) 생성하기

01 ≫ Home → Insert → 🔧Create Tool(공구) → Type → mill_contour → Tool Subtype → MILL(🔧) → Name → FEM_12 → OK

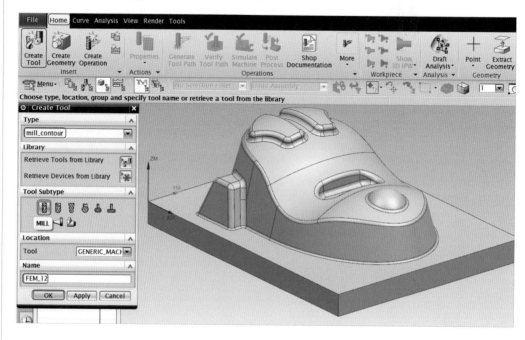

02 ≫ Tool → Dimensions → (D) Diameter 12 → Numbers → Tool Number 1 → Adjust Register 1 → OK

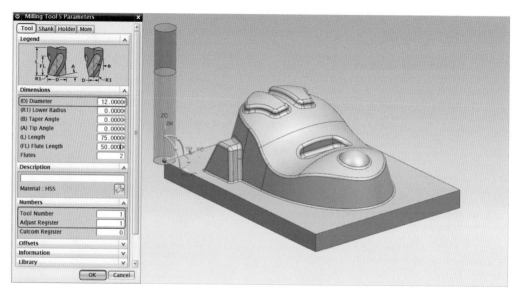

❷ 2번 공구(볼엔드밀 ∅4) 생성하기

01 >> Home → Insert → Create Tool(공구) → Type → mill_contour → Tool
Subtype → BALL_MILL( ) → Name → BALL_4 → OK

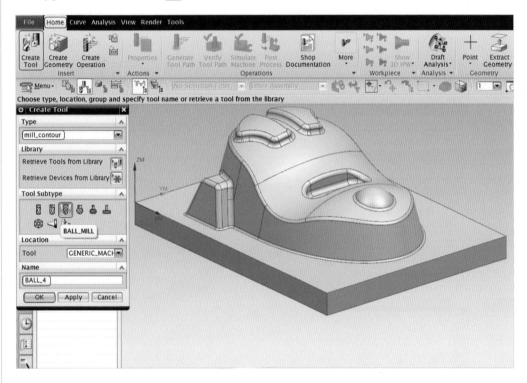

02 >> Tool → Dimensions → (D) Ball Diameter 4 → Numbers → Tool Number 2
→ Adjust Register 2 → OK

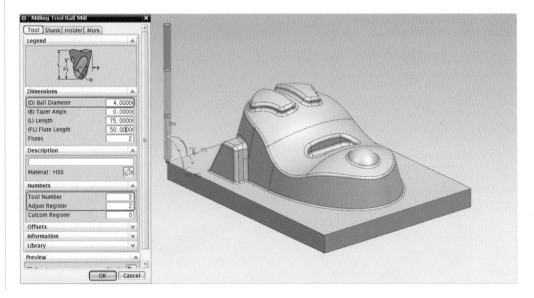

❸ 3번 공구(볼엔드밀 ∅2) 생성하기

01 >> Home → Insert → Create Tool(공구) → Type → mill_contour → Tool Subtype → BALL_MILL() → Name → BALL_2 → OK

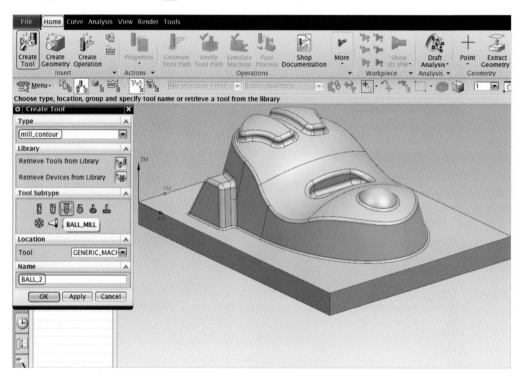

02 >> Tool → Dimensions → (D) Ball Diameter 2 → Numbers → Tool Number 3 → Adjust Register 3 → OK

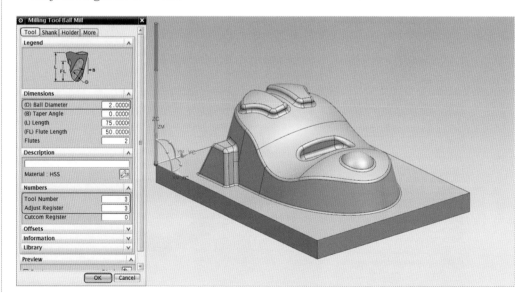

5 ▶▶ 황삭 오퍼레이션 생성하기

01 ⟩⟩ Home → Insert → ▨Create Operation(오퍼레이션) → Type → mill_contour → Operation Subtype → ▨CAVITY_MILL(캐비티 밀링) → Location → Program : PROGRAM → Tool : FEM_12(Milling Tool-5 Parameters) → Geometry : WORKPIECE → Method : METHOD → OK

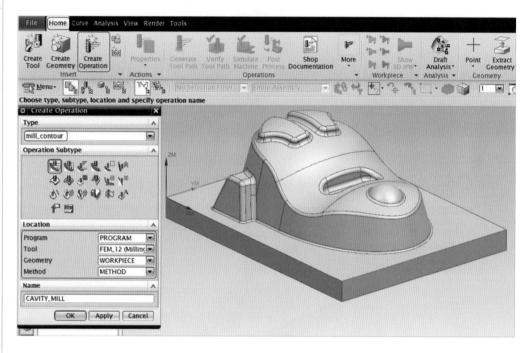

02 ⟩⟩ Path Settings → Cut Pattern : Follow Periphery(외곽 따르기) → Stepover : Constant(일정) → Maximum Distance : 5.0mm → Common Depth Per Cut : Constant(일정) → Maximum Distance : 6.0mm → Cutting Parameters

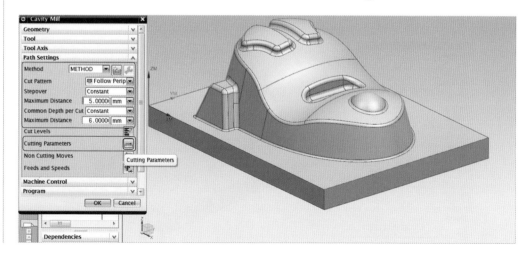

03 >> Strategy → Cutting → Cut Direction : Climb Cut(하향 절삭) → Cut Order : Depth First(깊이를 우선) → Pattern Direction : Inward(안쪽) → ☑Island Clean-up(☑체크)

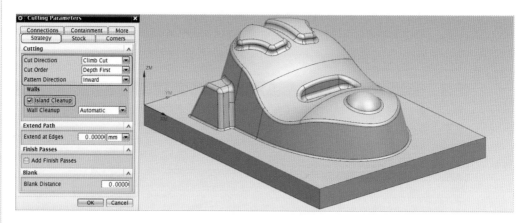

04 >> Stock → ☑Use Floor Same As Side(☑체크) → Part Side Stock 0.5 → OK

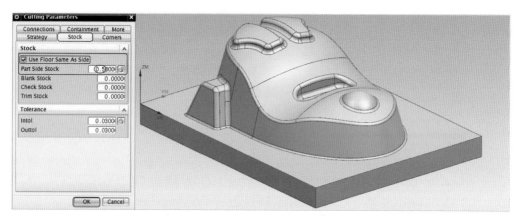

05 >> Path Settings → Feeds and Speeds

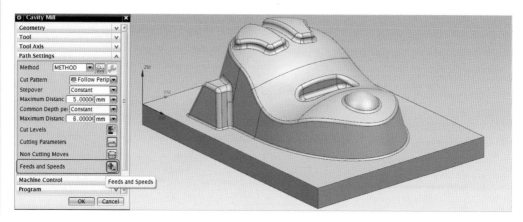

06 >> Spindle Speed → □Spindle Speed(rpm) 1400 → Feed Rates → Cut(절삭이송) 100 → OK

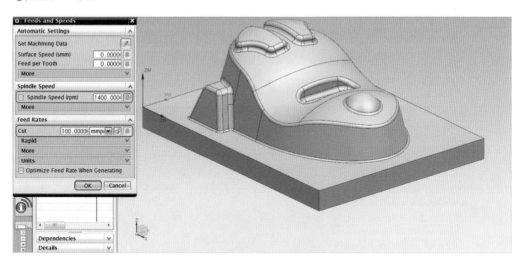

07 >> Actions → Generate(생성) → OK

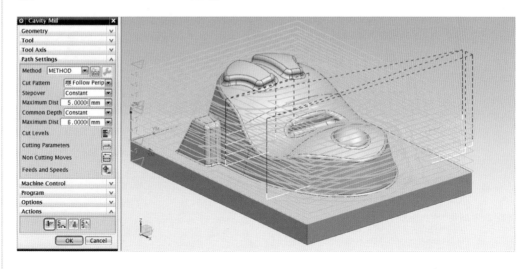

⑥ ▶▶ 정삭 오퍼레이션 생성하기

01 >> Home → Insert → Create Operation(오퍼레이션) → Type → mill_contour → Operation Subtype → CONTOUR_AREA(윤곽 영역) → Location → Program : PROGRAM → Tool : BALL_4(Milling Tool-Ball Mill) → Geometry : WORKPIECE → Method : METHOD → OK

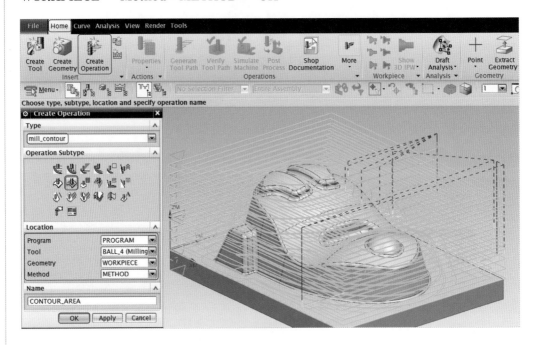

02 >> Geometry → Specify Cut Area → Select or Edit the Cut Area Geometry

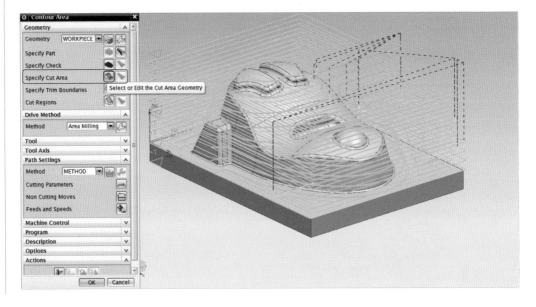

03 >> Geometry → Select Object → OK

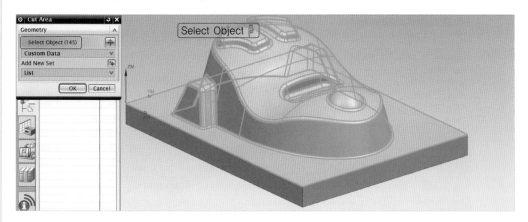

04 >> Drive Method → Method → Edit(편집)

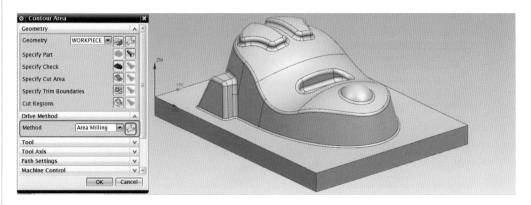

05 >> Drive Settings → Non-Steep Cut Pattern : Zig Zag → Cut Direction : Climb Cut → Stepover : Constant(일정) → Maximum Distance : 1.0mm → Stepover Applied → On Plane(평면상에서) → Cut Angle : Specify(지정) → Angle From XC 45° → OK

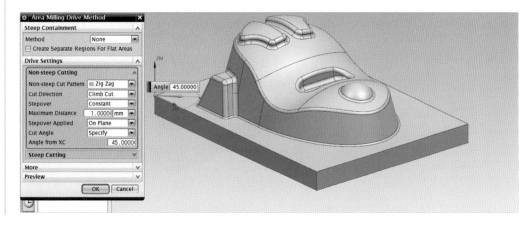

06 >> Path Settings → Cutting Parameters(절삭 매개 변수)

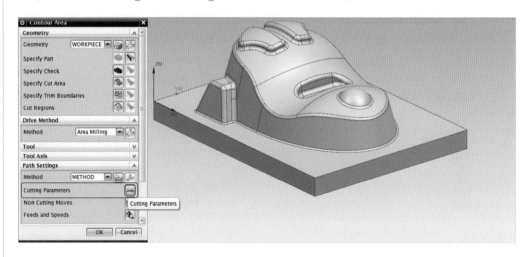

07 >> Stock → Part Stock 0 → OK

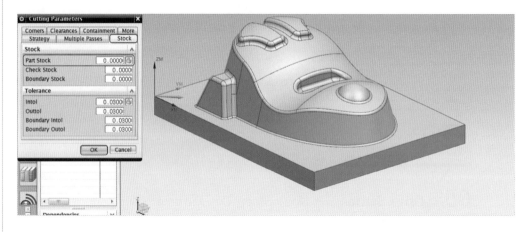

08 >> Path Settings → Feeds and Speeds

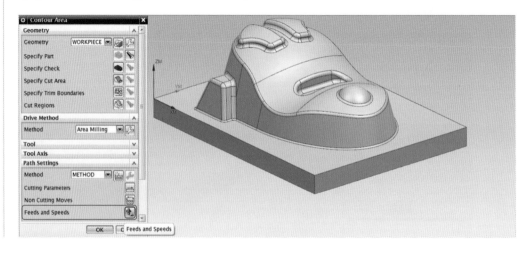

09 >> Spindle Speed → □Spindle Speed(rpm) 1800 → Feed Rates → Cut(절삭 이송) 90 → OK

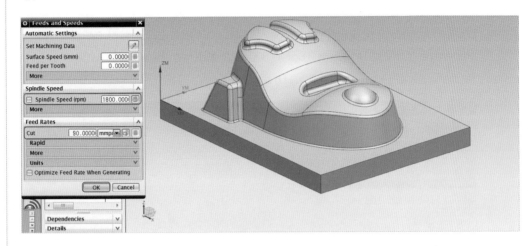

10 >> Actions → Generate(생성) → OK

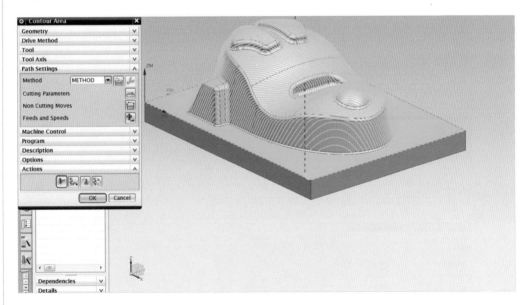

⑦ ▶▶ 잔삭 오퍼레이션 생성하기

01 ≫ Home → Insert → 🖫Create Operation(오퍼레이션) → Type → mill_con-
tour → Operation Subtype → 🔌FLOWCUT_SINGLE(플로컷 단일) → Location →
Program : PROGRAM → Tool : BALL_2(Milling Tool-Ball Mill) → Geometry :
WORKPIECE → Method : METHOD → OK

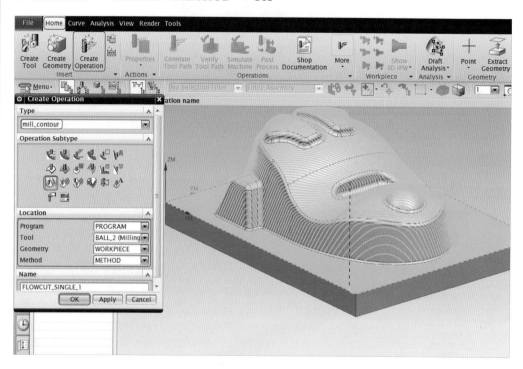

02 ≫ Path Settings → Feeds and Speeds

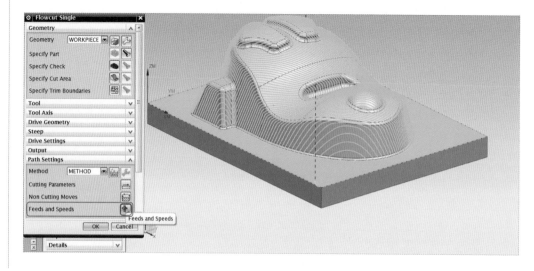

03 >> Spindle Speed → □Spindle Speed(rpm) 3700 → Feed Rates → Cut(절삭이송) 80 → OK

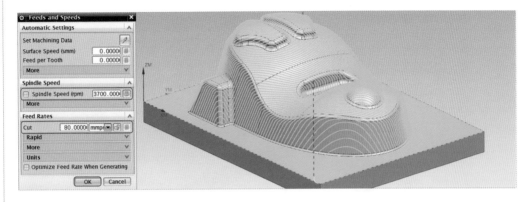

04 >> Actions → Generate(생성) → OK

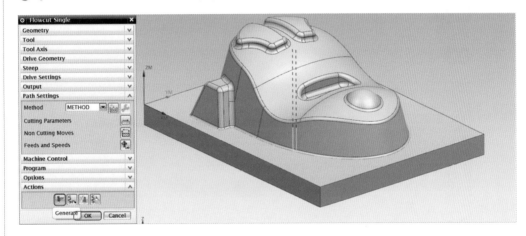

8 ▶▶ NC 데이터 저장하기

① 황삭 NC 데이터 저장하기

01 >> CAVITY_MILL을 선택하여 MB3 → Post Process

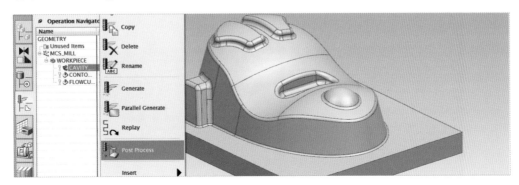

02 >> Postprocessor → MILL_3_AXIS → Output File → 파일 경로 입력 → File Extension : NC → Settings → Units → Metric/PART → OK

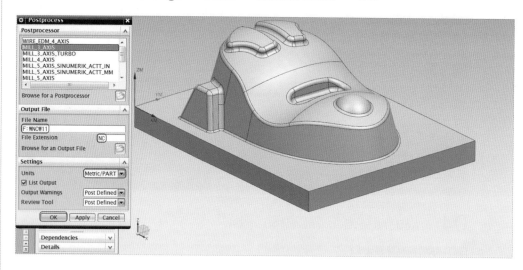

03 >> OK

04 >> 황삭 NC 데이터

Note 같은 방법으로 정삭 NC 데이터와 잔삭 NC 데이터를 생성하여 저장한다.

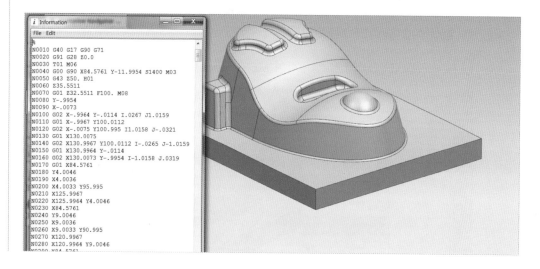

⑨ ▶▶ 파일명 바꾸기(검정 요구 사항에 따라 파일명 수정)

11 → 11황삭, 22 → 11정삭, 33 → 11잔삭(검정 비밀번호가 11번의 경우)

> **Note** NX에서는 한글 파일명과 파일 경로를 사용할 수 없으므로 파일명을 영문이나 아라비아 숫자로 입력한 다음 검정 요구 사항에 따라 파일명을 수정하여 제출한다.

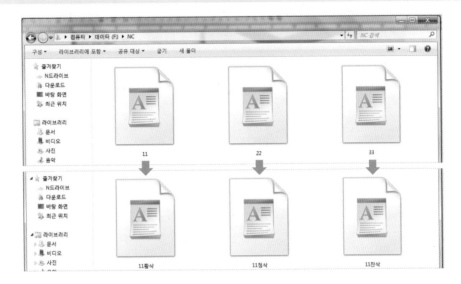

⑩ ▶▶ NC 데이터 수정하기

01 ≫ 검정 요구 사항에 따라 G90 G80 G40 G49 G17로 수정하고 M08 위치를 수정한다.

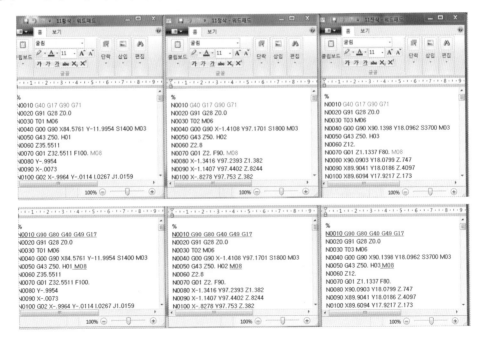

02 ≫ 검정 채점 기준에 따라 M09 M05를 입력한다.

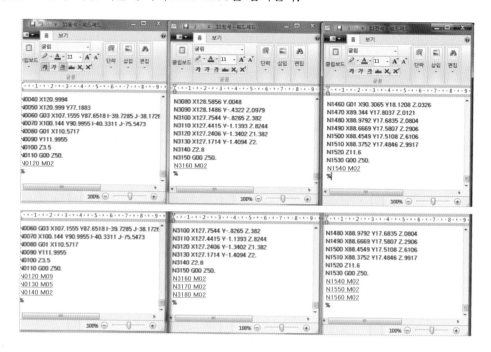

5 사출금형 산업기사(CAM) 실기

① ▶▶ 소재 생성하기(육면체 110×80×42)

01 ≫ Home → Features → More▼ → Design Feature(특징 형상 설계) → 🔲 Block(블록) → Type → Tow Points and Height(두 점과 높이) → Origin → Specify Point(Point Dialog에서 점 지정) → Point XC, YC from Origin → Specify Point (Point Dialog에서 점 지정) → Dimension → Height (ZC) 42 → Boolean → None → OK

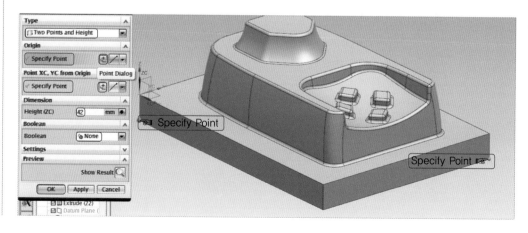

02 ≫ Menu → Edit → Object Display(Ctrl+J)

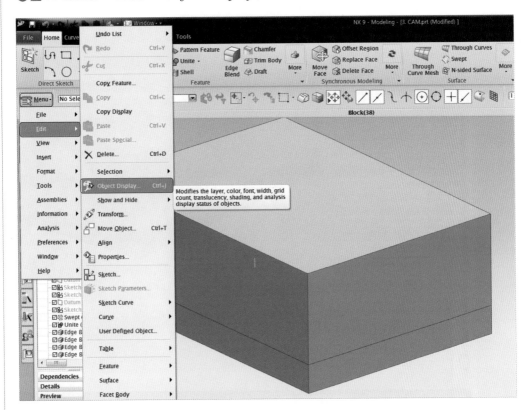

03 ≫ Objects → Select Objects → OK

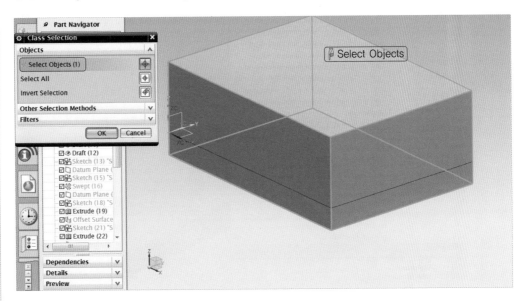

04 ›› Shaded Display → Translucency 70 → OK

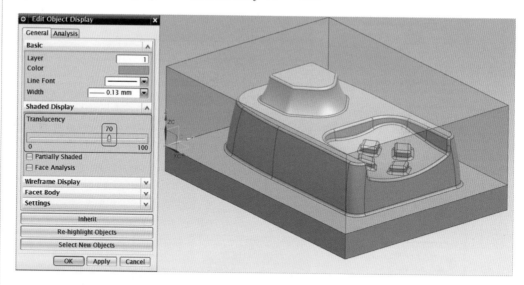

(2) ►► Manufacturing하기

01 ›› File → Manufacturing

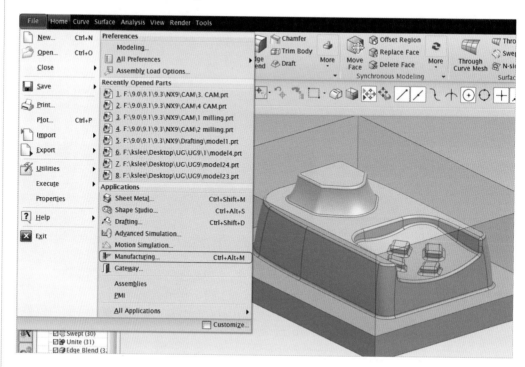

02 ›› CAM Session Configuration → cam_general → CAM Setup to Create → mill_contour → OK

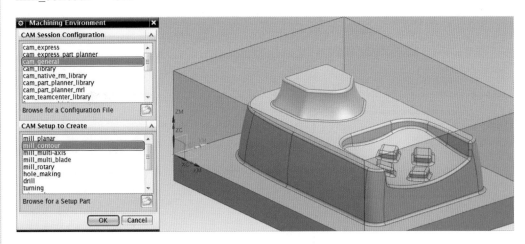

03 ›› Operation Navigator Machine Tool 창에 MB3 → Geometry View

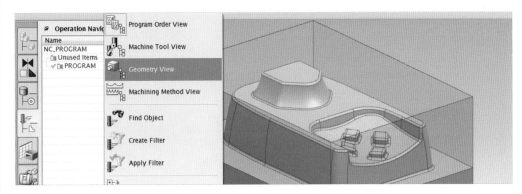

(3) ▶▶ **가공 좌표 설정하기**

01 ›› MCS_MILL 더블 클릭 → Machine Coordinate System → Specify MCS → CSYS Dialog

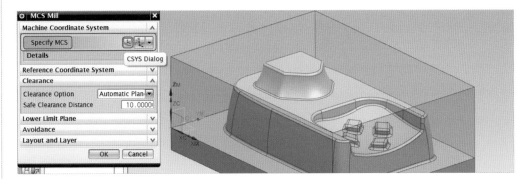

02 >> OK

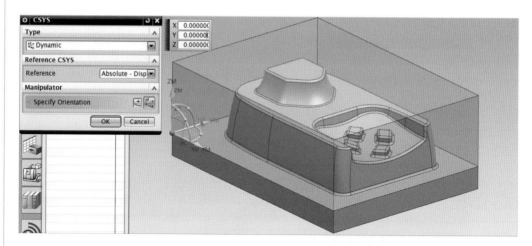

03 >> Clearance → Clearance Option → Plane(평면) → Specify Plane → Distance 50 → OK

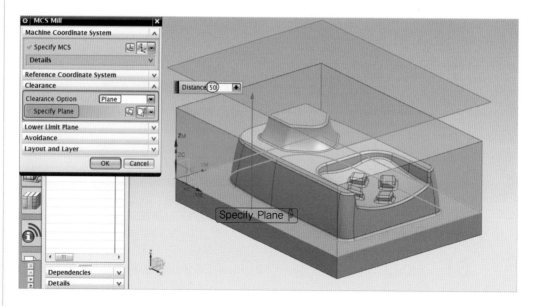

Note 파트(모델링) 지정, 블랭크(소재) 지정, 공구 설정 등의 이후 공정은 오퍼레이션 생성과 같이 하도록 하겠다.

④ ▶▶ 황삭 오퍼레이션 생성하기

Home → Insert → 📠Create Operation(오퍼레이션) → Type → mill_contour → Operation Subtype → 📠CAVITY_MILL(캐비티 밀링) → Location → Program : PROGRAM → Tool : NONE → Geometry : WORKPIECE → Method : METHOD → OK

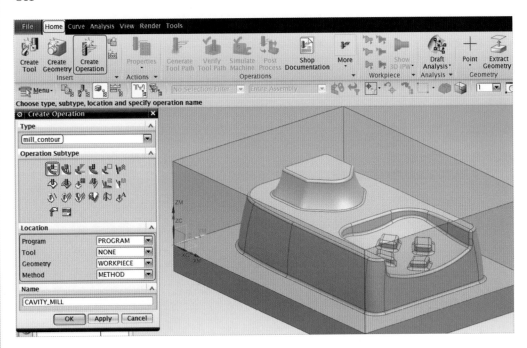

가) WORKPIECE 편집하기

Geometry → WORKPIECE → Edit

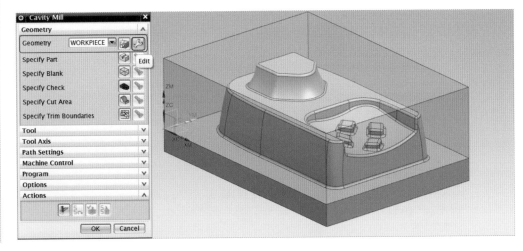

❶ 파트 지정(가공할 모델링 선택)

01 >> Geometry → Specify Part → Select or Edit the Part Geometry

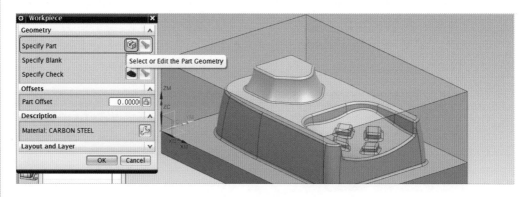

02 >> Geometry → Select Object → OK

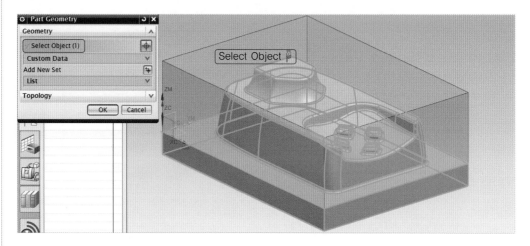

❷ 블랭크 지정(소재 지정)하기

01 >> Geometry → Specify Blank → Select or Edit the Blank Geometry

Note | 가공할 소재는 앞에서 생성한 블록을 지정한다.

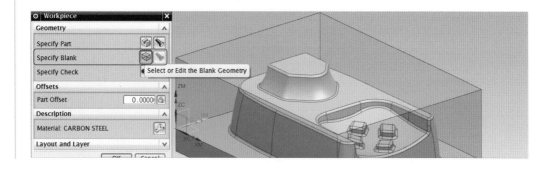

02 >> Type → Geometry → Geometry → Select Object → OK

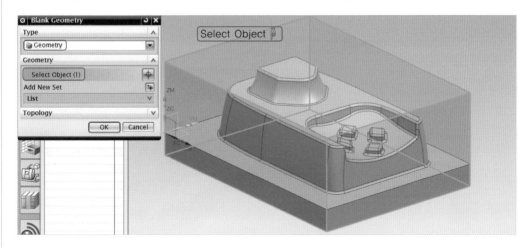

03 >> OK

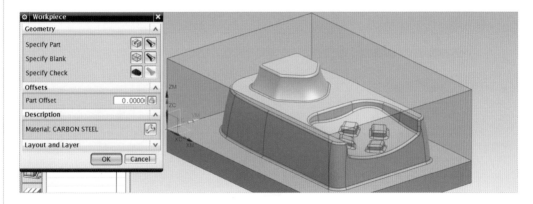

나) 공구(1번 공구(엔드밀 Ø12)) 생성하기

01 >> Tool → Tool(공구) → 🔧 Create new

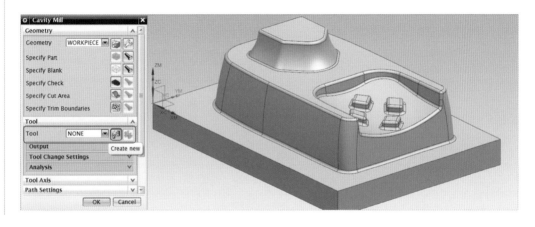

02 >> Type → mill_contour → Tool Subtype → MILL(⬛) → Name → FEM_12 → OK

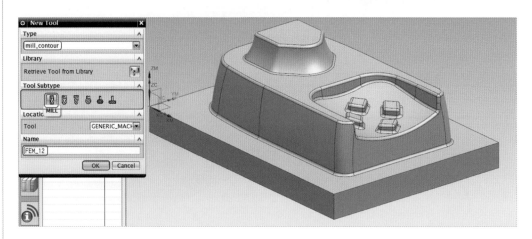

03 >> Tool → Dimensions → (D)Diameter 12 → Numbers → Tool Number 1 → Adjust Register 1 → OK

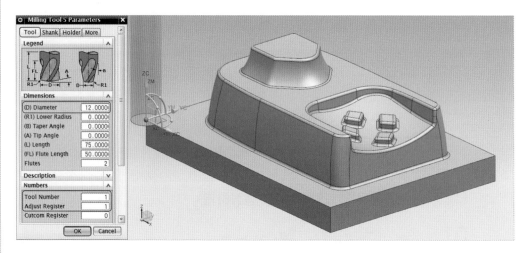

다) 공구 경로 및 절삭 속도 설정하기

01 ≫ Path Settings → Cut Pattern : Follow Periphery(외곽 따르기) → Step over : Constant(일정) → Maximum Distance : 5mm → Common Depth Per Cut : Constant(일정) → Maximum Distance : 6.0mm → Cutting Parameters

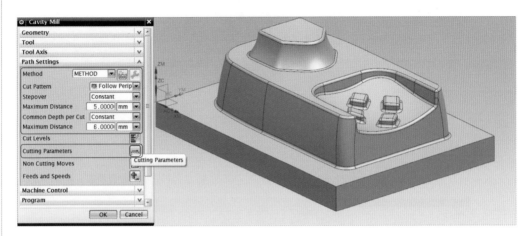

02 ≫ Strategy → Cutting → Cut Direction : Climb Cut(하향 절삭) → Cut Order : Depth First(깊이를 우선) → Pattern Direction : Inward(안쪽) → ☑Island Cleanup (☑체크) → OK

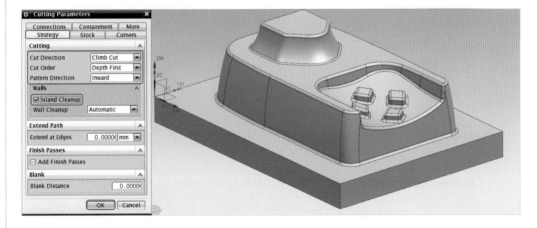

03 » Stock → ☑Use Floor Same As Side(☑체크) → Part Side Stock 0.5 → OK

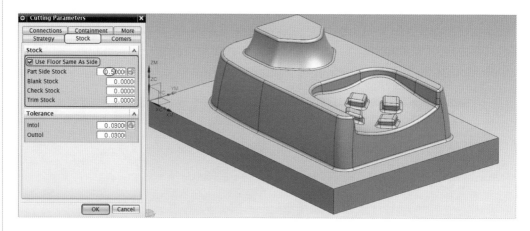

04 » Path Settings → Feeds and Speeds

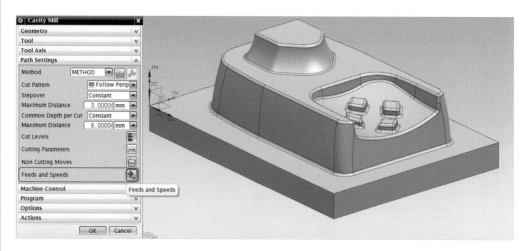

05 » Spindle Speed → □Spindle Speed(rpm) 1200 → Feed Rates → Cut(절삭 이송) 100 → OK

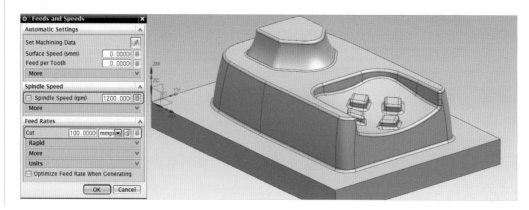

06 >> Actions → Generate(생성) → OK

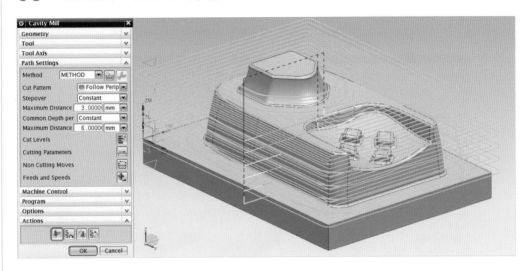

⑤ ▶▶ **정삭 오퍼레이션 생성하기**

Home → Insert → Create Operation(오퍼레이션) → Type → mill_contour → Operation Subtype → CONTOUR_AREA(윤곽 영역) → Location → Program : PROGRAM → Tool : NONE → Geometry : WORKPIECE → Method : METHOD → OK

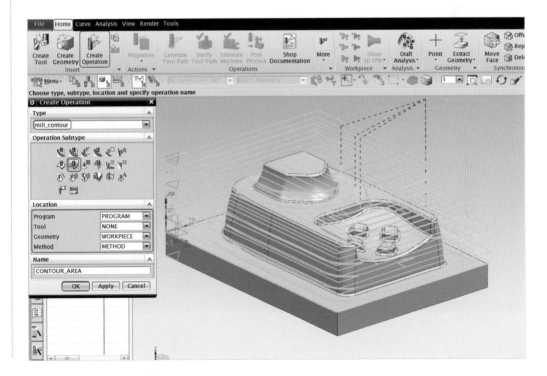

가) 절삭 영역 설정하기

01 >> Geometry → Specify Cut Area → Select or Edit the Cut Area Geometry

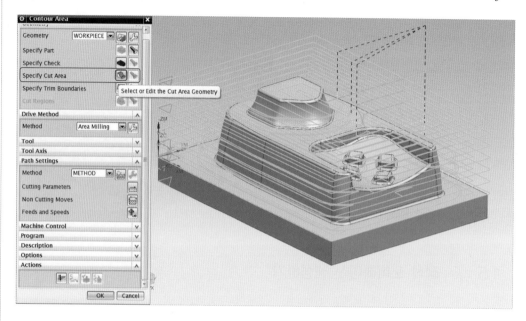

02 >> Geometry → Select Object → OK

Note Geometry를 선택할 때 Base 부분을 제외하고 활성화된 가공 부분만 선택한다.

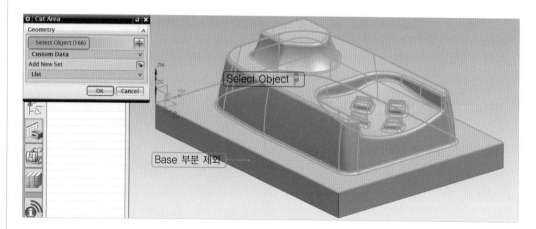

나) 공구 경로 설정하기

01 >> Drive Method → Method → Edit(편집)

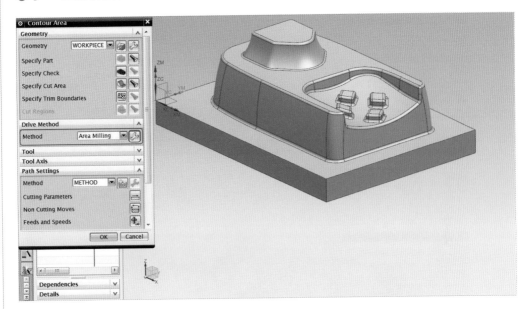

02 >> Drive Settings → Non-Steep Cut Pattern : Zig Zag → Cut Direction : Climb Cut → Stepover : Constant(일정) → Maximum Distance : 1.0mm → Stepover Applied → On Plane(평면상에서) → Cut Angle : Specify(지정) → Angle from XC 45° → OK

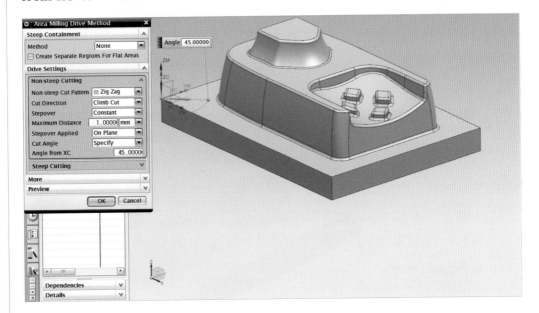

다) 공구(2번 공구(볼엔드밀 ∅4)) 생성하기

01 >> Tool → Tool(공구) → Create new

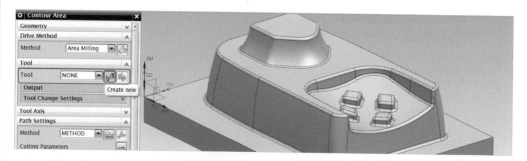

02 >> Type → mill_contour → Tool Subtype → BALL_MILL() → Name → BALL_4 → OK

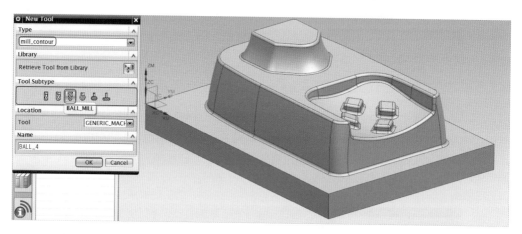

03 >> Tool → Dimensions → (D) Ball Diameter 4 → Numbers → Tool Number 2 → Adjust Register 2 → OK

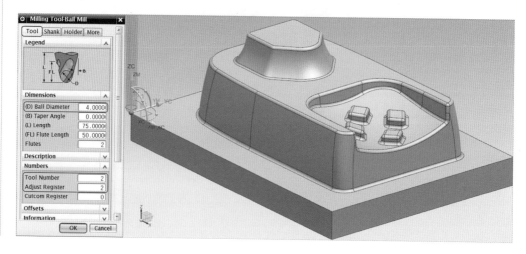

라) 절삭 매개 변수 및 절삭 속도 설정하기

01 >> Path Settings → Cutting Parameters(절삭 매개 변수)

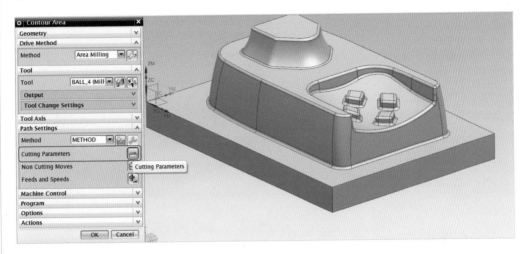

02 >> Stock → Part Stock 0 → OK

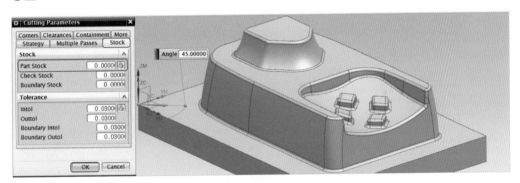

03 >> Path Settings → Feeds and Speeds

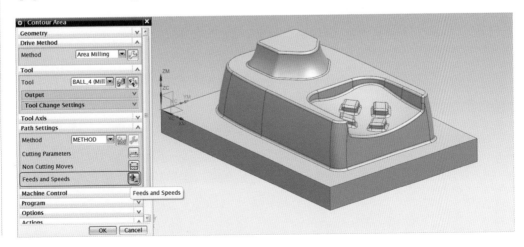

04 >> Spindle Speed → □Spindle Speed(rpm) 2200 → Feed Rates → Cut(절삭이송) 90 → OK

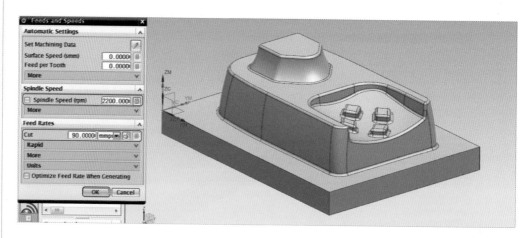

05 >> Actions → Generate(생성) → OK

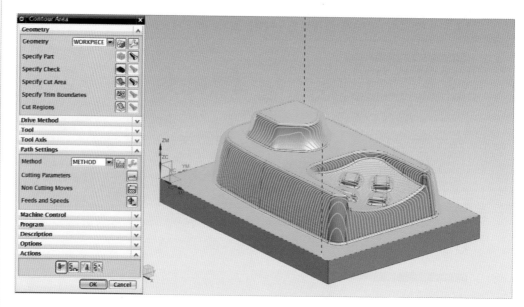

⑥ ▶▶ **잔삭 오퍼레이션 생성하기**

Home → Insert → 📷Create Operation(오퍼레이션) → Type → mill contour → Operation Subtype → 🔩FLOWCUT_SINGLE(플로컷 단일) → Location → Program : PROGRAM → Tool : NONE → Geometry : WORKPIECE → Method : METHOD → OK

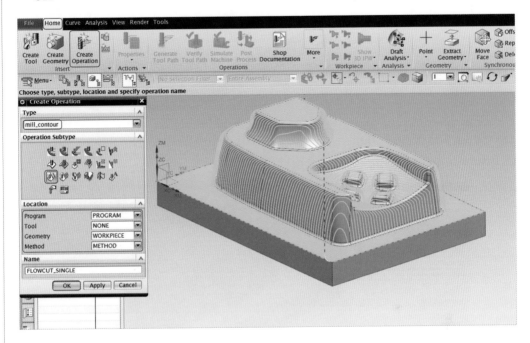

가) 공구(3번 공구(볼엔드밀 ⌀2)) 생성하기

01 >> Tool → Tool(공구) → 📷Create new

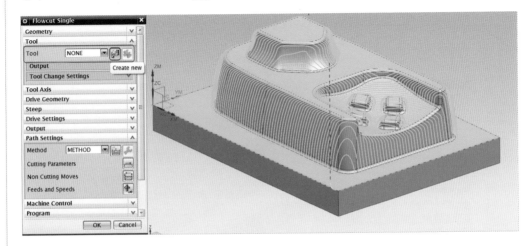

02 >> Type → mill_contour → Tool Subtype → BALL_MILL(▨) → Name →
BALL_2 → OK

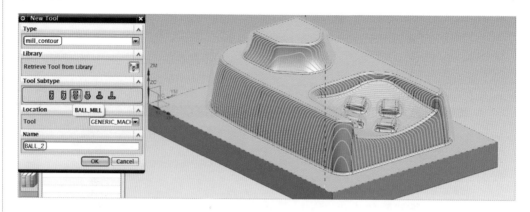

03 >> Tool → Dimensions → (D) Ball Diameter 2 → Numbers → Tool Number 3
→ Adjust Register 3 → OK

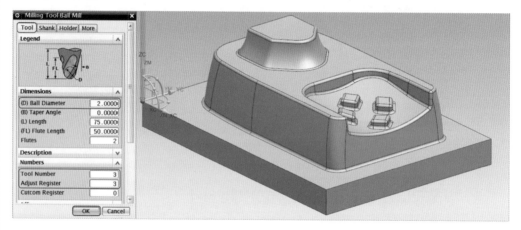

나) 이송 및 절삭 속도 설정하기

01 >> Path Settings → Feeds and Speeds

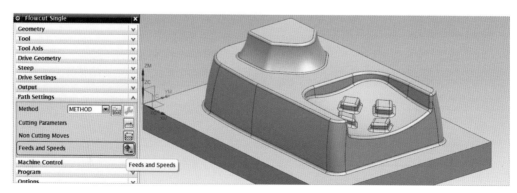

02 >> Spindle Speed → □Spindle Speed(rpm) 2600 → Feed Rates → Cut(절삭이송) 80 → OK

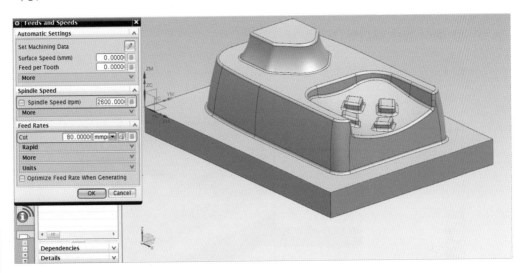

03 >> Actions → Generate(생성) → OK

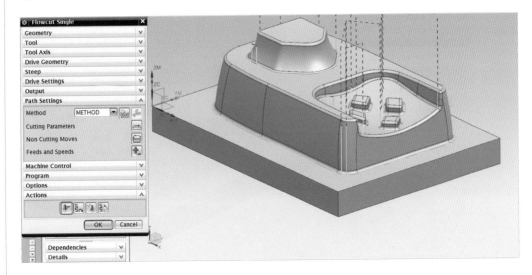

⑦ ▶▶ NC 데이터 저장하기

(NC 데이터는 ④ 컴퓨터응용가공 산업기사 실기 I과 동일하게 편집한다)

❶ 황삭 NC 데이터 저장하기

01 >> CAVITY_MILL을 선택하여 MB3 → Post Process

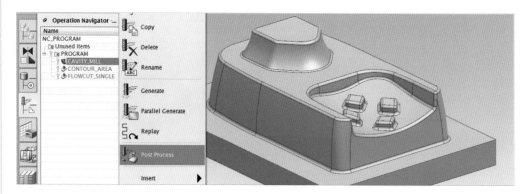

02 >> Postprocessor → MILL_3_AXIS → Output File → File Name → 파일 경로 입력 → File Extension : NC → Settings → Units → Metric/PART → OK

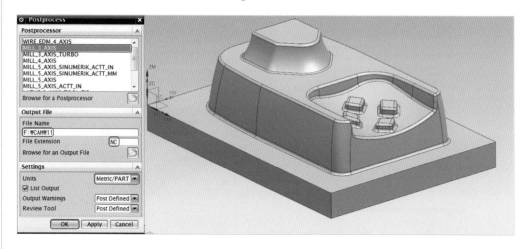

03 >> OK

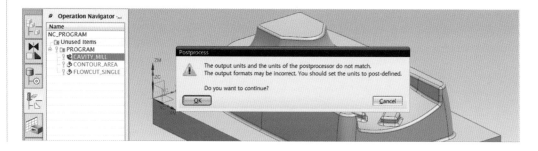

04 >> 황삭 NC 데이터

Note 같은 방법으로 정삭 NC 데이터와 잔삭 NC 데이터를 생성하여 저장하고, NC 데이터는 ④ 컴퓨터응용가공 산업기사 실기 I과 같이 편집한다.

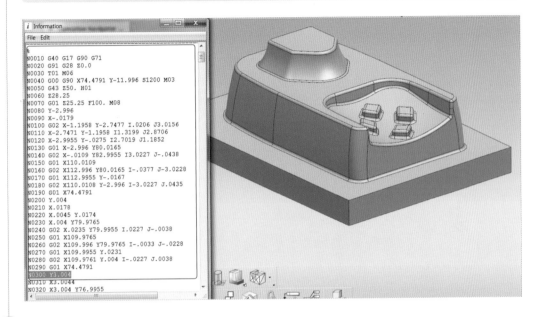

8 ▶▶ 파일명 바꾸기

11 → 11황삭, 22 → 11정삭, 33 → 11잔삭(검정 비밀번호가 11번의 경우)

Note NX에서는 한글 파일명과 파일 경로를 사용할 수 없으므로 파일명을 영문이나 아라비아 숫자로 입력한 다음 검정 요구 사항에 따라 파일명을 수정하여 제출한다.

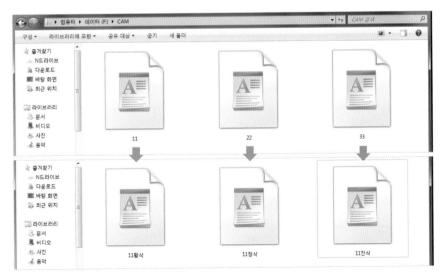

사출금형 산업기사에서는 황삭, 정삭, 잔삭의 NC 데이터를 각각 30block 이상 출력한다.

광수와 함께

NX 9.0

2014년 3월 10일 인쇄
2014년 3월 15일 발행

저자 : 이광수
펴낸이 : 이정일

펴낸곳 : 도서출판 **일진사**
www.iljinsa.com

140-896 서울시 용산구 효창원로 64길 6
대표전화 : 704-1616, 팩스 : 715-3536
등록번호 : 제1979-000009호(1979.4.2)

값 **35,000원**

ISBN : 978-89-429-1392-3